"十二五"职业教育国家规划教材

经全国职业教育教材审定委员会审定

电机与电气控制

（第 2 版）

于　红　徐富春　主　编
周秀梅　常国兰　何武林　副主编
曹　雪　主　审

人民交通出版社股份有限公司

北　京

内 容 提 要

本书为"十二五"职业教育国家规划教材。全书分成变压器与电机的认识与使用和电气控制技术两篇,共六个项目,详细介绍了以电动机为驱动装置,低压电器为控制、保护元件,继电器接触器和PLC进行控制的电力拖动电气控制系统。

本书突出生产实际应用,以培养学生分析问题、解决问题的能力为主线,提升学生的专业技能。

本书可作为高职、中职院校交通运输大类、装备制造大类专业及相关专业的教材,也可供相关专业从业人员参考。

＊本书配有丰富的教学资源,包括教学课件、在线题库、实训工单等,任课教师可以加入"职教轨道教学研讨群(QQ群:129327355)"获取教学课件。

图书在版编目(CIP)数据

电机与电气控制/于红,徐富春主编. —2版. —北京:人民交通出版社股份有限公司,2024.1

ISBN 978-7-114-18958-6

Ⅰ.①电… Ⅱ.①于… ②徐… Ⅲ.①电机学②电气控制 Ⅳ.①TM3②TM921.5

中国国家版本馆CIP数据核字(2023)第162034号

"十二五"职业教育国家规划教材
Dianji yu Dianqi Kongzhi

书　　名：	电机与电气控制(第2版)
著 作 者：	于　红　徐富春
责任编辑：	杨　思
责任校对：	赵媛媛　魏佳宁
责任印制：	刘高彤
出版发行：	人民交通出版社股份有限公司
地　　址：	(100011)北京市朝阳区安定门外外馆斜街3号
网　　址：	http://www.ccpcl.com.cn
销售电话：	(010)59757973
总 经 销：	人民交通出版社股份有限公司发行部
经　　销：	各地新华书店
印　　刷：	北京虎彩文化传播有限公司
开　　本：	880×1230　1/16
印　　张：	18.75
字　　数：	463千
版　　次：	2015年8月　第1版 2024年1月　第2版
印　　次：	2024年8月　第2版　第2次印刷　总第6次印刷
书　　号：	ISBN 978-7-114-18958-6
定　　价：	49.00元

(有印刷、装订质量问题的图书,由本公司负责调换)

前言 PREFACE

本书在《电机与电气控制》第 1 版基础上修订而成，是交通运输大类、装备制造大类专业的专业基础课教材。编者根据教育部颁布的教学标准，结合教学和课程改革，适应结构化、模块化专业课程教学要求，采用工学结合、项目引导和任务驱动的模式编写本书。

与第 1 版教材相比，本书结合"电机与电气控制"课程建设与改革实践，由学校、企业、行业专家合作开发，打破了常规的学科体系，采用项目引导和任务驱动的方式，将理论与实践相结合，将课程内容按项目分为若干任务，重视职业技能训练和职业能力培养。在内容上，删除了变压器和电机的维护检修部分，新增了实训手册，同时，本书增加了对电机与电气控制新技术、新工艺、新知识的介绍。

本书主要有以下特点：

一是实用性强。重视知识的实用性，内容安排以实用、够用为原则。

二是注重能力的培养。淡化理论知识，重视任务实施及解决实际问题能力的培养，通过课程训练与测评，直接检验学生解决实际问题的能力。

三是更新颖。在总体结构的设计上，打破了常规的学科体系，采用项目教学和任务驱动的方式，将相关知识和任务有机结合，使学生在完成任务的同时学习并消化必备的专业知识，新增了实训手册，便于学生实践操作。

四是配套丰富的教学资源。在线答题题库方便读者线上线下同步学习。

本书内容丰富，可作为交通运输大类、装备制造大类专业及相关专业的教材，也可供相关专业从业人员参考，建议学时为 60～90 学时。

本书由辽宁铁道职业技术学院于红和徐富春担任主编，济南工程职业技术学院周秀梅、北京铁路电气化学校常国兰以及辽宁铁道职业技术学院何武林担任副主编,辽宁铁道职业技术学院武欢、胡利民参与编写。具体分工如下:导学和项目四由徐富春编写,项目一由周秀梅编写,项目二由常国兰编写,项目三由胡利民编写,项目五由于红编写,项目六的任务一、任务二由武欢编写,项目六的任务三和任务四由何武林编写。中国铁路沈阳局集团有限公司沈阳高铁基础设施段副段长、高级工程师曹雪担任主审,他对全书进行了认真、细致、详尽的审阅,提出了许多的宝贵意见和建议,在此表示衷心的感谢。

由于编者水平有限,书中难免有疏漏和不妥之处,敬请广大读者批评指正。

编 者

2023 年 10 月

目录 CONTENTS

导学 ………………………………………………………………………… 001

第一篇 变压器与电机的认识与使用

项目一 变压器的认识与使用 ………………………………………… 005
- 任务一 变压器的结构识别 ……………………………………… 006
- 任务二 变压器的功能分析 ……………………………………… 014
- 任务三 变压器的极性判别 ……………………………………… 017
- 任务四 自耦变压器和互感器比较 ……………………………… 019
- 任务五 三相变压器的并联运行分析 …………………………… 022
- 知识归纳图谱 …………………………………………………… 026
- 线上答题 ………………………………………………………… 026

项目二 交流电动机的结构与运行 …………………………………… 027
- 任务一 三相异步电动机的拆装 ………………………………… 028
- 任务二 三相异步电动机的工作原理分析 ……………………… 034
- 任务三 三相异步电动机的功率与转矩分析 …………………… 039
- 任务四 三相异步电动机的机械特性分析 ……………………… 042
- 任务五 三相异步电动机的运行 ………………………………… 045
- 任务六 了解直线电动机 ………………………………………… 051
- 任务七 熟悉单相异步电动机 …………………………………… 055
- 知识归纳图谱 …………………………………………………… 060
- 线上答题 ………………………………………………………… 061

项目三 直流电机的操作与使用 ……………………………………… 062
- 任务一 直流电机的分类 ………………………………………… 063

任务二　直流电机的电动势、转矩和功率分析 …………………………………… 070
任务三　直流电动机的工作特性和机械特性分析 …………………………………… 075
任务四　直流电动机的运行 …………………………………… 078
知识归纳图谱 …………………………………… 082
线上答题 …………………………………… 082

第二篇　电气控制技术

项目四　常用低压电器的识别、安装与检修 …………………………………… 084
任务一　初识低压电器 …………………………………… 085
任务二　低压开关的识别与拆装 …………………………………… 090
任务三　熔断器的识别与检修 …………………………………… 099
任务四　主令电器的识别、使用与检修 …………………………………… 104
任务五　电磁式接触器的拆装与检修 …………………………………… 114
任务六　常用继电器的识别、使用与检修 …………………………………… 123
知识归纳图谱 …………………………………… 139
线上答题 …………………………………… 139

项目五　电气控制的基本线路 …………………………………… 140
任务一　电气控制线路的识读 …………………………………… 141
任务二　点动正转控制线路的安装 …………………………………… 148
任务三　接触器联锁正反转控制线路的安装 …………………………………… 153
任务四　实际控制电路的设计和安装 …………………………………… 159
任务五　三相异步电动机 Y-△降压启动控制线路的安装 …………………………………… 163
任务六　单向启动反接制动控制线路的安装 …………………………………… 174
任务七　直流电动机启动控制线路的安装与调试 …………………………………… 181
任务八　控制线路的分析 …………………………………… 189
知识归纳图谱 …………………………………… 194
线上答题 …………………………………… 194

项目六　可编程逻辑控制器（PLC）的认识与使用 …………………………………… 195
任务一　PLC 的产生与发展 …………………………………… 196
任务二　S7-300 的硬件系统的识别与安装 …………………………………… 202
任务三　S7-300 的指令系统的使用 …………………………………… 208
任务四　S7-300 控制的三相异步电动机的 Y-△降压启动 …………………………………… 234
知识归纳图谱 …………………………………… 244
线上答题 …………………………………… 245

参考文献 …………………………………… 246

配套实训手册 ………………………………………………………………… 247

技能训练 1　单相变压器的空载实验和短路实验 ……………………………… 247

技能训练 2　三相异步电动机的维护 …………………………………………… 250

技能训练 3　直流电机的简单操作使用 ………………………………………… 254

技能训练 4-1　低压开关的拆装与维修………………………………………… 257

技能训练 4-2　低压熔断器的识别与维修 ……………………………………… 260

技能训练 4-3　主令电器的识别与检修………………………………………… 262

技能训练 4-4　交流接触器的拆装与检修 ……………………………………… 264

技能训练 4-5　常用继电器的识别……………………………………………… 267

技能训练 4-6　时间继电器的检修与校验 ……………………………………… 268

技能训练 4-7　热继电器的校验………………………………………………… 270

技能训练 5-1　三相异步电动机的点动与连续运转控制……………………… 272

技能训练 5-2　三相异步电动机的正反转控制 ………………………………… 274

技能训练 5-3　工作台自动往返控制线路的安装 ……………………………… 276

技能训练 5-4　两台电动机顺序启动、逆序停止控制线路的安装 ……… 278

技能训练 5-5　两地控制的电动机正转控制线路的安装……………………… 280

技能训练 5-6　时间继电器自动控制 Y-△降压启动控制线路的
　　　　　　　安装 …………………………………………………………… 282

技能训练 5-7　单向启动反接制动控制线路的安装…………………………… 284

技能训练 5-8　并励直流电动机正反转控制线路及能耗制动控制
　　　　　　　线路的安装 …………………………………………………… 286

技能训练 6　基于 PLC 的三相异步电动机的连续运转控制 …………… 289

导学

一、电机行业发展现状

19世纪70年代以后,科学技术的发展突飞猛进,新技术、新发明层出不穷,并被广泛应用于工业生产,极大地促进了经济的发展。当时,电能的广泛应用就是科学技术快速发展及应用的重要例证之一,它标志着人类社会从此进入电气时代。

1949年以来,我国电机工业发展迅速,1953年全国进行了中小型电机统一设计,从此我们有了自己的产品。1957年我国电机年产量达1455000 kW,是1949年的23倍,自给率达75%以上。1958年浙江大学和上海电机厂共同研制出世上第一台12 MW双水内冷发电机,震惊了国际电工界;1969年上海电机厂又生产出125 MW双水内冷汽轮发电机;1972年制造了300 MW双水内冷汽轮发电机和水轮发电机;1987年制成了600 MW定子水内冷、转子氢内冷大型汽轮发电机。1949年,我国仅有为数不多的电机修理厂,经过70余年的发展,可以制造1300000 kW定子水冷、转子氢冷汽轮发电机,700 MW水轮发电机,可以制造500 kV、550000 kV·A变压器,在电动机方面可以制造80 MW同步电动机和25 MW异步电动机。目前,我国电机和变压器均建立了自主体系,电机、变压器产业正逐步利用高效低能耗产品替代低效高能耗产品。

近年来,我国工业电机行业受到各级政府的高度重视和国家产业政策的重点支持。国家陆续出台了多项政策,鼓励工业电机行业发展与创新,《工业和信息化部关于开展2021年工业节能监察工作的通知》《基础电子元器件产业发展行动计划(2021—2023年)》等产业政策为工业电机行业的发展提供了明确、广阔的市场前景,为企业提供了良好的生产经营环境。

二、新技术、新工艺、新知识

近年来,电机与电气控制领域、城市轨道交通供电技术领域出现了一些新技术、新工艺、新知识。

1. 电机与电气控制领域

1)无传感器控制技术

这是一种新型的电机控制技术,通过测量电机绕组中的电流波形来推断转子位置和速度,从而实现无需机械传感器即可高精度控制的目的。这种技术已经应用于一些高性能电机中,如永磁同步电机和感应电机。

2)基于机器学习的控制技术

这是一种新型的电机控制技术,利用机器学习算法训练电机控制器,实现电机在不同工况下的高效控制。这种技术已经应用于一些复杂的电机系统中,如机器人和电动汽车等。

3)智能控制器技术

这是一种新型的控制器设计技术,通过集成感知、通信、计算和执行等功能,实现对电机系统的智能化控制和管理。这种技术已经应用于一些智能制造和智能交通系统中,如工业机器人和轨道交通系统。

4）高温超导电机技术

这是一种新型的电机设计技术，利用高温超导材料在高温下的特殊性质，实现电机的高效运行和节能。这种技术已经应用于一些高性能电机中，如航空航天领域和新能源领域。

5）大数据分析技术

这是一种新型的数据处理和分析技术，通过收集和分析电机系统的大量数据，实现对电机系统的智能化监测和预测，提高电机系统性能。这种技术已经应用于一些智能制造和智能交通系统中，如工业机器人和轨道交通系统。

2. 城市轨道交通供电技术领域

1）SiC 半导体技术

这是一种新型的功率半导体技术。SiC 半导体与传统的硅基功率半导体相比，具有更高的效率、更小的体积和更低的能耗。SiC 半导体技术已经应用于一些城市轨道交通线路的供电系统中，以提高供电效率和减少能耗。

2）无刷电机技术

这是一种新型的电机技术。无刷电机相比传统的刷式电机，具有更高的效率、更小的噪声和更长的使用寿命。无刷电机技术已经应用于一些城市轨道交通列车的动力系统中，以提高列车的性能。

3）超级电容器技术

这是一种新型的电能存储技术。超级电容器相比传统的蓄电池，具有更高的充放电效率和更长的使用寿命。超级电容器技术已经应用于一些城市轨道交通线路的供电系统中，以提高系统的稳定性和可靠性。

4）高压直流输电技术

这是一种新型的电力传输技术，相比传统的交流输电技术，具有更高的输电效率和更长的输电距离。高压直流输电技术已经应用于一些城市轨道交通线路的供电系统中，以提高系统的稳定性和可靠性。

5）智能化供电系统技术

这是一种新型的供电系统技术，可以实现供电系统的远程监控、故障诊断和自动控制。智能化供电系统技术已经应用于一些城市轨道交通线路的供电系统中，以提高系统的可靠性和安全性。

6）磁悬浮技术

这是一种新型的列车动力技术，利用磁场作用使列车浮起，减少与轨道的摩擦力，从而提高列车的速度和稳定性。磁悬浮技术已经应用于一些城市轨道交通系统中，如上海磁浮列车。

7）超导技术

这是一种新型的电力传输和储存技术，利用超导材料在极低温下的特殊性质，减少电流传输时的能量损失。超导技术已经应用于一些城市轨道交通系统中，如北京地铁 S1 线。

8）直线电机技术

这是一种新型的列车动力技术，将电动机直接安装在轨道上，通过磁场作用驱动列车行驶，从而简化列车的机械传动系统，以提高列车的性能和可靠性。直线电机技术已经应用于一些城市轨道交通系统中，如北京地铁燕房线。

9）3D 打印技术

这是一种新型的制造技术，可以实现复杂结构和个性化设计，减少制造成本，缩短生产周期。3D 打印技术已经应用于城市轨道交通供电系统中，如制造电缆支架、导轨和隔离开关等。

10）人工智能技术

这是一种新型的智能化技术，可以实现供电系统的智能化控制和管理。人工智能技术已经应用于城市轨道交通供电系统中，如预测故障、优化调度和节能管理等。

三、课程导学

1. 教学建议

电机与电气控制是交通运输大类、装备制造大类专业及相关专业的一门实用性很强的专业基础课。该课程是电机学、电力拖动基础和电气控制三门学科的有机结合。它涉及面较广，既有理论知识又有实际技术问题；既有从应用角度出发对一般原理和运行特性的论述，又有依据工程观念对实际问题进行简化、抓住主要因素进行讨论的工程方法。

该课程的主要任务是让学生掌握交、直流电机和变压器的结构、工作原理及应用，常用低压电器的安装与使用，电气控制系统的基本环节、工作原理和实例分析，以培养学生独立分析问题和解决实际问题的能力。

建议学时安排如表0-1所示。

2. 教师寄语

学习电机与电气控制的方法：

（1）初学者学习这门课程时往往感到较为复杂、抽象。学习结构时应结合实物，弄清各部件的组成和作用，以增强感性认识。

（2）在学习中应注意各种电机的共性和特殊性，善于归纳总结，加深理解。

（3）注重理论联系实际，在实训中通过手脑并用，将所学知识用于分析电气控制线路的故障及检修。

（4）熟悉常用控制电器的结构、原理和用途，了解其型号和规格，并能正确选择与使用。

（5）熟练识读电气控制线路原理图和接线图，通过识图能力的提升，熟练掌握电气控制线路的分析方法。

建议学时安排　　　　表0-1

序号	课题名称	总课时	课时分配	
			理论	实践
1	变压器的认识与使用	6	4	2
2	交流电动机的结构与运行	8	6	2
3	直流电机的操作与使用	8	6	2
4	常用低压电器的识别、安装与检修	16	10	6
5	电气控制的基本线路	18	10	8
6	可编程逻辑控制器（PLC）的认识与使用	8	6	2
	合计	64	42	22

同学们，职业教育是国民教育体系和人力资源开发的重要组成部分，肩负着培养多样化人才、传承技术技能、促进就业创业的重要职责。在全面建设社会主义现代化国家新征程中，职业教育前途广阔、大有可为。青年强，则国家强。当代中国青年生逢其时，施展才干的舞台无比广阔，实现梦想的前景无比光明。广大青年要坚定不移听党话、跟党走，怀抱梦想又脚踏实地，敢想敢为又善作善成，立志做有理想、敢担当、能吃苦、肯奋斗的新时代好青年，让青春在全面建设社会主义现代化国家的火热实践中绽放绚丽之花！

第一篇
变压器与电机的认识与使用

电机是用来实现能量转换的电磁机械设备,根据能量转换方式的不同,电机分为发电机、电动机和变压器。发电机将机械能转换为电能,电动机将电能转换为机械能,变压器可使两种不同电压等级的电能相互转换。电能的产生、传输、分配、控制和转换既方便又高效,所以它成了各种能量转换的中间环节。

项目一
变压器的认识与使用

> **学习目标**
>
> 1. 知识目标
> ①掌握变压器的结构、工作原理和分类。
> ②掌握变压器的主要技术参数及功能。
> ③了解变压器的应用。
> ④掌握三相变压器的联结组别。
> ⑤掌握电压互感器与电流互感器的功能及使用注意事项。
>
> 2. 能力目标
> ①能够根据需要正确选用变压器。
> ②能够正确判断变压器的极性。
> ③能够正确使用互感器。
> ④具备基本的理论分析及应用能力。
>
> 3. 素质目标
> ①培养安全意识。
> ②培养严谨细致、精益求精的工匠精神。
> ③培养团队合作意识。
> ④培养开拓和创新意识。

请大家看一看图1-1,想一想在什么场所需要把电压升高,在什么场所需要把电压降低呢?为什么?

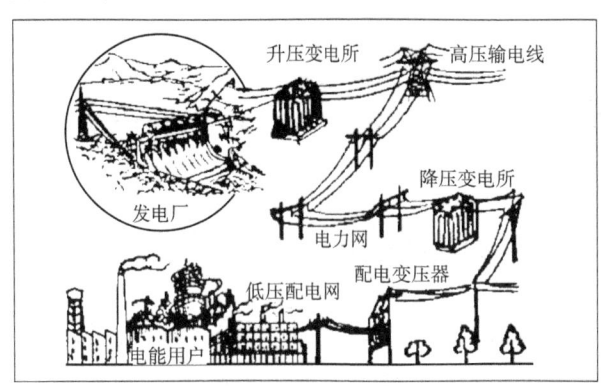

图1-1 电力系统输配电原理示意

在电力系统中,发电厂的发电机将水能、热能、风能以及太阳能等一次能源转换成电能后,需要经过一系列的变换才能供用户使用。在输电和变电过程中,会广泛应用变压器。为了降低线路上电能的损耗,发电厂发送的电能需要经过升压变电所的升压变压器升压,采用高压输电,再经降压变电所的降压变压器降压后供用户使用。

请同学们观看项目一导学微课,课前预习,制订本项目学习计划。

项目一导学

任务一　变压器的结构识别

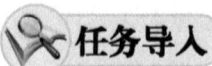

你们知道变压器的主要组成部分有哪些吗？各部分的作用又是什么呢？能否简述变压器的工作原理？

知识探索

变压器利用电磁感应原理，将某一数值的交变电压变换为同频率的另一数值的交变电压，既可以升压，也可以降压，是一种常用的静止电气设备。

一、变压器的结构

变压器主要由铁芯和绕组两部分组成，油浸式变压器的结构模型如图1-2所示。

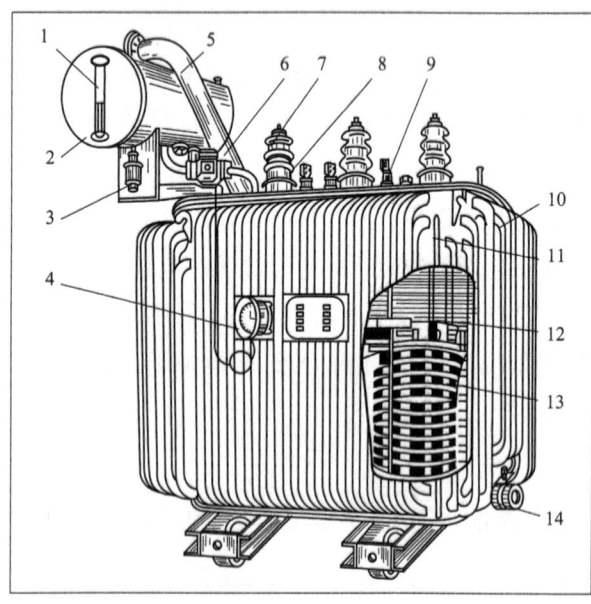

图1-2　油浸式变压器结构模型

1-温度计；2-储油柜；3-吸湿器；4-油浸显示器；5-防爆管；
6-气体继电器；7-高压套管；8-低压套管；9-分接开关；
10-散热器；11-油箱；12-铁芯；13-绕组及绝缘层；14-放油阀

1. 铁芯

铁芯是变压器的磁路部分，一方面作为变压器的机械骨架，另一方面可以构成闭合磁路。铁芯由铁芯柱和铁轭两部分组成，铁芯柱用来套装变压器线圈，而铁轭的作用则是连接铁芯柱，从而构成闭合磁路。

为减小磁滞损耗和涡流损耗，铁芯一般采用0.35 mm厚的冷轧硅钢片叠加而成。磁滞损耗是指铁芯在导磁过程中由磁化现象而造成的铁损；另外，线圈中的交变电流会在铁芯中产生交变磁通，磁通的变化又会使铁芯内部产生感应电流，从而造成能量损耗，即涡流损耗。磁滞损耗和涡流损耗统称为铁损耗。

变压器铁芯形式按线圈位置的不同分为两种：心式和壳式，其结构如图1-3所示。

根据铁芯形式的不同，变压器可分为心式变压器和壳式变压器，其套装方式分别如图1-4和图1-5所示。心式变压器采用心式铁芯，把绕组分别套装在两侧的铁芯柱上，即绕组包围铁芯，结构简单，装配容易，省导线，适用于大容量、高电压的变压器，应用比较广泛；壳式变压器采用壳式铁芯，把绕组套装在中间的铁芯柱上，即铁芯包围绕组，铁芯易散热，用线量多，工艺复杂，除小型干式变压器外很少采用。

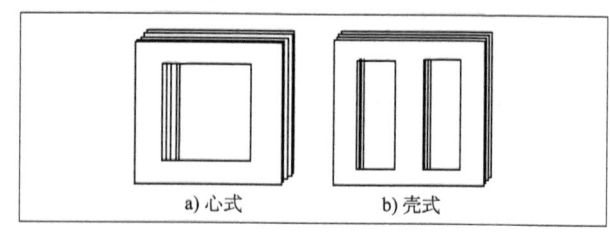

图1-3　变压器铁芯

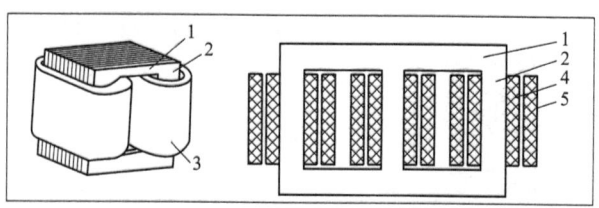

图1-4　心式变压器

1-铁轭；2-铁芯柱；3-线圈；4-低压线圈；5-高压线圈

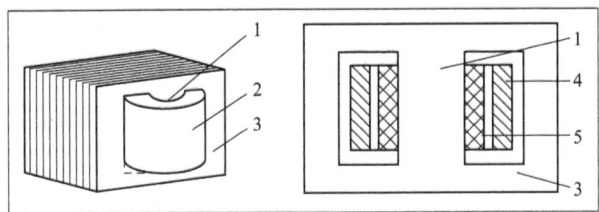

图1-5 壳式变压器

1-铁芯柱；2-线圈；3-铁轭；4-高压线圈；5-低压线圈

2. 绕组

绕组是变压器的电路部分。

(1) 绕组的材质。绕组的材质分为漆包线、纱包线、丝包线和纸包线。对于导线的要求是导电性能好，绝缘层有足够的耐热性能以及一定的耐腐蚀能力。一般情况下，最好用高强度的聚酯漆包线。

(2) 绕组的分类。变压器的两部分绕组通常根据电压高低，分为高压绕组和低压绕组；根据连接对象的不同，分为一次绕组(接电源，有时也称为原边绕组)和二次绕组(接负载，通常称为副边绕组)；按绕组绕制方式的不同，分为同心绕组和交叠绕组。

3. 绝缘套管

绝缘套管是变压器的引出装置，一般将其装在变压器的油箱上，实现带电的变压器绕组引出线与接地的油箱之间的绝缘。

4. 油箱和冷却系统

由于三相电力变压器主要用于电力系统的电能传输，因此容量都比较大，电压较高，发热严重，为了铁芯和绕组的散热和绝缘，一般将其浸于绝缘的变压器油内，而油则储存在油箱中。为了增加散热面积，一般在油箱四周均加装散热装置。容量较大的变压器有的需要采用通风冷却或强迫油循环冷却装置(如后文提到的铁路机车用的主变压器)。

由于变压器油的热胀冷缩，有的变压器油箱上部还安装了储油柜，通过连接管与油箱相通，其作用是减小油箱中的变压器油与空气的接触面积，从而减缓变压器油的老化速度。当变压器油温度升高时，液面上升，把储油柜上部气体排入大气；当变压器油温度降低时，液面下降，空气通过干燥剂过滤后，进入储油柜。

新型的全充油密封式电力变压器则取消了储油柜，运行时变压器油的体积变化完全由设在油箱侧壁的膨胀式散热器来补偿，从而避免了变压器油与大气接触而造成老化的情况。

5. 保护装置

1) 安全气道(防爆管或压力释放阀)

防爆管装在油箱顶部，是一根长的圆形钢管，下部与油箱连通，上端用酚醛纸板密封。变压器发生故障时，油箱内产生大量气体，造成压力骤增，油流冲破酚醛纸板流出而释放压力，以免变压器油箱爆裂。近年来，广泛采用压力释放阀，当变压器发生故障，内部压力达到标定值时，压力释放阀能迅速开启，释放压力，将气体和油流排到油箱外，从而防止变压器油箱破裂或爆炸；当压力恢复正常时，阀口关闭。

2) 气体继电器

在油箱和储油柜之间的连接管中装有气体继电器，当变压器发生故障时，内部绝缘物发生气化反应，使气体继电器动作，发出报警信号或使开关跳闸。

二、变压器的工作原理

变压器是利用电磁感应原理工作的，将两个(或两个以上)相互绝缘且匝数不同的绕组分别套装在铁芯上，其中一次绕组接电源 u_1，其工作原理如图1-6所示。

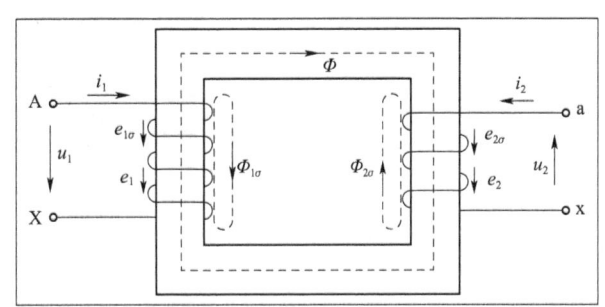

图1-6 变压器的工作原理

原理叙述：给一次绕组施加交变电压 u_1，在绕组中产生交变电流 i_1，从而在铁芯中产生交变磁通 Φ，根据电磁感应原理，磁通的变化使一次绕组和二次绕组分别产生感应电动势 e_1 和 e_2，若把负载接在二次绕组上，就会有电流流过负载，实现电能的传递。同时，e_1 和 e_2 的大小与一次绕组和二次绕组的匝数成正比，所以只要改变一次绕组、二次绕组的匝数之比就可以改变电压输出的大小。

三、变压器的分类

1. 按相数分类

变压器按相数分为单相变压器、三相变压器和多相变压器。单相变压器和三相变压器分别如图 1-7a) 和图 1-7b) 所示。

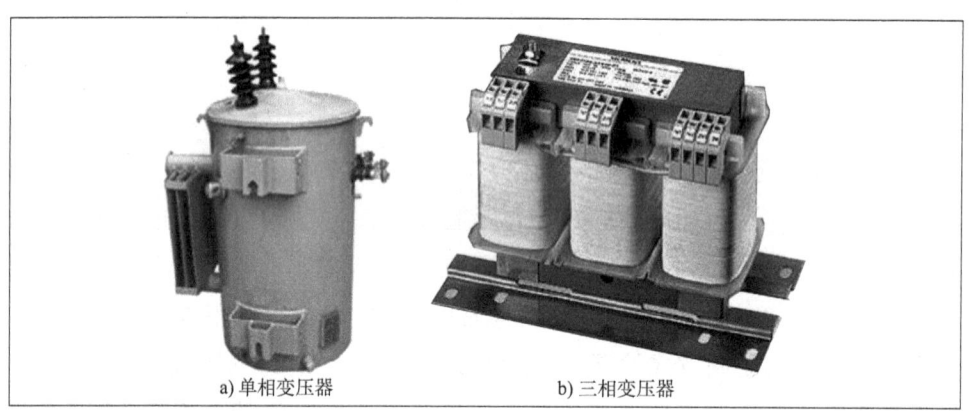

a) 单相变压器　　　　　b) 三相变压器

图 1-7　单相变压器和三相变压器

2. 按冷却方式分类

变压器按冷却方式分为干式变压器和油浸式变压器。

（1）干式变压器：利用空气对流进行自然冷却或采用通风机进行强迫式冷却，如图 1-8a) 所示。

（2）油浸式变压器：利用变压器油作为冷却介质，分为油浸自冷式、油浸风冷式、强迫油循环自冷式和强迫油循环风冷式等，如图 1-8b) 所示。

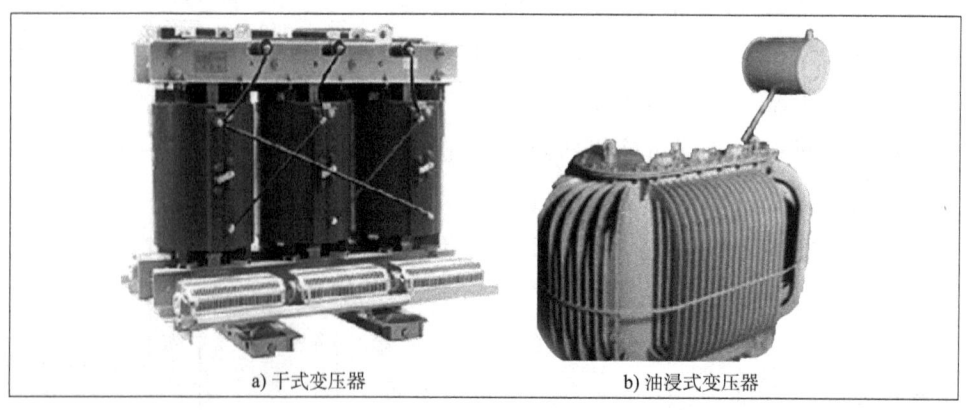

a) 干式变压器　　　　　b) 油浸式变压器

图 1-8　干式变压器和油浸式变压器

3. 按用途分类

变压器按用途分为电力变压器、仪用变压器、隔离变压器、特种变压器。

(1)电力变压器:用于输配电系统的升压、降压及配电。电力变压器如图 1-9 所示,电力变压器的工作原理如图 1-10 所示。

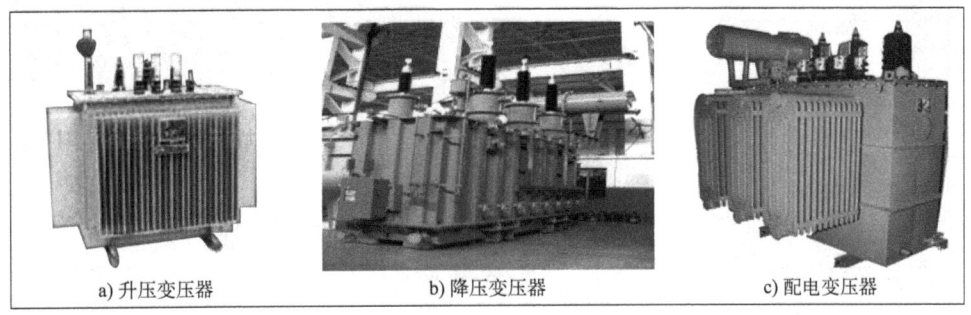

a) 升压变压器　　b) 降压变压器　　c) 配电变压器

图 1-9　电力变压器

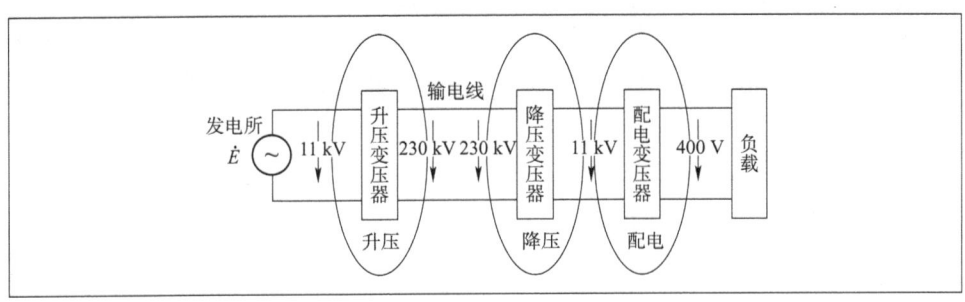

图 1-10　电力变压器的工作原理

(2)仪用变压器:用于测量仪表和继电保护装置,如电压互感器和电流互感器。

(3)隔离变压器:实现对一次侧电路和二次侧电路的电气隔离。

(4)特种变压器:具有特殊用途的变压器,如电炉变压器、整流变压器、调整变压器及电容式变压器等。

4. 按绕组构成分类

变压器按绕组构成分为双绕组变压器、三绕组变压器、多绕组变压器和自耦变压器等。

5. 按铁芯形式分类

变压器按铁芯形式分为心式变压器和壳式变压器。

四、变压器的型号及技术参数

每台变压器都有一个铭牌,标明其型号及主要技术参数,作为正确使用该变压器的依据,如图 1-11 所示。

1. 型号

图中铭牌显示变压器的型号为 S9-M800/6,其中,S 表示三相电力变压器,9 表示设计序号,M 表示密封式,800 表示其额定容量为 800 kV·A,6 表示其高压侧额定电压为 6 kV。变压器的型号及其含义如图 1-12 所示。

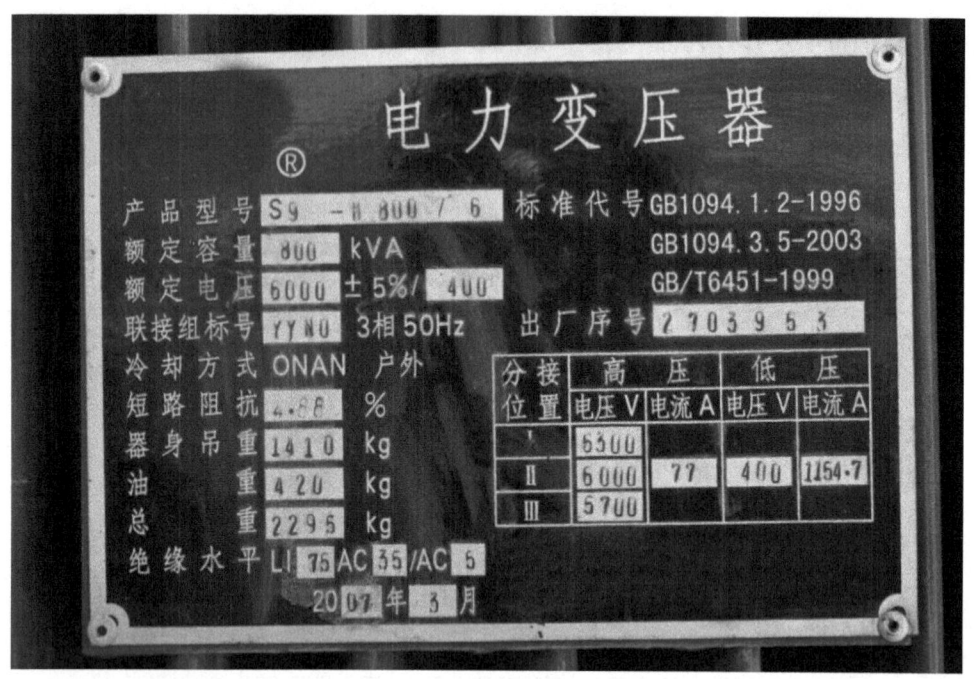

图 1-11 变压器的铭牌

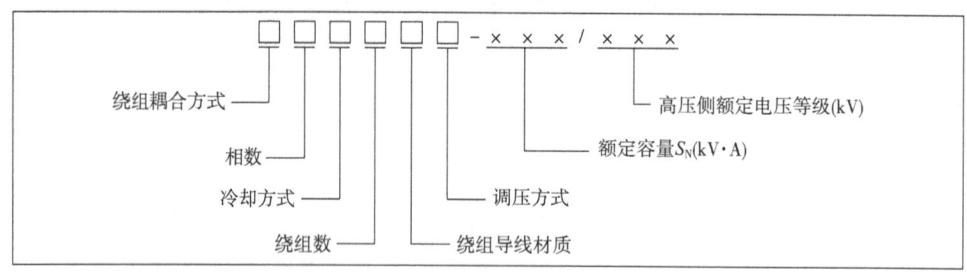

图 1-12 变压器的型号及其含义

2. 额定电压 U_{1N} 和 U_{2N}

一次绕组额定电压 U_{1N} 是指在考虑变压器的绝缘强度和允许发热限度等条件后,加在一次绕组上的正常工作电压值。由于供电电网电压会有波动,一般会给定 3 个电压值,根据实际情况选择,以保证二次绕组的电压符合负载要求。

二次绕组额定电压 U_{2N} 是指变压器空载时二次绕组的正常工作电压值。

对三相变压器来说,额定电压是指绕组的线电压。

3. 额定电流 I_{1N} 和 I_{2N}

额定电流是指变压器满载运行时的允许发热电流值。在三相变压器中,额定电流是指绕组的线电流。

4. 额定容量 S_N

额定容量是指变压器在额定状态下工作时,二次绕组的视在功率(kV·A),它反映的是变压器传送功率的能力。

单相变压器额定容量:

$$S_N = U_{1N}I_{1N} = U_{2N}I_{2N} \tag{1-1}$$

三相变压器额定容量：
$$S_N = \sqrt{3}\,U_{1N}I_{1N} = \sqrt{3}\,U_{2N}I_{2N} \tag{1-2}$$

变压器的技术参数还有很多，例如额定频率、短路阻抗、效率等，在此就不一一列举了。

五、变压器的运行特性

变压器的运行特性包含两个方面：一是外特性，二是效率特性。

1. 外特性和电压变化率

1) 外特性

在变压器一次侧加额定电压，当负载的功率因数保持不变时，二次侧电压随负载电流的变化规律，称为变压器的外特性，即 $U_2 = f(I_2)$，如图1-13所示。当负载为容性时，外特性曲线是上升的；当负载为感性时，外特性曲线是下降的。也就是说，容性电流有助磁作用，使 U_2 上升；而感性电流有去磁作用，使 U_2 下降。

2) 电压变化率（电压调整率）

当变压器负载运行时，由于变压器内阻抗的存在，负载电流 I_2 流过时，必然产生内阻抗压降，引起 U_2 变化，这种变化程度可用电压变化率来表示，即从空载运行到额定负载运行，二次绕组输出电压的变化量 ΔU 与二次绕阻额定电压 U_{2N} 的百分比，用 $\Delta U\%$ 表示：

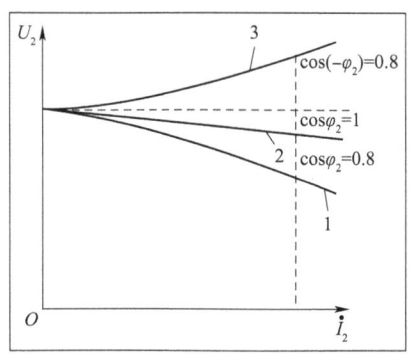

图1-13　变压器的外特性

$$\Delta U\% = \frac{\Delta U}{U_{2N}} \times 100\% = \frac{U_{2N} - U_0}{U_{2N}} \times 100\% \tag{1-3}$$

2. 效率特性

1) 损耗

若变压器的输入功率为 P_1，输出功率为 P_2，中间的损耗为 ΔP，则 $\Delta P = P_1 - P_2$。

由于变压器属于静止电器，没有运动部件，不存在机械损耗，因此其损耗主要包括两部分：铜损耗 P_{Cu} 和铁损耗 P_{Fe}，即 $\Delta P = P_{Cu} + P_{Fe}$。

铜损耗主要是由于一次绕组和二次绕组通入电流而产生的电阻损耗。铜损耗大小与电流的平方成正比，所以又称为可变损耗。另外，还有一部分是由于漏磁通而产生的附加铜损耗，占基本铜损耗的3%~20%。额定负载时铜损耗近似等于短路损耗（$P_{CuN} \approx P_K$），如果变压器没有满负荷运行，设负载系数 $\beta = \dfrac{I_2}{I_{2N}}$，那么 $P_{Cu} = \left(\dfrac{I_2}{I_{2N}}\right)^2 P_{CuN} = \beta^2 P_K$。

铁损耗是指铁芯中的磁滞损耗和涡流损耗。由于铁损耗主要与铁芯中的磁通有关，在电源电压一定时，铁芯中的磁通基本不变，铁损耗也基本不变，因此，铁损耗又称为不变损耗。铁损耗近似等于空载损耗 P_0。

2) 效率

变压器的输出功率与输入功率之比称为变压器的效率,用 η 表示,即

$$\eta = \frac{P_2}{P_1} \times 100\% = \frac{P_1 - \Delta P}{P_1} \times 100\% = \left(1 - \frac{\Delta P}{P_2 + \Delta P}\right) \times 100\%$$

$$= \left(1 - \frac{P_{Fe} + P_{Cu}}{\beta S_N \cos\varphi_2 + P_{Fe} + P_{Cu}}\right) \times 100\% \qquad (1-4)$$

$$= \left(1 - \frac{P_0 + \beta^2 P_K}{\beta S_N \cos\varphi_2 + P_0 + \beta^2 P_K}\right) \times 100\%$$

其中,$P_2 = \beta S_N \cos\varphi_2$,$\cos\varphi_2$ 为负载功率因数。

通常,中小型变压器效率在 95% 以上,大型变压器效率在 99% 以上。

当变压器电源电压和功率因数一定时,效率随负载系数的变化关系 $\eta = f(\beta)$ 称为变压器的效率特性,其变化规律如图 1-14 所示。

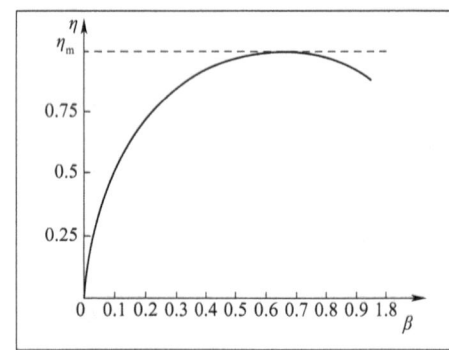

图 1-14 变压器的效率特性

从图 1-14 可见,当负载系数较小时,效率随负载系数的增大而迅速增大;当负载系数超过一定值后,负载系数增大,效率不但不增大,反而减小,其间出现了一个最大效率。通过数学分析,可求得出现最大效率的条件:可变损耗等于不变损耗,即 $P_{Cu} = \beta_m^2 P_K = P_0$,此时 $\beta_m = \sqrt{\frac{P_0}{P_K}}$。代入式(1-4),可得最大效率为:

$$\eta_m = \left(1 - \frac{2P_0}{\beta_m S_N \cos\varphi_2 + 2P_0}\right) \times 100\% \qquad (1-5)$$

六、变压器在相关领域的应用

1. 铁路机车用主变压器

目前,铁路系统应用比较广泛的 HXD3 型电力机车采用的是 JQFP2-9006/25(DL)型主变压器,它将 25 kV 的接触网电压变换为电力机车所需的各种低电压,以满足电力机车各种电机电器工作的需要,其外形如图 1-15 所示。

图 1-15 HXD3 型电力机车主变压器

该变压器由器身(铁芯和绕组)、油箱、冷却系统、保护装置和其他附属装置组成。其绕组分为高压绕组和低压绕组,高压绕组额定电压为 25 kV;低压绕组包含 6 组牵引绕组和 2 组辅助绕组,牵引绕组分别输出 1450 V 电压为 6 台牵引电动机提供三相交流电,辅助绕组分别输出 399 V 电压为辅助系统提供三相交流电,同时经过变换为机车提供 110 V 直流控制电源。

油箱采用氮气密封保护,使油不与外界环境相通,以防止其老化。

该变压器的冷却方式为强迫导向油循环风冷式,主变压器与冷却装置分开

布置,当变压器油温度升高后,潜油泵强迫热油从油箱进入冷却器,经通风机通风冷却后再进入油箱进行下一次循环。

其保护装置主要包括压力释放阀和油流继电器,油流继电器是用来检查变压器油循环是否正常的电器。

2. 城市轨道交通车辆专业用变压器

在城市轨道交通车辆上,低压系统及控制电源必须实现与高网压 DC 1500 V 在电气电位上的隔离,最佳的隔离方式为采用隔离变压器。如武汉轻轨 1 号线车辆,直流 750V 电源通过主隔离开关和断路器由第三轨接入逆变器设备。该变压器的作用:一是可以提供 300V/380V 的电压,二是具备绝缘和电气隔离的作用。

任务实施工单

班级		姓名	
情境描述	小王和小李一起讨论他们所知道的变压器。小王说变压器就只有一个铁壳,里面只有变压器油,没有别的。小李说铁壳里面还有导线呢,还有的变压器里面没有油。你认为他们说的对吗?		
互动交流	1. 简述变压器的基本结构。 2. 简述变压器的分类。 3. 画图并说明变压器的工作原理。		
能力训练	对照变压器实物,指出其各组成部分的名称和作用,并能够根据外形特点正确判断高压绕组和低压绕组。		

学习效果评估			
评价指标	学生自评	学生互评	教师评估
知识掌握程度	☆☆☆☆☆	☆☆☆☆☆	☆☆☆☆☆
能力掌握程度	☆☆☆☆☆	☆☆☆☆☆	☆☆☆☆☆
素质掌握程度	☆☆☆☆☆	☆☆☆☆☆	☆☆☆☆☆

任务二　变压器的功能分析

任务导入

想一想：变压器除了能改变电压，还能改变什么？它是怎么实现这些功能的呢？

知识探索

一、变换电压

变压器的工作原理在任务一中已经阐述，下面分析变压器空载运行时各物理量之间的关系。变压器空载运行原理如图1-16所示。

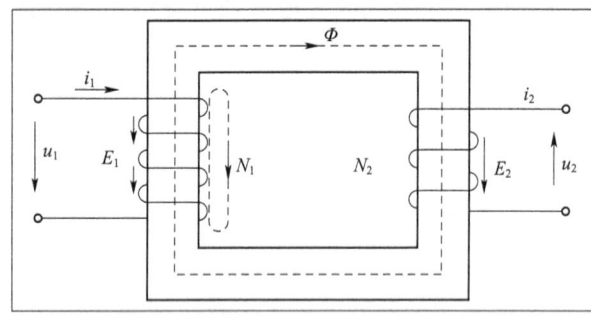

图1-16　变压器空载运行原理

当变压器空载时，给一次绕组施加交流电压 u_1，产生空载电流 i_0，在电流 i_0 的作用下，铁芯中产生交变磁通 Φ（主磁通），磁通交变的同时在一次绕组和二次绕组中产生感应电动势 E_1 和 E_2，其有效值分别为：

$$\begin{cases} E_1 = 4.44 N_1 f \Phi_m \\ E_2 = 4.44 N_2 f \Phi_m \end{cases} \quad (1-6)$$

式中：Φ_m——交变磁通的最大值，Wb；

N_1——一次绕组的匝数，匝；

N_2——二次绕组的匝数，匝；

f——交流电的频率，Hz。

由以上两式可知：

$$\frac{E_1}{E_2} = \frac{N_1}{N_2} \quad (1-7)$$

在一般变压器中，空载运行时，一次绕组的电阻压降及漏磁电动势都很小，故可近似认为，交流电压等于一次绕组中的感应电动势，即

$$U_1 \approx E_1$$

在空载情况下，二次绕组开路，故二次绕组端电压 U_2 与电动势 E_2 相等，即

$$U_2 = E_2$$

因此

$$\frac{U_1}{U_2} \approx \frac{E_1}{E_2} = \frac{N_1}{N_2} = K_u = K \quad (1-8)$$

式中：K_u——变压器的变压比，简称变比，用 K 来表示。

变压比是指变压器一次绕组与二次绕组的相电动势之比，它是变压器最重要的参数之一。

变压器一次绕组和二次绕组的电压与其绕组匝数成正比，即匝数较多的绕组其电压较高，而匝数较少的绕组其电压较低。改变一次绕组、二次绕组匝数之比就可改变二次绕组的输出电压。所以，变压器有变换电压的作用。

若某变压器 $K>1$（即 $U_1>U_2$，$N_1>N_2$），则其为降压变压器；若 $K<1$（即 $U_1<U_2$，$N_1<N_2$），则其为升压变压器。

二、变换电流

如图1-17所示为变压器负载运行原理图。

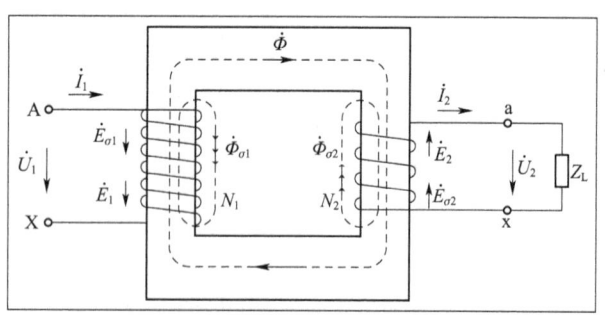

图1-17　变压器负载运行原理

当变压器负载运行时，一次绕组和二次绕组中都有电流流过，分别为 i_1 和 i_2。从能量的角度分析，一般变压器的效率很高，能量损耗较小，所以可近似看作输出功率 P_2 等于输入功率 P_1，即

$$U_1 I_1 \approx U_2 I_2 \qquad (1\text{-}9)$$

因此

$$\frac{I_1}{I_2} \approx \frac{U_2}{U_1} \approx \frac{N_2}{N_1} = \frac{1}{K_u} = K_i \qquad (1\text{-}10)$$

式中：K_i——变压器的变流比。

由式(1-10)可知，变压器除了改变电压之外，还可以改变电流的大小，而且一次绕组和二次绕组的电流与其绕组匝数成反比，即匝数较多的绕组其电流较小，而匝数较少的绕组其电流较大。

由以上分析可知，在变压器中，高压绕组电压高、匝数多、电流小，所以导线相对较细；低压绕组电压低、匝数少、电流大，所以导线相对较粗。可以根据这一特点来区分高压绕组和低压绕组。

电力系统在向用户提供电能的过程中，通常会采用高压输电，因为远距离输送一定功率的电能 $P = \sqrt{3}UI\cos\varphi$，在输送功率 P 和负载功率因数一定的情况下，输电线路上的电压 U 越高，则流过输电线路的电流越小。这样一方面可以节省导线和其他架设费用，另一方面可以减少送电时导线上的功率损耗。在输电过程中需要考虑输电线路上的功率损耗，根据 $P_{损} = I^2 R$，要减少线路损耗，可通过减小电流或减小电阻来实现，但若通过增加输电线的截面积来减小其自身电阻 R，一方面浪费导体材料，另一方面也会增加导体质量，不利于架线，所以只能采用减小输电电流的方式来减少功率损耗。因此，在电力系统中，广泛采用高压输电来减小输电电流，从而减少输电线路上的能量损耗。

三、变换阻抗

变压器不仅能改变电压和电流，还可以变换阻抗。变压器一次侧接交流电源，对电源来说变压器是负载，其输入阻抗可用输入电压、输入电流来计算，即变压器的输入阻抗为 $Z_1 = U_1/I_1$。而变压器的二次侧输出又接了负载，电压、电流、负载之间存在 $Z_2 = U_2/I_2 = Z_{负载}$ 的关系。如果变压器二次绕组接上阻抗为 $|Z_L|$ 的负载，如图1-18所示。

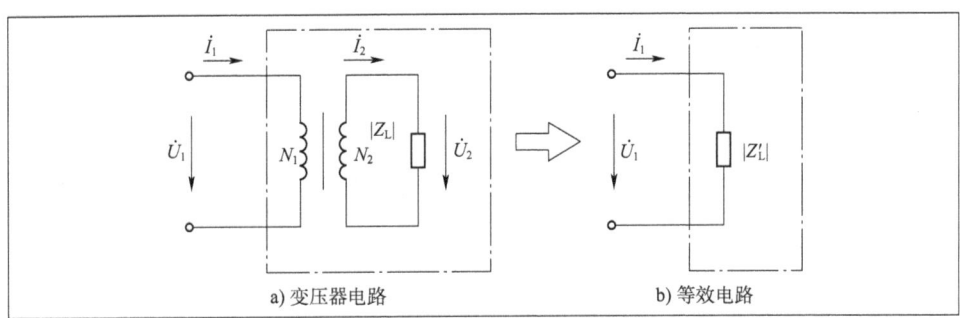

图1-18 变压器变换阻抗的变压器电路和等效电路

对电源 $\dot{U}_1$ 来说，变压器和负载总体的等效阻抗为 $|Z'_L|$，则有：

$$|Z'_L| = Z_1 = \frac{U_1}{I_1} = \frac{(N_1/N_2)U_2}{(N_2/N_1)I_2} = \left(\frac{N_1}{N_2}\right)^2 |Z_L| = K^2|Z_L| \tag{1-11}$$

由此可见，在经变压器变换后，对电源来说，当变压器接入一个阻抗为 $|Z_L|$ 的负载，其等效阻抗变为原来的 K^2 倍。如果已知负载阻抗 Z_2 的大小，要把它变成另一个一定大小的阻抗 Z_1，只需接一个变比 $K = \sqrt{Z_1/Z_2}$ 的变压器。

变压器变换阻抗的功能在电子电路设备中有所应用。例如音响设备中，要在扬声器中获得最好的音响效果（输出最大的功率），要求音响设备输出的阻抗与扬声器的阻抗尽量相等，但实际上扬声器的阻抗只有几欧到十几欧，而音响设备的输出阻抗却很大，达几百欧甚至几千欧，所以通常在两者之间接一个变压器来达到阻抗匹配的目的。

任务实施工单

班级		姓名	
情境描述	小张说一个阻抗是 20 Ω 的电阻，无论是直接接电源还是通过一个变压器接电源，对于电源来说电阻都是 20 Ω，小李却说这两种情况下的电阻是不一样的。你同意谁的观点呢？		
互动交流	1. 什么是变压器的变压比？ 2. 为什么远距离输电要采用高压输电？ 3. 一个阻抗为 20 Ω 的电阻，通过一个变比为 K 的变压器接到电源上，对于电源来说，阻抗变成多少？		
能力训练	在不利用工具测量的情况下，如何根据绕组外观特点来区分变压器的高压绕组和低压绕组？		

学习效果评估

评价指标	学生自评	学生互评	教师评估
知识掌握程度	☆☆☆☆☆	☆☆☆☆☆	☆☆☆☆☆
能力掌握程度	☆☆☆☆☆	☆☆☆☆☆	☆☆☆☆☆
素质掌握程度	☆☆☆☆☆	☆☆☆☆☆	☆☆☆☆☆

任务三 变压器的极性判别

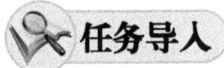

直流电源有正极和负极,在进行串、并联时必须根据其极性来正确接线,在使用变压器时可能也会遇到多个绕组相互连接的问题,所以需要找出某一瞬间极性相同的端点才能正确接线。观察如图1-19所示的变压器模型,你能找出两个绕组的同名端吗?

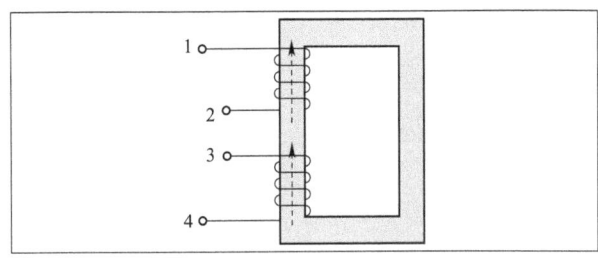

图1-19 变压器模型

一、变压器绕组的极性

变压器绕组的极性指的是变压器一次绕组、二次绕组在同一磁通作用下产生的感应电动势之间的相位关系,通常用同名端来标记。如图1-20所示,1、2为一次绕组,3、4为二次绕组,它们的绕向相同,在同一交变磁通的作用下,两绕组中同时产生感应电动势。在任何时刻两绕组同时具有相同电动势极性的两个端头互为同名端,故1、3互为同名端,2、4互为同名端;1、4互为异名端,2、3互为异名端。一般会在两个同名端用符号"•"或"*"来表示。

二、变压器绕组极性的判别方法

1.直观法

绕组的极性是由它的绕制方向决定的,所以可以通过直观法判断它们的极性。如果从绕组的某端通入直流电,产生的磁通方向一致的这些端点就是同名端(右手螺旋定则判别)。直观法判别绕组极性如图1-21所示。

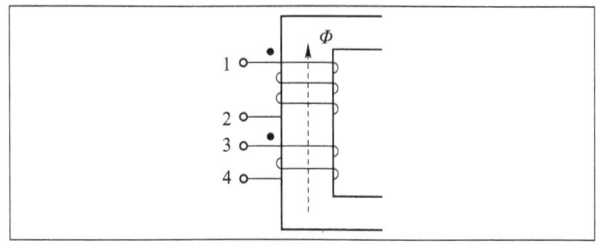

图1-20 变压器绕组的极性

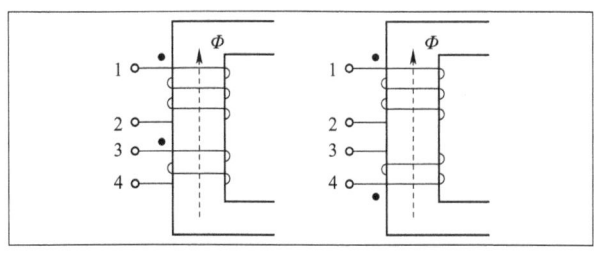

图1-21 直观法判别绕组极性

2.测试法

如果是一台已经制成的变压器,无法从外部观察其绕组的绕向,此时可采用测试法进行测定。

1)交流法(电压表法)

工厂中常用36 V照明变压器输出的36 V交流电压进行测试,测试时安全又方便。

如图1-22所示,将2点和4点连起来。在它的一次绕组12上加适当的交流电压,二次绕组34开路。用电压表分别测一次电压U_{12}、二次电压U_{34}和1、3两端电压U_{13}。若$U_{13} = U_{12} - U_{34}$,则端头1和3是同名端;若$U_{13} = U_{12} + U_{34}$,则端头1和4是同名端。

2)直流法(检流计法)

如图1-23所示,mA为检流计,接通开关,在通电瞬间,注意观察检流计指针的偏转方向。如果检流计的指针向正方向偏转,则表示变压器连接电池正极的端头和连接检流计正极的端头为同名端(1、3);如果检流计的指针向负方向偏转,则表示变压器连接电池正极的端头和连接检流计负极的端头为同名端(1、4)。

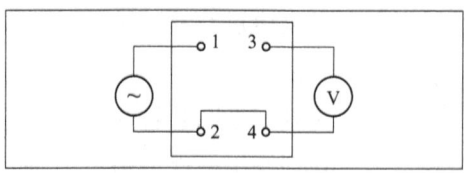
图 1-22 交流法

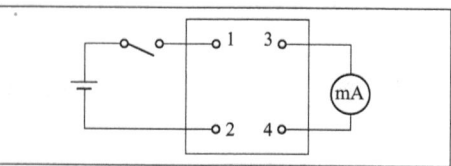
图 1-23 直流法

采用这种方法时,应将高压绕组接电源,以减少电能的消耗;而将低压绕组接检流计,减少对检流计的冲击。

任务实施工单

班级		姓名	
情境描述	一台实验用变压器,绕组首、末端标记模糊不清,你能准确找出它绕组的首、末端吗?		
互动交流	1.什么是变压器绕组的同名端? 2.判断变压器绕组同名端的方法有哪些?		
能力训练	小组成员配合,互相出题,判断变压器绕组的同名端或异名端。		
学习效果评估			
评价指标	学生自评	学生互评	教师评估
知识掌握程度	☆☆☆☆☆	☆☆☆☆☆	☆☆☆☆☆
能力掌握程度	☆☆☆☆☆	☆☆☆☆☆	☆☆☆☆☆
素质掌握程度	☆☆☆☆☆	☆☆☆☆☆	☆☆☆☆☆

任务四　自耦变压器和互感器比较

想一想：在交流电系统中，如何测量大电流和高电压呢？

一、自耦变压器

一般的变压器，其一次绕组和二次绕组是分开绕制的，它们通过铁芯进行磁的耦合，相互之间没有电的联系，而自耦变压器是一种结构特殊的变压器，其一次绕组和二次绕组合二为一，一个绕组是另一个绕组的一部分，即一次侧、二次侧共用一个绕组。自耦变压器工作原理如图1-24所示。

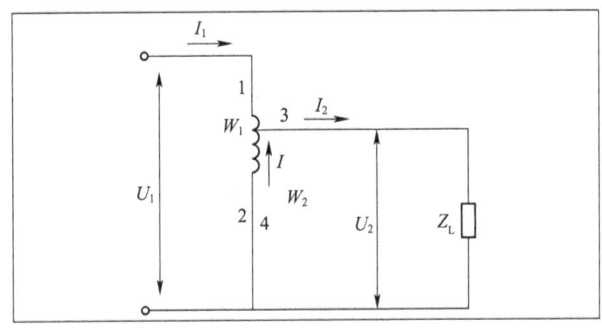

图1-24　自耦变压器工作原理

自耦变压器的一次绕组和二次绕组之间既有磁的耦合，也有电的直接联系。

自耦变压器的工作原理与普通变压器是一样的，即 $\dfrac{U_1}{U_2} \approx \dfrac{E_1}{E_2} = \dfrac{N_1}{N_2} = K \geqslant 1$。

根据电磁感应原理，流经公共绕组的电流 I 的大小为：

$$I = I_2 - I_1 = (K-1)I_1 \qquad (1\text{-}12)$$

可见，当 K 接近1时，流经公共绕组的电流较小，所以这部分绕组可以用横截面积较小的导线绕制，节省用铜量，并减小自耦变压器的体积和质量，这是它的一大优点。如果 $K > 2$，则 $I > I_1$，自耦变压器就没有太大的优越性了。

再看自耦变压器输出的视在功率（不计损耗时）为：

$$S_2 = U_2 I_2 = U_2(I + I_1) = U_2 I + U_2 I_1 = S_2' + S_2'' \qquad (1\text{-}13)$$

可见，传输的总容量 S_2 中有一部分是电磁感应传递的能量 S_2'，称作电磁容量或绕组容量，它决定着变压器的尺寸和所消耗材料的多少；另一部分是通过电路直接从一次侧传递过来的能量 S_2''，称作传导容量，是普通变压器没有的。这是自耦变压器能量传递方式上与一般变压器的区别，而且这两部分传递能量的比例，完全取决于变比 K。因为：

$$S_2' = U_2 I = \dfrac{U_1}{K}(KI_1 - I_1) = \left(1 - \dfrac{1}{K}\right)S_2 \qquad (1\text{-}14)$$

$$S_2'' = \dfrac{1}{K}S_2 \qquad (1\text{-}15)$$

这说明靠电磁感应传递的能量占总能量的 $(1 - 1/K)$，而通过电路直接从一次侧传递过来的能量占总能量的 $1/K$。所以，当 $K = 2$ 时，S_2' 和 S_2'' 各占总能量的一半，二次侧从绕组中间引出，$I = I_1$，绕组中公共部分的电流没有减少，省铜效果已不明显；而当 $K = 3$ 时，电路传输的能量少，靠感应输送的能量多，且 $I = 2I_1$，公共部分绕组电流增加了，导线也要加粗，用铜量增加。由此可见，当变压比 $K > 2$ 时，自耦变压器的优点就不明显了，所以自耦变压器通常工作在变压比 $K = 1.2 \sim 2$ 的条件下。

因为自耦变压器的一次绕组和二次绕组之间存在电联系，所以高压侧的电气故障会波及低压侧，故低压侧应有防止过电压的措施。另外，如果自耦变压器的输入端的相线和零线接反，虽然二次侧输出电压大小不变，但这时输出"零线"为"高电势"，是非常危险的。为此，规定自耦变压器不能作为安全隔离变压器使用，而且使用时要求自耦变压器接线正确，外壳必须接地，接自耦变压器之前,一定要把手柄转到零位。

二、互感器

要做一个能够直接测量大电流、高电压的仪表是很困难的,操作起来也十分危险。可以利用变压器能改变电压和电流的功能,制造出特殊的变压器——仪用变压器(又称互感器)。互感器是一种测量用的专用设备,分电压互感器和电流互感器两种,其工作原理与普通变压器相同。

使用互感器的目的:一是保障测量人员的安全,使测量回路与高压电网相互隔离;二是扩大测量仪表(电流表或电压表)的测量范围;三是可用于继电保护装置的测量系统。因此,互感器被广泛应用于交流电压、电流、功率的测量中,以及各种继电保护和控制电路的测量系统中。

1. 电压互感器

电压互感器是把高电压降低后进行测量的电工设备,它本质上就是一台降压变压器。其特点是:一次侧绕组匝数多,导线细,与待测电路并联;二次侧绕组匝数少,导线粗,与电压表或其他仪表的电压线圈并联,正常运行时二次侧近似于开路状态,其工作原理如图1-25所示。

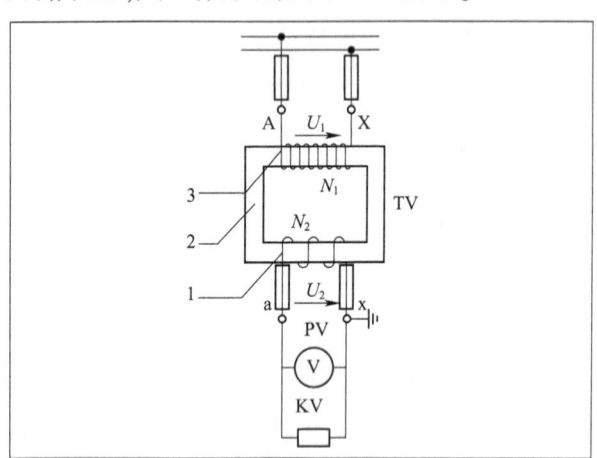

图1-25 电压互感器工作原理

1-二次绕组;2-铁芯;3-一次绕组

电压互感器的变压比为:

$$K_{TV} = \frac{U_1}{U_2} = \frac{N_1}{N_2} \quad (1-16)$$

K_{TV}是电压互感器的重要参数,只要读出二次侧电压表的读数,待测电路的电压即可由二次侧电压值乘变压比得出。一般电压互感器二次侧额定电压都规定为100 V,这样可以使二次侧所接的仪表电压线圈额定值都为100 V,可统一标准化。为方便读数,一般二次侧电压表的标度尺直接按一次侧电压来分度,不必再进行换算,如电力机车电压互感器的变压比为25000 V/100 V,其驾驶室的网压表即可按25000 V进行分度。

使用电压互感器的注意事项:

(1)电压互感器的二次侧在使用时绝对不允许短路,否则将产生巨大的短路电流,将电压互感器绕组烧坏。为此,二次侧要装熔断器进行保护。

(2)电压互感器的铁芯及二次侧的一端必须可靠接地,以防绝缘被破坏时铁芯和绕组带高压电,危及工作人员的安全。

(3)电压互感器有一定的额定容量,使用时二次侧不宜接入过多的仪表,以免影响电压互感器的测量精度。

2. 电流互感器

电流互感器是把大电流降低后进行测量的电工设备。根据变压器的功能可知,要降低电流就必须要升高电压,所以电流互感器实质上是一台升压变压器。其特点是:一次侧绕组匝数少(一般只有一至几匝),导线粗,与待测电路串联;二次侧绕组匝数多,导线细,与交流电流表或功率表的电流线圈串联,正常运行时二次侧近似于短路状态,工作原理如图1-26所示。

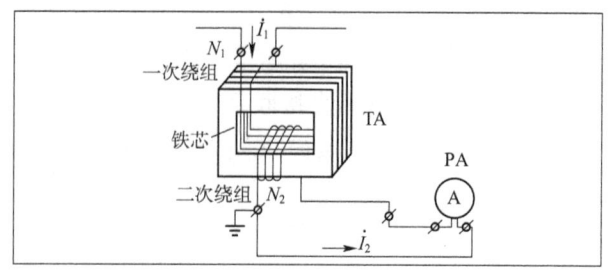

图1-26 电流互感器工作原理

由变压器的工作原理可知,电流互感器的变流比为:

$$K_{TA} = \frac{I_1}{I_2} = \frac{N_2}{N_1} \quad (1-17)$$

故有：
$$I_1 = K_{TA} I_2 \qquad (1\text{-}18)$$

K_{TA} 称为电流互感器的额定电流比，标在电流互感器的铭牌上，是一个非常重要的参数，电流互感器二次侧的额定电流通常为 5 A。同理，在实际应用中，与电流互感器配套使用的电流表已经换算成一次侧的电流，即其标度尺按一次侧电流分度，这样可以直接读数，不用再进行换算。

使用电流互感器的注意事项：

(1) 电流互感器的二次侧绝对不允许开路，否则会产生高电压，危及仪表和操作人员人身安全。因此，电流互感器的二次侧不能接熔断器，运行中如果要拆下电流表，必须先使二次侧短路才行。

(2) 电流互感器的铁芯和二次侧一端必须可靠接地，以保证操作人员和设备的安全。

(3) 电流互感器的一次侧绕组、二次侧绕组有同名端标记，二次侧接功率表或电能表的电流线圈时，极性不能接错。

(4) 电流互感器二次侧负载阻抗的大小会影响测量的准确度，负载阻抗的值应小于互感器要求的阻抗值，使互感器尽量在"短路状态"下工作，且所用互感器的准确度等级应比所接的仪表准确度高两级，以保证测量的准确度。

为了携带方便，并且在测量时不切断电源，常将互感器做成一把钳子的形状，可以张合，铁芯上只有连接电流表的二次绕组 N_2，被测电流导线可以嵌入铁芯串口内成为一次绕组（$N_1 = 1$ 匝），从二次绕组两端所连接的电流表中，便可直接读出被测电流 I_1。如图 1-27 所示，它有好几个量程（不同电流变比 K）可供选择。

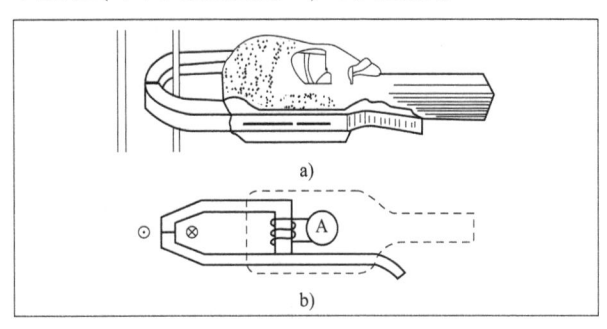

图 1-27 钳形电流表

任务实施工单

班级		姓名	
情境描述	小张和小王去工厂实习，师傅让他们测出工厂进线电压的数值，这可难坏了小张和小王。那么高的电压直接测量也太危险了，该怎么办呢？		
互动交流	1. 电压互感器本质上是一台降压变压器，使用时应注意什么？ 2. 电流互感器本质上是一台升压变压器，使用时应注意什么？		
能力训练	如何用量程为 100 V 的交流电压表去测量不超过 20 kV 的交流电压？		
学习效果评估			
评价指标	学生自评	学生互评	教师评估
知识掌握程度	☆☆☆☆☆	☆☆☆☆☆	☆☆☆☆☆
能力掌握程度	☆☆☆☆☆	☆☆☆☆☆	☆☆☆☆☆
素质掌握程度	☆☆☆☆☆	☆☆☆☆☆	☆☆☆☆☆

任务五　三相变压器的并联运行分析

任务导入

你知道三相变压器是如何构成的吗？三相变压器的并联运行又是怎么回事呢？

知识探索

一、三相变压器的结构及特点

1. 三相组合式变压器

1）结构

三相组合式变压器由三台单相变压器按照一定方式连接组合而成，又称为三相变压器组。其额定容量较大，额定频率通常为 50 Hz，电压等级通常有 110 kV、220 kV、500 kV，比较适用于变电所或发电厂使用的油浸式电力变压器，铁芯结构如图 1-28 所示。

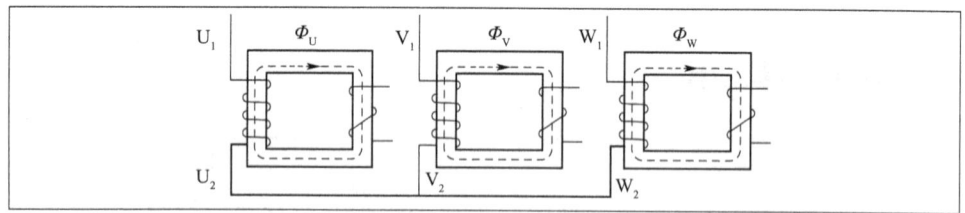

图 1-28　三相组合式变压器的铁芯结构

2）特点

三相组合式变压器的三相磁路是彼此独立、互不相关的，当三相电压平衡时，其磁路也是平衡的。它体积较大，散热较好，但成本较高。

2. 三相心式变压器

1）结构

三相心式变压器是三相共用一个铁芯的变压器，其结构如图 1-29 所示。它有三个铁芯柱，且布置在同一平面上，供三相磁通分别通过。在三相电压平衡时，其磁路也是对称的，所以就不需要另外的铁芯来供 $\dot{\Phi}_{总}$ 通过，这样就可以省去中间的铁芯柱。

2）特点

三相心式变压器铁芯用料少，因而体积较小，成本较低。但当电源电压不稳定时，会造成三相磁路不平衡，铁芯损耗增加。为防产生感应电压或漏电，变压器铁芯必须接地,且铁芯只能有一个点接地,以免形成闭合电路,产生环流。

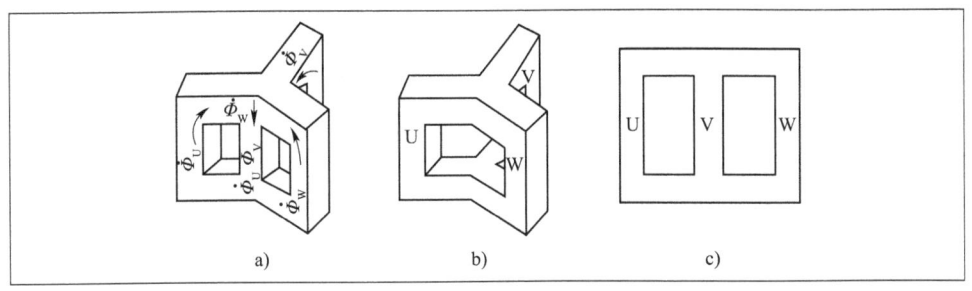

图1-29 三相心式变压器铁芯的结构

二、三相变压器绕组的连接方式及并联运行

1. 三相变压器绕组的连接方式

三相变压器的三个高压绕组或三个低压绕组连接成三相绕组时,有两种基本的连接方式——星形(Y)连接和三角形(△)连接。使用中应特别注意连接方式,如果有任意一相首尾接反了,磁通就会不对称,这会使空载电流急剧增加,从而产生严重事故。

1)星形(Y)连接

先将三个绕组的尾端连在一起,接成中性点,再将三个绕组的首端引出箱外,接三相电源,即构成星形(Y)接法,用字母Y或y表示,其接线如图1-30a)所示。如果中性点也引出箱外,就构成三相四线制,以符号"YN"或"yn"表示。

2)三角形(△)连接

先将三相绕组首尾依次相接构成一个闭合回路,再将三个连接点引出箱外,接三相电源,即构成三角形(△)接法,用字母D或d表示,其接线如图1-30b)、c)所示。因为首尾连接顺序的不同,可分为正相序[图1-30b)]和反相序[图1-30c)]两种接法。

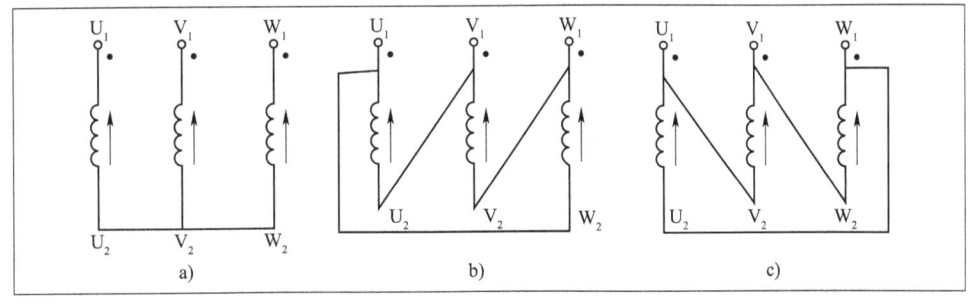

图1-30 三相变压器绕组的连接方式

2. 三相变压器的联结组别

由于三相变压器的高压绕组、低压绕组各有星形连接与三角形连接两种连接方式,因此高压绕组与低压绕组对应的线电动势(或线电压)之间存在不同的相位差。为了简单明了地表达绕组的连接方式及对应线电动势(或线电压)的相位关系,将变压器高压绕组、低压绕组的连接分成不同的组合,称为绕组的

联结组,而高压绕组、低压绕组对应线电动势(或线电压)之间的相位关系用联结组标号来表示。由于高压绕组、低压绕组连接方式不论如何组合,高压绕组、低压绕组对应线电动势(或线电压)之间的相位差总是30°的倍数,而时钟表盘上相邻两个钟点的夹角也为30°,所以三相变压器联结组标号采用"时钟序数表示法"表示。

参考《电力变压器 第1部分:总则》(GB 1094.1—2013)的规定,高压绕组连接图在上,低压绕组连接图在下(感应电压方向在绕组上部,即电动势正方向从绕组尾端指向首端)。高压绕组相量图以A相指向12点钟方向为基准,低压绕组a相的相量按连接图中的感应电压关系确定,时钟序数就是低压相量指向的小时数。相量的旋转方向是逆时针方向,相序为A—B—C,即相量图的三个顶点A、B、C按顺时针方向排列。

变压器联结组的种类很多,为了制造和并联运行时的方便,我国规定五种联结组别为三相双绕组电力变压器的标准联结组,分别是:Y,yn0;Y,d11;YN,d11;YN,y0和Y,y0,其中前三种最为常用。各种联结组有不同的适用范围,如:Y,yn0联结组的副边可引出中性线,成为三相四线制,多用作容量不超过1800 kV·A、低压电压为230 V或400 V的配电变压器,供动力和照明负载;Y,d11用于高压侧电压在35 kV及以下、低压侧电压高于400 V的配电变压器;YN,d11用于高压侧电压110 kV及以上且中性点接地的大型、巨型变压器;Y,y0用于只供给动力负载、容量不太大的变压器。

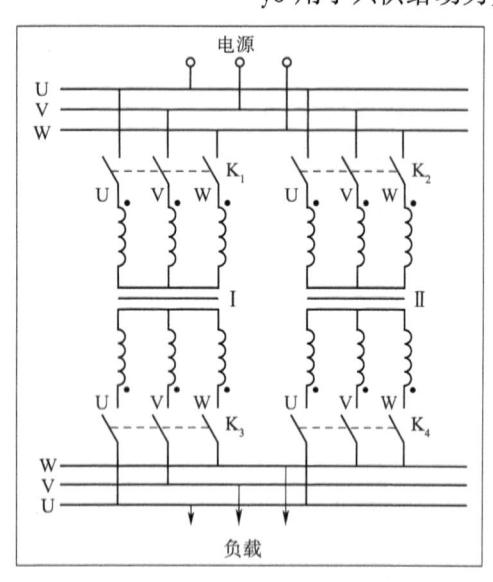

图1-31 三相变压器的并联运行接线方式

3. 三相变压器的并联运行

三相变压器经常需要并联运行,以保证不间断供电并提高供电质量。并联运行是指将几台变压器的一、二次绕组分别并联在一、二次侧的公共母线上,共同为负载供电的运行方式。三相变压器的并联运行接线方式如图1-31所示。

三相变压器并联运行的原因,有以下几个方面:

(1)提高供电的可靠性。多台变压器并联运行,当某台变压器发生故障或需检修时,可将该变压器从电网断开,其他变压器仍可保证为重要用户供电。

(2)提高运行效率。当负载随昼夜、季节而变化时,可以根据需要随时调整投入并联运行的变压器台数,以提高运行效率,减少不必要的损耗。

(3)提高运行的经济性。变电所供的负载一般来说总是在若干年内不断发展、不断增加的,初期投入时可以减少备用容量,当用电量增加时再分批投入新的变压器。

三相变压器并联运行时,必须满足以下条件,否则不仅会增加变压器的能耗,还可能发生事故。

（1）各并联变压器一、二次侧线电压应相等，即变比相等。两个线圈并联，必须要电压相等、极性相同（即变压比相等），才不会产生环流。

（2）各并联变压器联结组标号相同。联结组标号反映一、二次侧线电压的相位关系，如果联结组别不同，会导致相位不同，并联后会使变压器产生内部电动势差而出现环流。因此，联结组标号不同的变压器不允许并联运行。

（3）各并联变压器短路阻抗应相等。当变压器并联运行时，负载电流的分配与各变压器的短路阻抗成反比。当短路阻抗 Z_K 不等时，Z_K 小的变压器承受的电流会较大，可能过载；Z_K 大的变压器输出的电流会较小，限制了整个并联变压器系统的利用率。为了使负载分配合理（容量大，电流也大），就应该使短路阻抗尽量相等。一般情况下，并联运行的变压器容量之比不宜大于 3∶1。

对于实际并联运行的变压器，其变压比和短路阻抗可能无法做到完全相等，允许有在规定范围以内的极小的误差，但是联结组标号必须相同，否则极易损坏变压器。

任务实施工单

班级		姓名	
情境描述	小刘经过发电厂附近的变电所，发现在变电所里有两台变压器，心里想，真是浪费钱，一台变压器就够用了，为什么要安装两台呢？你知道为什么安装两台变压器吗？		
互动交流	1. 三相组合式变压器和三相心式变压器各自有哪些优缺点？ 2. 三相变压器并联运行的原因有哪些？		
能力训练	两台三相变压器并联运行接线练习。		
学习效果评估			
评价指标	学生自评	学生互评	教师评估
知识掌握程度	☆☆☆☆☆	☆☆☆☆☆	☆☆☆☆☆
能力掌握程度	☆☆☆☆☆	☆☆☆☆☆	☆☆☆☆☆
素质掌握程度	☆☆☆☆☆	☆☆☆☆☆	☆☆☆☆☆

知识归纳图谱

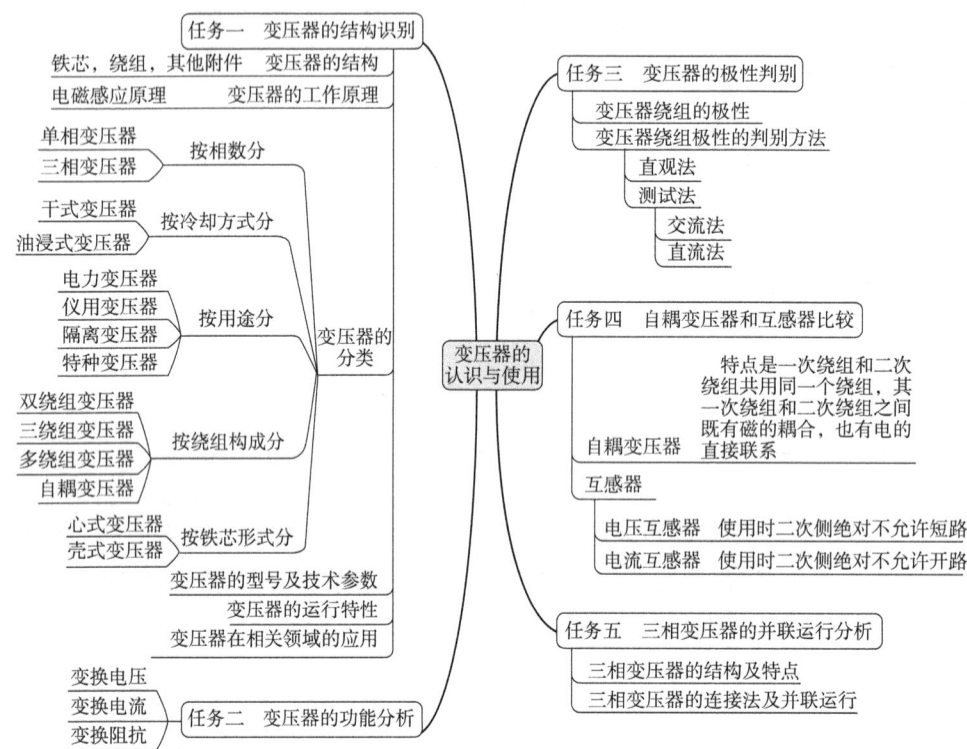

技能训练1

请各位同学完成技能训练1,见教材配套实训手册。

线 上 答 题

1. 请同学们扫描封面二维码,注意每个码只可激活一次;
2. 长按弹出界面的二维码,关注"交通教育出版"微信公众号并自动绑定资源;
3. 公众号弹出"购买成功"通知,点击"查看详情",进入后选择已绑定的图书,即可进行线上答题;
4. 也可进入"交通教育出版"微信公众号,点击下方菜单"用户服务—图书增值",选择已绑定的教材进行线上答题。

项目二
交流电动机的结构与运行

学习目标

1. 知识目标
① 掌握三相异步电动机的结构、分类和工作原理。
② 掌握三相异步电动机的机械特性。
③ 掌握三相异步电动机的启动、反转、调速和制动。
④ 了解直线电动机的结构、工作原理及应用。
⑤ 掌握单相异步电动机的结构、工作原理。

2. 能力目标
① 具备认识交流电动机的能力。
② 能够对交流电动机的机械特性进行分析。
③ 能够完成三相异步电动机的启动、反转、调速和制动的分析。

3. 素质目标
① 具有透过现象看本质的能力。
② 具有严谨细致、精益求精的精神。
③ 具备信息检索能力。
④ 具有逻辑思维能力。

请同学们观看项目二导学微课,课前预习,制订本项目学习计划。

项目二导学

任务一　三相异步电动机的拆装

你认识图 2-1 所示的电气设备吗？知道它由哪几部分组成吗？

图 2-1　三相异步电动机外形

三相异步电动机由三相交流电源供电，由于其结构简单、价格便宜、坚固耐用、使用维护方便，因此，在工业、农业及其他领域中获得了广泛的应用。

一、三相异步电动机的基本结构

三相异步电动机主要由两个基本部分组成，即定子（固定部分）和转子（转动部分）。图 2-2 为三相笼型异步电动机的结构。

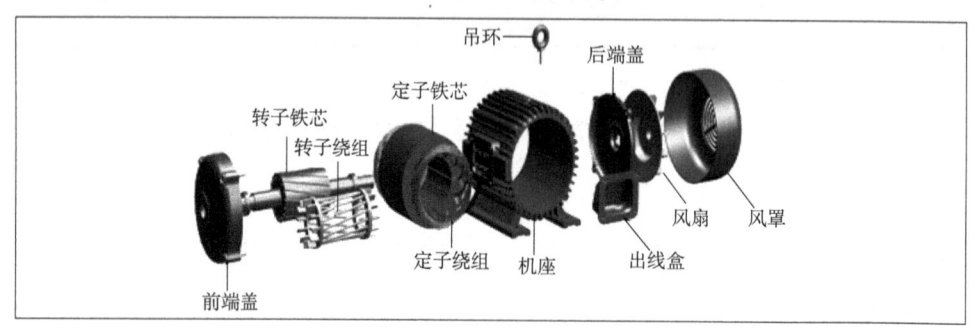

图 2-2　三相笼型异步电动机的结构

1. 定子

电动机的固定部分称为定子，定子主要由定子铁芯、定子绕组和机座等组成，如图 2-3a）所示。

定子铁芯是电动机磁路的一部分，用于嵌放定子绕组。为了降低定子铁芯中的铁损耗，定子铁芯一般由 0.5 mm 厚的硅钢片冲制后叠装而成。硅钢片形成的齿槽均匀分布在定子铁芯内圆表面，用来嵌放定子绕组，如图 2-3b）所示。硅钢片的两面一般涂有绝缘漆进行片间绝缘，如图 2-3c）所示。

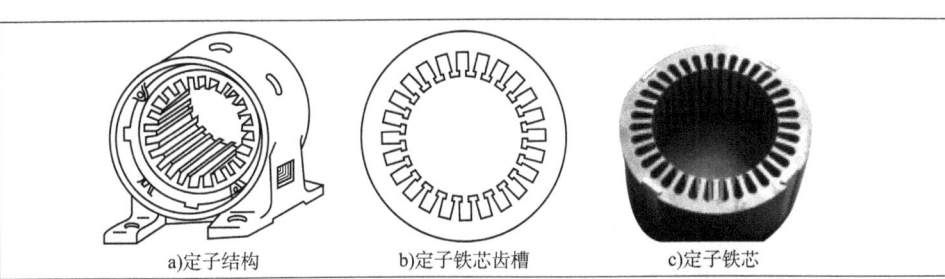

图 2-3　三相异步电动机定子及定子铁芯

　　定子绕组是电动机的电路部分,其主要作用是通入三相交流电产生旋转磁场。定子绕组由在空间相差 120°电角度、对称排列结构完全相同的三相绕组组成,为了产生旋转磁场,每相绕组的各个导体要按照一定的规律分散嵌放在定子铁芯齿槽内。

　　每相绕组有两个引出端,一个为首端,另一个为尾端。三相绕组共有六个引出端,分别引到机座接线盒内的接线柱上,以便与交流电源连接,如图 2-4 所示。根据供电电压不同,三相定子绕组可以接成星形(Y),也可以接成三角形(△),如图 2-5 所示。

　　机座通常由铸铁或铸钢制成,是整个电动机的支撑部分。为了加强散热能力,其外表面设有散热筋。

　　端盖用铸铁或铸钢浇铸成型,它的作用是把转子固定在定子内腔中心,使转子能够在定子中匀速旋转。

　　轴承:连接转动部分和固定部分,通常采用滚动轴承以减少摩擦。

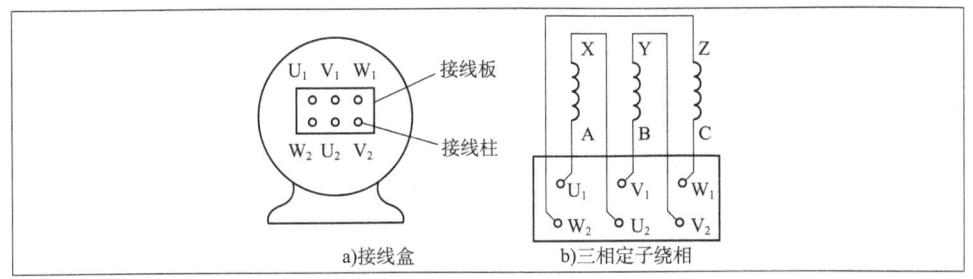

图 2-4　三相异步电动机接线盒及定子绕相

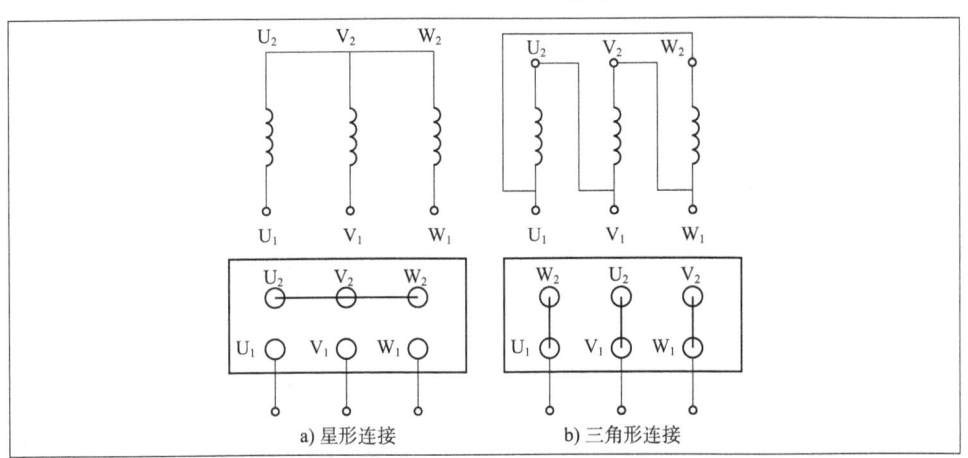

图 2-5　三相异步电动机定子绕组接法

2. 转子

转子的作用是在定子磁场感应下产生电磁转矩,沿着旋转磁场方向转动,并输出动力带动生产机械旋转。转子由转轴和装在转轴上的转子铁芯及转子绕组组成。

转轴一般由碳钢或合金钢制成,转轴用来传递力和机械功率。

转子铁芯是电动机磁路的一部分,转子铁芯固定在转轴上,可绕转轴转动。与定子铁芯一样,转子铁芯也是由 0.5 mm 厚的硅钢片冲压而成,不过转子铁芯是在冲片的外圆上开槽,用来嵌放转子绕组,如图 2-6 所示。

图 2-6　三相异步电动机转子铁芯

转子绕组是自成闭路的短路线圈。其作用是产生感应电动势和电流,并在旋转磁场的作用下产生电磁力矩而使转子转动。转子绕组不需要外接电源,其电流是由电磁感应作用产生的。

转子有两种结构形式:笼型转子和绕线型转子。

1)笼型转子

笼型转子是在转子铁芯槽内放置铜条,铜条两端用铜制短路环焊接起来,如图 2-7a)所示。如果将转子铁芯去掉,转子绕组的形状如图 2-7b)所示。这种转子因形如鼠笼,故被称为笼型转子。现在,中、小型笼型电动机的转子一般都采用铸铝转子,采用压力浇铸或离心浇铸的方法将转子槽中的导体、短路环以及端部的风扇铸造在一起,与转子铁芯形成一个整体,如图 2-7c)所示。笼型转子的优点是构造简单、价格便宜、运行安全可靠、使用方便,是使用最广泛的一种电动机转子。

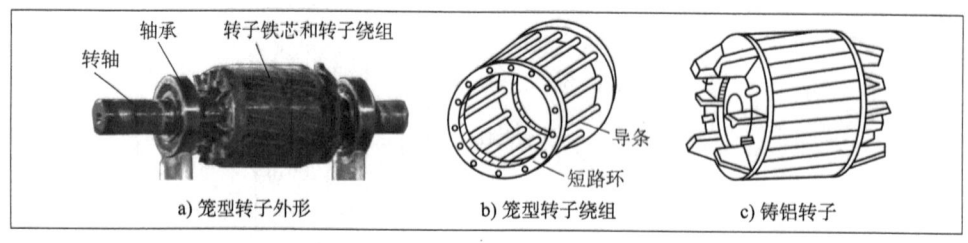

a) 笼型转子外形　　b) 笼型转子绕组　　c) 铸铝转子

图 2-7　三相异步电动机笼型转子

2)绕线型转子

绕线型转子的绕组与定子绕组一样,也是三相对称绕组,按一定规律嵌放在转子表面的冲槽内。绕线型转子绕组通常接成星形,其三个末端连在一起,埋设在转子内,而三个首端则分别连接到装在转轴一端的三个铜制滑环上。三个滑环之间,以及它们与转轴之间都是彼此绝缘的。滑环与固定在端盖上的电刷架内的电刷滑动接触。三相绕组的首端就通过这种滑环结构、电刷与外部变阻器相连接,如图 2-8 所示。转动可变电阻器的手柄,可调节串入每相绕组的电阻值,并可使之短路。

绕线型转子的结构比较复杂,造价也比较高。但是由于它的转子绕组内可以串入电阻或某种电子控制电路,因而具有较好的启动和调速特性。一般用于对启动特性要求较高的场合,如大型机床和某些起重设备上。

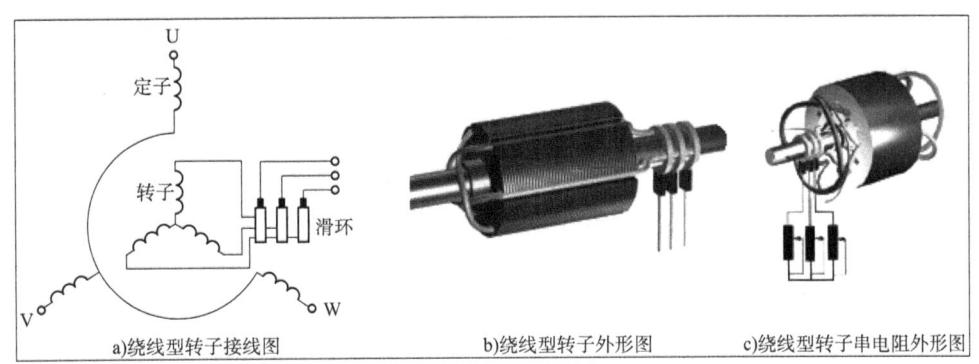

a) 绕线型转子接线图　　b) 绕线型转子外形图　　c) 绕线型转子串电阻外形图

图 2-8　三相异步电动机绕线型转子

笼型转子与绕线型转子只是在结构上有所不同,它们的工作原理是一样的。

3. 气隙

为了保证转子能够自由旋转,在定子与转子之间必须留有一定的气隙。中小型电动机的气隙为 0.2 ~ 1.5 mm。气隙的大小对异步电动机的运行有很大影响。气隙越小,则磁路中磁阻越小,定子与转子之间的相互感应作用就越强,可以降低电动机的励磁电流,提高电动机的功率因数。但是气隙过小,会给电动机的装配带来困难,对定子和转子的同心度要求也会很高,并导致运行不可靠。

二、三相异步电动机的铭牌

每台异步电动机的机座上都有一块铭牌,如图 2-9 和图 2-10 所示,上面标示该电动机的主要技术数据,了解铭牌上数据的意义,才能正确选择、使用和维修电动机。

图 2-9　三相异步电动机铭牌示例(1)

三相异步电动机			
型号	Y112M-4	额定频率	50 Hz
额定功率	4 kW	绝缘等级	E 级
接法	△	温升	60 ℃
额定电压	380 V	定额	连续
额定电流	8.6 A	功率因数	0.95
额定转速	1440 r/min	防护方式	IP44
年　　月		编号	××电机厂

图 2-10　三相异步电动机铭牌示例(2)

(1) 型号:三相异步电动机的型号表明了电动机的类型、用途和技术特征。如 Y 系列的三相异步电动机 Y112M-4,其型号组成中各符号表示的意义如图 2-11 所示。

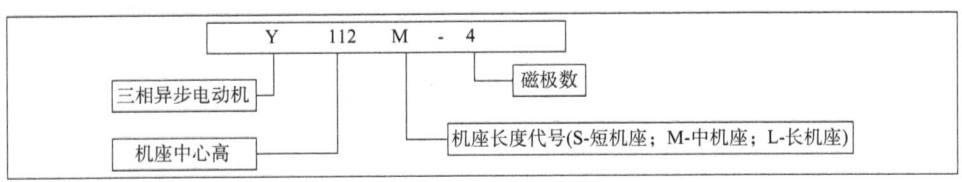

图 2-11　Y 系列三相异步电动机型号含义

(2)额定功率 P_N：指电动机在额定工作状态下运行时，转轴上输出的机械功率，单位是 kW。可用下式进行计算：

$$P_N = \sqrt{3}\eta_N U_N I_N \cos\varphi_N \quad (2-1)$$

式中：η_N——额定效率；

U_N——额定电压，V；

I_N——额定电流，A；

$\cos\varphi_N$——额定功率因数。

对于额定电压为 380 V 的三相异步电动机，其 $\eta_N\cos\varphi_N$ 乘积大致为 0.8，所以根据式(2-1)，可估算出额定功率 P_N 和额定电流 I_N 之间的大小关系：$I_N \approx 2P_N$，式中，P_N 单位是 kW，I_N 单位是 A。

(3)额定电压 U_N：指电动机定子绕组规定使用的线电压，单位是 V。如果铭牌上有两个电压值，则表示定子绕组在采用两种不同接法时的线电压。

(4)接法：指电动机在额定电压下，定子三相绕组的连接方法。若铭牌写△，额定电压写 380 V，表明电动机额定电压为 380 V 时应接成△。若电压写成 380 V/220 V，接法写 Y/△，表明电源线电压为 380 V 时应接成 Y，电源线电压为 220 V 时应接成△。

(5)额定电流 I_N：指电动机在额定状态下运行时，电源输入电动机的线电流，单位是 A。如果铭牌上标有两个电流值，表示定子绕组在采用两种不同接法时的线电流。数值大的对应△接法，数值小的对应 Y 接法。

(6)额定转速 n_N：指电动机在额定状态下运行时的转速，单位为 r/min。

(7)额定频率 f_N：指输入电动机交流电的频率，单位是 Hz。我国的工业用电频率为 50 Hz。

(8)绝缘等级：指电动机各绕组及其他绝缘部件所用绝缘材料的等级。绝缘材料按耐热性能分为 7 个等级。目前，电动机使用的绝缘材料等级分为 B(130 ℃)、F(155 ℃)、H(180 ℃)、C(大于 180 ℃)四个等级。

(9)温升：在稳定状态下，电动机温度与环境温度之差，叫电动机温升。通常环境温度规定为 40 ℃。如果规定最大温升为 60 ℃，表明电动机温度不能超过 100 ℃。

(10)定额(工作制)：电动机定额分连续定额(S1)、短时定额(S2)和断续定额(S3)三种。连续定额是指电动机连续不断地输出额定功率而温升不超过铭牌允许值。短时定额表示电动机不能连续使用，只能在规定的较短时间内输出额定功率。断续定额表示电动机只能短时输出额定功率，但可以继续重复启动和运行。

(11)功率因数：指电动机从电网所吸收的有功功率与视在功率的比值。视在功率一定时，功率因数越高，有功功率越大，电动机对电能的利用率也越高。

(12)防护方式：电动机外壳防护的方式，可分为开启式、防护式、封闭式三种。字母 IP 为防护标志，它后面的两个数字表示防护等级，其中，第一个数字表示防异物等级，第二个数字表示防水等级。

①开启式用 IP11 表示，开启式电动机没有特殊防护装置，用于干燥无灰尘、通风良好的场合。第一个"1"表示能防止直径大于 50 mm 的固体异物进入电动机，第二个"1"表示垂直水滴对电动机无害。

②防护式通常是 IP22 型、IP23 型。"IP22"中第一个"2"表示能防止直径大于 12 mm 的固体异物进入电动机，第二个"2"表示与垂线成 15°内的水滴对电动机无害。"IP23"中的"2"与"IP22"中的第一个"2"意义相同，"3"表示与垂线成 60°以内的水滴对电动机无害。防护式电动机具有防止外界杂物落入电动机内的防护装置，一般在转轴上装有风扇，冷却空气进入电动机内部冷却定子绕组端部及定子铁芯后将热量带出来。

③封闭式通常是 IP44 型，其中第一个"4"表示能防止直径大于 1 mm 的固体异物进入电动机，第二个"4"表示任何方向的溅水都对电动机无害。封闭式电动机外壳严密封闭，其冷却是依靠装在机壳外面转轴上的风扇或外部风扇吹风，借机座上的散热筋将电机内部发散出来的热量带走。这种电动机主要用于尘埃较多的场合。

任务实施工单

班级		姓名	
情境描述	小李和小张在观察一个拆开的电动机,小李说这个电动机是笼型的,小张说是绕线型的。到底应该怎么区分呢?		
互动交流	1. 描述三相异步电动机的结构。 2. 说说三相异步电动机铭牌和额定值的含义。		
能力训练	请说出电动机各组成部分的名称和作用。		

学习效果评估

评价指标	学生自评	学生互评	教师评估
知识掌握程度	☆☆☆☆☆	☆☆☆☆☆	☆☆☆☆☆
能力掌握程度	☆☆☆☆☆	☆☆☆☆☆	☆☆☆☆☆
素质掌握程度	☆☆☆☆☆	☆☆☆☆☆	☆☆☆☆☆

任务二　三相异步电动机的工作原理分析

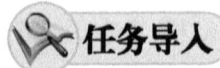

想一想：三相异步电动机是如何转起来的？发电机和电动机是两种不同的电机吗？

一、三相异步电动机的工作原理

1. 三相旋转磁场的产生

1) 旋转磁场产生的条件及过程

三相旋转磁场产生的条件是：三相对称绕组通以三相对称交流电。

三相异步电动机定子绕组是空间对称的三相绕组，即 U_1—U_2、V_1—V_2 和 W_1—W_2 空间位置互差120°电角度，图2-12所示为两极（$p=1$）三相异步电动机的对称绕组。若将它们作星形连接，分别接三相对称电源的三个端子，就有三相对称电流流入对应的定子绕组，如图2-13所示。

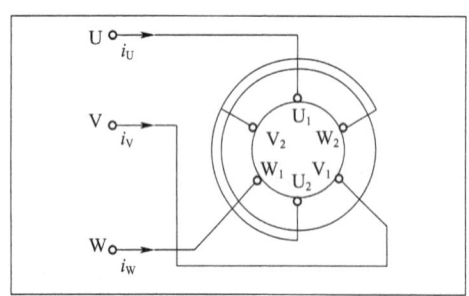

图2-12　两极三相异步电动机对称绕组

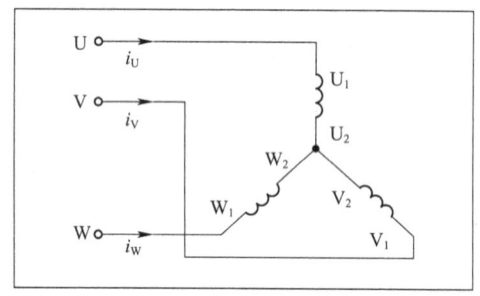

图2-13　两极三相异步电动机中的对称电流电路

若为四极（$p=2$）三相异步电动机，对称绕组如图2-14所示。四极三相异步电动机流过的对称电流如图2-15所示。

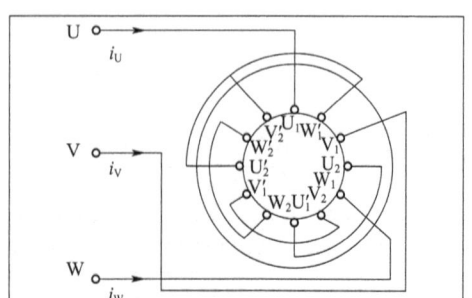

图2-14　四极三相异步电动机对称绕组

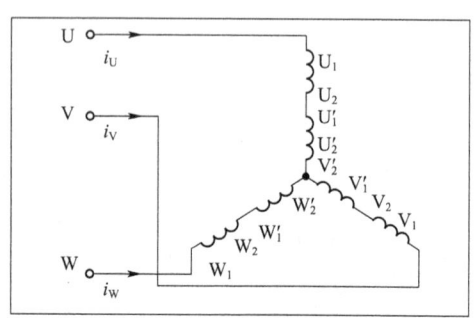

图2-15　四极三相异步电动机中的对称电流电路

2）旋转磁场的转速

为了简化分析，下面取几个不同瞬时电流通入定子绕组，并规定各相电流由首端流入，末端流出时为正；电流由末端流入，首端流出时为负。

选定 $\omega t = 0°$、$120°$、$240°$、$360°$ 四个点进行分析，两极异步电动机电流波形及合成磁场如图2-16所示。

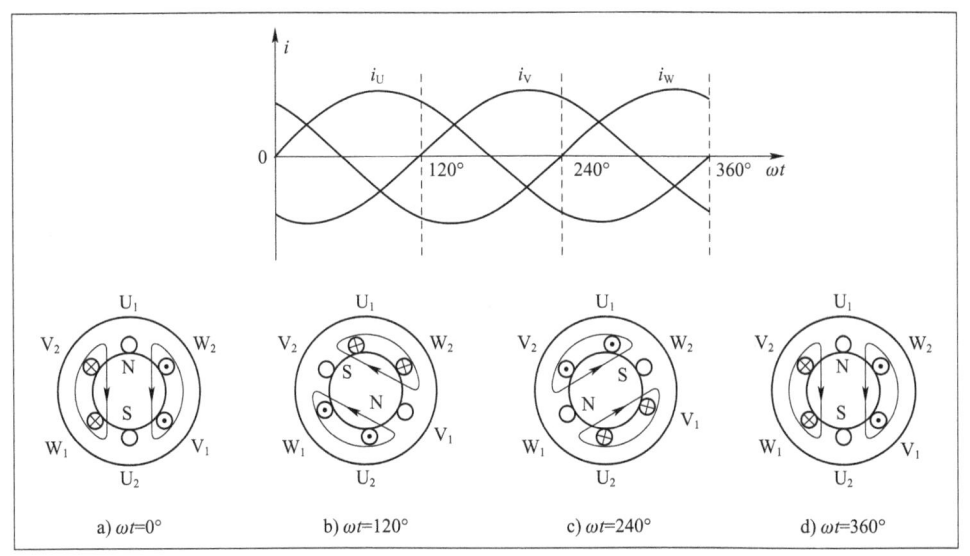

图2-16 两极异步电动机电流波形及合成磁场

当 $\omega t = 0°$ 时，U 相电流为零，V 相电流为负，W 相电流为正，合成磁场的轴线正好与 U 相绕组重合；

当 $\omega t = 120°$ 时，V 相电流为零，U 相电流为正，W 相电流为负，合成磁场的轴线正好与 V 相绕组重合；

当 $\omega t = 240°$ 时，W 相电流为零，V 相电流为负，U 相电流为正，合成磁场的轴线正好与 W 相绕组重合；

当 $\omega t = 360°$ 时，U 相电流为零，V 相电流为负，W 相电流为正，合成磁场的轴线又正好与 U 相绕组重合。

由此可见，当正弦交流电变化一个周期时，合成磁场在空间正好旋转了一周，且任何时刻合成磁场的大小相等，故又称圆形旋转磁场。

由图2-16可知，当三相交流电变化一个周期时，旋转磁场在空间也转过360°，即在空间正好转过一周，因此转速为 $n_0 = 60f_1 = 3000 \text{ r/min}$。

四极异步电动机电流波形及合成磁场如图2-17所示。

由图可知，当交流电变化一个周期，旋转磁场在空间刚好转过半圈，因此转速为 $n_0 = 60f_1/2 = 1500 \text{ r/min}$。

以此类推，若电动机有 p 对磁极，当交流电变化一个周期时，旋转磁场在空间只转 $1/p$ 周，因此可得出旋转磁场转速的表达式为：

$$n_1 = \frac{60f_1}{p} \tag{2-2}$$

式中：f_1——电源频率，Hz；

p——电动机磁极对数；

n_1——旋转磁场的转速，也称为同步转速，r/min。

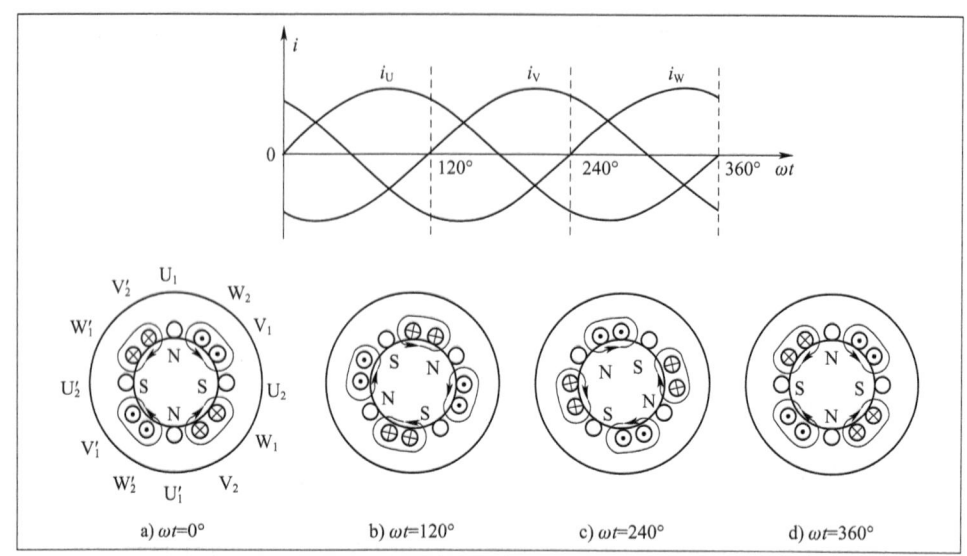

图 2-17　四极异步电动机电流波形及合成磁场

3）旋转磁场的转向

以上分析的定子绕组中流过的是正序电流，常用 U—V—W 表示电流的相序，旋转磁场按顺时针方向旋转。如果三相绕组流过的是负序电流，则旋转磁场的方向也相应地变为逆时针方向。由此可见，旋转磁场的方向是由通入定子绕组的三相电源的相序决定的，即由电流相序超前的绕组转向电流相序滞后的绕组。要想改变旋转磁场的方向，只要改变通入定子绕组的三相电流的相序，即将三相电源线任意两相对调接入定子绕组，旋转磁场即可转向。

2. 转子感应电流的产生

三相定子绕组通入交流电后，便在空间产生旋转磁场；在旋转磁场的作用下，转子将做切割磁力线的运动从而在其两端产生感应电动势，由于转子绕组本身为一闭合电路，所以在转子绕组中将产生感应电流，其方向用右手定则判定，如图 2-18 所示。

3. 转子电磁转矩的产生

转子在旋转磁场中受到电磁力的作用，电磁力对转子的作用称为电磁转矩，其方向用左手定则判定。在电磁转矩的作用下，转子沿着旋转磁场的方向转动，转动方向与旋转磁场的转动方向一致，如图 2-18 所示。

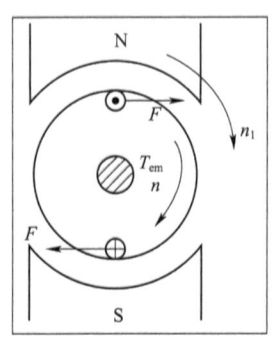

图 2-18　三相异步电动机工作原理

4. 转子转速与转差率

转子的旋转速度一般称为电动机的转速，用 n 表示。转子是被旋转磁场拖动而转动的，在异步电动机处于电动状态时，它的转速恒小于同步转速，这是因为如果 $n = n_1$，则转子和旋转磁场之间无相对运动，转子不能切割磁力线，也就不会产生感应电流和电磁转矩，这样转子就会在阻力矩（来自摩擦或负载)的作用下减速,直到匀速转动。如果 $n>n_1$,则转子与旋转磁场相对运动的方向就会发生改变,产生的感应电流和电磁转矩的方向也会发生改变,所以异步电动机正常运行时,转子转速总是低于旋转磁场的转速,这也是此类电动机被称作"异步"电动机的原因。又因为转子中的电流不是由电源供给的,而是由电磁感应产生的,所以这类电动机也称为感应电动机。

旋转磁场的同步转速与转子转速之差与同步转速的比值,称为异步电动机的转差率,用 s 表示,即

$$s = \frac{n_1 - n}{n_1} \tag{2-3}$$

式中:s——转差率;

n_1——同步转速,r/min;

n——转子转速,r/min。

转差率 s 是异步电动机的一个基本变量,它可以表示异步电动机的各种不同运行状态。

当定子绕组接通电源的瞬间,转子转速 $n=0$,$s=1$,转差率最大,此时转子切割磁力线的相对速度最大,感应电动势和感应电流也最大,反映在定子上,电动机的启动电流也很大,可达额定电流的 4~7 倍。

额定运行时,电动机的转速 n_N 比较接近同步转速 n_1,此时 s 很小,额定转差率为 0.01~0.08。

空载时,转子转速可以很接近同步转速,即 $s \approx 0$,但 $s=0$ 的情况在实际运行时是不存在的。

二、异步电机的三种运行状态

根据转差率的大小和正负,异步电机有三种运行状态:电磁制动运行状态、电动机运行状态和发电机运行状态,如图 2-19 所示。

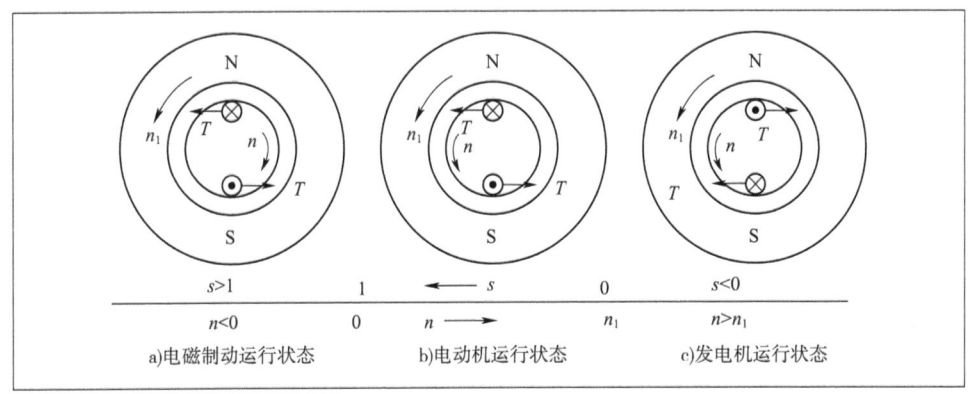

图 2-19 异步电机的三种运行状态

(1)电磁制动运行状态:所对应的转差率区间为 $s>1$。特点是 n 与 n_1 反方向,且 $n<0$,电磁转矩是制动的,定子从电网吸收的电能和转子的机械能都由于电机内部的损耗而转换为热能。

(2)电动机运行状态:所对应的转差率区间为 $0<s<1$。特点是 n 与 n_1 同方向,且 $n<n_1$,电磁转矩是驱动性质的,将电能变为机械能。

(3)发电机运行状态:所对应的转差率区间为 $s<0$。特点是 n 与 n_1 同方向,且 $n>n_1$,电磁转矩是制动性质的,将机械能变为电能。

任务实施工单

班级		姓名	
情境描述	小张和小赵一同在实验室做实验,实验的内容是三相异步电动机的启动,当他们接完电路通电试车的时候发现他们两人所接的电动机的旋转方向不同。同样都是把电动机和电源相连,为什么转动方向会不同呢?		
互动交流	1.简述三相异步电动机的工作原理。 2.描述异步电机的三种运行状态。		
能力训练	阐述三相异步电动机旋转磁场的产生条件、转向改变方法及转速计算,并分析三相异步电动机的工作原理。		
学习效果评估			
评价指标	学生自评	学生互评	教师评估
知识掌握程度	☆☆☆☆☆	☆☆☆☆☆	☆☆☆☆☆
能力掌握程度	☆☆☆☆☆	☆☆☆☆☆	☆☆☆☆☆
素质掌握程度	☆☆☆☆☆	☆☆☆☆☆	☆☆☆☆☆

任务三　三相异步电动机的功率与转矩分析

想一想：三相异步电动机是如何传递能量的？在传递能量过程中，有没有能量的损耗？

一、三相异步电动机的功率和损耗

电机是进行能量转换的装置，因而功率关系是电机运行中最基本的关系。三相异步电动机运行时，从电网吸收电功率，从转轴输出机械功率，不可避免地存在一定的功率损耗，其功率和损耗流程如图 2-20 所示。

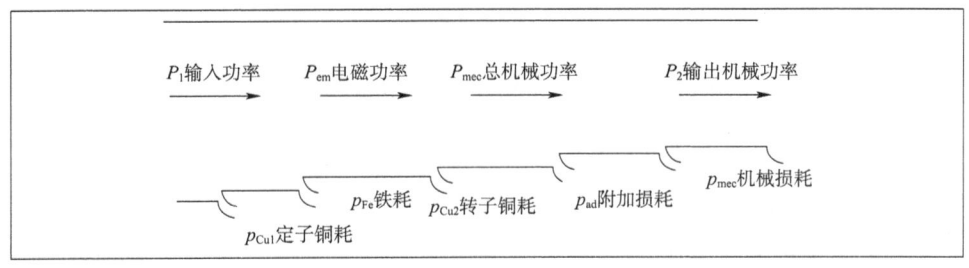

图 2-20　三相异步电动机功率和损耗流程

从三相异步电动机功率和损耗流程图可得三相异步电动机功率方程：

$$P_1 = p_{Cu1} + p_{Fe} + p_{Cu2} + p_{ad} + p_{mec} + P_2 = \sum p + P_2 \tag{2-4}$$

式中，P_1 为三相异步电动机输入功率，它是由电网供给的电功率。此功率首先通过定子绕组，产生定子铜耗 p_{Cu1}。另外，一小部分功率消耗在定子铁芯上，产生铁耗 p_{Fe}。

剩余功率将通过气隙磁场感应传递到转子绕组，这部分功率称为电磁功率 P_{em}。电磁功率 P_{em} 主要是借助电磁感应作用由定子传递到转子的，故 $P_{em} = P_1 - p_{Fe} - p_{Cu1}$。

传递到转子的电磁功率，一部分将消耗于转子绕组上，这部分功率称为转子铜耗 p_{Cu2}。剩余的电磁功率全部转化为机械功率，称为总机械功率 P_{mec}，故 $P_{mec} = P_{em} - p_{Cu2}$。

总机械功率 P_{mec} 减去机械损耗 p_{mec} 和附加损耗 p_{ad} 后，才是转轴真正输出的机械功率 P_2，故 $P_2 = P_{mec} - p_{mec} - p_{ad}$。

当电源电压和频率不变时，铁耗 p_{Fe} 和机械损耗 p_{mec} 是基本不变的，称为不变损耗；定子铜耗 p_{Cu1} 和转子铜耗 p_{Cu2} 是可变损耗。

电机效率：

$$\eta = \frac{P_2}{P_1} \times 100\% \tag{2-5}$$

二、三相异步电动机的转矩

在三相异步电动机中，输入定子的电能转换为转子上的机械能输出是通过转子产生电磁力，由电磁力产生电磁转矩使转子旋转而实现的。因此，电磁转矩是电动机中能量形态变换的基础。由动力学可知，作用在旋转体上的转矩等于旋转体的机械功率除以它的机械角速度。

由三相异步电动机功率关系可得：

$$P_{\text{mec}} = p_{\text{ad}} + p_{\text{mec}} + P_2$$

两边均除以转子的机械角速度 $\Omega = \frac{2\pi n}{60}$，得：

$$T_{\text{em}} = T_0 + T_2 \tag{2-6}$$

式中：T_{em}——电磁转矩，N·m；

　　　T_0——空载转矩，N·m；

　　　T_2——输出转矩，N·m。

同时，三相异步电动机的电磁转矩 T_{em} 是由旋转磁场与转子电流的有功分量相互作用产生的，其物理表达式为：

$$T_{\text{em}} = C_T \Phi_m I_2' \cos \varphi_2 \tag{2-7}$$

式中：C_T——电动机的结构常数。

式(2-7)表明，异步电动机的电磁转矩与主磁通成正比，而 $I_2' \cos \varphi_2$ 构成转子电流有功分量，因此电磁转矩与转子电流有功分量成正比。

三相异步电动机电磁转矩 T_{em} 的参数表达式：

$$T_{\text{em}} = \frac{m_1 p\, U_1^2 \dfrac{r_2'}{s}}{2\pi f_1 \left[\left(r_1 + \dfrac{r_2'}{s}\right)^2 + (x_1 + x_2')^2 \right]} \tag{2-8}$$

式中：　U_1——定子绕组上的外加电压，V；

　　　　f_1——外加电源频率，Hz；

　　　　p——电动机的磁极对数；

　　　　s——电动机的转差率；

　　　　m_1——电机相数，$m_1 = 3$；

　　　r_1、x_1、r_2'、x_2'——三相异步电动机定子和转子的电阻、电抗的等效参数。

由式(2-8)可知，在同一个运行状态下，电磁转矩 T_{em} 与外加电压 U_1 的平方成正比，所以，外加电压 U_1 的变动对电动机的电磁转矩有很大影响。

在实践应用中，总结出的电磁转矩 T_{em} 的实用表达式：

$$T_{em} = \frac{2T_m}{\frac{s_m}{s} + \frac{s}{s_m}}$$ (2-9)

式中：s——电动机的转差率；

s_m——电动机的临界转差率。

任务实施工单

班级		姓名	
情境描述	甲、乙、丙三人讨论电动机的功率问题,甲说:"电动机输入多少电能就输出多少机械能。"乙说:"不对,电动机输出的机械能比输入的电能还多呢。"丙说:"你们说的都不对,电动机输出的机械能比输入的电能少。"到底谁说的是正确的呢?		
互动交流	1. 如何计算三相异步电动机的功率和损耗。 2. 如何计算三相异步电动机的转矩。		
能力训练	阐述三相异步电动机在能量传递过程中的功率和损耗流程,并说明哪些是可变损耗,哪些是不变损耗?		
学习效果评估			
评价指标	学生自评	学生互评	教师评估
知识掌握程度	☆☆☆☆☆	☆☆☆☆☆	☆☆☆☆☆
能力掌握程度	☆☆☆☆☆	☆☆☆☆☆	☆☆☆☆☆
素质掌握程度	☆☆☆☆☆	☆☆☆☆☆	☆☆☆☆☆

任务四 三相异步电动机的机械特性分析

任务导入

想一想：

三相异步电动机输出机械功率主要表现在哪些方面？

三相异步电动机带不同功率的负载运行时，什么情况能稳定运行，什么情况会出现堵转现象？

知识探索

一、三相异步电动机的固有机械特性

三相异步电动机输出机械功率主要表现在输出转矩和转速上。由三相异步电动机电磁转矩的

参数表达式 $T_{em} = \dfrac{m_1 p\, U_1^2 \dfrac{r_2'}{s}}{2\pi f_1 \left[\left(r_1 + \dfrac{r_2'}{s}\right)^2 + (x_1 + x_2')^2\right]}$ 可

知，当 U_1 和 f_1 不变，且电机参数为常值时，电磁转矩 T_{em} 是转差率 s 的函数，即 $T_{em} = f(s)$ 或 $T_{em} = f(n)$，称为三相异步电动机的固有机械特性。

研究三相异步电动机的固有机械特性，有几个工作点需要关注。如图 2-21 所示为三相异步电动机固有机械特性曲线。

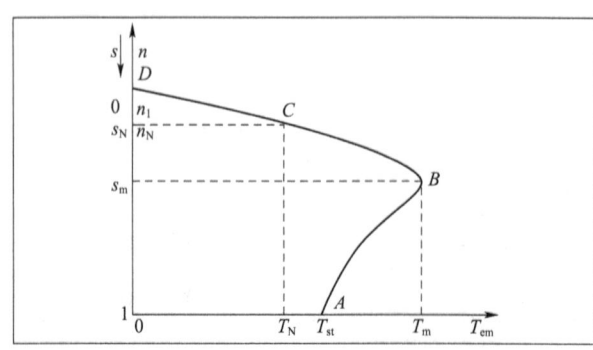

图 2-21　三相异步电动机固有机械特性曲线

启动工作点 A：电动机启动瞬间，$n = 0$，$s = 1$，所对应的电磁转矩 T_{st} 称为启动转矩。T_{st} 与电源电压 U_1 的平方以及转子电阻 R_2 成正比。只有在 T_{st} 大于负载转矩 T_L 时，电动机才能启动。T_{st} 越大，电动机带负载启动的能力就越强，启动时间也越短。启动转矩 T_{st} 与额定转矩 T_N 的比值称为启动系数，用 K_{st} 表示，即 $K_{st} = \dfrac{T_{st}}{T_N}$。

临界工作点 B：临界工作点对应的电磁转矩即为电动机的最大转矩 T_m，对应的转差率 s_m 为临界转差率。T_m 与电源电压 U_1 的平方成正比，与转子电阻 R_2 无关，但临界转差率 s_m 与转子电阻 R_2 成正比。为了保证电动机在电源电压发生波动时，仍能够可靠运行，一般规定最大转矩 T_m 应为额定转矩 T_N 的数倍，用 K_m 表示，称为过载系数，即 $K_m = \dfrac{T_m}{T_N}$。

额定工作点 C：额定转矩 T_N 为电动机带动额定负载时的电磁转矩，其对应的转差率为额定转差率 s_N。当电动机在额定状态下运行时，其额定转矩 T_N 可根据额定功率 P_N 和额定转速 n_N 求出：

$$T_N = 9550 \dfrac{P_N}{n_N} \qquad (2\text{-}10)$$

式中：P_N——电动机转轴输出的额定功率，kW；

n_N——电动机额定转速，r/min；

T_N——电动机输出的额定转矩，N·m。

理想空载转速点 D：此时对应的 $n = n_1$ 为同步转速，$s = 0$，电磁转矩 $T_{em} = 0$，实际上异步电动机转速是达不到同步转速的，这只是一种理想状态。

二、三相异步电动机的稳定运行分析

当电动机的启动转矩 T_{st} 大于负载转矩 T_L 时，电机开始旋转，并在电磁转矩的作用下加速，此时电磁转矩随转速的增加而逐渐增大（沿曲线 AB 段上升），如图 2-21 所示，直到最大转矩 T_m。而后，随着转速的继续增加，电磁转矩反而下降（沿曲线 BC 段下降），最终当电磁转矩等于负载转矩，即 $T_{em} = T_L$ 时，电机以某一转速匀速稳定旋转。

异步电动机一经启动很快进入曲线的 BD

段,并在某一点稳定运行。在 BD 段,如果负载加重,负载转矩大于电磁转矩,则转速下降,同时电磁转矩随转速的下降而增大,与负载转矩达到新的平衡,使电动机以比原来稍低的转速运行。

若负载转矩一直大于电磁转矩,再也不存在新的平衡点使 $T_{em} = T_L$,电动机转速很快下降直到停止,处于堵转状态。定子电流增大,可达额定电流 4～7 倍,时间长则会损害电动机。

由以上分析可知,固有机械特性曲线可分为两部分:BD 部分($0 < s < s_m$)称为稳定运行区,AB 部分($s_m < s \leq 1$)称为不稳定运行区。电动机稳定运行只限于曲线的 BD 段。电动机在 $0 < s < s_m$ 区间运行时,只要负载转矩小于最大转矩 T_m,当负载发生波动时,电磁转矩总能自动调整到与负载转矩相平衡,使转子适应负载的增减以稍低或稍高的转速继续稳定运行。

如果电动机在稳定运行中,负载转矩增加超过了最大转矩,电动机的运行状态将沿着机械特性曲线的 BD 部分下降越过 B 点而进入不稳定区,导致电动机停止运转。

三、三相异步电动机的人为机械特性

人为地改变三相异步电动机电源电压、电源频率、定子磁极对数,或增大定子、转子阻抗中的一个或多个参数,所得到的机械特性称为人为机械特性。下面分别定性讨论改变定子绕组电压的人为机械特性和转子回路串对称三相电阻的人为机械特性。分析时,先定性画出固有机械特性,然后将人为机械特性的同步点、最大转矩点、启动点与固有机械特性进行比较,看有何变化,再通过这三个特殊运行点,画出人为机械特性曲线。

1. 改变定子绕组电压的人为机械特性

对于笼型异步电动机,一般通过改变定子绕组电压来改变其机械特性,由 $n_1 = 60f_1/p$ (p 为电动机磁极对数)可知,降压后同步转速 n_1 不变,即不同 U_1 的人为机械特性曲线都通过固有机械特性的同步转速点;电磁转矩与电动机定子绕组上所加电压 U_1 的平方成正比,电源电压 U_1 降低,最大转矩 T_m 和启动转矩 T_{st} 随 U_1 的平方成比例下降,但临界转差率 s_m 不变,如图 2-22 所示。

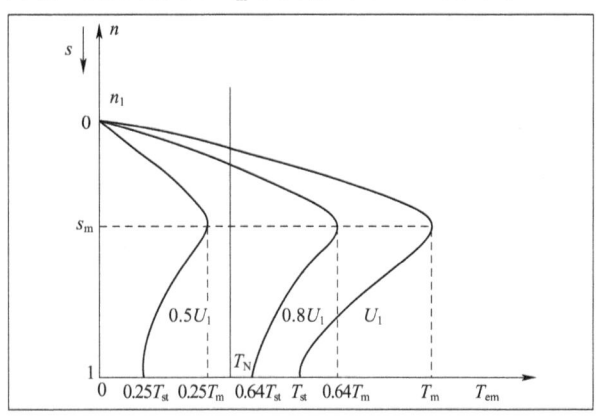

图 2-22 改变定子绕组电压的人为机械特性

2. 转子回路串对称三相电阻的人为机械特性

对于绕线型三相异步电动机,可通过在转子回路串入对称三相电阻来改变其机械特性。其特点是:n_1 不变,即 R_s 不同的人为机械特性曲线都通过固有机械特性曲线的同步转速点;临界转差率 s_m 会随着转子电阻的增大而增大,但最大转矩 T_m 不变;而 T_{st} 在 $s_m < 1$ 时随着 R_s 的增大而增大(如图 2-23 所示),在 $s_m > 1$ 时随着 R_s 的增大而减小。

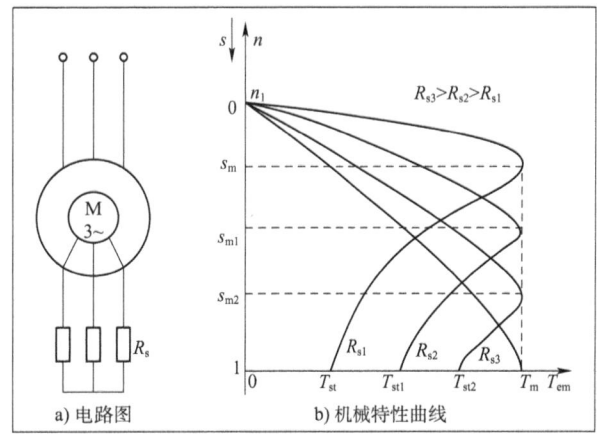

图 2-23 改变转子回路串对称三相电阻的人为机械特性

由图可知,绕线型三相异步电动机可以通过适当增大转子回路电阻改变转速,因而可通过这种方法调速;同时也可增大启动转矩,从而改善绕线型三相异步电动机的启动性能。

任务实施工单

班级		姓名	
情境描述	小张和小李讨论电动机转动的问题,小张说如果电动机越转越快,就会一直快下去。小李说,那电动机越转越慢就会一直慢下去,直到停止。你认为他们说的对吗? 为什么呢?		
互动交流	1. 简述三相异步电动机的固有机械特性。 2. 分析三相异步电动机的稳定运行。 3. 简述三相异步电动机的人为机械特性。		
能力训练	1. 阐述三相异步电动机带负载运行过程。 2. 在三相异步电动机的机械特性曲线上指出稳定与不稳定运行区域。 3. 对于笼型和绕线型三相异步电动机,一般通过什么方法来改变其机械特性?		
学习效果评估			
评价指标	学生自评	学生互评	教师评估
知识掌握程度	☆☆☆☆☆	☆☆☆☆☆	☆☆☆☆☆
能力掌握程度	☆☆☆☆☆	☆☆☆☆☆	☆☆☆☆☆
素质掌握程度	☆☆☆☆☆	☆☆☆☆☆	☆☆☆☆☆

任务五 三相异步电动机的运行

想一想：三相异步电动机应如何启动？转起来以后要想调整它的速度又应该采用什么方法呢？

一、三相异步电动机的启动

1.概述

三相异步电动机的启动是指三相异步电动机从接入电网开始转动，到正常运转的这一过程。

对三相异步电动机启动的一般要求是：

（1）电动机的启动转矩T_{st}要足够大。

（2）在保证足够大的启动转矩的情况下，启动电流I_{st}应尽可能小。启动电流过大，会造成明显的电网电压降落，影响电网上其他电气设备的正常运行。

（3）启动过程中功率损耗越小越好。

（4）启动设备应经济可靠，结构简单，操作方便。

2.笼型异步电动机的启动方法

1）直接启动（也称为全压启动）

直接启动就是将电动机定子绕组直接接到额定电压的电网上，又称全压启动。其优点是操作方法简单、设备便宜、启动转矩大、启动快；缺点是启动电流大（一般为额定电流的4~7倍），造成电网电压波动大，影响同一电源其他负载的运行。

直接启动主要适用于小功率异步电动机。一般规定：由公用低压电网供电时，功率在10 kW及以下的，可直接启动；由小区配电室供电时，功率在14 kW及以下的，可直接启动。还可用经验公式来确定，满足公式$\frac{I_{st}}{I_N} \leq \frac{3}{4} + \frac{S_N}{4 P_N}$的电动机可以直接启动。

2）降压启动

降压启动是指电动机在启动时，通过启动设备降低加在定子绕组上的电压，启动结束后再加上额定电压运行。降压启动的目的在于减小启动电流，但降压的同时启动转矩也相应降低。因此，只能适用于空载或轻载启动的情况。

（1）定子串电阻（或电抗）降压启动。

这种启动方法是定子绕组与适当的电阻（或电抗）串联，启动时在电阻（或电抗）上产生电压降，定子绕组上的电压就相对降低，待电动机启动结束后再将电阻（或电抗）短接。这种启动方法启动平稳、运行可靠、设备简单，但由于在串联电阻上会有电能损耗，一般使用电抗器以减少电能的损耗，电抗器体积较大，成本较高，而且电压降低的同时启动转矩也随之降低，只适合空载或轻载启动。

（2）自耦变压器降压启动。

自耦变压器降压启动又称为启动补偿器启动，是利用自耦变压器来降低启动时加在三相定子绕组上的电压。自耦变压器备有不同的电压抽头，如：80%、65%的额定电压，以便选择不同的启动电压。经自耦变压器降压后，加在电动机定子绕组上的电压为直接启动时电流的$\frac{1}{K}$，定子绕组上的启动电流为直接启动时电压的$\frac{1}{K}$，但因为自耦变压器一次电流是二次电流电的$\frac{1}{K}$，所以使电动机从电网吸收的电流减小为直接启动的$\frac{1}{K^2}$。同时，启动转矩降低为直接启动的$\frac{1}{K^2}$。如图2-24所示。

自耦变压器降压启动的优点是可以按允许

的启动电流和所需的启动转矩来选择自耦变压器的变比实现降压启动,且不论 Y 接还是 △ 接的电动机均可采用;缺点是价格高、设备体积大。

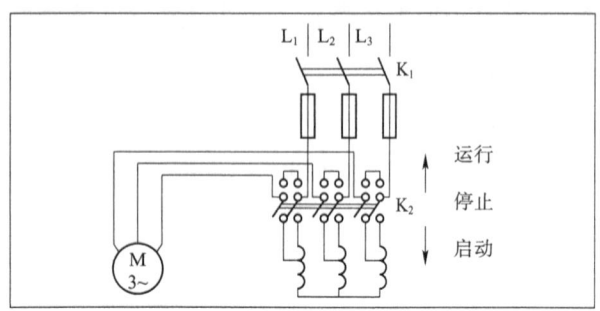

图 2-24 自耦变压器降压启动原理

(3) Y-△降压启动。

Y-△降压启动仅适用于正常运行时定子绕组为 △ 接法的电动机。启动时采用 Y 接,从而使定子绕组所承受的电压由电源的线电压变为电源的相电压,降低为原来的 $\frac{1}{\sqrt{3}}$,即 $U_{stY} = \frac{1}{\sqrt{3}} U_{st\triangle}$。此时,启动电流和启动转矩均变为原来的 $\frac{1}{3}$,即 $I_{stY} = \frac{1}{3} I_{st\triangle}$,$T_{stY} = \frac{1}{3} T_{st\triangle}$。待启动结束后再还原为 △ 接法,如图 2-25 所示。

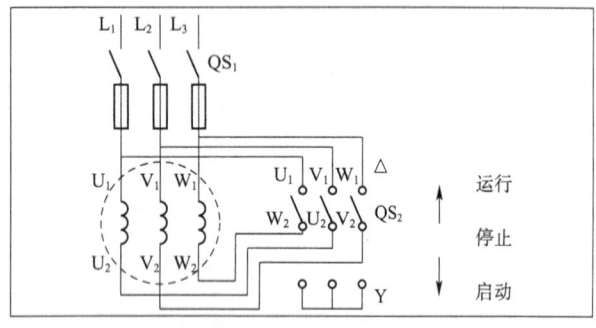

图 2-25 Y-△降压启动原理

Y-△降压启动的优点是所需设备简单、体积小、价格低,维护方便,对降低启动电流很有效;其缺点是只能有一个固定的降压值,启动转矩也会降低很多,仅适用于空载或轻载启动的设备,且只能用于正常运行时三相定子绕组为 △ 接法的电动机。

(4) 延边△降压启动。

延边△降压启动与 Y-△降压启动方法类似,如图 2-26 所示。启动时定子绕组一部分接成 Y 形,另一部分接成 △,看上去就像 △ 的三个边延长,故称为"延边△"。

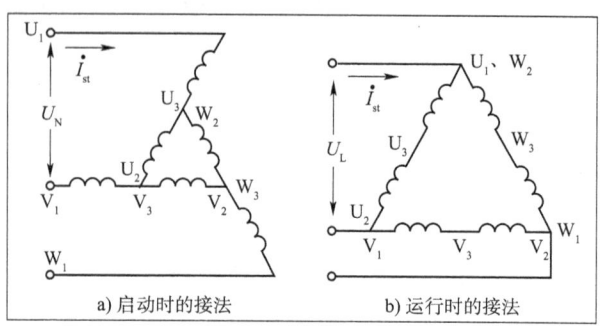

图 2-26 延边△降压启动的接法

采用延边△降压启动的电动机,定子绕组共有 9 个抽头。这种启动方法的启动电流比 Y-△降压启动电流要大,启动转矩也更大,但定子绕组的抽头多,制造麻烦,接线复杂。

3. 绕线型异步电动机的启动方法

笼型异步电动机转子由于结构原因,无法外串电阻启动,只能在定子绕组上采用降压启动,但这种方法同时也降低了启动转矩,所以只能适用于空载或轻载启动。在生产实际中,对于一些在重载下启动的生产机械(如起重机、皮带运输机等),或需要频繁启动的电气控制系统,可以采用绕线型异步电动机。

绕线型异步电动机的启动方法有转子回路串电阻启动和转子回路串频敏变阻器启动两种。

1) 转子回路串电阻启动

绕线型异步电动机转子回路串电阻启动如图 2-27 所示。启动时,合上电源开关 QS,三个接触器的触点都处于断开状态,电动机转子串入全部电阻启动,对应人为机械特性曲线 4 上的 a 点,电动机转速沿曲线 4 上升,转矩 T_{em} 下降,到达 b 点时,接触器 KM_3 触点闭合,将电阻 R_{st3} 切除,电动机切换到人为机械特性曲线 3 上的 c 点,并沿特性曲线 3 上升。这样,逐段切除转子电阻,电动机启动转矩始终在 T_1 和 T_2 之间变化,直至稳定运行在固有机械特性曲线的 h 点。在同一 T_{em} 值下,启动级数越多,启动越快越平滑,但接触器的控制触点也越多。

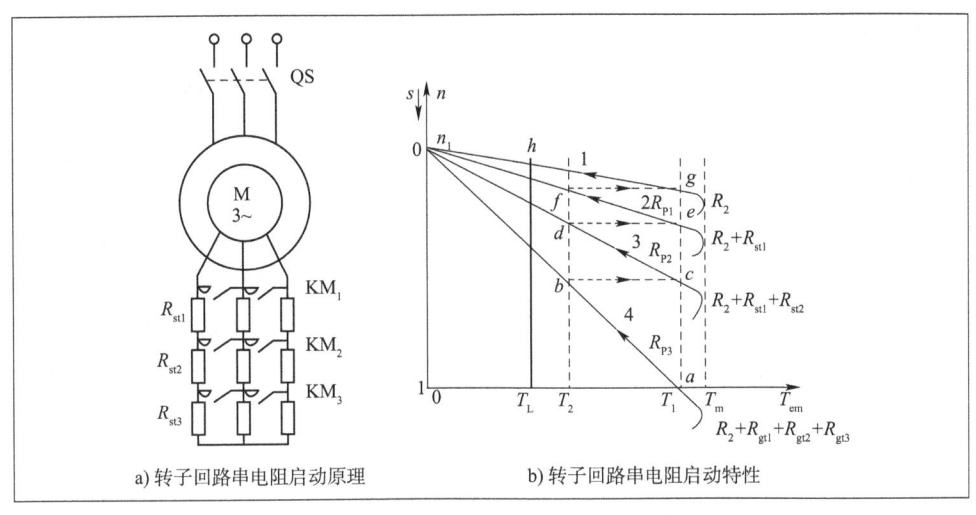

图 2-27 转子回路串电阻启动

这种启动方式的优点是启动转矩大,启动电流小;缺点是转子回路较复杂,维护工作量大。其常用于中、大容量电动机重载启动。

2) 转子回路串频敏变阻器启动

频敏变阻器是一种铁芯损耗很大的三相电抗器,转子回路串频敏变阻器启动接线如图 2-28 所示,启动开始时,电动机转速很低,转子回路中的电流频率很高,频敏变阻器的损耗较大,即频敏变阻器的等效电阻很大,限制了启动电流,增大了启动转矩;随着转速的上升,转子回路中的电流频率不断下降,频敏变阻器的损耗等效电阻值平滑下降,使电动机平滑启动。启动结束,应将滑环短接,切除频敏变阻器。

二、三相异步电动机的反转

三相异步电动机的旋转方向取决于定子旋转磁场的旋转方向。而定子旋转磁场的旋转方向又取决于电源的相序。所以要使三相异步电动机反转,只要改变接入电动机定子绕组的三相交流电源的相序(即将电动机任意两相绕组与交流电源接线对调)就可以了。

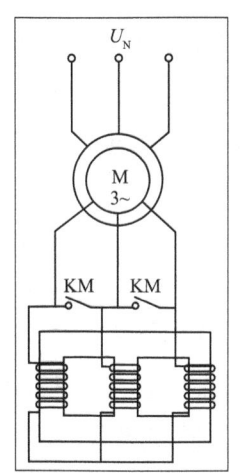

图 2-28 转子回路串频敏变阻器启动接线

三、三相异步电动机的调速

改变三相异步电动机转子的转速,即调速。由三相异步电动机转速公式 $n=(1-s)n_1=(1-s)\dfrac{60f_1}{p}$ 可知:异步电动机调速的方法有三种,即改变定子绕组磁极对数(p)调速、改变转差率(s)调速和改变供给电动机的电源频率(f_1)调速。

1. 变极调速

变极调速就是通过改变电动机定子绕组磁极对数 p 来调速。变极调速只适用于笼型异步电动机,因为改变笼型异步电动机定子绕组的磁极对数是通过改变定子绕组的接线方式来实现的,定子变极时,笼型转子也能发生相应的变极;而绕线型转子电动机的转子绕组磁极对数是固定不变的,所以不能进行变极调速。

变极调速的优点是所需设备简单；缺点是电动机绕组结构复杂笨重，绕组引出头多，调速只能有级调速，且级数少。变极调速通常不单独使用，往往与机械调速配套使用，以达到相互补充、扩大调速范围的目的。

2. 改变转差率(s)调速

改变转差率(s)调速的方法主要有改变笼型异步电动机定子绕组电压调速、绕线型三相异步电动机转子回路串电阻调速和绕线型三相异步电动机转子回路串附加电动势(串级)调速。

1) 改变笼型异步电动机定子绕组电压调速

由三相异步电动机的机械特性可知，当降低加在定子绕组的相电压时，电动机的最大转矩减小，但临界转差率不变。在负载转矩不变的情况下，电动机的转速将随电压的降低而降低。这种方法的调速范围很小，一般应用于风机型负载。

2) 绕线型三相异步电动机转子回路串电阻调速

由三相异步电动机的机械特性可知，绕线转子异步电动机转子回路串电阻后同步转速不变，最大转矩不变，但临界转差率增大，人为机械特性曲线稳定运行段的斜率变大，串接的电阻越大，转速越低，人为机械特性越软。这种调速为有级调速，调速平滑性差，但是这种调速方法简单方便，调速电阻还可兼作启动与制动电阻，广泛应用于起重运输机械的调速。

3) 绕线型三相异步电动机转子回路串附加电动势调速(串级调速)

为了克服绕线型三相异步电动机转子回路串电阻调速时，串入电阻消耗电能的缺点，在转子回路串入三相对称的附加电动势取代串入转子回路中的电阻，该电动势大小和相位可以自行调节，且频率始终与转子频率相同。

3. 变频调速

变频调速就是通过改变供给三相异步电动机电源的频率f_1来调速。优点是调速范围宽、可以实现平滑调速；缺点是需要增加一套专门的变频装置，成本较高。

在三种调速方法中，变频调速性能最优越，已经得到了广泛的应用。

四、三相异步电动机的制动

三相异步电动机的制动是指利用一个与电动机转向相反的转矩来使电动机迅速停转或限制电动机的转速。三相异步电动机的制动方法有两类：机械制动和电气制动。

1. 机械制动

机械制动是在电源切断以后利用机械装置来使电动机迅速停止转动。

机械制动通常利用电磁抱闸制动器来实现。电动机启动时，电磁抱闸线圈同时通电，电磁铁吸合，使抱闸松开；电动机断电时，抱闸线圈同时断电，电磁铁释放，在弹簧作用下，抱闸把电动机转子紧紧抱住，实现制动。起重机常使用机械制动。

2. 电气制动

电气制动是通过使三相异步电动机产生的电磁转矩的方向和转子的旋转方向相反的方式来实现制动。电气制动包括反接制动、回馈制动和能耗制动。

1) 反接制动

反接制动分为电源反接制动和倒拉反接制动两种。

(1) 电源反接制动。

电源反接制动是指制动时，改变定子绕组任意两相的相序，使得电动机的旋转磁场反向，反向磁场与原来惯性旋转的转子相互作用，产生一个方向与转子转向相反的电磁转矩，迫使电动机的转速迅速下降，当转速接近零时，切断电动机的电源，如图2-29所示。

电源反接制动的优点是制动时间短，操作简单，制动转矩大，停机迅速；但电源反接制动时，由于形成了反向磁场，因此转子的相对转速远大于同步转速，转差率大大增加，转子绕组中的感应电流很大，能耗也较大。为限制电流大小，一般在制动回路中串入大电阻。

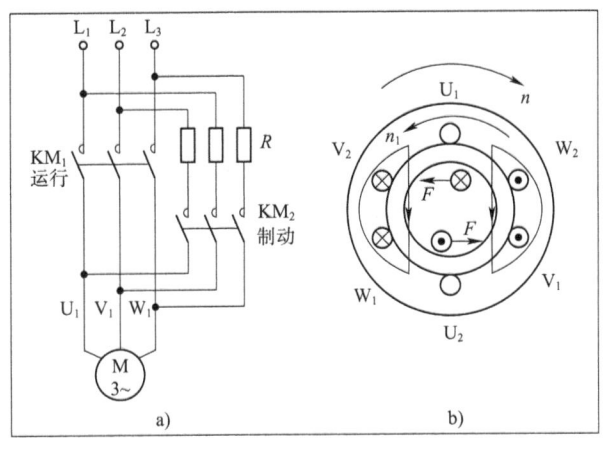

图 2-29　电源反接制动的接线和原理

而且电源反接制动时,制动转矩较大,会对生产机械造成一定的机械冲击,影响加工精度,故电源反接制动通常用于一些频繁正反转且功率小于 10 kW 的小型生产机械中。

(2) 倒拉反接制动。

倒拉反接制动用于绕线型三相异步电动机拖动位能性负载情况下,通常用于桥式起重机主钩电动机重载低速下放重物的场合,其原理如图 2-30 所示。

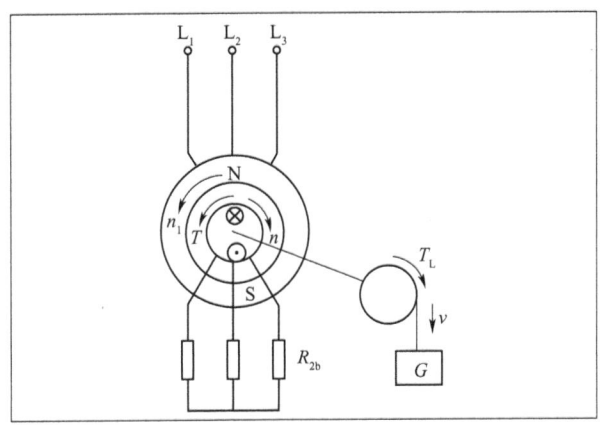

图 2-30　倒拉反接制动原理

电动机定子绕组接通三相交流电源,产生一个与提升重物方向同向的电磁转矩,对于重物下放来说是"倒着拉",但由于重物本身的重力产生的力矩大于电磁转矩,合力方向向下,实际上是下放重物,电磁转矩方向与转子转动方向相反,称为制动转矩,电动机为制动状态,为使电磁转矩小于负载转矩,在电动机转子中串入较大的制动电阻,所以这种制动称为"倒拉反接制动"。

2) 回馈制动

回馈制动又称再生发电制动,是指在电动机转向不变的情况下,由于某种原因,电动机的转速大于同步转速。在此过程中,电动机将势能转换为电能回馈给电网,所以称为回馈制动。

回馈制动不是把转速下降到零,而是使转速受到限制。其优点是经济性能好,不需要任何装置,将负载的机械能变为电能返送给电网;缺点是应用范围窄,只有在电动机转速大于同步转速的情况下才能实现。

3) 能耗制动

能耗制动是指将转子的动能转化为电阻上的热能消耗掉的一种制动方法。具体方法是在断开电动机三相交流电源后立即将电动机接到一个直流电源上,由直流电流励磁在气隙中建立一个静止磁场,使惯性旋转的转子导体切割静止磁场而产生感应电动势并有感应电流流过,从而产生制动转矩,使电动机迅速减速,最后停止转动,如图 2-31 所示。

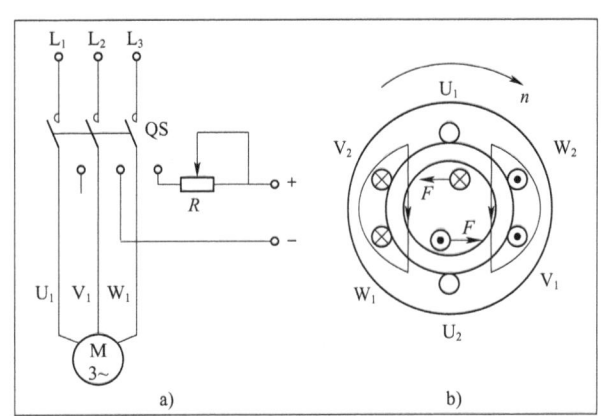

图 2-31　能耗制动的接线和原理

能耗制动的优点是制动力强,制动平稳,能实现准确、快速制动,不会出现反向启动,对电网影响小;缺点是需要另备一套直流电源装置,且在低速时制动力矩较小,不易制动停止。能耗制动适用于经常启动、频繁逆转,并要求迅速准确制动的生产机械。

任务实施工单

班级		姓名	
情境描述	小李说笼型三相异步电动机可以采用变极调速和变频调速,小王说绕线型三相异步电动机也可以采用这两种方法。你认为他们说的对吗?		
互动交流	1. 简述三相异步电动机的启动方法。 2. 说明三相异步电动机的反转方法。 3. 简述三相异步电动机的调速方法。 4. 说明三相异步电动机的制动方法。		
能力训练	一台异步电动机的技术数据:1.5 kW、380 V、3.48 A、△接法、1440 r/min,请问这台电动机可以采用什么样的方法启动?		
学习效果评估			
评价指标	学生自评	学生互评	教师评估
知识掌握程度	☆☆☆☆☆	☆☆☆☆☆	☆☆☆☆☆
能力掌握程度	☆☆☆☆☆	☆☆☆☆☆	☆☆☆☆☆
素质掌握程度	☆☆☆☆☆	☆☆☆☆☆	☆☆☆☆☆

任务六　了解直线电动机

任务导入

想一想:前文所讲的三相异步电动机是将电能转换为旋转运动的机械能的一种装置,有没有一种装置能将电能转换成直线运动的机械能?若有这种装置,这种装置与旋转电动机在结构和工作原理上有什么差别?

知识探索

一、直线电动机的分类和结构

直线电动机与普通旋转电动机都是实现能量转换的机械装置。普通旋转电动机将电能转换成旋转运动的机械能,直线电动机将电能转换成直线运动的机械能。直线电动机可以省去大量中间传动机构,加快系统反应速度,提高系统精确度,所以得到广泛的应用。

1. 按工作原理分类

直线电动机按工作原理可分为直流、异步、同步和步进等。下面仅对结构简单、使用方便、运行可靠的直线异步电动机作简要介绍。

直线异步电动机主要包括定子、动子和支承轮三部分。为了保证在行程范围内定子和动子之间具有良好的电磁场耦合效果,定子和动子的铁芯长度不等。定子可制成短定子和长定子两种形式。由于长定子结构成本高、运行费用高,因此很少采用。

直线电动机与旋转电动机一样,定子铁芯也是由硅钢片叠成,表面开有齿槽,槽中嵌有三相、两相或单相绕组。

直线异步电动机的动子有三种形式:

(1)磁性动子:动子由导磁材料(一般为低碳钢板)制成,既起磁路作用,又起导电作用。由于低碳钢板的导电性能不好,因此磁性动子直线异步电动机效率较低。

(2)非磁性动子:动子由非磁性材料(一般为铜或铝)制成,主要起导电作用。由于非磁性动子的导磁性能差,因此非磁性动子直线异步电动机的励磁电流及损耗大。

(3)复合动子:动子导磁材料表面覆盖一层导电材料,导磁材料起导磁作用,覆盖的导电材料起导电作用。复合动子的直线异步应电动机可达到较好的性能指标。

2. 按结构形式分类

直线电动机按结构形式可分为扁平型、圆筒型、圆弧型和圆盘型 4 类。

1)扁平型直线异步电动机

扁平型直线异步电动机可以看作由笼型三相异步电动机沿径向剖开后展平而成,如图 2-32 所示。

对应旋转电动机定子的一边嵌有三相绕组,称为初级;对应旋转电动机转子的一边称为次级或滑子。也就是说,旋转电动机的定子和转子分别对应直线电动机的初级和次级。初级铁芯由硅钢片叠成,其表面的槽中嵌有三相绕组(有些是单相或两相绕组),次级由整块钢板或铜板制成片状,其中也有嵌入导条的。

由旋转电动机演变而来的最原始的直线异步电动机初级和次级长度相等,运行中初级与次级的耦合不定,不能正常工作。为了保证在所需行程范围内初级与次级之间的耦合保持不变,实际应用时,将初级与次级制成不同的长度。一般既可制成短初级长次级型,也可制成长初级短次级型,但短初级长次级型在制造成本上、运行费用上均比长初级短次级低得多。因此,目前除特殊场合外,一般采用短初级长次级型。

演变而来的原始扁平型直线异步电动机仅一边安放初级,称为扁平型单边直线异步电动机,如图 2-33 所示。为了抵消初级磁场对滑子的单边磁吸力,扁平型直线异步电动机通常采用双边结构,即有两个初级将滑子夹在中间,如图 2-34 所示。

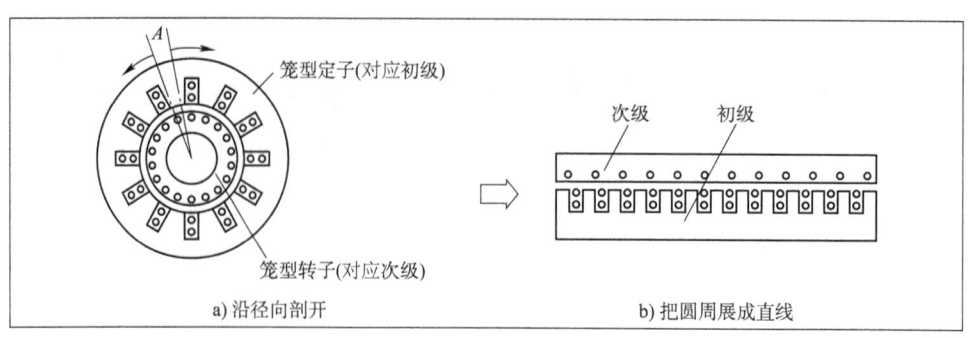

图 2-32　由笼型三相异步电动机演变为扁平型直线异步电动机的过程

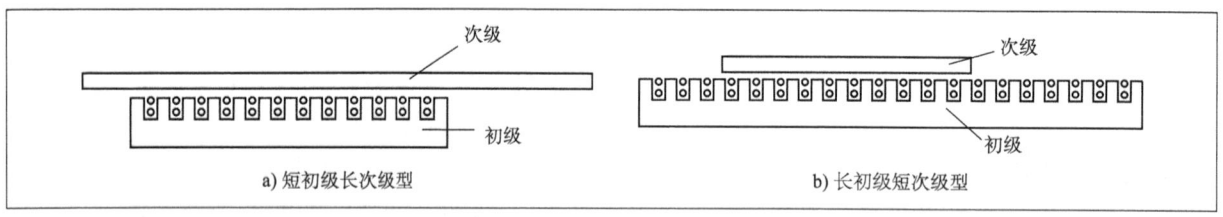

图 2-33　扁平型单边直线异步电动机的两种结构模型

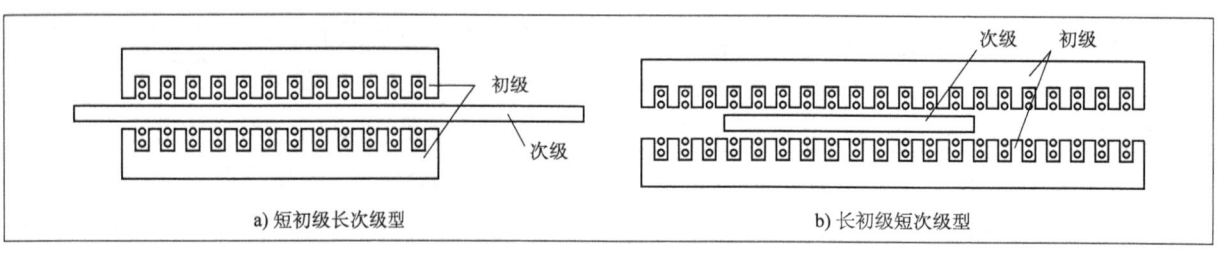

图 2-34　扁平型双边直线异步电动机的两种结构模型

2）圆筒型直线异步电动机

圆筒型直线异步电动机可以认为是将扁平型单边直线异步电动机沿着和直线运动方向相垂直的方向卷接成筒形而来的，如图 2-35 所示。

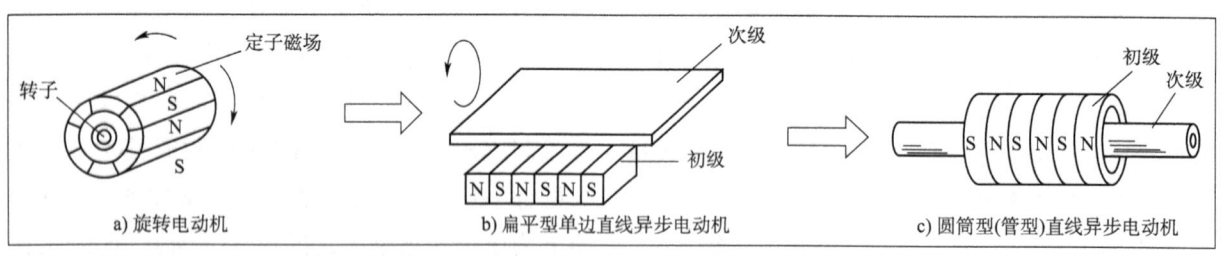

图 2-35　圆筒型直线异步电动机的演变过程

3）圆弧型直线异步电动机

圆弧型直线异步电动机是将扁平型直线异步电动机的初级沿运动方向改成弧形，并安放于圆柱形次级的柱面外侧，如图 2-36 所示。

4）圆盘型直线异步电动机

圆盘型直线异步电动机是把次级做成一片圆盘，将初级放在次级圆盘靠近外缘的平面上，次级可以是双面的，也可以是单面的，如图 2-37 所示。

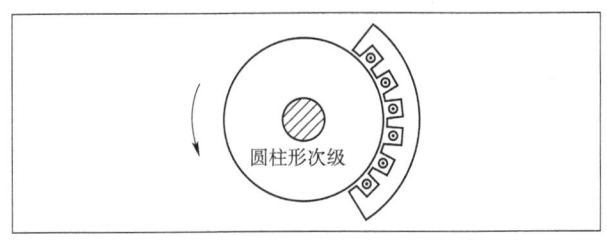

图 2-36　圆弧型直线异步电动机的结构模型

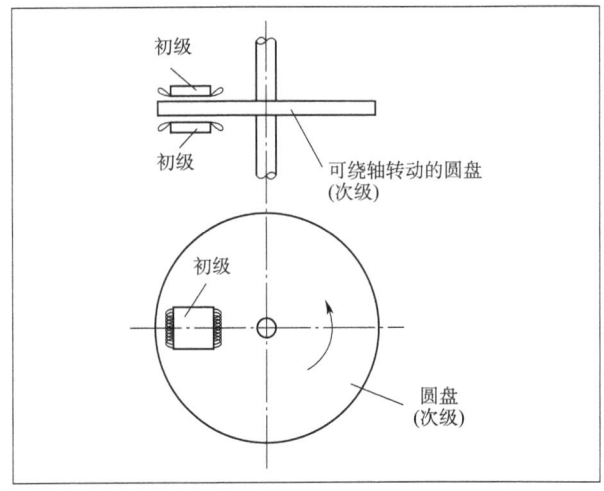

图 2-37　圆盘型直线异步电动机的结构模型

圆弧型和圆盘型直线异步电动机的运动实际上是圆周运动，然而由于它们的运行原理和设计方法与扁平型直线异步电动机相似，所以也归入直线电动机范畴。

二、直线异步电动机的工作原理

直线异步电动机的工作原理和旋转异步电动机一样，在笼型三相异步电动机的定子绕组中通入三相对称电流时，会在气隙中产生转速为 n_1 的旋转磁场，转子导条切割旋转磁场而在其闭合回路中产生电流，带电的转子在磁场作用下产生电磁转矩，使转子沿旋转磁场的转向以转速 n 旋转。改变三相电流的相序时，可以使旋转磁场及转子的旋转方向改变。

在直线异步电动机初级的三相绕组中通入三相对称电流时，其在气隙中产生的磁场也是运动的，只是沿直线方向移动，称为移行磁场或行波磁场。行波磁场切割次级导体产生感应电动势并产生电流。电流与气隙磁场相互作用产生电磁推力。次级在推力作用下顺着行波磁场运动的方向做直线运动，如图 2-38 所示。移行磁场及次级的移动方向也由三相电流的相序决定。

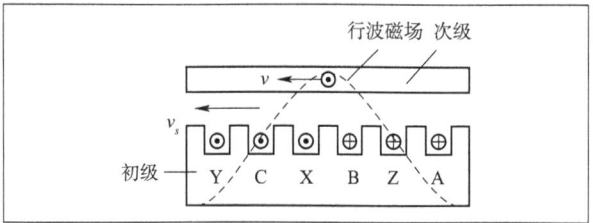

图 2-38　直线异步电动机的基本工作原理

行波磁场速度用 v_s 表示，称为同步速度，且有：

$$v_s = 2\tau f$$

式中：τ——极距，mm；

f——电源频率，Hz。

次级移动速度用 v 表示，转差率用 s 表示，则有：

$$s = \frac{v_s - v}{v_s}$$

（电动机运行状态下，s 在 0 和 1 之间）

旋转电动机可以通过对调任意两相的电源线实现反向旋转。直线电动机也可以通过同样的方法实现反向运动。根据这一原理，可使直线电动机做往复直线运动。

三、直线异步电动机的特点及应用

直线异步电动机具有以下特点：

（1）省去了把旋转运动转换为直线运动的中间传动机构，节约了成本，缩小了体积。

（2）不受中间传动机构的惯量和阻力的影响，直线电动机直接传动反应速度快，灵敏度高，随动性好，准确度高。

（3）容易密封，不怕污染，适应性强。由于直线异步电动机本身结构简单，又可做到无接触运行，因此容易密封，可在有毒气体、核辐射和液态物质中使用。

（4）散热条件好，温升低，因此线负荷和电流密度限度较大,可提高电动机的额定容量。

(5)装配灵活性高,往往可以将电动机与其他机件合成一体。

(6)某些特殊结构的直线电动机也存在一些缺点,如大气隙导致功率因数和效率降低,存在单边磁拉力等。

直线异步电动机主要用于功率较大的直线运动场合,如门的自动开闭装置;起吊、传递和升降的机械设备;驱动车辆,尤其是高速和超速运输等。由于直线电动机牵引力或推动力可直接产生,不需要中间传动部分,没有摩擦,无噪声,无转子发热,不受离心力影响等,因此,其应用范围将越来越广。

任务实施工单

班级		姓名	
情境描述	小王说有的电动机是旋转运动的,有的电动机是直线运动的。你认为他说的对吗?		
互动交流	1.简述直线异步电动机的分类和结构。 2.简述直线异步电动机的工作原理。 3.简述直线异步电动机的特点及应用。		
能力训练	说明三相异步电动机和直线异步电动机的异同。		
学习效果评估			
评价指标	学生自评	学生互评	教师评估
知识掌握程度	☆☆☆☆☆	☆☆☆☆☆	☆☆☆☆☆
能力掌握程度	☆☆☆☆☆	☆☆☆☆☆	☆☆☆☆☆
素质掌握程度	☆☆☆☆☆	☆☆☆☆☆	☆☆☆☆☆

任务七 熟悉单相异步电动机

 **任务导入**

想一想:家用电器中用的电动机是什么样的电动机呢?它们是如何工作的呢?

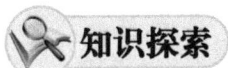 **知识探索**

单相异步电动机是用单相交流电源供电的一种小容量电动机,与同容量的三相异步电动机比较,其具有体积大、运行性能较差、效率低的缺点,但它结构简单、运行可靠、维护方便,可以直接用 220 V 交流电源供电,因此,广泛应用于工业、农业、医疗和家用电器等领域的中小功率设备中,如小台扇、电冰箱、洗衣机、空调压缩机等。其外形如图 2-39 所示。

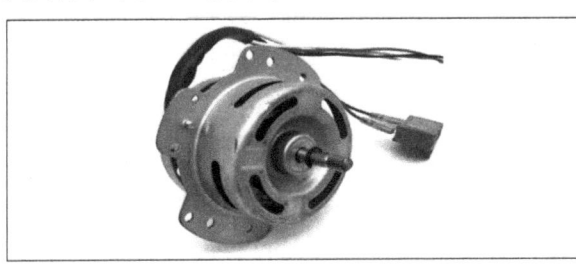

图 2-39 单相异步电动机外形

一、单相异步电动机的基本结构

单相异步电动机的结构与三相异步电动机基本相同,主要由定子和转子两大部分组成,如图 2-40 所示。

1. 定子

定子由定子铁芯、定子绕组及引出线等部分组成。

引出线用于接通单相交流电,为定子绕组供电。定子绕组的作用是通入交流电,形成旋转磁场。定子铁芯除支撑定子绕组外,主要是作为电机磁路的一部分。

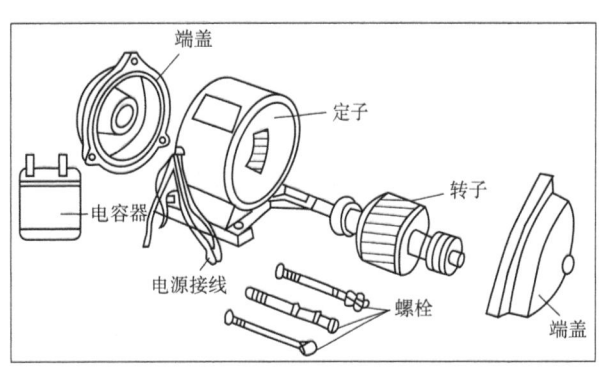

图 2-40 典型单相异步电动机的结构

定子铁芯上通常有两套绕组,一套是主绕组,也称为工作绕组或运行绕组;另一套是副绕组,也称为辅助绕组或启动绕组。它们在空间互成一定角度(一般为 90°电角度),目的是改善启动性能和运行性能,副绕组电路常接入电容器和启动开关触点。

2. 转子

转子主要由转子铁芯、转子绕组、转轴等部分组成,是电动机的转动部分,常制成鼠笼型。其作用是通过转子导体切割旋转磁场,产生电磁转矩,拖动机械负载工作。

二、单相异步电动机的铭牌

每台单相异步电动机的机座上钉有一块铭牌,标注有电动机的型号及有关技术参数,如图 2-41 和图 2-42 所示。

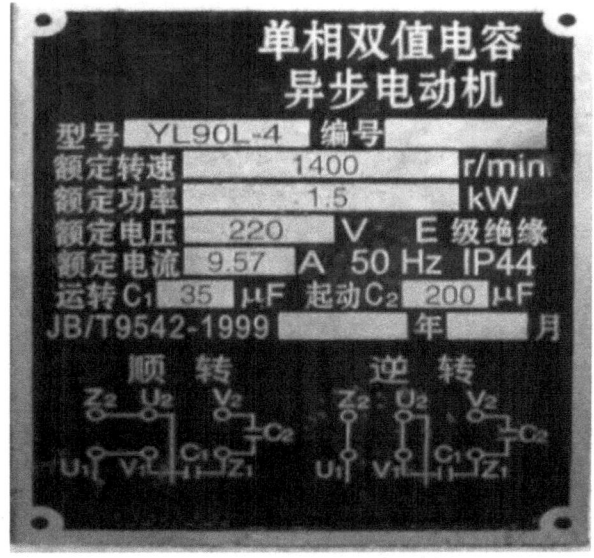

图 2-41 单相异步电动机铭牌示例(1)

单相异步电动机			
型号	YL90L-4	额定频率	50 Hz
额定功率	1500 W	运转电容器	μF
额定电压	220 V	启动电容器	μF
额定电流	9.57 A	绝缘等级	E 级
额定转速	1400 r/min		
年　　　　月		编号	××电机厂

图 2-42　单相异步电动机铭牌示例（2）

（1）型号：由产品代号、规格代号等组成。产品代号有 YY 电容运行式、YC 电容启动式、YL 双值电容式、YU 电阻启动式、YJ 罩极式。型号 YL90L-4 各符号表示的意义如图 2-43 所示。

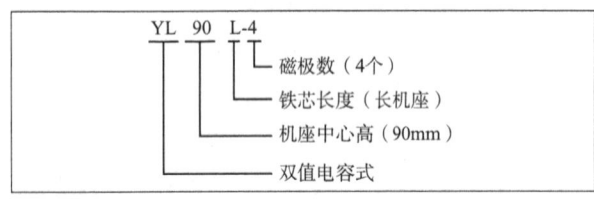

图 2-43　单相双值电容异步电动机型号各字符含义

（2）额定功率 P_N：指单相异步电动机在额定工作状态下运行时转轴输出的机械功率，单位是 W。我国常用单相异步电动机的标准额定功率有 6 W、10 W、16 W、25 W、40 W、60 W、90 W、120 W、180 W、250 W、370 W、550 W 及 750 W。

（3）额定电压 U_N：指单相异步电动机在额定工作状态下运行时加在定子绕组上的电压，单位是 V。我国单相异步电动机的标准额定电压有 12 V、24 V、36 V、42 V 和 220 V。

（4）额定电流 I_N：指单相异步电动机在额定工作状态下运行时定子绕组输入的电流，单位是 A。

（5）额定转速 n_N：指单相异步电动机在额定工作状态下运行时的转速，单位为 r/min。

（6）工作方式：指单相异步电动机的工作是连续运行还是间断运行。

（7）绝缘等级：我国家用电器的单相异步电动机绕组绝大多数为 E 级绝缘，其最高工作温度为 120 ℃。

三、单相异步电动机的工作原理

1. 单绕组的单相异步电动机

在单相定子绕组中通入单相正弦交流电，产生的磁场大小及方向在不断地变化，但磁场的轴线却固定不变，这种磁场称为单相脉动磁场，如图 2-44 所示。

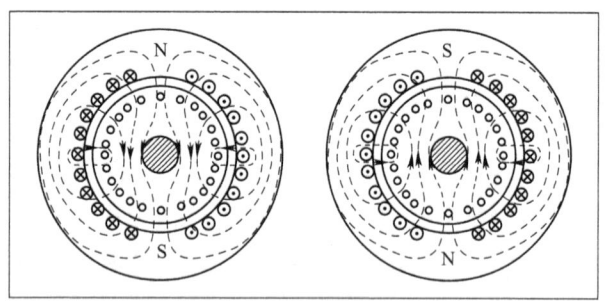

图 2-44　单相脉动磁场

由于磁场只是脉动而没有旋转，因此单相异步电动机的转子如果原来静止不动，那么在脉动磁场作用下，转子导体因与磁场没有相对运动而不产生恒定方向的感应电动势和电流，也就不会产生恒定方向的电磁力，因此转子仍然静止不动。也就是说，单绕组的单相异步电动机没有启动转矩，不能自行启动。

如果用外力去拨动一下电动机的转子，则转子导体就切割定子脉动磁场，从而有恒定方向的电动势和电流产生，转子将在磁场中受到力的作用，与三相异步电动机转动原理一样顺着拨动的方向转动起来。因此，要使单相异步电动机具有实际使用价值，就必须解决电动机的启动问题。

2. 两绕组的单相异步电动机

单相异步电动机主绕组和副绕组在空间上成一定角度（一般是 90°电角度），将它们同时接到单相交流电源上，假设主绕组中流过的电流为 i_U，副绕组中流过的电流为 i_V，则 i_U 超前 i_V 一定电角度（一般是 90°电角度）。两相电流 i_U 与 i_V 在气隙中产生的合成磁场为一个旋转磁场，如图 2-45 所示。

单相异步电动机在旋转磁场作用下产生启动转矩，在启动转矩的带动下，转子顺着旋转磁场方向开始转动。单相异步电动机转子旋转以后，副绕组就失去作用，如果此时将副绕组的电源断开，其主绕组中电流产生的磁场为脉动磁场，这时脉动磁场就会在转子上产生一个旋转方向与旋转磁场转动方向一致的电磁转矩，拖动转子继续按原来的旋转方向转动下去，在电动机转轴输出机械能。

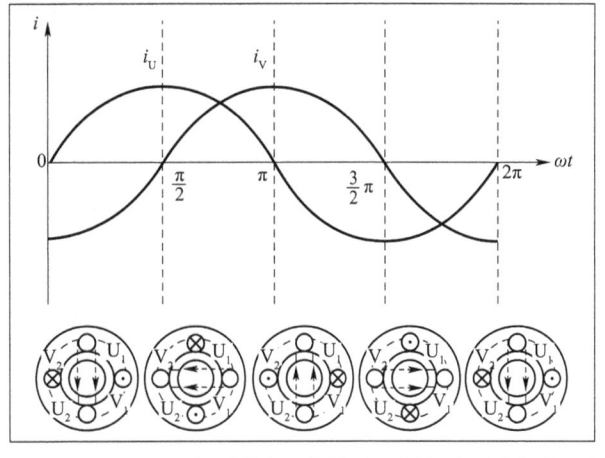

图2-45　两相电流 i_U 与 i_V 在气隙中产生的合成磁场

四、单相异步电动机的分类

根据启动方法或运行方法的不同，单相异步电动机可分为以下五种基本形式。

1. 单相电容启动异步电动机

单相电容启动异步电动机接线原理如图2-46所示。主绕组与副绕组在空间成90°电角度，主绕组电感大，副绕组与启动电容器串联后，通过启动开关与主绕组接到同一电源上。

当电动机转子静止或转速较低时，启动开关处于接通位置，副绕组和主绕组一起接在单相电源上，获得启动转矩。当电动机转速为额定转速的80%左右时，断开启动开关，副绕组从电源上切除，此时单靠主绕组已有较大转矩，足以拖动负载运行。

单相电容启动异步电动机有较大的启动转矩，但启动电流也较大，适用于各种满载启动的机械，如小型水泵、小型空气压缩机、空调压缩机、电冰箱、洗衣机等。

2. 单相电容运行异步电动机

单相电容运行异步电动机接线原理如图2-47所示。副绕组不但供启动用，而且容许长期接在电源上工作。主绕组电感大，副绕组电路中串入运转电容器，呈容性。

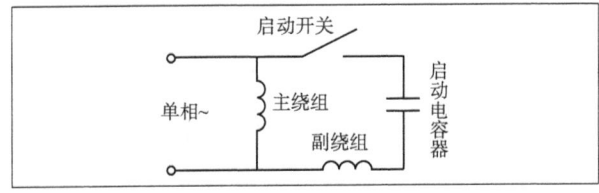
图2-46　单相电容启动异步电动机接线原理

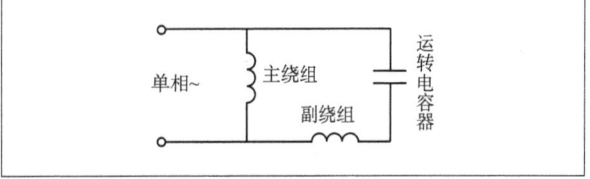
图2-47　单相电容运行异步电动机接线原理

单相电容运行异步电动机结构简单，维护保养方便，只要任意改变主绕组（或副绕组）的首端、末端与电源的接线，即可改变旋转磁场的转向，从而使电动机反转。这类电动机常用于吊扇、台扇、复印机、吸尘器等。

3. 单相电阻启动异步电动机

单相电阻启动异步电动机接线原理如图 2-48 所示。主绕组导线较粗，匝数较多；副绕组导线较细，匝数少，与电阻串联，二者通过启动开关接到同一电源上。许多电动机的副绕组没有串联电阻，而是设法增加导线电阻，从而使副绕组本身就有较大的电阻。

单相电阻启动异步电动机价格较低，启动电流较大，但启动转矩不大，适用于小型鼓风机、研磨机、搅拌机、医疗器械、电冰箱等。

4. 单相双值电容异步电动机

单相电容启动异步电动机与单相电容运行异步电动机相比，启动转矩大；但单相电容运行异步电动机的效率、功率因数及最大转矩都比单相电容启动异步电动机高。因此，综合两者优点，出现了单相双值电容异步电动机，如图 2-49 所示，启动电容器容量较大，运转电容器容量较小，两只电容器并联后与副绕组串联。

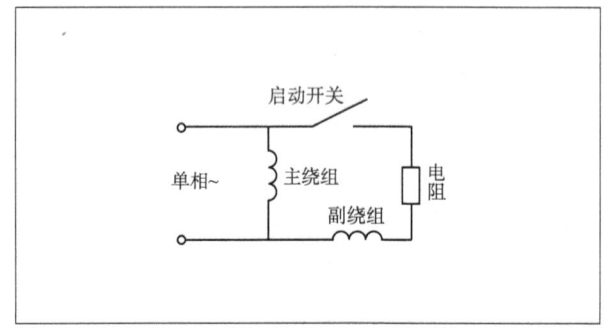

图 2-48 单相电阻启动异步电动机接线原理

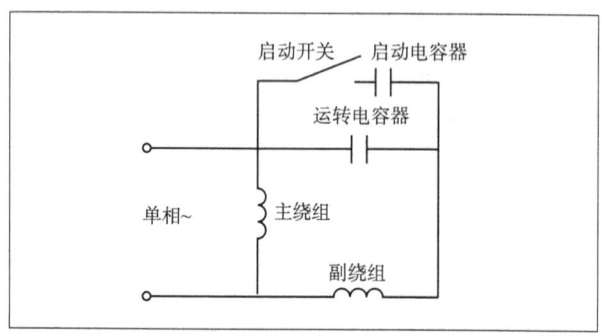

图 2-49 单相双值电容异步电动机

单相双值电容异步电动机启动转矩较大，效率较高，功率因数较大，适用于水泵、小型机床等。

5. 单相罩极异步电动机

单相罩极异步电动机是小型单相异步电动机中最简单的一种，也是日常生活中常见的一种电动机。

单相罩极异步电动机的转子是笼型转子，定子铁芯做成凸极式，必须正确连接定子绕组，以使定子铁芯上下刚好产生一对磁极。如果是四极电动机，则磁极极性应按 N、S、N、S 的顺序排列。其磁极的磁通分布在空间上是移动的，由未罩部分向被罩部分移动，好似旋转磁场一样，从而使笼型转子获得启动转矩，也决定了电动机由未罩部分向被罩部分旋转，改变电源接线也不能改变电动机的转向。

单相罩极异步电动机的主要优点是结构简单、制造方便、成本低、运行时噪声小、维护方便；缺点是其启动性能及运行性能较差，效率和功率因数都较小。其主要用于小功率空载启动的场合，如电动模型、电唱机等。

任务实施工单

班级		姓名	
情境描述	小张说家用电器里的电动机是三相异步电动机,小李说家用电器使用的是单相电,怎么能用三相异步电动机呢?你是怎么认为的呢?		
互动交流	1. 简述单相异步电动机的基本结构。 2. 识别单相异步电动机的铭牌。 3. 简述单相异步电动机的分类。		
能力训练	观察被拆开的单相异步电动机,指出各部分的名称并说明其作用。		
学习效果评估			
评价指标	学生自评	学生互评	教师评估
知识掌握程度	☆☆☆☆☆	☆☆☆☆☆	☆☆☆☆☆
能力掌握程度	☆☆☆☆☆	☆☆☆☆☆	☆☆☆☆☆
素质掌握程度	☆☆☆☆☆	☆☆☆☆☆	☆☆☆☆☆

知识归纳图谱

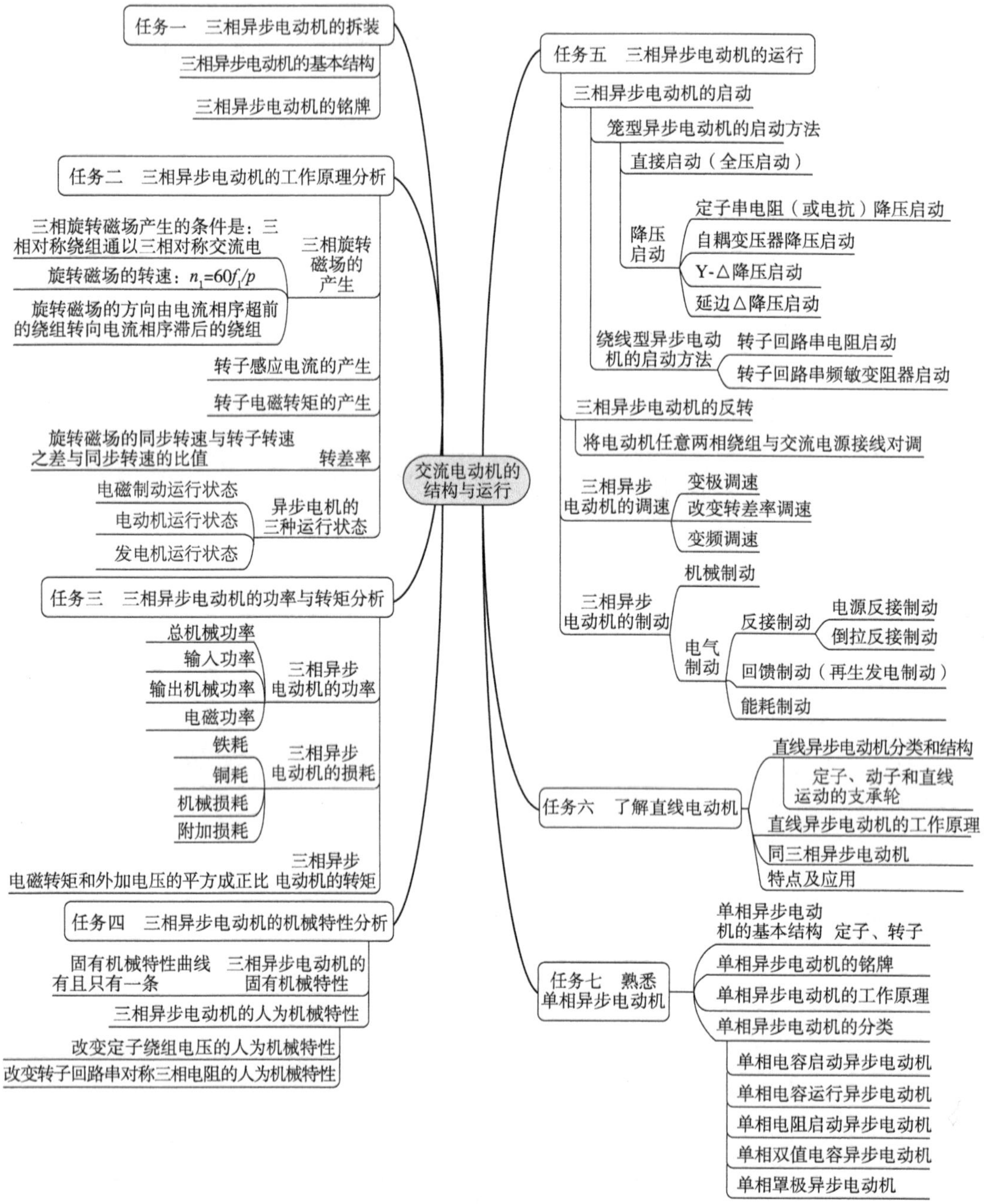

技能训练 2

请各位同学完成技能训练 2，见教材配套实训手册。

线 上 答 题

1. 请同学们扫描封面二维码,注意每个码只可激活一次;

2. 长按弹出界面的二维码,关注"交通教育出版"微信公众号并自动绑定资源;

3. 公众号弹出"购买成功"通知,点击"查看详情",进入后选择已绑定的图书,即可进行线上答题;

4. 也可进入"交通教育出版"微信公众号,点击下方菜单"用户服务—图书增值",选择已绑定的教材进行线上答题。

项目三 直流电机的操作与使用

学习目标

1. 知识目标
①掌握直流电机的结构、工作原理和分类。
②了解直流电机的电枢电动势、电磁转矩和电磁功率。
③熟悉直流电机的机械特性。
④掌握直流电机的启动、反转、调速与制动。

2. 能力目标
①具备认识直流电机的能力。
②能够对直流电机的机械特性进行分析。
③能够完成直流电机的启动、调速、反转和制动的分析。

3. 素质目标
①具有透过现象看本质的能力。
②具有严谨细致、精益求精的精神。
③具备信息检索能力。
④具有逻辑思维能力。

请同学们观看项目三导学微课,课前预习,制订本项目学习计划。

项目三导学

任务一　直流电机的分类

任务导入

你知道直流电机与交流电机在结构上有何不同吗？它们的工作原理是否一样呢？

知识探索

直流电机是直流发电机和直流电动机的总称，在现代工业中，直流电机仍占有重要的地位，直流电机具有可逆性，它既可以做发电机用，也可以做电动机用。

与交流电机相比，直流电机结构复杂、成本高、运行维护较困难。但直流电机调速性能好、启动转矩大、过载能力强，在启动和调速要求较高的场合，仍获得广泛应用。

直流发电机和直流电动机的外形如图 3-1 所示。

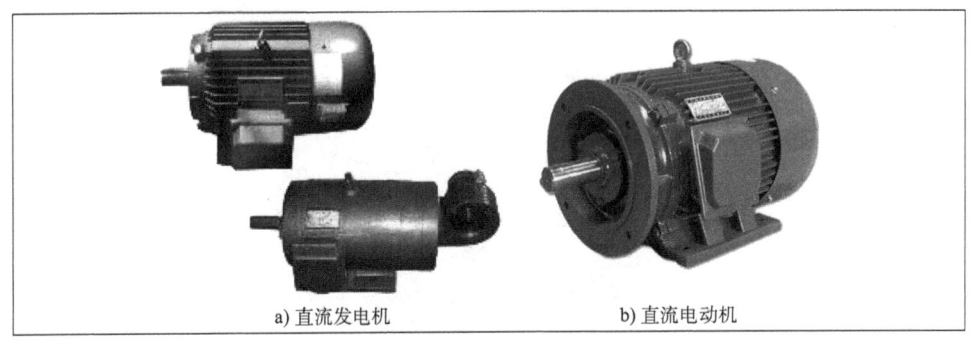

a) 直流发电机　　　　b) 直流电动机

图 3-1　直流发电机和直流电动机

直流发电机的作用是将机械能转换为直流电能，可以作为电解、电镀、电焊以及自动控制系统的直流电源，如图 3-2 所示。但是，随着晶闸管可控变流技术的发展，一些新型的直流电源基本取代了直流发电机。

a) 电解铝车间　　　　b) 电镀车间

图 3-2　直流发电机的应用

直流电动机的作用是将直流电能转换成机械能,直流电动机结构较复杂,使用和维护较麻烦,价格也较昂贵,但是由于其启动和调速性能较好,现仍广泛应用于轧钢机、高炉卷扬机、地铁列车、城市电车、电动自行车、造纸和金属切削设备等工作负载变化较大、要求频繁地启动和改变方向,以及要求平滑地调速的生产机械上,如图3-3所示。

图3-3 直流电动机的应用

一、直流电机的结构

直流电机主要由静止部分——定子和转动部分——转子(电枢)两大部分构成,如图3-4所示,定子和转子之间的空隙称为气隙。

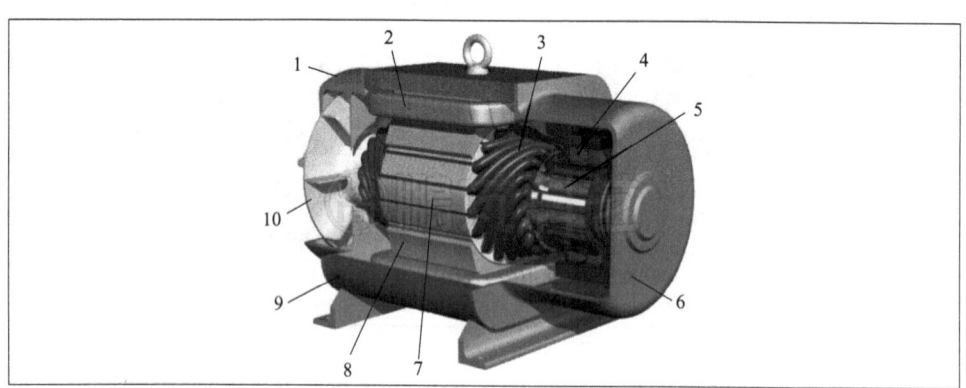

图3-4 直流电机的结构

1-前端盖;2-励磁绕组;3-电枢绕组;4-电刷装置;5-换向器;6-后端盖;7-电枢铁芯;8-磁极;9-机座;10-风扇

1. 定子

定子的主要作用是产生主磁场和作为电机的机械支撑,包括机座、主磁极、换向磁极、电刷装置、端盖和轴承等。

1) 机座

机座又称电机外壳。一方面起导磁作用,作为电机磁路的一部分,要求它有较好的导磁性能;另一方面起支撑作用,用来安装主磁极和换向磁极,并通过端盖支撑转子部分。一般用导磁性能较好的铸钢件或钢板焊接而成,也可直接用无缝钢管加工而成。

2) 主磁极

主磁极的作用是产生电机工作的主磁场,由主磁极铁芯和励磁绕组组成。

主磁极铁芯是电机磁路的一部分,为了减少损耗,一般采用厚 1~1.5 mm 的低碳钢板冲片叠压铆接而成。

励磁绕组的作用是在通入直流电时产生励磁磁场,小型电机的励磁绕组用电磁线绕制,大、中型电机的励磁绕组用扁铜线绕制。绕组要经过绝缘处理,然后套装在主磁极铁芯上,最后将整个主磁极用螺钉均匀地固定在机座的内圆上。

3）换向磁极

换向磁极位于两个主磁极之间,又称附加磁极,其作用是产生换向磁场,改善电机的换向条件,减小电刷与换向片之间的火花,一般由换向磁极铁芯和换向磁极绕组组成。

换向磁极铁芯一般用整块钢或厚钢板叠压而成。换向磁极绕组的制作和励磁绕组相同,与电枢绕组串联,匝数少,导线粗。一般小型直流电机换向不困难,可以不装换向磁极。

4）电刷装置

电刷装置由电刷、刷握、刷杆和压力弹簧等组成。它的作用是使旋转的电枢绕组与固定不动的外电路相连接,将直流电流引入或引出。

电刷应具有较好的导电性能和耐磨性能,一般用石墨粉压制而成,放在刷握中的刷盒内,利用压力弹簧把电刷压在换向器上,刷握固定在刷杆上,借铜丝辫把电流从电刷引到刷杆上,再由导线接到接线盒中的端子上。

2. 转子(电枢)

直流电机的转子通常称为电枢,是产生感应电动势、电流、电磁转矩,实现能量转换的部件。它由电枢铁芯、电枢绕组、换向器、转轴和风扇等组成。

1）电枢铁芯

电枢铁芯是直流电机磁路的一部分,用来嵌放电枢绕组。为了减少损耗,通常采用厚度为 0.5 mm 的表面有绝缘层的硅钢片叠压而成。铁芯外圆有均匀分布的槽,用来嵌放电枢绕组,轴向有轴孔和通风孔。

2）电枢绕组

电枢绕组的作用是通入电流产生感应电动势和电磁转矩,从而实现能量转换。它通常用圆形或矩形截面的绝缘导线绕制而成,按一定规律嵌放在电枢铁芯槽内,与换向器连接成整体。

3）换向器

换向器又称为整流子,是直流电机的特有装置。它的作用是将电枢绕组中的交变电动势和电流转换成电刷间的直流电动势和电流,保证所有导体上产生的转矩方向一致。

4）转轴

转轴用来传递电磁转矩,一般用合金钢锻压加工而成。

5）风扇

风扇一般用来降低运行中电机的温升。

3. 气隙

气隙是电机磁路的重要部分。转子要旋转,定子与转子之间就必须要有气隙(工作气隙)。气隙路径虽然很短,但由于气隙磁阻远大于铁芯磁阻,对电机性能有很大影响。一般小型电机的气隙为 0.5~5 mm,大型电机的气隙为 5~10 mm。

二、直流电机的基本工作原理

如图 3-5 所示是直流电机模型。它包括静止的主磁极 N、S,可以转动的圆柱体上的线圈 abcd,线圈的首、末端分别连接到两个相互绝缘的换向器 1、2 上,换向器外侧分别为固定不动的电刷 A、B。随着线圈的转动,电刷 A、B 轮流与换向器 1、2 相连接。

1. 直流发电机的工作原理

如图 3-5 所示,在电刷 A、B 间接入负载,当原动机带着电枢逆时针方向旋转时,线圈两个有效边 ab 和 cd 将切割磁场磁力线产生感应电动势,其方向用右手定则确定。导体 ab 中的电动势方向由 b 指向 a，导体 cd 中的电动势方向则由 d 指向 c，从整个线圈来看，电动势的方向为 d 指向 a，故外电路的电流自电刷 A 流出，经过负载流至电刷 B。此时，电流流出处的电刷 A 为正电势，用"＋"表示，而电流流入线圈处的电刷 B 则为负电势，用"－"表示，即电刷 A 为正极，电刷 B 为负极。

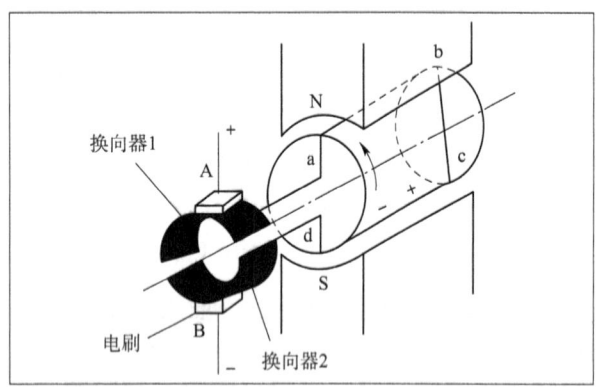

图 3-5　直流电机模型

当线圈转过 90°时，两个线圈的有效边位于磁场中性面上，导体的运动方向与磁力线平行，不切割磁力线，因此，感应电动势为零。

当线圈转过 180°时，线圈中的电动势方向改变，在 S 极下由 a 到 b，在 N 极下由 c 到 d。由于此时电刷 A 和电刷 B 所接触的换向器已经互换，因此，电刷 A 仍为正极，电刷 B 仍为负极，输出电流的方向不变。

由此可归纳出直流发电机的工作原理：直流发电机在原动机拖动下旋转时，电枢上的导体切割磁力线产生交变电动势，再通过换向器的整流作用，在电刷间获得直流电压并输出，从而实现了将机械能转换成直流电能的目的。

2. 直流电动机的工作原理

直流电动机在机械构造上与直流发电机完全相同，是根据通电导体在磁场中受力而运动的原理制成的。在图 3-5 所示的模型中，在电刷 A、B 两端加上直流电压，假定电流从电刷 A 流入线圈，沿 a→b→c→d 方向，从电刷 B 流出。线圈在磁场中将受到电磁力的作用，其方向用左手定则确定，ab 边受到向左的力作用，cd 边受到向右的力作用，形成电磁转矩，结果使电枢按逆时针方向转动。

当电枢转过 90°时，线圈中虽无电流和力矩，但在惯性的作用下仍继续旋转。

当电枢转过 180°时，电流仍然从电刷 A 流入线圈，沿 d→c→b→a 的方向，从电刷 B 流出。虽然线圈中的电流方向改变了，但两个线圈的位置也发生了改变，所以两个线圈所受电磁力的方向没有改变，即电动机仍向同一个方向旋转。

由此可归纳出直流电动机的工作原理：直流电动机在外加电压的作用下，在导体中形成电流，载流导体在磁场中将受电磁力的作用，由于换向器的换向作用，导体进入异性磁极时，导体中的电流方向也相应改变，从而保证了电磁转矩的方向不变，使直流电动机能连续旋转，把直流电能转换为机械能输出。

3. 直流电机的可逆性原理

同一台直流电机，既能作为发电机运行，又能作为电动机运行，这被称为直流电机的可逆性原理。

当直流电机作为发电机运行时，将机械能转变成电能。当作为电动机运行时，将电能转变成机械能。

三、直流电机的型号和技术参数

1. 型号

（1）老型号：Z3-42。

Z——产品代号（直流电动机）；

3——设计序号（第 3 次设计）；

42——规格代号（4 号机座，2 号铁芯）。

（2）新型号：Z4-200-21。

Z4——系列代号（直流电动机，第 4 次设计）；

200——电机中心高（单位为 mm）；

2——电枢铁芯长度代号；

1——前端盖代号（1 为短端盖，2 为长端盖）。

2. 技术参数

（1）额定功率 P_N：指电机在额定情况下长期运行所允许的输出功率。对发电机来讲，是指输出的电功率 $P_N = U_N I_N$；对电动机来讲，是指转轴输出的机械功率 $P_N = U_N I_N \eta_N$，单位为 kW。

（2）额定电压 U_N：指在额定的运行状态下，电机出线端的电压值。对发电机来讲，是指在额定运行时输出的端电压，单位为 V；对电动机来讲，是指额定运行时的电源电压，单位为 kV。

（3）额定电流 I_N：对于发电机是指额定运行时供给负载的额定电流；对于电动机是指额定运行时的电流，单位为 A。

（4）额定转速 n_N：指电机在额定电压、额定电流和额定输出功率时转子旋转的速度，单位为 r/min。

（5）励磁方式：指主磁极励磁绕组与电枢绕组的连接以及供电方式，有他励、并励、串励和复励等。

（6）额定励磁电压 U_{LN}：指加在励磁绕组两端的额定电压，单位为 V。

（7）额定励磁电流 I_{LN}：指电机额定运行时所需要的励磁电流，单位为 A。

（8）定额（工作方式）：指电机在额定运行状态下能持续工作的时间和顺序，分为连续、短时和断续 3 种，分别用 S1、S2、S3 表示。

（9）温升：电机各发热部分的温度与周围冷却介质的温度之差。

（10）绝缘等级：指电机各绝缘部分所用的绝缘材料的等级。

四、直流电机的分类

直流电机按照主磁场的不同，一般可分为两大类，一类是以永久磁铁作为主磁极的，称为永磁电机；另一类是通过给励磁绕组通入直流电产生主磁场的，称为励磁电机。励磁电机按照励磁绕组与电枢绕组接线方式的不同，可分为他励电机和自励电机两种，自励电机又可分为并励电机、串励电机、复励电机等几种。

1. 永磁电机

过去常用于录音机和录像机等所需功率很小、机械精度要求较高的设备，现在已应用到更广泛的范围。

2. 他励电机

他励电机的励磁绕组和电枢绕组分别由不同的电源供电，如图 3-6、图 3-7 所示。其特点是电枢电流等于负载电流。

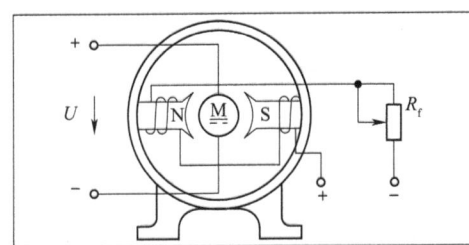

图 3-6 他励直流电机的结构

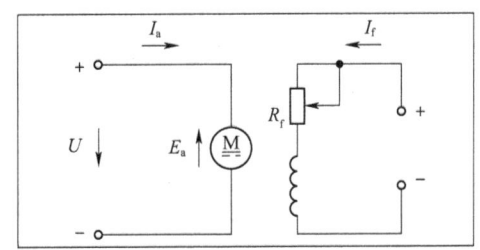

图 3-7 他励直流电机的电路

3. 自励电机

自励电机的励磁绕组不需要独立的励磁电源,励磁绕组和电枢绕组由同一个电源供电,按励磁绕组和电枢绕组连接方式的不同可分为以下 3 种:

1) 并励电机

励磁绕组与电枢绕组并联,励磁绕组匝数多,导线截面较小,励磁电流只占电枢电流的一小部分,负载电流等于电枢电流和励磁电流之和,如图 3-8 所示。

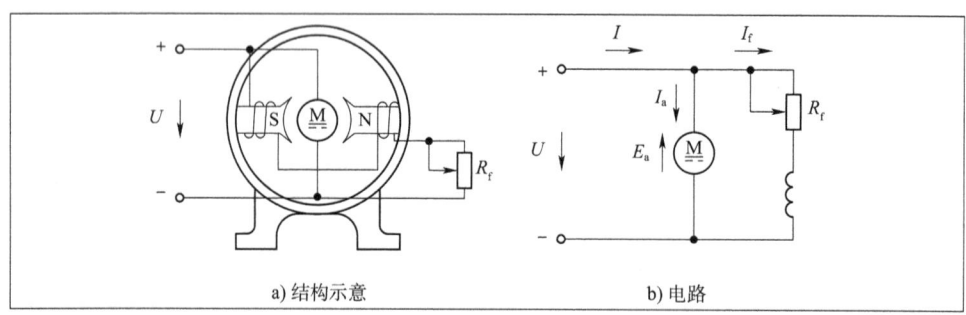

a) 结构示意　　b) 电路

图 3-8　并励直流电机的结构和电路

2) 串励电机

励磁绕组与电枢绕组串联,因此,励磁电流与电枢电流相等,等于负载电流,励磁绕组匝数少,导线截面较大,励磁绕组上的电压降至很小的值,如图 3-9 所示。

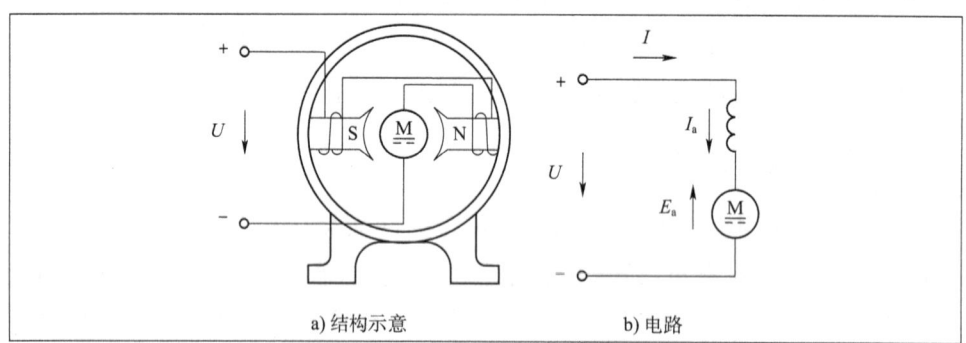

a) 结构示意　　b) 电路

图 3-9　串励直流电机的结构和电路

3) 复励电机

主磁极上有两个励磁绕组,一个与电枢绕组并联,另一个与电枢绕组串联,如图 3-10 所示。当两个绕组产生的磁通方向一致时,称为积复励电机;反之,称为差复励电机。

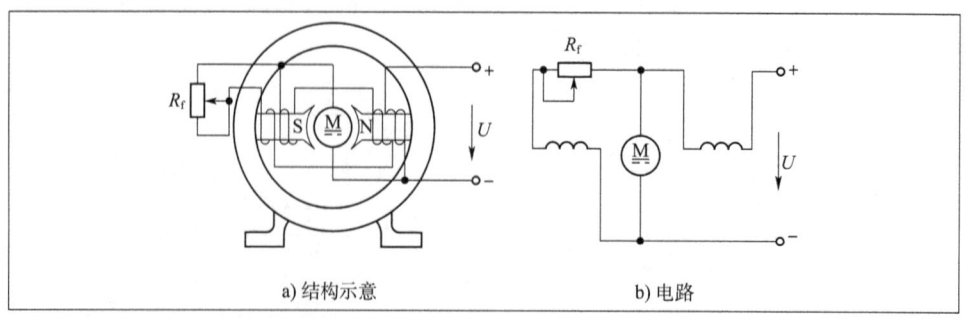

a) 结构示意　　b) 电路

图 3-10　复励直流电机的结构和电路

任务实施工单

班级		姓名	
情境描述	实验室里实验用的电动机铭牌脱落了,小张和小李指着其中一台电动机,一个说这是直流电机,另一个说这是交流电机。你能帮他们区分一下是什么电机吗?		
互动交流	1.简述直流电机的结构。 2.识别直流电机铭牌和额定值。		
能力训练	阐述直流电机和交流电机的相同之处和不同之处。		

学习效果评估			
评价指标	学生自评	学生互评	教师评估
知识掌握程度	☆☆☆☆☆	☆☆☆☆☆	☆☆☆☆☆
能力掌握程度	☆☆☆☆☆	☆☆☆☆☆	☆☆☆☆☆
素质掌握程度	☆☆☆☆☆	☆☆☆☆☆	☆☆☆☆☆

任务二 直流电机的电动势、转矩和功率分析

想一想：直流电机电枢电动势和电磁转矩对于直流发电机和直流电动机来说有何不同？直流电机又有哪些功率和损耗呢？

一、直流电机的电枢电动势

根据电磁感应定律，导体在磁场中运动切割磁力线产生感应电动势，其大小为：

$$e = Blv$$

直流电机的一条支路是由许多根有效导体串联而成的，用 N 表示有效导体总数，则一条支路串联的有效导体数为 $\dfrac{N}{2a}$，其中 a 为并联支路对数。直流电机转速通常用 n 表示，而

$$v = \dfrac{\pi D_a n}{60} = \dfrac{2\tau p n}{60}$$

式中：v——导体切割磁力线的线速度，m/s；

D_a——电枢的直径，m；

n——电机转速，r/min；

τ——极距，m；

p——磁极对数。

如果把磁通密度 B 用每个磁极下的平均磁通密度 B_{av} 表示，则每极主磁通为：

$$\Phi = B_{av} S = B_{av} l \tau$$

由上述 3 个公式可得，直流电机的电枢电动势为：

$$E_a = \dfrac{N}{2a} \dfrac{\Phi}{l\tau} l \dfrac{2\tau p n}{60} = \dfrac{Np}{60a} \Phi n = C_e \Phi n$$

式中：C_e——电机电动势常数。

直流电机的电枢电动势计算公式对直流发电机和直流电动机都适用。对于直流发电机来讲，电枢电动势是电源电动势，向外电路供电，电流方向和电动势方向一致；对于直流电动机来讲，电枢电动势是反电动势，电动势方向与外加电源电流方向相反，用来与外加电压相平衡。

二、直流电机的电磁转矩

当电枢绕组有电流 i 流过时，载流导体在磁场中会受到电磁力的作用，长度为 l 的导体在平均磁通密度为 B_{av} 的磁场中受到的平均电磁力为：

$$F_{av} = B_{av} i l$$

该电磁力在电枢中产生的电磁转矩为：

$$T_{av} = F_{av} \dfrac{D_a}{2} = B_{av} i l \dfrac{D_a}{2}$$

因为一个磁极的电枢表面积为：

$$S = \dfrac{\pi D_a l}{2p}$$

而

$$\Phi = B_{av} S$$

则有：

$$\Phi = B_{av} \dfrac{\pi D_a l}{2p}$$

即

$$B_{av} = \dfrac{2\Phi p}{\pi D_a l}$$

又因为电枢绕组总电流 I_a 与支路电流 i 的关系是：

$$i = \dfrac{I_a}{2a}$$

所以 N 根导体产生的总电磁转矩 T 为：

$$T = NT_{av} = N \dfrac{2\Phi p}{\pi D_a l} \dfrac{I_a}{2a} l \dfrac{D_a}{2} = \dfrac{Np}{2\pi a} \Phi I_a = C_T \Phi I_a$$

式中：T——电磁转矩，N·m；

C_T——电机转矩常数，$C_T = \dfrac{Np}{2\pi a}$。

该电磁转矩对于直流电动机来说是驱动转矩,是由电源供给电动机的电能转换来的,能够拖动负载运动,与电机的转动方向相同;对于直流发电机来说是制动转矩,原动机必须克服电磁转矩才能使电枢转动而发出电能,与电机的转动方向相反。

三、直流电机的电磁功率

能量转换都是要遵循能量守恒原理的,在直流电机中也是如此,通过电磁转矩的传递,可以实现机械能和电能之间的相互转换,通常把电磁转矩所传递的功率称为电磁功率。根据力学的知识,$P = T\Omega$(P 为电磁功率,Ω 为机械角速度),而

$$\Omega = \frac{2\pi n}{60}$$

因此有

$$P = T\Omega = \frac{Np}{2\pi a}\Phi I_a \frac{2\pi n}{60} = \frac{Np}{60a}\Phi n I_a = E_a I_a$$

上式表明,电磁功率这个物理量,从机械运动角度来说是电磁转矩与角速度的乘积,从电学的角度来说是电枢电动势与电枢电流的乘积。

在实际应用中,直流电机因为存在功率损耗,所以电磁功率总是小于输入功率而大于输出功率。

四、直流电动机的基本方程式

直流电动机的基本方程式是指直流电动机稳定运行时电路系统的电压平衡方程式、能量转换过程中的功率平衡方程式、机械系统的转矩平衡方程式。这些方程式反映了直流电动机内部的电磁过程,也表达了电动机内外的机电能量转换,说明了直流电动机的运行原理。

1. 电压平衡方程式

如图 3-11 所示为他励直流电动机的结构示意图和电路图,根据基尔霍夫定律可得:

$$U = E_a + I_a R_a$$

式中:U——电枢电压,V;

I_a——电枢电流,A;

R_a——电枢回路中内电阻,Ω。

由上式可见,直流电动机中 $E_a < U$,这是判定直流电机电动运行状态的依据(若电机作为发电机运行,则 $E_a > U$,$U = E_a - I_a R$)。

2. 功率平衡方程式

直流电动机在能量转换的过程中总是存在着各种损耗,所以输入的电功率是不可能全部转换成机械功率的。直流电动机的损耗按照性质可分为机械损耗 P_m、铁芯损耗 P_{Fe}、铜损耗 P_{Cu} 和附加损耗 P_{ad} 4 种。

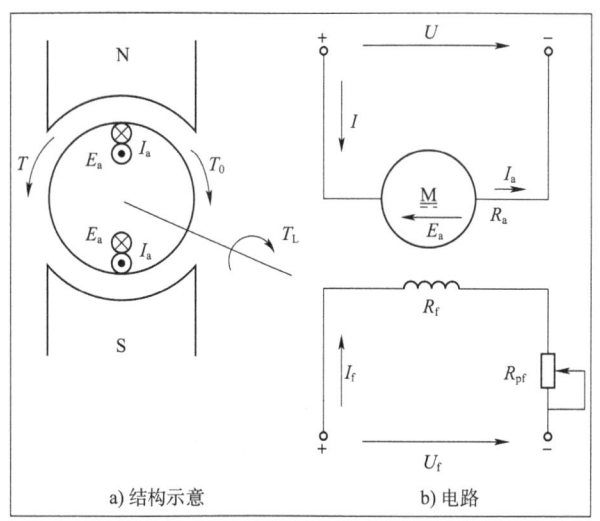

图 3-11 他励直流电动机的结构示意和电路

(1) 机械损耗 P_m：直流电动机旋转时要克服摩擦阻力，因此，会产生机械损耗。其中有轴与轴承的摩擦损耗、电刷与换向器的摩擦损耗，以及转动部分与空气的摩擦损耗等。

(2) 铁芯损耗 P_{Fe}：当直流电动机旋转时，电枢铁芯因磁场反复变化而产生的磁滞损耗和涡流损耗称为铁芯损耗。

机械损耗和铁芯损耗在直流电动机转动起来还没带负载时就存在，所以称为空载损耗 P_0，即

$$P_0 = P_m + P_{Fe}$$

由于空载损耗会产生与旋转方向相反的制动转矩，该转矩将抵消一部分启动转矩，称为空载转矩 T_0。

(3) 铜损耗 P_{Cu}：当直流电动机运行时，在电枢回路和励磁回路中都有电流流过，因此在绕组上产生的损耗称为铜损耗。

(4) 附加损耗 P_{ad}：又称杂散损耗，一般取额定功率的 0.5%～1%，即 $(0.5\%～1\%)P_N$。

因此可知，直流电动机的总损耗为：

$$\sum P = P_m + P_{Fe} + P_{Cu} + P_{ad}$$

当他励直流电动机运行时，电枢绕组有电流流过，电源向电动机输入的电功率为：

$$P_1 = UI = UI_a = (E_a + I_a R_a)I_a = E_a I_a + I_a^2 R_a = P_{em} + P_{Cu}$$

上式说明：输入的电功率一部分被电枢绕组消耗（电枢铜耗），另一部分作为电磁功率 P_{em}。

电动机旋转后，还要克服各类摩擦引起的机械损耗 P_m、电枢铁芯损耗 P_{Fe} 以及附加损耗 P_{ad}，故电动机输出的机械功率为：

$$P_2 = P_{em} - P_{Fe} - P_m - P_{ad}$$

如果忽略附加损耗，则：

$$P_2 = P_{em} - P_{Fe} - P_m = P_{em} - P_0 = P_1 - P_{Cu} - P_0 = P_1 - \sum P$$

因此，直流电动机的效率为：

$$\eta = \frac{P_2}{P_1} \times 100\% = \frac{P_2}{P_2 + \sum P} \times 100\%$$

一般中小型直流电动机的效率在 75%～85% 范围内，大型直流电动机的效率在 85%～94% 范围内。

他励直流电动机的功率平衡关系可用功率流程图来表示，如图 3-12 所示。

3. 转矩平衡方程式

将公式 $P_2 = P_{em} - P_0$ 的等号两边同时除以电动机的机械角速度 Ω，可得转矩平衡方程式为：

$$\frac{P_2}{\Omega} = \frac{P_{em}}{\Omega} - \frac{P_0}{\Omega}$$

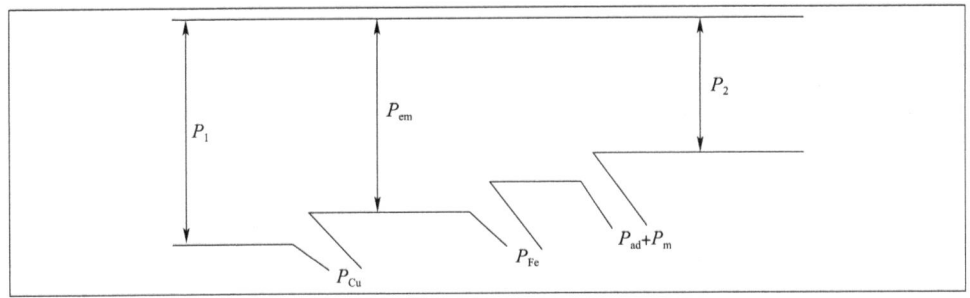

图 3-12 他励直流电动机的功率流程

即
$$T_2 = T - T_0$$

式中：T——电动机电磁转矩，N·m；

T_2——电动机转轴输出的机械转矩，N·m；

T_0——空载转矩，N·m。

因为空载转矩通常为电动机额定转矩的 2%～5%，所以在重载或负载下通常忽略不计，则电动机转轴输出的机械转矩与电动机电磁转矩近似相等。

【探究思考3-1】 一台 Z2-51 他励直流电动机，额定功率（输出功率）$P_2 = 3$ kW，电源电压 $U = 220$ V，电枢电流 $I_a = 16.4$ A，电枢回路电阻 $R_a = 0.84$ Ω。求输入功率 P_1、铜损耗 P_{Cu}、空载损耗 P_0、电枢电动势 E_a 和电动机的效率 η。

解：$P_1 = UI_a = 220 \times 16.4 = 3608(\text{W})$

$P_{Cu} = I_a^2 R_a = 16.4^2 \times 0.84 = 225.9(\text{W})$

$P_0 = P_1 - P_2 - P_{Cu} = 3.608 - 3 - 0.226 = 0.382(\text{kW})$

$E_a = U - I_a R_a = 220 - 16.4 \times 0.84 = 206.2(\text{V})$

$\eta = \dfrac{P_2}{P_1} \times 100\% = \dfrac{3}{3.608} \times 100\% = 83\%$

【探究思考3-2】 一台并励直流电动机，$P_N = 96$ kW，$U_N = 440$ V，$I_N = 255$ A，$I_L = 5$ A，$n_N = 500$ r/min，电枢回路总电阻 $R_a = 0.078$ Ω。试求：

（1）额定输出转矩；

（2）额定电流下的电磁转矩。

解：(1) 因为 $P_N = T_N \Omega$，$T_N = \dfrac{P_N}{\Omega} = \dfrac{60 P_N}{2\pi n_N} = 9.55 \dfrac{P_N}{n_N} = \dfrac{9.55 \times 96 \times 10^3}{500} = 1833.6(\text{N·m})$

(2) $I_a = I_N - I_L = 255 - 5 = 250(\text{A})$

$E_a = U_N - I_a R_a = 440 - 250 \times 0.078 = 420.5(\text{V})$

$P = E_a I_a = 420.5 \times 250 = 105.125(\text{kW})$

$T = 9.55 \dfrac{P}{n_N} = \dfrac{9.55 \times 105.125 \times 10^3}{500} = 2007.9(\text{N·m})$

任务实施工单

班级		姓名	
情境描述	小张和小李探讨直流电机的效率问题,小张说电机的损耗越大效率越高,小李说电机的损耗越小效率越高。你认为谁说的对呢?		
互动交流	1. 讨论直流电动机和直流发电机的电枢电动势有什么不同。 2. 讨论直流电动机和直流发电机的电磁转矩有什么不同。		
能力训练	根据电压和电枢电动势来判断直流电机是电动机还是发电机。		
学习效果评估			
评价指标	学生自评	学生互评	教师评估
知识掌握程度	☆☆☆☆☆	☆☆☆☆☆	☆☆☆☆☆
能力掌握程度	☆☆☆☆☆	☆☆☆☆☆	☆☆☆☆☆
素质掌握程度	☆☆☆☆☆	☆☆☆☆☆	☆☆☆☆☆

任务三 直流电动机的工作特性和机械特性分析

你知道什么是硬机械特性吗？机械特性是硬好还是软好呢？

一、并(他)励直流电动机的工作特性

并励直流电动机的励磁绕组与电枢绕组并联于同一电源上，但因电源电压 U 恒定不变，这与励磁绕组单独接在另一个电源上的效果完全一样，因此，并励直流电动机与他励直流电动机工作特性完全一样。不同的是，他励直流电动机输入电流就是电枢电流，而并励直流电动机应从输入电流中扣除励磁电流，剩下的才是电枢电流。

1. 转速特性——$n = f(P_2)$

将 $E_a = C_e \Phi n$ 代入电动势平衡方程式 $U = E_a + I_a R_a$ 中，便得转速特性公式：

$$n = \frac{U_N - I_a R_a}{C_e \Phi_N} = \frac{U_N}{C_e \Phi_N} - I_a \frac{R_a}{C_e \Phi_N}$$

在并励电动机中，当负载（T_L）增加时，$P_2 \uparrow \to P_1 \uparrow \to I_a \uparrow$，此时影响电动机转速的因素有：

(1) 电枢绕组压降 $I_a R_a$ 随之增加，n 趋于下降。

(2) 与此同时，电枢反应的去磁作用减小（$\Phi \downarrow$），使 n 趋于上升。

一般第（1）种因素的影响大于第（2）种因素，结果使并励电动机的转速特性为一条微微向下倾斜的曲线，如图3-13曲线1所示。

2. 转矩特性——$T = f(P_2)$

根据转矩平衡方程式（$T = T_0 + T_2$），一般 T_0 为常数，则：

$$T_2 = \frac{P_2}{2\pi n/60} = \frac{9.55 P_2}{n}$$

若 n 不变，那么，$T_2 \propto P_2$，即 $T_2 = f(P_2)$ 为过原点的一条直线。但实际中，当负载增加，P_2 增加，n 略下降，故 $T_2 = f(P_2)$ 为一条略上翘的曲线，如图3-13曲线4所示。

3. 效率特性——$\eta = f(P_2)$

直流电动机的效率特性曲线如图3-13曲线3所示。

电动机的效率是运行性能的主要指标之一，它指出了根据负载大小正确选择电动机容量的原则：当负载一定时，若电动机的容量选择过大，电动机长期轻载运行，犹如大马拉小车，效率很低；若容量选择过小，电动机长期过载运行，效率也低，且长期过载运行会使电动机寿命缩短甚至使电动机烧坏。

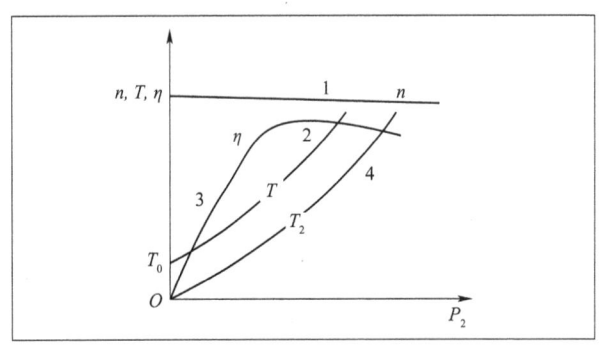

图3-13 并励直流电动机工作特性

二、机械特性方程式

直流电动机的机械特性是指在稳定运行的情况下，电动机的转速 n 与电磁转矩 T 之间的关系。机械特性是直流电动机的主要特性，对于分析电动机的启动、反转、调速和制动起到重要作用。下面以他励直流电动机为例讨论其机械特性。

由公式 $E_a = C_e \Phi n$、$U = E_a + I_a R_a$ 以及 $T = C_T \Phi I_a$，可得他励电动机的机械特性方程式为：

$$n = \frac{U}{C_e \Phi} - \frac{R}{C_e C_T \Phi^2} T = n_0 - \beta T = n_0 - \Delta n$$

当 U、R_a、Φ 数值不变时，转速 n 与转矩 T 为

线性关系,其机械特性曲线如图3-14所示。

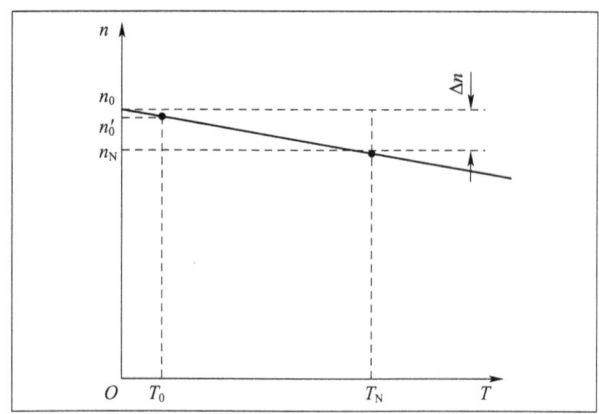

图3-14 他励直流电动机机械特性曲线

三、固有机械特性

当他励直流电动机的电源电压和磁通为额定值,电枢回路未串入电阻时的机械特性称为固有机械特性,其方程式为:

$$n = \frac{U_N}{C_e \Phi_N} - \frac{R_a}{C_e C_T \Phi_N^2}T = n_0 - \beta T$$

其特点是:

(1)对于任何一台直流电动机,只有唯一的一条固有机械特性曲线。

(2)由于电枢回路没有串联电阻,R_a很小,则β很小,即Δn很小,因此,机械特性曲线是一条略微下降的直线,所以固有机械特性为硬特性。

四、人为机械特性

人为地改变电源电压U、磁通Φ和电枢回路电阻R等参数而得到的机械特性为人为机械特性。他励直流电动机的人为机械特性有3种:电枢回路串电阻时的人为机械特性、改变电源电压时的人为机械特性及改变磁通时的人为机械特性。

1. 电枢回路串电阻时的人为机械特性

当$U = U_N$、$\Phi = \Phi_N$保持不变,只在电枢回路中串入电阻R_{pa}时,人为机械特性方程式为:

$$n = \frac{U_N}{C_e \Phi_N} - \frac{R_a + R_{pa}}{C_e C_T \Phi_N^2}T$$

与固有机械特性相比,其特点为:

①理想空载转速n_0保持不变。

②机械特性斜率β随R_{pa}的增大而增大,特性曲线变软。如图3-15所示为不同R_{pa}时的一组人为机械特性曲线。

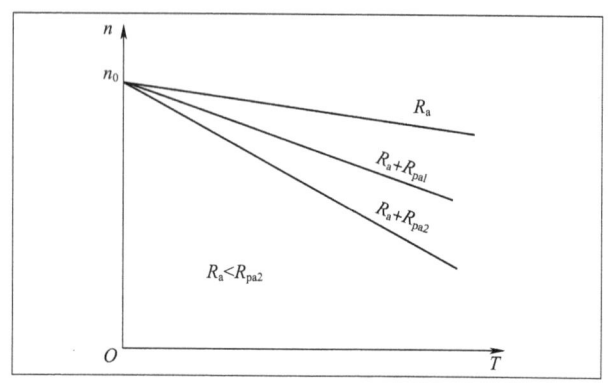

图3-15 他励直流电动机电枢回路串电阻时的人为机械特性曲线

2. 改变电源电压时的人为机械特性

当$\Phi = \Phi_N$,电枢回路不串接电阻时,改变电源电压的人为机械特性方程式为:

$$n = \frac{U}{C_e \Phi_N} - \frac{R_a}{C_e C_T \Phi_N^2}T$$

由于受到绝缘强度的限制,电源电压只能从电动机额定电压向下调节。与固有机械特性相比,其特点为:

(1)理想空载转速n_0与电压U成正比,U下降时,n_0成正比例减小。

(2)机械特性曲线斜率β不变,如图3-16所示为改变电源电压时的一组人为机械特性曲线,是一组平行直线。

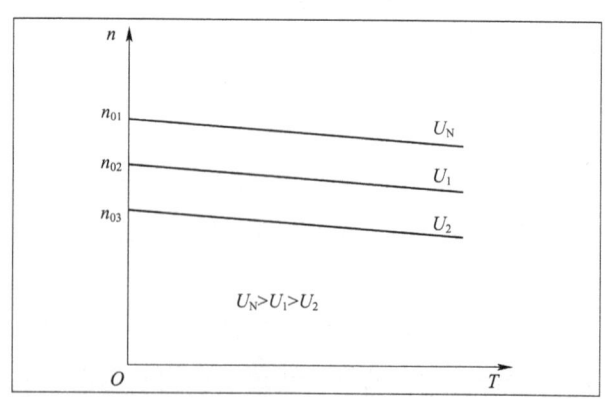

图3-16 他励直流电动机改变电源电压时的人为机械特性曲线

3. 改变磁通时的人为机械特性

保持电动机的电枢电压$U = U_N$,电枢回路不

串电阻时,改变磁通的人为机械特性方程式为:

$$n = \frac{U_N}{C_e \Phi} - \frac{R_a}{C_e C_T \Phi^2} T$$

由于电动机设计时,Φ_N 处于磁化曲线的膝部,接近饱和段,因此,磁通只能从 Φ_N 向下调节。与固有机械特性相比,其特点为:

(1)理想空载转速 n_0 与磁通成反比,减弱磁通,则 n_0 增大。

(2)斜率 β 与磁通的二次方成反比,减弱磁通使斜率增大。

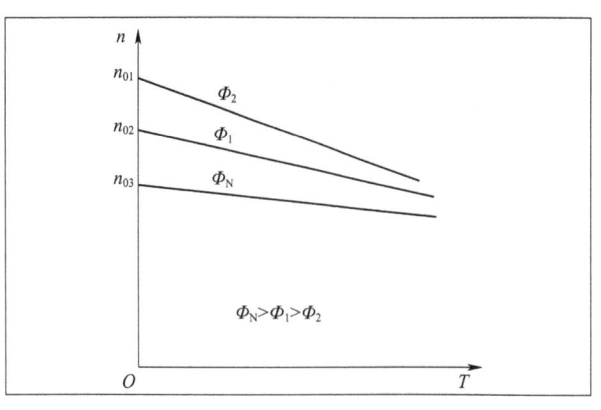

图 3-17 他励直流电动机减弱磁通时的人为机械特性曲线

如图 3-17 所示为一组减弱磁通时的人为机械特性曲线,随着 Φ 减弱,n_0 增大,曲线斜率增大。

任务实施工单

班级		姓名	
情境描述	小张说直流电动机的机械特性越硬越好,小李却说机械特性越软越好。到底谁说的对呢?		
互动交流	1.写出机械特性方程式。 2.简述固有机械特性和人为机械特性的特点。		
能力训练	根据固有机械特性曲线画出三种人为机械特性曲线,并说明它们的特点。		

学习效果评估			
评价指标	学生自评	学生互评	教师评估
知识掌握程度	☆☆☆☆☆	☆☆☆☆☆	☆☆☆☆☆
能力掌握程度	☆☆☆☆☆	☆☆☆☆☆	☆☆☆☆☆
素质掌握程度	☆☆☆☆☆	☆☆☆☆☆	☆☆☆☆☆

任务四　直流电动机的运行

想一想:直流电动机的启动、反转、调速和制动与三相异步电动机有什么异同呢?

一、直流电动机的启动

直流电动机由静止状态加速到正常运转的过程,称为启动过程,简称启动。生产机械对直流电动机的启动有下列要求:

(1)启动转矩要足够大,使电动机能够顺利启动。

(2)启动电流不可太大。

(3)启动设备简单,启动时间短,运行可靠,成本低。

直流电动机的启动方法有全压启动、降压启动和电枢回路串电阻启动 3 种。

1. 全压启动

全压启动就是在直流电动机的电枢上直接加上额定电压的启动方式,又称为直接启动。启动瞬间电动机转速为零,电枢绕组感应电动势也为零,即 $E_a = 0$,由 $U = E_a + I_a R_a$ 可得启动电流为:

$$I_{st} = \frac{U_N}{R_a}$$

启动转矩为:

$$T_{st} = C_T \Phi_N I_{st}$$

由于电枢回路电阻值很小,因此直接启动的电流很大,通常是额定电流的 10~20 倍,启动转矩也很大。过大的启动电流会引起电网电压下降,影响同一电网上其他设备的正常工作,同时,电动机自身的换向器产生剧烈火花,启动转矩过大将使生产机械和传动机构受到强烈冲击而损坏。因此,除小容量直流电动机外,不允许全压启动。一般规定启动电流不得超过额定电流的 1.5~2.5 倍。

【探究思考 3-3】　一台 ZZJ-82 型电动机,$P_N = 100$ kW,$U_N = 220$ V,$n_N = 1200$ r/min,$I_N = 500$ A,$R_a = 0.0123$ Ω。试求:启动电流 I_{st} 是额定电流 I_N 的多少倍?

解:$I_{st} = \frac{U_N}{R_a} = \frac{220}{0.0123} = 17886.18$(A)

$\frac{I_{st}}{I_N} = \frac{17886.18}{500} \approx 36$(倍)

2. 降压启动

降压启动是指在启动前,降低加在电动机电枢绕组两端的电压,以减小启动电流,随着电动机转速的升高,逐步增加直流电压的数值,直到电动机启动完毕,加在电动机上的电压即是电动机的额定电压。

为了使启动电流限制在 $(1.5~2.5)I_N$ 以内,则启动电压应为:

$$U_{st} = I_{st} R_a = (1.5~2.5) I_N R_a$$

【探究思考 3-4】　有一台直流电动机,电枢绕组电阻 $R_a = 0.4$ Ω,在电枢绕组加额定电压 $U = 110$ V,假定磁通恒定不变,当转速 $n = 0$ 时,电枢电动势 $E_a = 0$;当 $n = 0.5n_N$ 时,$E_a = 50$ V;当 $n = n_N$ 时,$E_a = 100$ V,此时输出额定功率。求:

(1)上述三个转速对应的电枢电流 I_a;

(2)欲使 $n = 0$ 及 $n = 0.5n_N$ 时的电枢电流为 $2I_{aN}$(I_{aN} 为额定电枢电流),求此时加在电动机上的电压。

解:(1)求电枢电流 I_a:

①当 $n = 0$ 时,$E_a = 0$,$I_a = \frac{U}{R_a} = \frac{110}{0.4} = 275$(A)

②当 $n = 0.5n_N$ 时,$I_a = \frac{U - E_a}{R_a} = \frac{110 - 50}{0.4}$

③当 $n = n_N$ 时，$I_a = \dfrac{U - E_a}{R_a} = \dfrac{110 - 100}{0.4} = 25(A)$

故额定电枢电流 $I_{aN} = 25A$

（2）求电压 U：

①当 $n = 0$ 时，$U = I_a R_a = 2I_{aN} R_a = 2 \times 25 \times 0.4 = 20(V)$

②当 $n = 0.5n_N$ 时，$U = E_a + I_a R_a = 50 + 20 = 70(V)$

3. 电枢回路串电阻启动

电枢回路串电阻启动是指电动机电源电压为额定值且恒定不变时，在电枢回路中串入一适当电阻 R_{pa} 以限制启动电流，此时启动电流为：

$$I_{st} = \dfrac{U_N}{R_a + R_{pa}}$$

【探究思考3-5】 有一台直流电动机，电枢绕组电阻 $R_a = 0.4\ \Omega$，如欲使 $n = 0$ 及 $n = 0.5n_N$ 时的电枢电流为 $2I_{aN}$，$I_{aN} = 25\ A$，电源电压为额定电压 $U = 110\ V$。求用串联电阻方法启动对应的电阻值。

解：（1）当 $n = 0$ 时，$E_a = 0$，$I_a = \dfrac{U}{R_a + R_{pa}}$，则：$R_{pa} = \dfrac{U}{I_a} - R_a = \dfrac{110}{2 \times 25} - 0.4 = 1.8(\Omega)$

（2）当 $n = 0.5n_N$ 时，$I_a = \dfrac{U - E_a}{R_a + R_{pa}}$，则：

$R_{pa} = \dfrac{U - E_a}{I_a} - R_a = \dfrac{110 - 50}{2 \times 25} - 0.4 = 0.8(\Omega)$

二、直流电动机的反转

要使直流电动机反转，就要改变电磁转矩的方向，而电磁转矩的方向是由磁通方向和电枢电流方向决定的。因此，只要改变磁通和电枢电流任意一个参数的方向，就能改变电磁转矩方向，使电动机反转。而要改变磁通方向，只要改变励磁电流的方向即可。因此，直流电动机反转的方法有以下两种。

（1）改变励磁电流的方向。保持电枢电流的方向不变，改变励磁电流的方向。

（2）改变电枢电流的方向。保持励磁电流的方向不变，改变电枢电流的方向。

由于他励直流电动机的励磁绕组匝数多、电感大，励磁电流从正向额定值变到负向额定值的时间长，反向过程缓慢，而且在励磁绕组反接断开的瞬间，绕组中将产生很大的自感电动势，可能造成绝缘击穿。所以，在实际应用中大多采用改变电枢电流方向的方法来实现电动机的反转。

三、直流电动机的调速

用人为的方法来改变电动机的转速就是调速。由直流电动机的机械特性方程式 $n = \dfrac{U}{C_e \Phi} - \dfrac{R}{C_e C_T \Phi^2} T$ 可知，他励直流电动机的调速方法有电枢回路串电阻调速、降压调速和弱磁调速。

1. 电枢回路串电阻调速

在其他参数不变的条件下，改变电枢回路电阻 R，使机械特性曲线的斜率改变，而空载转速 n_0 保持不变。如任务三中的图3-15电枢回路串电阻时的人为机械特性曲线所示。

电枢回路串电阻调速的特点是：

（1）调速设备简单，成本低，操作方便。

（2）属于恒转矩调速，转速只能由额定转速往下调。

（3）只能分级调速，调速平滑性差。

（4）低速时，机械特性软，转速受负载影响大，电能损耗大，经济性能差。

2. 降压调速

在其他参数不变的条件下，改变电枢电压 U，使空载转速 n_0 改变，可以得到不同电枢电压下空载转速 n_0 的一组平行直线。

由任务三中的图3-16他励直流电动机改变电

源电压时的人为机械特性可知,在负载相同的情况下,不同的电枢电压,所对应的转速是不同的。

降压调速的特点是:

(1)降压调速时,机械特性的斜率不变,即机械特性硬度不变,调速稳定性好。

(2)电压可连续变化,调速平滑性好,可达到无级调速,调速范围广。

(3)属于恒转矩调速,电动机电压不能超过额定值,只能由额定值向下调速,即只能减速。

(4)电源设备的成本较高,但电能损耗小,效率高。还可用于降压启动。

3. 弱磁调速

在其他参数不变的条件下,减少主磁通 Φ 会使空载转速 n_0 增大,同时机械特性曲线的斜率也增大。如任务三中图3-17他励直流电动机减弱磁通的人为机械特性曲线所示。

弱磁调速的特点是:

(1)调速在励磁回路中进行,功率较小,故能量损耗小,控制方便。

(2)速度变化比较平衡,但转速只能向上调节。

(3)调速范围较窄,在磁通减少太多时,由于电枢磁场对主磁场的影响加大,会使电动机火花增大、换向困难。

(4)弱磁调速时,如果负载转矩不变,电枢电流必然增大,要防止电流太大带来的问题,例如发热、打火等。

四、直流电动机的制动

制动,就是在电动机上加上与原转动方向相反的转矩,使电动机迅速停转或限制电动机的转速。直流电动机的制动可分为机械制动和电气制动,其中电气制动又可分为再生制动、能耗制动和反接制动等。

1. 再生制动

再生制动又称为回馈制动、发电制动。当电动机车下坡或者吊车高速放下重物时,可能会使电动机的转速超过空载转速,即 $n > n_0$。由公式 $E_a = C_e \Phi n$ 可知,$E_a > U$,此时电动机以发电机状态运行,电动机把机械能转换为电能,反送到电网中去,并产生制动转矩,从而限制了电动机转动的速度,这就是再生制动。

再生制动的优点是产生的电能可以反馈到电网中去,使电能获得利用,简单可靠且经济,缺点是只能应用于 $n > n_0$ 的场合,例如位能负载高速拖动电动机和电动机降低电枢电压调速时,应用范围小。

2. 能耗制动

当电动机的电枢绕组脱离电源后立即接到一个制动电阻上,让主磁极绕组仍然接在电源上,产生恒定的主磁通。此时电动机惯性旋转,电枢绕组切割主磁通产生感应电动势,该电动势在电阻上产生电流,使转子惯性旋转的机械能转变为电能,消耗在制动电阻上,这时,电机电枢电流与电动机状态运行时的电流方向相反,产生的电磁转矩为制动转矩,从而使电动机迅速停转,这就是能耗制动,其原理如图3-18所示。

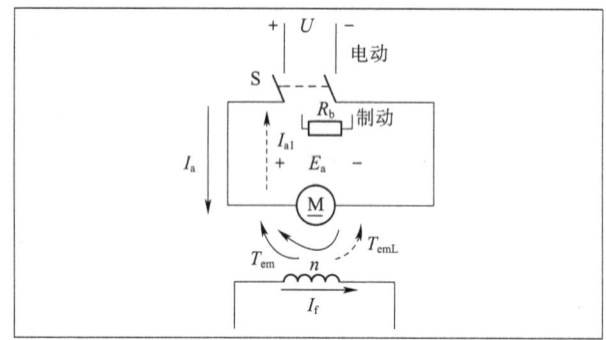

图3-18 能耗制动原理图

能耗制动的优点是所需设备简单、成本低、制动减速平稳可靠;缺点是能量无法被利用,都消耗在了制动电阻上,制动转矩随转速的变慢而减小,制动时间较长。

3. 反接制动

反接制动有电枢反接制动和倒拉反接制动两种。

1)电枢反接制动

改变电枢电流的方向,可以使电动机得到反力矩,产生制动作用。当电动机的转速接近零时,迅速脱离电源,即可实现直流电动机的电枢反接制动,如图 3-19 所示。

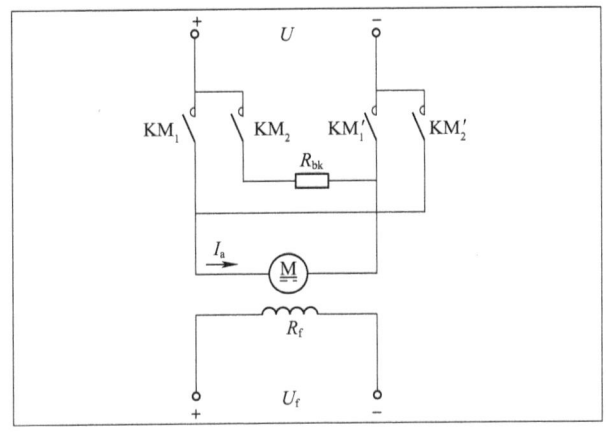

图 3-19 电枢反接制动

电动机在刚刚反转的瞬间,电枢的转动速度没有变化,反电动势的数值不变,而外接电压方向变得与电动势方向相同,所以此时加在电枢绕组上的电压为：$U_N + E_a \approx 2U_N$,同时,产生很大的冲击电流,使电刷与换向器表面产生强烈的电火花而损坏;而且机械冲击力太大,容易损坏转轴。所以,反接制动时一定要在电枢回路中串接电阻以限制电枢电流的大小。需要注意的是,在反接制动时,励磁电流应当保持不变。当电动机转速降低至 100 r/min 左右时,应立即切断电源,防止电动机反转。

电枢反接制动的优点是制动转矩比较恒定,制动较强烈,操作比较方便;缺点是需要从电网吸取大量的电能,而且对机械负载有较强的冲击作用。一般应用在快速制动的小功率直流电动机上。

2) 倒拉反接制动

这种制动方法与交流异步电动机的倒拉反接制动原理相同,这里不再详细说明。

任务实施工单

班级		姓名	
情境描述	小王工厂的直流电动机需要减速,他应该采用怎样的方法呢?		
互动交流	1. 简述直流电动机的启动方法。 2. 简述直流电动机的反转方法。 3. 简述直流电动机的调速方法。 4. 简述直流电动机的制动方法。		
能力训练	要想使电动机能够快速停车,可以采用哪些方法?		

学习效果评估			
评价指标	学生自评	学生互评	教师评估
知识掌握程度	☆☆☆☆☆	☆☆☆☆☆	☆☆☆☆☆
能力掌握程度	☆☆☆☆☆	☆☆☆☆☆	☆☆☆☆☆
素质掌握程度	☆☆☆☆☆	☆☆☆☆☆	☆☆☆☆☆

知识归纳图谱

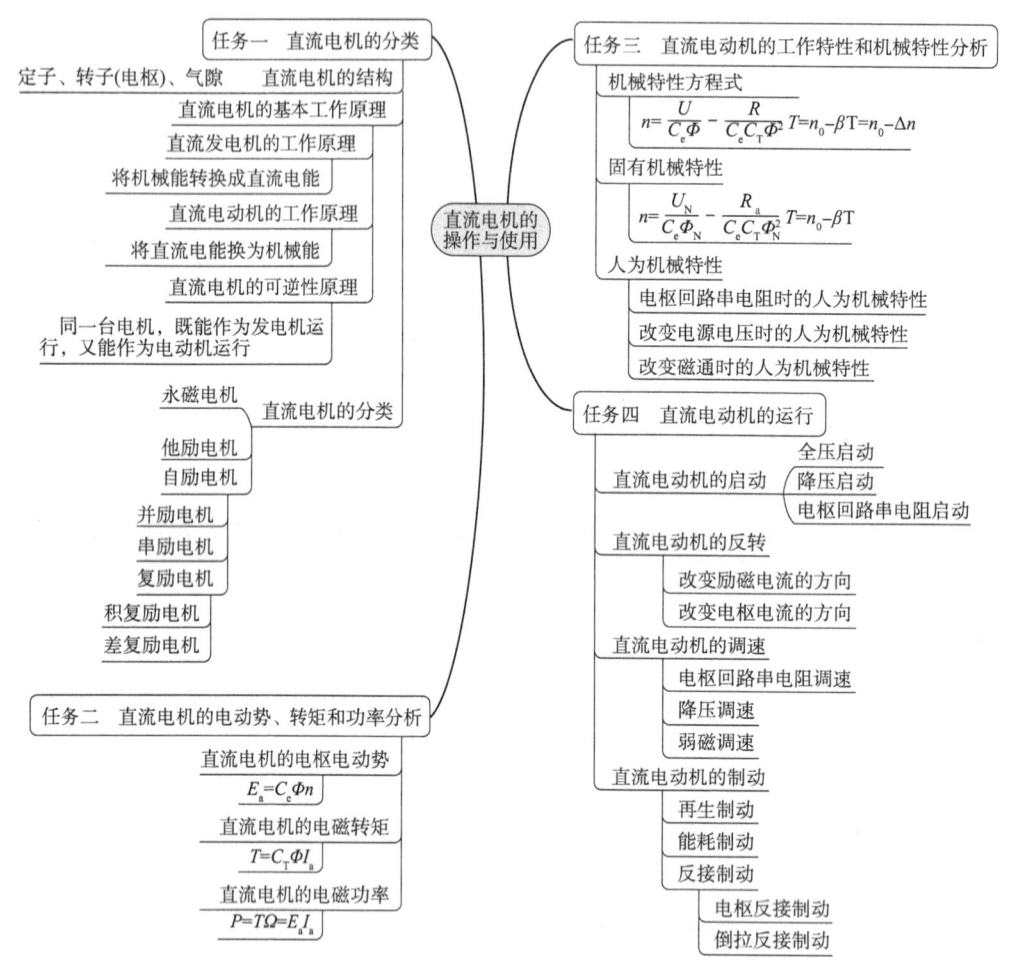

技能训练3

请各位同学完成技能训练3,见教材配套实训手册。

线 上 答 题

1. 请同学们扫描封面二维码,注意每个码只可激活一次;
2. 长按弹出界面的二维码,关注"交通教育出版"微信公众号并自动绑定资源;
3. 公众号弹出"购买成功"通知,点击"查看详情",进入后选择已绑定的图书,即可进行线上答题;
4. 也可进入"交通教育出版"微信公众号,点击下方菜单"用户服务—图书增值",选择已绑定的教材进行线上答题。

第二篇 电气控制技术

生产机械中的一些运动部件，需要原动力来拖动，自从有了电动机，各种生产机械的运动部件多以电动机为动力来拖动。为了使电动机能按实际生产要求进行动作，需对电动机进行控制，称为电气控制。电气控制的方式有传统的继电器-接触器控制和现代的计算机控制。

电气控制技术是以各类使用电动机为动力的传动装置或者系统为对象来实现生产过程自动化的控制技术。

电气控制与电力拖动系统有着密切的联系。电力拖动系统是以电动机作为原动力驱动生产机械设备，其组成结构如下图所示。

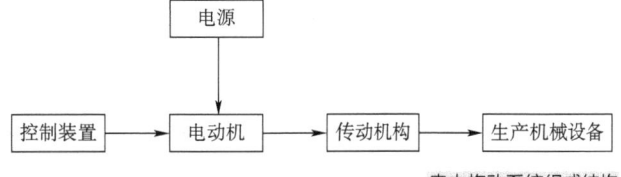

电力拖动系统组成结构

电源负责为电动机提供工作动力。
控制装置负责电动机的转速调节和生产机械设备的动作调节。
电动机负责将电能转换为机械能，为生产机械设备提供原动力。
传动机构负责将电动机产生的机械能传递给生产机械设备。
生产机械设备根据控制装置动作要求完成指定的生产任务。

项目四
常用低压电器的识别、安装与检修

学习目标

1. 知识目标
   ①掌握各种低压电器的分类、作用和型号。
   ②掌握各种低压电器的选用、安装使用及故障处理。
   ③熟悉各种低压电器的电气符号。
2. 能力目标
   ①能够根据需要选择合适的低压电器。
   ②能够安装使用各种常用低压电器。
   ③能够判别及处理低压电器的常见故障。
3. 素质目标
   ①培养勇于探究、开拓创新的工作精神。
   ②培养安全意识。
   ③培养多角度、全方位分析问题的能力。
   ④学会举一反三,取长补短。

请同学们观看项目四导学微课,课前预习,制订本项目学习计划。

项目四导学

任务一 初识低压电器

任务导入

想一想：低压电器的电压等级是什么？低压电器又是如何分类的呢？

知识探索

低压电器是指使用在交流额定电压1200 V、直流额定电压1500 V及以下的电路中起通断、控制、检测、保护和调节作用的电器。

一、低压电器的分类

1. 按用途分类

（1）低压控制电器：用于各种控制电路和控制系统中的电器，如接触器、继电器、电磁阀、控制按钮等。

（2）低压配电电器：用于电能输送和分配的电器，如刀开关、隔离开关、低压断路器等。

（3）执行电器：用于完成某种动作或实现传送功能的电器，如电磁铁、电磁离合器等。

（4）主令电器：用于自动控制系统中发送动作指令的电器，如按钮、行程开关、万能转换开关等。

（5）保护电器：用于保护电路及用电设备的电器，如熔断器、热继电器、保护继电器、避雷器等。

2. 按工作原理分类

（1）电磁式电器：依据电磁感应原理来工作的电器，如交直流接触器、电磁式继电器等。

（2）非电量控制电器：依靠外力或某种非电物理量的变化来工作的电器，如刀开关、行程开关、按钮、速度继电器、压力继电器、温度继电器等。

3. 按操作方式分类

（1）手动电器：主要依靠外力（或手控）操作来进行切换，属于非自动切换的开关电器，如按钮、刀开关、转换开关等。

（2）自动电器：依靠电器本身参数的变化或外来信号的作用，自动完成接通或分断等操作。常用的自动电器有接触器、继电器和断路器等，操作方式有人力操作、电磁铁操作、电动机操作和气动操作等。

4. 按电器执行功能分类

（1）有触点电器：具有可分离的动触点和静触点，利用触点的接触和分离来实现电路的通断控制。

（2）无触点电器：没有可分离的触点，主要利用半导体的开关效应来实现通断控制。

（3）混合电器：既可利用触点接触和分离，又可利用半导体的开关效应来实现通断控制的电器。

二、低压电器的作用

低压电器能够依据操作信号或外界现场信号的要求，手动或自动地改变电路的状态、参数，实现对电路或被控对象的控制、保护、检测、指示和调节。

常用低压电器的主要种类及用途将在后续为大家介绍。

三、低压电器的型号及常用术语

1. 低压电器的型号

我国编制的低压电器产品型号适用于下列产品：刀开关和转换开关、熔断器、控制器、接触器、启动器、控制继电器、主令电器、电阻器、变阻器、调整器、电磁铁等。

如图4-1所示，国产常用低压电器的型号组成形式如下：

（1）类组代号：用两位或三位汉语拼音字母，第一位为类别代号，第二、三位为组别代号，代表产品名称，按表4-1确定。

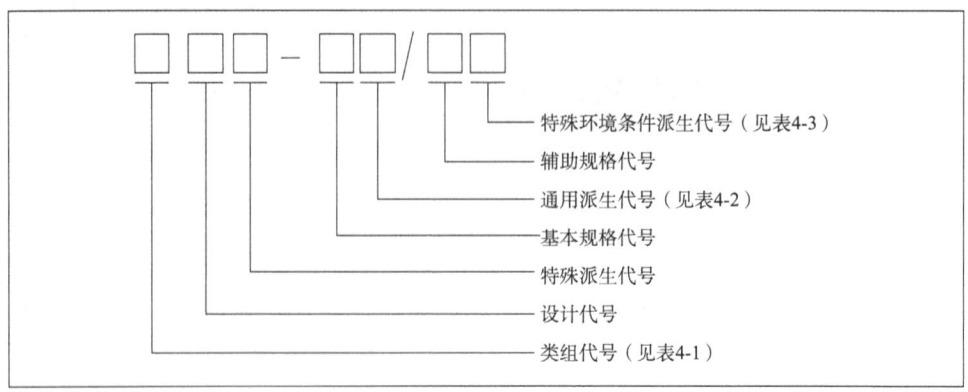

图 4-1　常用低压电器的型号组成形式

(2) 设计代号：用阿拉伯数字表示，位数不限，其中编号为两位及两位以上时，首位数"9"表示船用，"8"表示防爆用，"7"表示纺织用，"6"表示农业用，"5"表示化工用。

(3) 特殊派生代号：用一位或两位汉语拼音字母表示全系列产品在特殊情况下变化的特征，一般不用。

(4) 基本规格代号：用阿拉伯数字表示，位数不限，根据各产品的主要参数确定，一般用电流、电压或容量参数表示。

(5) 通用派生代号：用一位或两位汉语拼音字母，表示系列内个别品种的变化特征，由表4-2统一确定。

(6) 辅助规格代号：用阿拉伯数字表示，位数不限。

(7) 特殊环境条件派生代号：表示产品的环境适应性特性，由表4-3确定。

低压电器型号举例说明：

HD13—600/31：HD表示刀开关，13表示设计代号，说明是侧方正面操作机构式，600表示额定电流为600 A，3表示3极，1表示带灭弧罩。

CJB12—150：CJ表示交流接触器，12表示设计代号，B表示灭弧方式采用栅片(CJ12原灭弧方式采用磁吹，现在灭弧方式改用栅片，说明结构设计稍有变化，为了与CJ12有所区别就加用派生代号B)，150表示额定电流为150 A。

国家对低压电器产品制定了国家标准，供学习与使用中参考。有关低压开关设备和控制设备的国家标准有：

《低压开关设备和控制设备　第1部分：总则》(GB 14048.1—2012)；

《低压开关设备和控制设备　第2部分：断路器》(GB/T 14048.2—2020)；

《低压开关设备和控制设备　第3部分：开关、隔离器、隔离开关及熔断器组合电器》(GB/T 14048.3—2017)；

《低压开关设备和控制设备　第4-1部分：接触器和电动机起动器　机电式接触器和电动机起动器(含电动机保护器)》(GB/T 14048.4—2020)；

《低压开关设备和控制设备　第4-2部分：接触器和电动机起动器　交流电动机用半导体控制器和起动器(含软起动器)》(GB/T 14048.6—2016)；

低压电器产品型号类组代号

表 4-1

类别代号	类别名称	A	B	C	D	G	H	J	K	L	M	P	Q	R	S	T	U	W	X	Y	Z
H	刀开关和转换开关				单投刀开关		封闭式负荷开关		开启式负荷开关					熔断器式刀开关	双投刀开关					其他	组合开关
R	熔断器			插入式			汇流排式			螺旋式	封闭管式					有填料管式			限流	其他	
D	断路器														快速			框架式	限流	其他	塑壳式
K	控制器					鼓型				照明		平面				凸轮				其他	
C	接触器					高压		交流				中频								其他	直流
Q	启动器	按钮式		磁力				减压							手动				Y-△	其他	综合
J	控制继电器									电流				热	时间	通用		温度		其他	中间
L	主令电器	按钮							主令控制器						主令开关	足踏开关	旋钮	万能转换开关	行程开关	其他	
Z	电阻器		板形元件冲片元件			管型元件									烧结元件	启动调速			电阻器	其他	
B	变阻器			悬臂式						励磁		频敏	启动		石墨	油浸启动液体启动	油浸		滑线式	其他	
T	调整器				电压																
M	电磁铁			保护器									牵引					起重			制动
A	其他			保护器	插销	灯		接线盒			铃										

组别代号

通用派生代号 表4-2

派生字母	代表意义
A、B、C、D、……	结构设计稍有改进或变化
J	交流,防溅式,较高通断能力型,节电型
Z	直流,自动复位,防震,重任务,正向,组合式,中性接线柱式
W	无灭弧装置,无极性,失电压,外销用
N	可逆,逆向
S	锁住机构,手动复位,防水式,三相,三个电源,双线圈
P	电磁复位,防滴式,单相,两个电源,电压的,电动机操作
K	开启式
H	保护式,带缓冲装置
M	密封式,灭磁,母线式
Q	防尘式,手车式,柜式
L	电流的,漏电保护,单独安装式
F	高返回,带分励脱扣,纵缝灭弧结构式,防护盖式

特殊环境条件派生代号 表4-3

派生字母	说明	备注
T	按湿热带临时措施制造	
TH	湿热带	
TA	干热带	特殊环境条件派生代号加注在产品全型号末
G	高原	
H	船用	
Y	化工防腐用	

《低压开关设备和控制设备 第5-1部分:控制电路电器和开关元件 机电式控制电路电器》(GB 14048.5—2017);

《低压开关设备和控制设备 第5-2部分:控制电路电器和开关元件 接近开关》(GB/T 14048.10—2016);

《低压开关设备和控制设备 第6-2部分:多功能电器(设备) 控制与保护开关电器(设备)(CPS)》(GB 14048.9—2008)。

2. 常用术语

(1)通断时间:从电流开始从开关电器一个极流过瞬间起至所有极的电弧最终熄灭瞬间为止的时间间隔。

(2)燃弧时间:电器分断过程中,从触点断开(或熔体熔断)出现电弧的瞬间起至电弧最终熄灭瞬间为止的时间间隔。

(3)分断能力:在规定的条件下,开关电器能在给定的电压下分断的预期电流值。

(4)接通能力:在规定的条件下,开关电器能在给定的电压下接通的预期电流值。

(5)通断能力:在规定的条件下,开关电器能在给定电压下接通和分断的预期电流值。

(6)短路接通能力:在规定条件下,包括开关电器的出线端短路在内的接通能力。

(7)短路分断能力:在规定的条件下,包括开关电器的出线端短路在内的分断能力。

(8)操作频率:开关电器在每小时内可能实现的最高循环操作次数。

(9)通电持续率:开关电器的有载时间和工作周期之比,常以百分数表示。

(10)机械寿命和电(气)寿命:

机械开关电器在需要修理或更换机械零件前所能承受的无载操作次数,称为机械寿命。在规定的正常工作条件下,机械开关电器不需要修理或更换零件的负载操作循环次数称为电气寿命。

对于有触点的开关电器,其触点在工作中除机械磨损外,还有比机械磨损更为严重的电磨损。因而,开关电器的电气寿命一般小于其机械寿命。设计开关电器时,要求其电气寿命为机械寿命的 20%～50%。

四、低压电器的发展方向

目前,低压电器正朝着体积小、质量轻、安全可靠、使用方便的方向发展,大力发展电子化的新型控制电器(如接近开关、光电开关、电子式时间继电器、固态继电器与接触器等)以适应控制系统迅速电子化的需要。

任务实施工单

班级		姓名	
情境描述	小王和小李探讨低压电器的电压问题,小王说低压电器的电压不能超过 380 V,小李说 380 V 太高了,应该不超过 220 V。他俩谁说的对呢?		
互动交流	1.什么是低压电器? 2.低压电器型号的各代号分别代表什么含义?		
能力训练	对于不同型号的低压电器说出是什么低压电器,其型号各部分意义是什么。		

学习效果评估			
评价指标	学生自评	学生互评	教师评估
知识掌握程度	☆☆☆☆☆	☆☆☆☆☆	☆☆☆☆☆
能力掌握程度	☆☆☆☆☆	☆☆☆☆☆	☆☆☆☆☆
素质掌握程度	☆☆☆☆☆	☆☆☆☆☆	☆☆☆☆☆

任务二 低压开关的识别与拆装

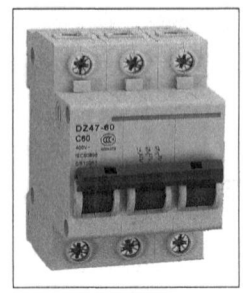

图4-2 低压电器

某低压电器实物如图4-2所示,你知道它是什么低压电器吗?你知道它的作用是什么吗?

低压开关主要用于隔离、转换、接通和分断电路,多数用作机床电路的电源开关和局部照明电路的控制开关,有时也可用来直接控制小容量电动机的启动、停止和正反转。

低压开关一般为非自动切换电器,常用的类型主要有刀开关、组合开关和低压断路器。

一、刀开关

刀开关是一种手动电器,常用的刀开关有 HD 型单投刀开关、HS 型双投刀开关、HR 型熔断器式刀开关、HK 型开启式负荷开关、HY 型倒顺开关、HH 型封闭式负荷开关等。

HD 型单投刀开关、HS 型双投刀开关、HR 型熔断器式刀开关主要作为隔离开关用于成套配电装置中,装有灭弧装置的刀开关也可以控制一定范围内的负荷线路。作为隔离开关的刀开关的容量比较大,其额定电流在 100~1500 A 范围内,主要用于隔离供配电线路的电源。隔离开关没有灭弧装置,不能操作带负荷的线路,只能操作空载线路或电流很小的线路,如小型空载变压器、电压互感器等。操作时应注意,停电时应将线路的负荷电流用断路器、负荷开关等开关电器切断后再将隔离开关断开,送电时操作顺序相反。隔离开关断开时有明显的断开点,有利于检修人员停电检修。隔离开关由于控制负荷能力很小,也没有保护线路的功能,所以通常不能单独使用,一般要和能切断负荷电流和故障电流的电器(如熔断器、断路器和负荷开关等电器)一起使用。

HK 型开启式负荷开关一般用于电气设备及照明线路的电源开关。

HY 型倒顺开关、HH 型封闭式负荷开关装有灭弧装置,一般可用于电气设备的启动、停止控制。

1. HD 型单投刀开关

HD 型单投刀开关示意图及电气符号如图4-3所示。当刀开关用作隔离开关时,其电气符号上加有一横杠。

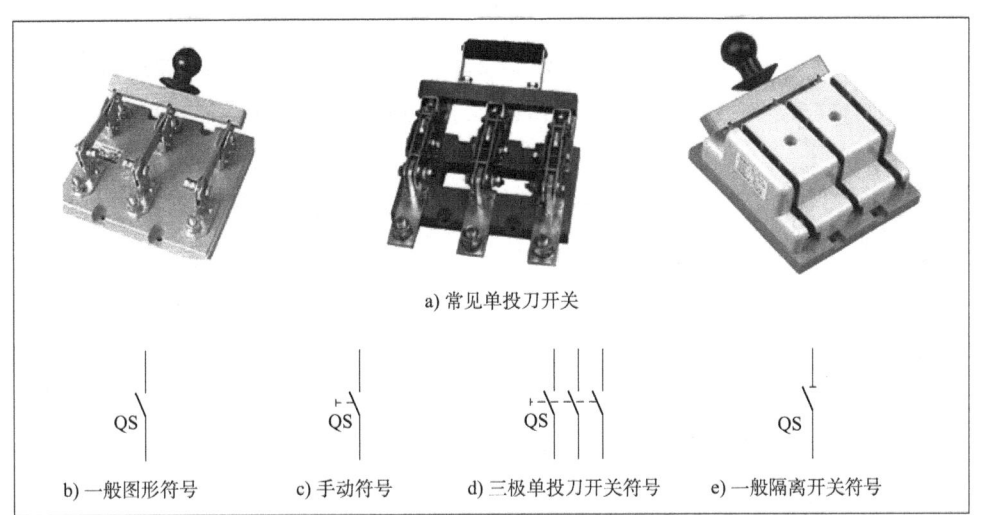

图4-3 HD型单投刀开关及其电气符号

2. HS型双投刀开关

HS型双投刀开关也称转换开关,其作用和单投刀开关类似,常用于双电源的切换或双供电线路的切换等。

中央手柄式HS型双投刀开关如图4-4所示。由于双投刀开关具有机械互锁的结构特点,因此,可以防止双电源的并联运行和两条供电线路同时供电。

HD型、HS型刀开关的型号及其含义如图4-5所示。

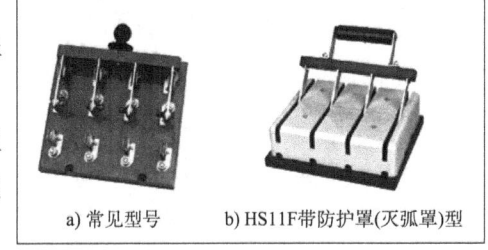

图4-4 中央手柄式HS型双投刀开关

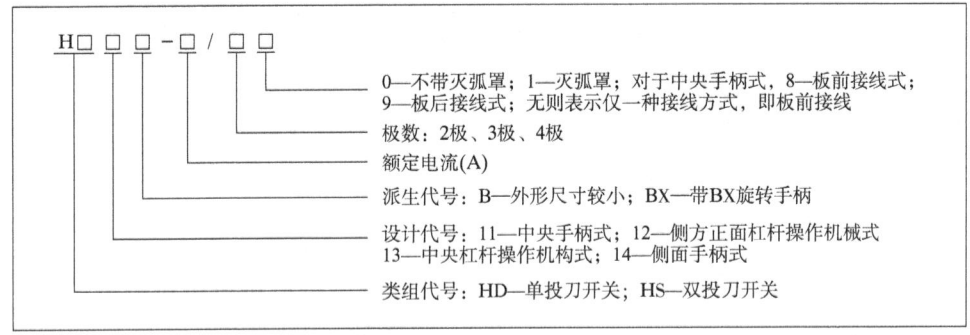

图4-5 HD型、HS型刀开关的型号及其含义

3. HR型熔断器式刀开关

HR型熔断器式刀开关也称刀熔开关,它实际上是将刀开关和熔断器组合成一体的电器。刀熔开关操作方便,并简化了供电线路,在供配电线路上应用很广泛,如图4-6所示。刀熔开关可以切断故障电流,但不能切断正常的工作电流,所以一般应在无正常工作电流的情况下进行操作。

4. 开启式负荷开关和封闭式负荷开关

1) HK型开启式负荷开关

开启式负荷开关和封闭式负荷开关是一种手动电器,常用于在电气设备中隔离电源,有时也用于直接启动小容量的笼型异步电动机。

图4-6 HR3系列熔断器式刀开关

HK型开启式负荷开关俗称闸刀开关或瓷底胶盖刀开关,由于它结构简单、价格便宜、使用和维修方便,在一般的照明电路和功率小于5.5 kW的电动机控制线路中被广泛采用,如图4-7a)所示。该开关主要用作电气照明电路、电热电路、小容量电动机电路的不频繁控制开关,也可用作分支电路的配电开关。此种刀开关装有熔丝,可起短路保护作用。

刀开关必须垂直安装在控制屏或开关板上,且合闸状态时手柄应朝上。不允许倒装或平装,以避免由于重力自动下落而引起的误动合闸。作为控制照明和电热负载使用时,要装熔断器进行短路保护和过载保护。接线时,应将电源线接在上端,负载线接在下端,这样开关断开后刀开关的闸刀和熔体上都不带电,既便于更换熔丝,又可防止发生意外事故。用作电动机的控制开关时,应将开关的熔体部分用铜导线直连,并在出线端另外装熔断器进行短路保护。

2) HH型封闭式负荷开关

HH型封闭式负荷开关俗称铁壳开关,如图4-7b)所示。刀开关带有灭弧装置,能够通断负荷电流,熔断器用于切断短路电流。一般用于小型电力排灌、电热器、电气照明线路的配电设备中,用于不频繁地接通与分断电路,也可以直接用于异步电动机的非频繁全压启动控制。

铁壳开关的操作机构有两个特点:一是采用储能分合闸方式,即用一根弹簧执行合闸和分闸的功能,使开关闭合和分断的速度与操作速度无关,既有助于改善开关的动作性能和灭弧性能,又能防止触点停滞在中间位置。二是设有联锁装置,以保证开关合闸后不能打开箱盖,在箱盖打开后,不能再合开关,起到安全保护作用。

封闭式负荷开关必须垂直安装,安装高度一般离地不低于1.3~1.5 m,并以操作方便和安全为原则;开关外壳的接地螺钉必须可靠接地;接线时,应将电源进线接在夹座一边的接线端子上,负载引线接在熔断器一边的接线端子上,且进出线都必须穿过开关的进出线孔;分合闸操作时,人要站在开关的手柄侧,不准面对开关,以免发生意外故障电流导致开关爆炸,铁壳飞出伤人;一般不用额定电流100 A及以上的封闭式负荷开关控制较大容量的电动机,以免飞弧灼伤手。

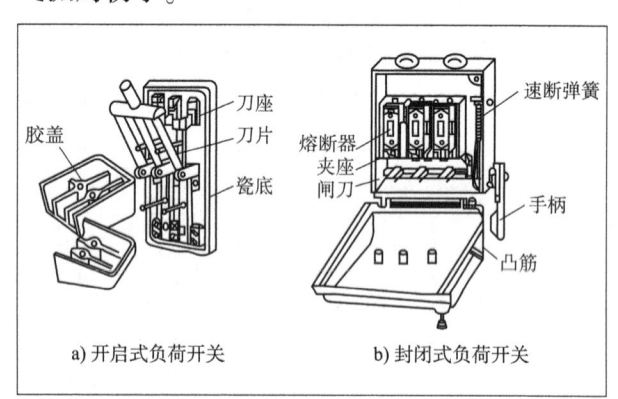

图4-7 开启式、封闭式负荷开关

5. 刀开关的选用

刀开关的额定电压应等于或大于电路额定电压,其额定电流应等于(在开启和通风良好的场合)或稍大于(在封闭的开关柜内或散热条件较差的工作场合,一般选1.15倍)电路工作电流。在开关柜内使用还应考虑操作机构,如杠杆操作机构、旋转式操作机构等。当用刀开关控制电动机时,其额定电流要大于电动机额定电流的3倍。

6. 刀开关的常见故障及其处理方法

刀开关的常见故障及其处理方法见表4-4。

刀开关的常见故障及其处理方法　　　　表 4-4

故障现象	产生原因	处理方法
合闸后一相或两相没电	1. 插座弹性消失或开口过大； 2. 熔丝熔断或接触不良； 3. 插座、触刀氧化或有污垢； 4. 电源进线或出线头氧化	1. 更换插座； 2. 更换熔丝； 3. 清洁插座或触刀； 4. 检查进出线头
触刀和插座过热或烧坏	1. 开关容量太小； 2. 分、合闸时动作太慢造成电弧过大，烧坏触点； 3. 夹座表面烧毛； 4. 触刀与插座压力不足； 5. 负载过大	1. 更换较大容量的开关； 2. 改进操作方法； 3. 用细锉刀修整； 4. 调整插座压力； 5. 减轻负载或调换较大容量的开关
封闭式负荷开关的操作手柄带电	1. 外壳接地线接触不良； 2. 电源线绝缘损坏碰壳	1. 检查接地线； 2. 更换电源线

二、组合开关

组合开关又称转换开关，也是一种刀开关。它结构紧凑，触点数目多，安装面积小，操作方便。常作为手动开关用于交流 50 Hz、380 V 以下及直流 220 V 以下的电气线路中，供不频繁地接通和分断电路，以及接通电源和负载，控制 5 kW 以下小功率异步电动机的启动、停止、正反转及 Y-△降压启动等。

其结构主要包括静触片、动触片和绝缘手柄。组合开关结构如图 4-8 所示。

1. HZ5 型组合开关

HZ5 型组合开关如图 4-9 所示。它是为综合代替 HZ1、HZ2、HZ3 等系列组合开关而研制的一种新型开关。该开关用作交流 50 Hz、电压 380 V；直流电压 200 V，电流 40 A 及以下的一般电气线路中的电源引入开关并派生电动机负荷启动、变速、停止、换向控制开关及机床控制线路换接之用。

2. HZ10 系列组合开关

HZ10 系列组合开关适用于交流 50 Hz 或 60 Hz，电压 380 V 及以下；直流电压 220 V 及以下，额定电流 100 A 及以下的电气线路中，供手动不频繁地接通、分断与转换交流电阻电感混合负载电路和直流电阻负载电路，也可控制小容量电动机。其型号及其含义如图 4-10 所示。

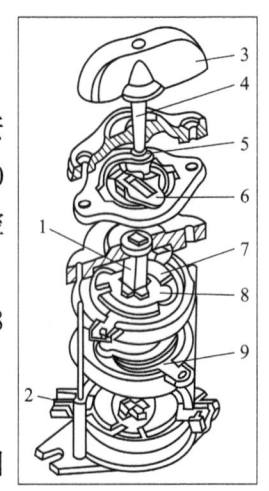

图 4-8　组合开关结构

1-绝缘杆；2-接线柱；3-绝缘手柄；4-转轴；5-弹簧；6-凸轮；7-绝缘垫板；8-动触片；9-静触片

图 4-9　HZ5 型组合开关

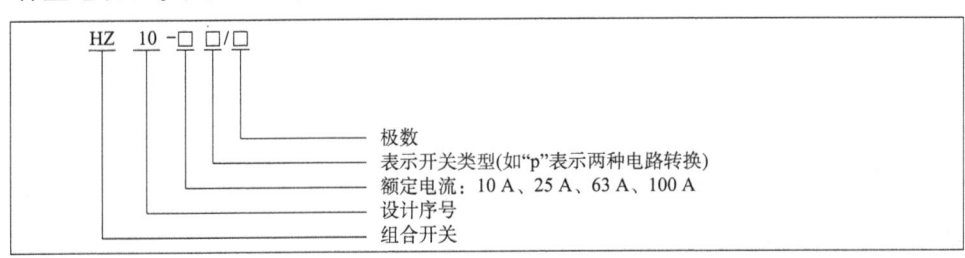

图 4-10　HZ10 系列组合开关型号及其含义

HZ10系列组合开关应安装在控制箱(或壳体)内,其操作手柄最好在控制箱的前面或侧面。开关为断开状态时应使手柄处在水平旋转位置。组合开关通断能力较低,不能用来分断故障电流。用于控制异步电动机的正反转时,必须在电动机完全停止转动后才能反向启动,且每小时的接通次数不能超过20次。当操作频率过高或负载功率因数较低时,应在使用时降低开关的容量,以延长其使用寿命。

三、低压断路器

低压断路器又称自动空气开关或自动空气断路器,是低压配电网络和电力拖动系统中常用的一种配电电器,它集控制和多种保护功能于一体,在正常情况下,可用于不频繁地接通和分断电路以及控制电动机的运行。当电路中发生短路、过载和失压等故障时,能自动切断故障电路,保护线路和电气设备。

低压断路器具有操作安全、安装使用方便、工作可靠、动作值可调、分断能力高、兼顾多种保护功能(过载、短路、欠电压保护等)等优点,所以目前被广泛应用。

低压断路器按结构形式可分为塑壳式(装置式)、框架式(万能式)、限流式、直流快速式、灭磁式和漏电保护式6类。

在电力拖动控制系统中常用的低压断路器是DZ系列塑壳式断路器,如DZ5系列和DZ10系列。其中DZ5为小电流系列,额定电流为10~50 A;DZ10为大电流系列,额定电流有100 A、250 A、600 A三种。

1. 低压断路器的型号及其含义

低压断路器的型号及其含义如图4-11所示。

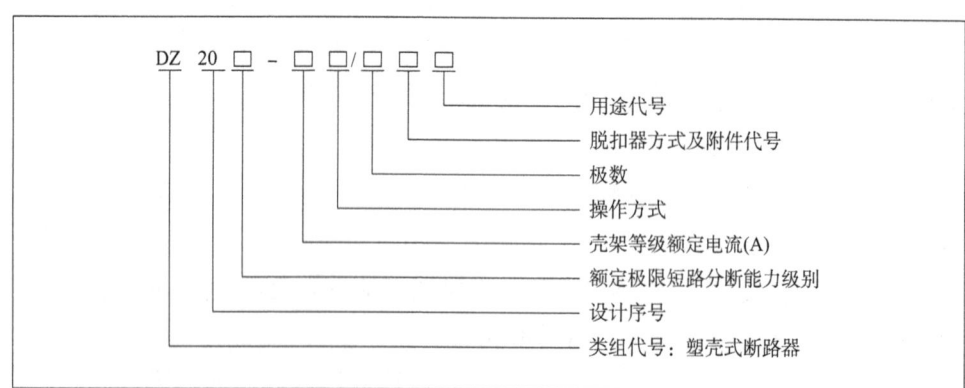

图4-11 DZ20系列低压断路器的型号及其含义

2. 低压断路器的结构及工作原理

常见的低压断路器如图4-12所示。断路器主要由动触片、静触片、灭弧装置、操作机构、脱扣器及外壳组成。

低压断路器的工作原理如图4-13所示。

a)框架式低压断路器　b)CXM1L漏电断路器　c)DZ15系列塑壳断路器　d)DZ20系列塑壳断路器

图 4-12　低压断路器

低压断路器的主触点是靠操作机构手动或电动合闸的,并由自动脱扣机构将主触点锁在合闸位置上。

当电路发生故障时,自动脱扣机构在相关脱扣器的推动下动作,使钩子脱开,于是主触点在弹簧的作用下迅速分断。过电流脱扣器 5 的线圈和过载脱扣器 6 的线圈与主电路串联,失压脱扣器 7 的线圈与主电路并联。

当电路过载时,过载脱扣器的热元件产生的热量增加,使双金属片向上弯曲,推动自动脱扣机构动作。

当电路发生短路或严重过载时,过电流脱扣器的衔铁被吸合,使自动脱扣机构动作。

当电路失压时,失压脱扣器的衔铁释放,使自动脱扣机构动作。

需手动分断电流时,按下分断按钮即可。

低压断路器的电气符号如图 4-14 所示。

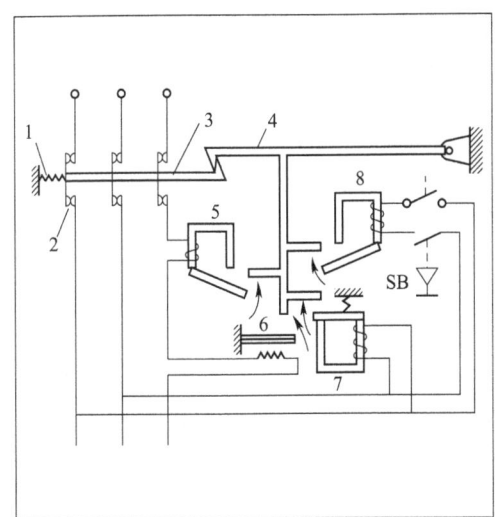 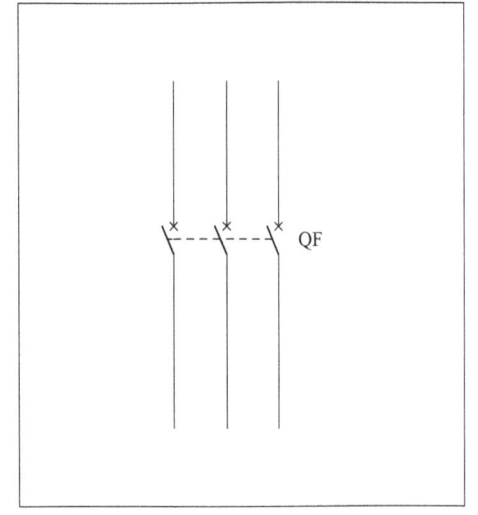

图 4-13　塑壳式低压断路器工作原理　　　　图 4-14　低压断路器的电气符号

1-分闸弹簧;2-主触点;3-传动杆;4-锁扣;5-过电流脱扣器;
6-过载脱扣器;7-失压脱扣器;8-分励脱扣器

3. 低压断路器的主要技术参数

1) 额定电压

额定工作电压：指与通断能力及使用类别相关的电压值。对多相电路是指两相间的线电压值。

额定绝缘电压：指设计低压断路器的电压值，电气间隙和爬电距离应参照此值而定。除非型号产品技术文件另有规定，额定绝缘电压是低压断路器的最大额定工作电压，在任何情况下，最大额定工作电压不超过额定绝缘电压。

2) 额定电流

壳架等级额定电流：用尺寸和结构相同的框架或塑料外壳中能装入的最大脱扣器的额定电流表示。

额定电流：额定持续电流，也就是脱扣器能长期通过的电流。对带可调式脱扣器的低压断路器来说是指可长期通过的最大电流。

3) 额定短路分断能力

低压断路器在规定条件下所能分断的最大短路电流值。

4. 低压断路器的选用原则

(1) 根据线路保护的要求确定断路器的类型和保护形式，确定选用框架式、装置式或限流式等。

(2) 断路器的额定工作电压应大于或等于线路或设备的额定工作电压。对于配电电路来说，应注意区别是电源端保护还是负载端保护，电源端保护额定电压比负载端保护额定电压高出约5%。

(3) 断路器主电路额定工作电流大于或等于负载工作电流。

(4) 断路器的过载脱扣整定电流应等于负载工作电流。

(5) 电磁脱扣器的瞬时脱扣整定电流应大于负载正常时可能出现的峰值电流。

(6) 断路器的欠电压脱扣器额定电压等于主电路额定电压。

(7) 断路器的极限通断能力大于或等于电路的最大短路电流。

使用低压断路器来实现短路保护比使用熔断器优越，因为当三相电路短路时，很可能只有一相的熔断器熔断，造成断相运行。对于低压断路器，只要造成短路都会使开关跳闸，将三相同时切断。另外低压断路器还有其他自动保护作用，但其结构复杂、操作频率低、价格较高，因此，适用于要求较高的场合，如电源总配电盘。

5. 低压断路器的安装与使用

(1) 低压断路器应垂直于配电板安装，电源引线应接到上端，负载引线接到下端。

(2) 低压断路器用作电源总开关或电动机的控制开关时，在电源进线侧必须加装刀开关或熔断器等，以形成明显的断开点。

(3)低压断路器在使用前应将脱扣器工作面的防锈油脂擦干净;各脱扣器动作值一经调整好,不允许随意变动。

(4)使用过程中若遇分断短路电流,应及时检查触点系统,若发现电灼烧痕,应及时修理或更换。

(5)断路器上的积尘应定期清除,并定期检查各脱扣器动作值,给操作机构添加润滑剂。

6. 低压断路器常见故障及其处理方法

低压断路器常见故障及其处理方法见表4-5。

低压断路器常见故障及其处理方法　　　　　表4-5

故障现象	产生原因	处理方法
手动操作断路器不能闭合	1.电源电压太低; 2.热脱扣的双金属片尚未冷却复原; 3.欠电压脱扣器无电压或线圈损坏; 4.储能弹簧变形,导致闭合力减小; 5.反作用弹簧力过大	1.检查线路并调高电源电压; 2.待双金属片冷却后再合闸; 3.检查线路,加压或调换线圈; 4.更换储能弹簧; 5.重新调整弹簧反力
电动操作断路器不能闭合	1.电源电压不符; 2.电源容量不够; 3.电磁铁拉杆行程不够; 4.电动机操作定位开关变位	1.更换电源或调整电压; 2.增大操作电源容量; 3.调整或调换拉杆; 4.调整定位开关
电动机启动时断路器立即分断	1.过电流脱扣器瞬时整定值太小; 2.脱扣器某些零件损坏; 3.脱扣器反力弹簧断裂或落下	1.调整瞬时整定值; 2.更换脱扣器或损坏的零件; 3.更换或重新装好反力弹簧
分励脱扣器不能使断路器分断	1.线圈短路; 2.电源电压太低	1.更换线圈; 2.检修线路,调整电源电压
欠电压脱扣器噪声大	1.反作用弹簧力太大; 2.铁芯工作面有油污; 3.短路环断裂	1.调整反作用弹簧; 2.清除铁芯油污; 3.更换短路环或更换铁芯
欠电压脱扣器不能使断路器分断	1.反力弹簧弹力变小; 2.储能弹簧断裂或弹簧力变小; 3.机构生锈卡死	1.更换或调整反力弹簧; 2.更换或调整储能弹簧; 3.清除锈污

任务实施工单

班级		姓名	
情境描述	小李在家里安装开启式负荷开关用来控制水泵,由于电源线是从开关下方引入的,为了节省导线,小李决定把负荷开关倒着装。你觉得这样可以吗?		
互动交流	1.低压开关包括哪几种? 2.低压断路器的工作原理是什么?		
能力训练	安装开启式负荷开关。		
学习效果评估			
评价指标	学生自评	学生互评	教师评估
知识掌握程度	☆☆☆☆☆	☆☆☆☆☆	☆☆☆☆☆
能力掌握程度	☆☆☆☆☆	☆☆☆☆☆	☆☆☆☆☆
素质掌握程度	☆☆☆☆☆	☆☆☆☆☆	☆☆☆☆☆

任务三　熔断器的识别与检修

想一想：熔断器的作用是什么？你所知道的熔断器有哪几种？

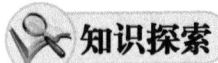

熔断器是一种当电流超过规定值一定时间后，以它本身产生的热量使熔体熔化而分断电路的电器。其广泛应用于低压配电系统及用电设备中，起短路和过电流保护作用。使用时串联在被保护的电路中。其具有结构简单、体积小、质量轻、动作可靠、使用维护方便、价格便宜等优点，因此得到广泛应用。

一、熔断器的结构与主要技术参数

1. 熔断器的结构

熔断器主要由熔体、安装熔体的熔管和熔座3部分组成。

熔体是熔断器的主要组成部分，常做成丝状、片状或栅状。除丝状外，其他形状的熔体一般制成变截面结构（可以改善熔体材料的性能及控制不同情况下的熔化时间）。熔体材料通常有两种：一种为铅、铅锡合金或锌等低熔点金属，多用于小电流电路；另一种为银、铜等较高熔点的金属，多用于大电流电路。

熔管是熔体的保护外壳，由陶瓷、绝缘钢纸或玻璃纤维等耐热绝缘材料制成，在熔体熔断时兼有灭弧作用。

熔座是熔断器的底座，起固定熔管和外接引线的作用。

2. 熔断器的主要技术参数

（1）额定电压：指保证熔断器能长期正常工作的电压。若熔断器的实际工作电压大于其额定电压，熔体熔断时可能会发生电弧不能熄灭的危险。

（2）额定电流：指保证熔断器能长期正常工作的电流，是由熔断器各部分长期工作时的允许温升决定的。它与熔体的额定电流是两个不同的概念。熔体的额定电流是熔体中允许长期通过而不熔化的最大电流。通常，一个额定电流等级的熔断器可以配用若干个额定电流等级的熔体，但熔体的额定电流不应大于熔断器的额定电流。

（3）分断能力：在规定的使用和性能条件下，熔断器在规定电压下能分断最大的预期分断电流值。

（4）时间-电流特性：在规定的工作条件下，表征流过熔体的电流与熔体熔断时间关系的函数曲线，也称保护特性或熔断特性，如图4-15所示。

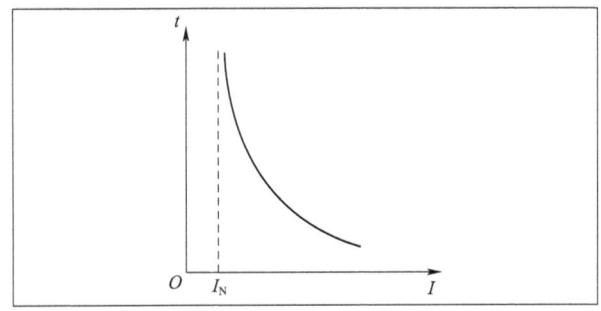

图4-15　熔断器的保护特性

从保护特性曲线上可以看出，熔断器的保护特性为反时限特性，即短路电流越大，熔断时间越短，这样就能满足短路保护的要求。

可见，熔断器对过载反应是很不灵敏的，当电气设备发生轻度过载时，熔断器将持续很长时间才熔断，有时甚至不熔断。因此，除在照明电路中外，熔断器一般不宜用于过载保护，主要用于短路保护。如确需在过载保护中使用，必须降低其使用的额定电流，作短路保护兼作过载保护用，但此时的过载保护特性并不理想。

二、低压熔断器的型号及其含义

低压熔断器型号及其含义如图4-16所示。

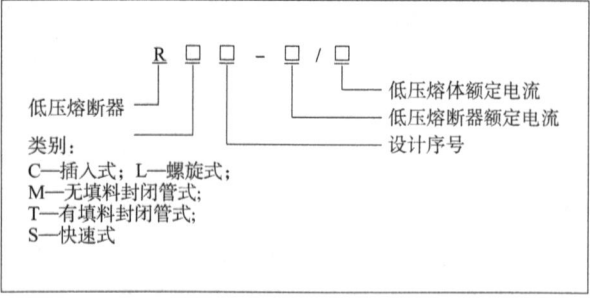

图 4-16 低压熔断器型号及其含义

低压熔断器的电气符号如图 4-17 所示。

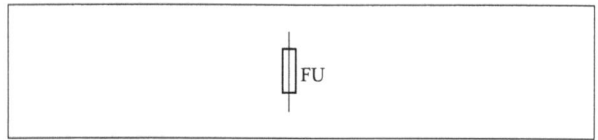

图 4-17 低压熔断器的电气符号

三、常用的低压熔断器

低压熔断器的类型很多,按结构形式可分为瓷插式熔断器、螺旋式熔断器、封闭管式熔断器、快速熔断器和自复熔断器等。

1. 瓷插式熔断器

常用的瓷插式熔断器有 RC1A 系列,是在 RC1 系列的基础上改进设计的,属于半封闭插入式,其结构如图 4-18 所示,由瓷盖、瓷座、动触点和静触点等组成。由于其结构简单、价格便宜、更换熔体方便,因此广泛应用于 380 V 及以下、额定电流 200 A 及以下的配电线路末端,作为电力、照明负荷的短路保护及高倍过电流保护器件。

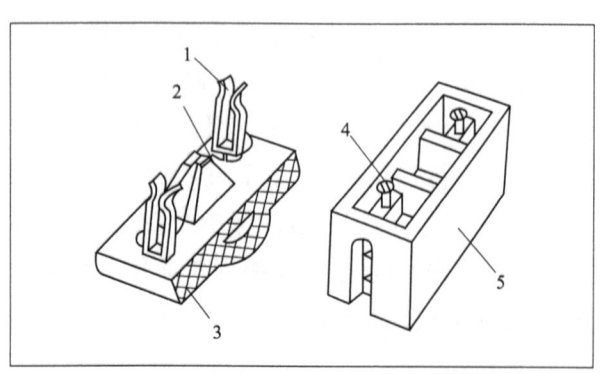

图 4-18 RC1A 系列瓷插式熔断器

1-动触点;2-熔丝;3-瓷盖;4-静触点;5-瓷座

2. 螺旋式熔断器

常用的螺旋式熔断器是 RL5、RL6 系列,属于有填料封闭管式,其结构与外形如图 4-19 所示,由瓷座、瓷帽和熔体组成。熔体是一个瓷管,内装有石英砂和熔丝,熔丝的两端焊在熔体两端的导电金属端盖上,其上端有一个染有红(或黑)漆的熔断指示器,当熔体熔断时,熔断指示器弹出脱落,透过瓷帽上的玻璃孔可以看见。熔断器熔断后只要更换熔体即可。在安装时,电源线应接在下接线端,负载线应接在上接线端,这样在更换熔体(旋出瓷帽)时,金属螺管的上接线端便不会带电,保证维修者安全。它多用于控制箱、配电屏、机床设备及振动较大的场合,在交流额定电压 500 V 及以下、额定电流 200 A 及以下的电路中用作短路保护器件。

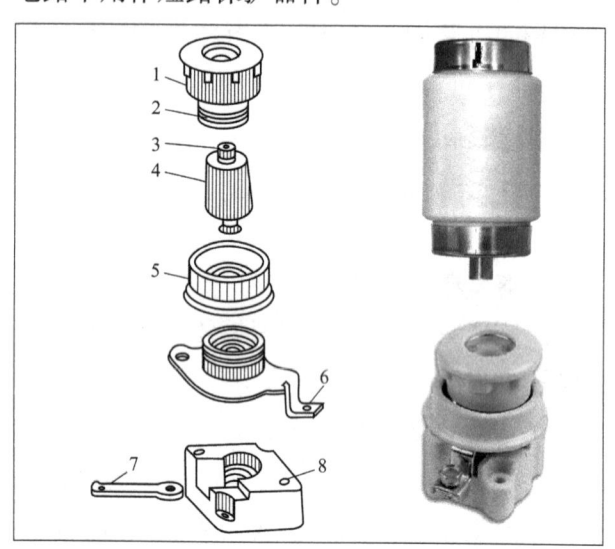

图 4-19 螺旋式熔断器

1-瓷帽;2-金属螺管;3-熔断指示器;4-熔管;5-瓷套;6-上接线端;7-下接线端;8-瓷座

3. 封闭管式熔断器

封闭管式熔断器主要用于负载电流较大的电力网络或配电系统中。熔体采用封闭管式结构,一是可防止电弧的飞出和熔化金属的滴出;二是在熔断过程中,封闭管内将产生大量的气体,使管内压力升高,从而使电弧因剧烈压缩而很快熄灭。封闭管式熔断器分为无填料式和有填料式两种,如图 4-20 所示。

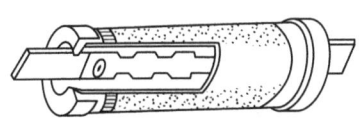

a) RM10系列无填料封闭管式熔断器　　b) RT0系列有填料封闭管式熔断器

图4-20　封闭管式熔断器

1) RM10系列无填料封闭管式熔断器

(1) 特点：一是采用钢纸管做封闭管，当熔体熔断时，钢纸管内壁在电弧热量的作用下，产生高压气体，使电弧迅速熄灭；二是采用变截面锌片做熔体，当电路发生短路故障时，锌片几处狭窄部位同时熔断，形成较大空隙，因此灭弧容易。

(2) 用途：用于交流50 Hz、额定电压380 V及以下或直流额定电压440 V及以下电压等级的动力网络和成套配电设备中，作为导线、电缆及较大容量电气设备的短路和连续过载保护器件。

2) RT0系列有填料封闭管式熔断器

(1) 特点：熔管用高频电工瓷制成，熔体是两片网状紫铜片，中间用锡桥连接，熔体周围填满石英砂，起灭弧作用。该系列熔断器配有熔断指示装置。为了方便熔体的安装及更换，配有熔断器专用绝缘操作手柄。

(2) 用途：广泛用于短路电流较大的电力输配电系统中，作为短路保护、过载保护器件。

4. 快速熔断器

快速熔断器如图4-21所示，又叫半导体器件保护用熔断器，它主要用于半导体整流元件或整流装置的过电流保护。由于半导体元件的过载能力很弱，只能在极短时间内承受一定的过载电流，因此，要求短路保护具有快速熔断的能力。快速熔断器的结构和有填料封闭管式熔断器基本相同，但熔体材料和形状不同，它是以银片冲制的有"V"形深槽的变截面熔体。常用的有RS系列、NGT系列、CS系列。

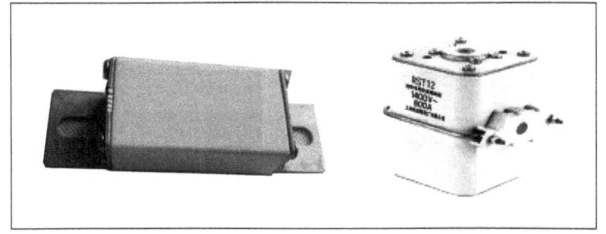

图4-21　快速熔断器

5. 自复熔断器

常用熔断器的熔体一旦熔断，必须更换新的熔体，这就给使用带来一些不方便，而且延缓了恢复供电时间。自复熔断器如图4-22所示。它采用液态金属钠做熔体，液态金属钠在常温下具有高电导率。当电路发生短路故障时，短路电流产生高温使钠迅速气化，气态钠呈现高阻态，从而限制了短路电流。当短路电流消失后，温度下降，金属钠蒸气冷却凝结，自动恢复到原来的良好导电性能。自复熔断器只能限制短路电流，不能真正分断电路，其优点是不必更换熔体，能重复使用。常用的自复熔断器有RZ1系列熔断器，适用于交流380 V及以下的电路中且要与断路器配合使用。

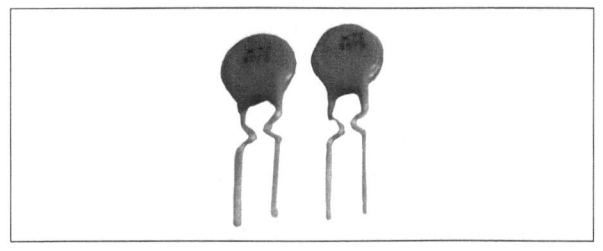

图4-22　自复熔断器

四、熔断器的选择

在选用熔断器时,应根据被保护电路的需要,首先确定熔断器的形式,然后选择熔体的规格,再根据熔体确定熔断器的规格。

1. 熔断器类型的选择

选择熔断器的类型时,主要根据线路要求、使用场合、安装条件、负载要求的保护特性和短路电流的大小等来进行。例如,用于容量较小的照明线路,可选用 RC1A 系列瓷插式熔断器;在开关柜或配电屏中可选用 RM10 系列无填料封闭管式熔断器;对于短路电流相当大或有易燃气体的地方,应选用 RT0 系列有填料封闭管式熔断器;在机床控制线路中,多选用 RL1 系列螺旋式熔断器;用于半导体功率元件及晶闸管保护时,则应选用 RLS 或 RS 系列快速熔断器等。

2. 熔断器额定电压的选择

熔断器的额定电压必须大于或等于线路的工作电压。

3. 熔断器熔体额定电流的选择

(1) 对于变压器、电炉和照明设备等电流较平稳、无冲击电流的负载,熔体的额定电流 I_{fN} 应等于或略大于负载的额定电流,即

$$I_{fN} \geq I_N$$

(2) 保护单台电动机时,考虑启动电流的影响,可按下式选择:

$$I_{fN} \geq (1.5 \sim 2.5)I_N$$

如果该电动机频繁启动,式中系数可适当加大至 3~3.5,具体应根据实际情况而定。

(3) 保护多台电动机时,可按下式计算:

$$I_{fN} \geq (1.5 \sim 2.5)I_{Nmax} + \sum I_N$$

式中:I_{Nmax}——容量最大的一台电动机的额定电流,A;

$\sum I_N$——其余电动机额定电流之和,A。

4. 熔断器额定电流的选择

熔断器的额定电流必须等于或大于所装熔体的额定电流。

5. 熔断器的分断能力选择

熔断的分断能力应大于线路中可能出现的最大短路电流。

6. 熔断器熔体额定电流的配合

为防止发生越级熔断,上、下级(即供电干、支线)熔断器间应有良好的协调配合,为此,应使上一级(供电干线)熔断器的熔体额定电流比下一级(供电支线)的大 1~2 个级差。

五、熔断器的安装与使用

(1) 安装前,应检查熔断器的性能参数是否满足要求,保证熔体与闸刀以及闸刀与刀座的接触良好,并确保能防止电弧飞落到邻近的带电部分上。

(2) 插入式熔断器一般应垂直安装,安装螺旋式熔断器时,电源线应连接在瓷座的下接线端上,负载线应连接在金属管体的上接线端上,有油漆标志端向外。两熔断器间应留有手拧的空间,距离不宜过近。

(3) 安装时应注意,不要让熔体受到机械损伤,以免因熔体截面面积变小而发生误动作。

(4) 更换熔体或熔管时,必须切断电源,尤其不许带负荷操作,以免发生电弧灼伤。

(5) 安装必须可靠,以免有一相接触不良或一相断路,致使电动机被烧毁。

(6) 熔断器两端的连接线应连接可靠,螺钉应拧紧。安装带有熔断指示器的熔断器时,熔断指示器应安装在便于观察的位置。

(7) 熔断器兼作隔离元件使用时,应安装在控制开关的电源进线端;若仅作短路保护用,应装在控制开关的出线端。

(8) 熔断器内要安装合格的熔体,不能用多根小规格熔体并联代替一根大规格熔体。

六、熔断器的常见故障及其处理方法

熔断器的常见故障及其处理方法见表 4-6。

熔断器的常见故障及其处理方法　　　　　　表4-6

故障现象	产生原因	处理方法
电动机启动瞬间熔体即熔断	1. 熔体规格选择太小； 2. 负载侧短路或接地； 3. 熔体安装时损伤	1. 更换适当的熔体； 2. 检查短路或接地故障； 3. 更换熔体
熔丝未熔断但电路不通	1. 熔体两端或接线端接触不良； 2. 熔断器的螺母盖未旋紧	1. 清扫并旋紧接线端； 2. 旋紧螺母盖

任务实施工单

班级		姓名	
情境描述	小李在实验室做实验，不小心短路烧坏了熔断器的熔体，他没有找到相同规格的熔体，最后他灵机一动，用多根小规格熔体并联后代替了原来的熔体。你觉得他做得对吗？		
互动交流	1. 简述熔断器的结构组成。 2. 如何选用熔断器？		
能力训练	某机床电动机的型号为Y112M-4、额定功率为4 kW、额定电压为380 V、额定电流为8.8 A，该电动机正常工作时不需频繁启动。试选择短路保护用的熔断器型号和规格。		
知识拓展	熔断器在电动机保护中能不能作过载保护？为什么？熔断器在什么情况下可以作过载保护用？		
学习效果评估			
评价指标	学生自评	学生互评	教师评估
知识掌握程度	☆☆☆☆☆	☆☆☆☆☆	☆☆☆☆☆
能力掌握程度	☆☆☆☆☆	☆☆☆☆☆	☆☆☆☆☆
素质掌握程度	☆☆☆☆☆	☆☆☆☆☆	☆☆☆☆☆

任务四　主令电器的识别、使用与检修

任务导入

想一想：哪些低压电器属于主令电器呢？主令电器可不可以直接控制电动机呢？

知识探索

主令电器主要用于接通或断开控制电路，以发出命令或信号，实现对电力拖动系统的控制或程序控制。常用的主令电器有控制按钮、位置开关、万能转换开关和主令控制器等。

一、控制按钮

控制按钮是一种短时接通或断开小电流电路的电器，控制按钮的触点允许通过的电流较小，一般不超过 5 A，因此，它不直接控制主电路的通断，而是在控制电路中发出"指令"去控制接触器、继电器等电器，再由它们去控制主电路。它适用于交流电压 500 V 或直流电压 440 V、电流为 5 A 及以下的电路中。

1. 控制按钮的型号及其含义

控制按钮型号组成及其含义如图 4-23 所示。

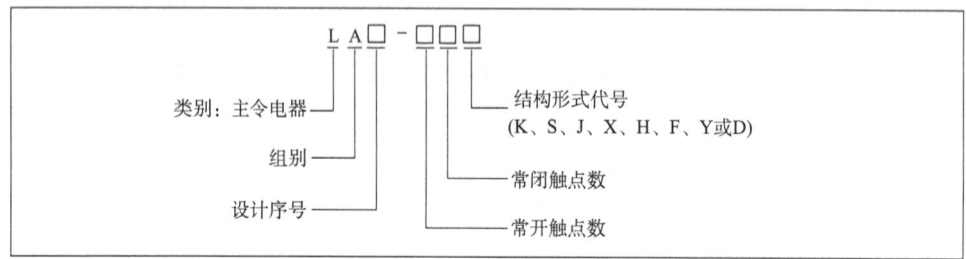

图 4-23　控制按钮型号组成及其含义

结构形式代号中，K 为开启式，适合嵌装在操作面板上；S 为防水式，具有密封外壳，可防止雨水侵入；J 为紧急式，带有红色大蘑菇头（凸出在外）形按钮，用于紧急切断电源；X 为旋钮式，用旋钮旋转进行操作，有通和断两个位置；H 为保护式，带保护外壳，可防止内部零件受机械损伤或人偶然触及带电部分；F 为防腐式，能防止腐蚀性气体进入；Y 为钥匙式，用钥匙插入进行操作，可防止误操作或供专人操作；D 为带灯按钮式，按钮内装有信号灯，兼作信号指示。

2. 控制按钮的种类及结构

控制按钮的种类很多，可分为普通揿钮式、蘑菇头式、自锁式、自复位式、旋柄式、带指示灯式、带灯符号式及钥匙式等，有单钮形式、双钮形式、三钮形式及

不同组合形式。一般为积木式结构,由按钮帽、复位弹簧、桥式触点、支柱连杆和外壳等组成。常见的控制按钮外形如图 4-24 所示。

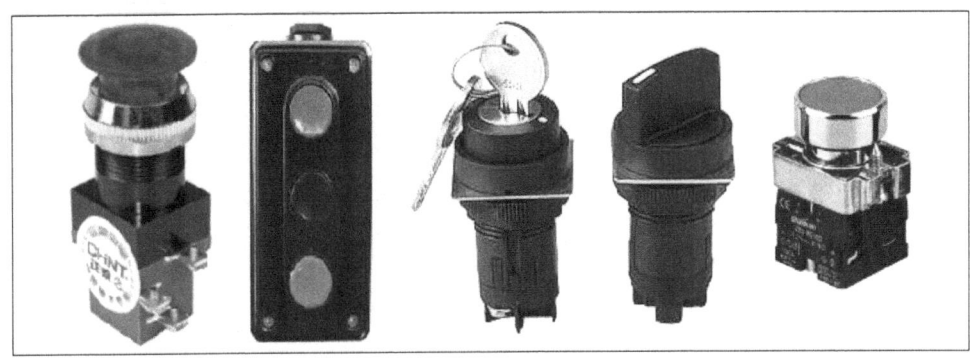

图 4-24 常见控制按钮外形

LA19 系列控制按钮的外形、结构和电气符号如图 4-25 所示。

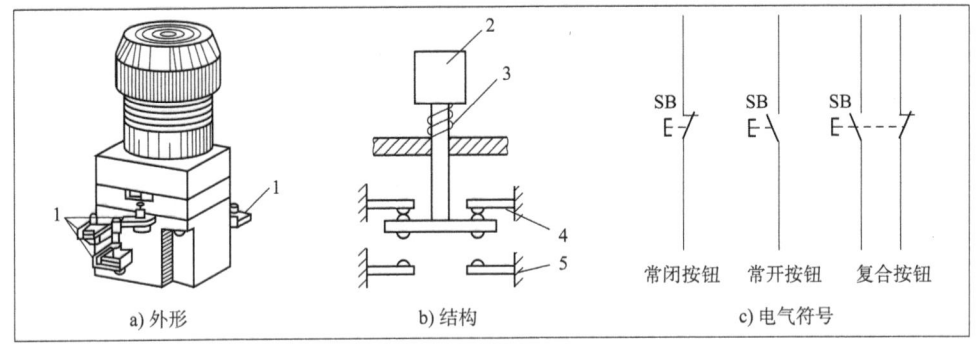

图 4-25 LA19 系列控制按钮的外形、结构和电气符号
1-接线柱；2-按钮帽；3-复位弹簧；4-常闭触点；5-常开触点

控制按钮按静态(不受外力作用)时触点的分合状态,可分为常开按钮(又称为启动按钮)、常闭按钮(又称为停止按钮)和复合按钮(常开、常闭组合为一体的按钮)。

常开按钮:未按下时,触点是断开的;按下时,触点闭合;当松开后,按钮自动复位。在电气控制线路中,常开按钮常用来启动电动机,也称启动按钮。

常闭按钮:与常开按钮相反,未按下时,触点是闭合的;按下时,触点断开;当松开后,按钮自动复位。在电气控制线路中,常闭按钮常用于控制电动机停车,也称停止按钮。

复合按钮:将常开和常闭按钮组合为一体。按下复合按钮时,其常闭触点先断开,然后常开触点再闭合;而松开时,在复位弹簧的作用下,常开触点先恢复断开,然后常闭触点再恢复闭合。通常,在无特殊说明的情况下,有触点电器的触点动作顺序均为"先断后合"。

有的控制按钮可通过多个元件的串联增加触点对数。还有一种自持式按钮,按下后即可自动保持在闭合位置,断电后才能打开。

为了便于操作人员识别,避免发生误操作,生产中常用不同的颜色来区分控制按钮的功能及作用。控制按钮颜色及其含义见表 4-7。

控制按钮颜色及其含义　　　　　　表 4-7

颜色	颜色含义	典型应用
红	紧急情况出现时动作	急停
红	停止或断开	1. 总停； 2. 停止一台或几台电动机； 3. 停止机床的一部分； 4. 停止循环（如果操作者在循环期间按此按钮，机床在有关循环完成后停止）； 5. 断开开关装置； 6. 兼有停止作用的复位
黄	干预（异常情况时操作）	1. 制止反常情况； 2. 干预、重新启动中断了的自动循环
绿	安全（安全情况或为正常情况时操作）	1. 总启动； 2. 开启一台或几台电动机； 3. 开启机床的一部分； 4. 开启辅助功能； 5. 开启开关装置； 6. 接通控制电路
蓝	强制性	1. 红、黄、绿含义未包括的特殊情况，可以用蓝色； 2. 复位
黑、灰、白	无任何特定含义	除专用"停止"功能按钮外，可用于任何功能

3. 控制按钮的选择

一般根据使用场合、用途、控制需要及工作状况等选择控制按钮。

（1）根据使用场合选择控制按钮的种类，如开启式、防水式、防腐式。

（2）根据具体用途选择控制按钮的形式，例如需显示工作状态则选用光标式；在非常重要处，为防止无关人员误操作宜选用钥匙式。

（3）根据工作状态指示和工作情况要求，选择控制按钮或指示灯的颜色。

（4）根据控制回路需要选择控制按钮的数量，如单按钮、双联钮、三联钮及多钮等。

控制按钮的主要技术参数有额定工作电压、额定工作电流、结构形式、触点数及按钮颜色等。常用的控制按钮的额定电压为交流电压 380 V，额定工作电流为 5 A。常用的控制按钮有 LA18、LA19、LA20 及 LA25 等系列。

4. 控制按钮的安装与使用

（1）将控制按钮安装在面板上时，应布置整齐、排列合理，如根据电动机启动的先后顺序，从上到下或从左到右排列。

（2）同一机床运动部件有几种不同的工作状态（如上、下，前、后，松、紧等）时，应使每一对控制相反状态的控制按钮安装在一组。

（3）控制按钮的安装应牢固，安装控制按钮的金属板或金属按钮盒必须可靠接地。

（4）由于控制按钮的触点间距较小，如果有油污等，极易发生短路故障，所以应注意保持触点间的清洁。

（5）光标按钮一般不易用于需长期通电显示处，以免塑料外壳过度受热而变形，使更换灯泡困难。

5. 控制按钮的常见故障及其处理方法

控制按钮的常见故障及其处理方法见表4-8。

控制按钮的常见故障及其处理方法　　表4-8

故障现象	产生原因	处理方法
按下启动按钮时有触电感觉	1. 按钮的防护金属外壳与连接导线接触； 2. 按钮帽的缝隙间充满铁屑，使按钮与导电部分形成通路	1. 检查按钮内连接导线； 2. 清理按钮及触点
按下启动按钮，无法接通电路，控制失灵	1. 接线头脱落； 2. 触点磨损松动，接触不良； 3. 动触点弹簧失效，使触点接触不良	1. 检修启动按钮连接线； 2. 检修触点或调换按钮； 3. 重绕弹簧或调换按钮
按下停止按钮，不能断开电路	1. 接线错误； 2. 尘埃或机油、乳化液等流入按钮形成短路； 3. 绝缘击穿短路	1. 更改接线； 2. 清扫按钮并相应采取密封措施； 3. 更换按钮

二、位置开关

位置开关又称限位开关，是一种将机械信号转换为电气信号，以控制运动部件位置或行程的自动控制电器。它是一种常用的小电流主令电器。在电气控制系统中，位置开关的作用是实现顺序控制、定位控制和位置状态的检测。位置开关分为两类：一类为以机械行程直接接触作为输入信号的行程开关和微动开关；另一类为以电磁信号（非接触式）作为输入动作信号的接近开关。

1. 行程开关

1）行程开关的结构和用途

最常见的位置开关是行程开关，它利用生产机械运动部件的碰撞使其触点动作来实现接通或分断控制电路，达到一定的控制目的。通常这类开关被用来限制机械运动的位置或行程，使运动机械按一定位置或行程自动停止、反向运动、变速运动或自动往返运动等。当行程开关用于位置保护时，又称限位开关。

行程开关的种类很多，常用的行程开关有直动式（按钮式）、滚动式（旋转式），滚动式又分为单轮滚动式、双轮滚动式。它们的外形如图4-26所示。

直动式行程开关动作原理同按钮类似，不同之处在于：按钮是手动控制，直动式行程开关则由运动部件的撞块碰撞控制。外界运动部件上的撞块碰压直动式行程开关使其触点移动，而当运动部件离开后，在弹簧作用下，其触点自动复位。

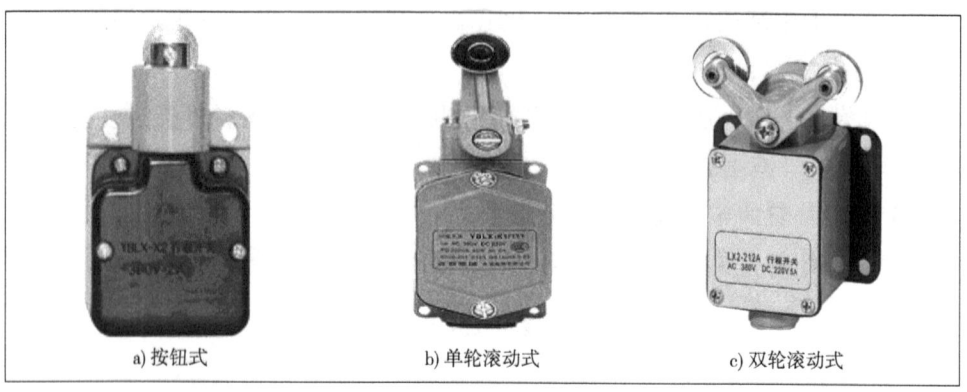

图 4-26 行程开关外形

对于滚动式行程开关,当运动机械的挡铁(撞块)压到行程开关的滚轮上时,传动杠连同转轴一同转动使凸轮推动撞块,当撞块碰压到一定位置时,推动行程开关快速动作。当滚轮上的挡铁移开后,复位弹簧就使行程开关复位,这种是单轮自动恢复式行程开关。而双轮旋转式行程开关不能自动复位,它依靠运动机械反向移动时,挡铁碰撞另一滚轮来复位。

各种系列的行程开关基本结构大体相同,直动式行程开关的结构和电气符号如图 4-27 所示。

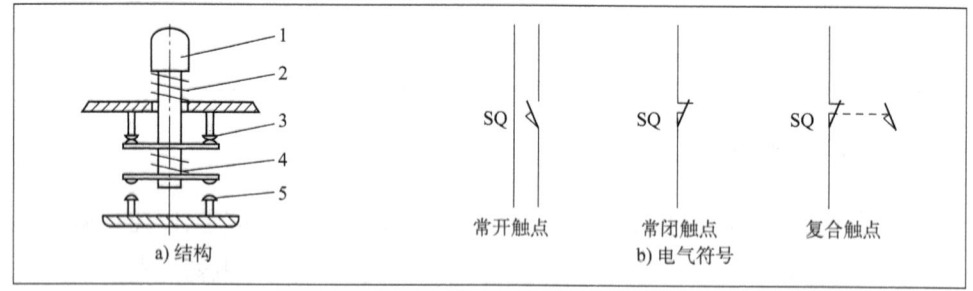

图 4-27 直动式行程开关的结构和电气符号
1—顶杆;2—弹簧;3—常闭触点;4—触点弹簧;5—常开触点

2) 行程开关的型号

行程开关的型号组成及其含义如图 4-28 所示。

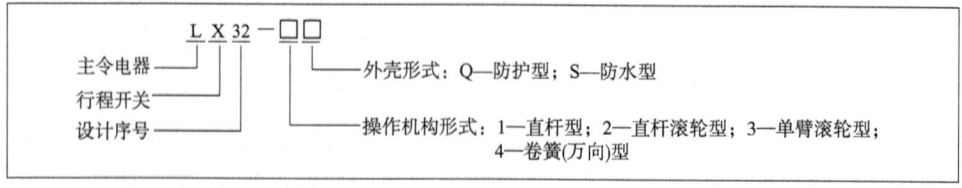

图 4-28 行程开关的型号组成及其含义

3) 行程开关的选择

在选用行程开关时,主要根据应用场合及控制对象选择种类,根据安装使用环境选择防护类型,根据控制回路的电压和电流选择行程开关系列,根据运动机械与行程开关的传动力和位移关系选择行程开关的头部形式。

4）行程开关的安装和使用

（1）安装行程开关时，安装位置要准确，安装要牢固，滚轮的方向不能装反，挡铁与其碰撞的位置应符合控制线路的要求，并确保开关能可靠地与挡铁碰撞。

（2）行程开关在使用中，要定期检查和维护，除去油垢及粉尘，清理触点，经常检查其动作是否灵活、可靠，及时排除故障。避免因行程开关触点接触不良或接线松脱产生误动作而导致设备和人身安全事故。

5）行程开关的常见故障及其处理方法

行程开关的常见故障及其处理方法见表4-9。

行程开关的常见故障及其处理方法 表4-9

故障现象	产生原因	处理方法
杠杆已经偏转，或无外界机械力作用，但触点不复位	1. 内部撞块卡阻； 2. 复位弹簧失效； 3. 调节螺钉太长，顶住开关按钮	1. 清理内部杂物； 2. 更换复位弹簧； 3. 检查或更换调节螺钉
挡铁碰撞行程开关后，触点不动作	1. 安装位置不准确； 2. 触点弹簧失效； 3. 触点接触不良或接线松脱	1. 调整安装位置； 2. 更换触点弹簧； 3. 清刷触点或紧固接线

2. 接近开关

接近开关又称为无触点位置开关，是一种无须与运动部件进行机械直接接触而可以操作的位置开关。当物体接近开关时，不需要进行机械接触及施加任何压力即可使开关动作，从而驱动直流电器或给计算机装置（PLC）提供控制指令。它既有行程开关的特性，又具有传感性能。其定位精度、操作频率、使用寿命、安装调整的方便性和对恶劣环境的适应能力，是一般机械式行程开关所不能相比的。它广泛地应用于机床、冶金、化工、轻纺和印刷等行业。

接近开关有很多种，这里仅对以下几种接近开关作简单介绍。

1）涡流式接近开关

这种开关有时也叫电感式接近开关。它能产生电磁场，通过分析导电物体在接近时产生的涡流以判断有无导电物体移近，进而控制开关的接通或断开。这种接近开关所能检测的物体必须是导电体。一般应用在各种机械设备上进行位置检测、计数信号拾取等。

2）电容式接近开关

当有物体移向电容式接近开关时，电容的介电常数发生变化，从而使电容量发生变化，使得和测量头相连的电路状态也随之发生变化，由此便可控制开关的接通或断开。这种接近开关检测的对象，不限于导电体，也可以是绝缘的液体或粉状物等。

3）霍尔接近开关

霍尔元件是一种磁敏元件，利用磁敏元件做成的开关叫作霍尔接近开关。

这种接近开关的检测对象必须是磁性物体。

4) 光电式接近开关

利用光电效应做成的开关叫作光电式接近开关。将发光器件与光电器件按一定方向装在同一个检测头内,当有反光面(被检测物体)接近时,光电器件接收到反射光后便有信号输出,由此便可"感知"有物体接近。

各种接近开关的外形如图4-29所示。

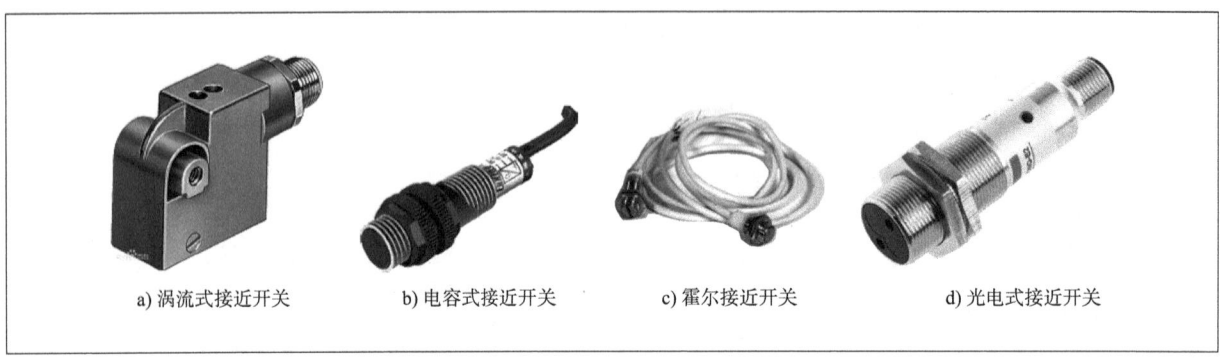

图 4-29 接近开关的外形

接近开关的型号及其含义如图4-30所示。

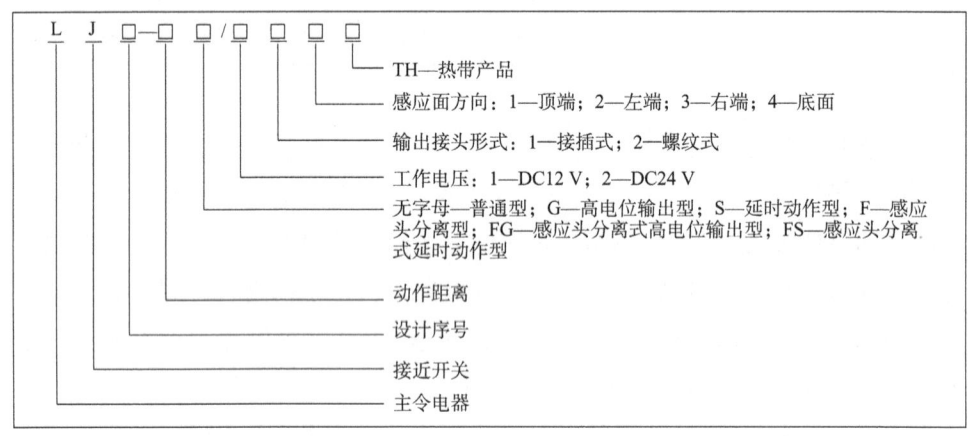

图 4-30 接近开关的型号及其含义

三、万能转换开关

万能转换开关是由多组相同结构的触点组件叠装而成的一种多挡式、控制多回路的主令电器,一般用于多种配电装置的远距离控制,也可控制电压表及电流表的换相,还可控制小容量电动机的启动、制动、调速及正反转。由于其触点挡数多、换接线路多、用途广泛,故有"万能"之称。

万能转换开关主要由操作机构、面板、手柄及触点座等部件组成,用螺栓组装成整体。触点座可有1~10层,每层均可装3对触点,并由其中的凸轮进行控制。由于每层凸轮可做成不同的形状,因此,当手柄转到不同位置时,通过凸轮的作用,可使各对触点按需要的规律接通和分断。万能转换开关的结构原理和电气符号如图4-31所示。

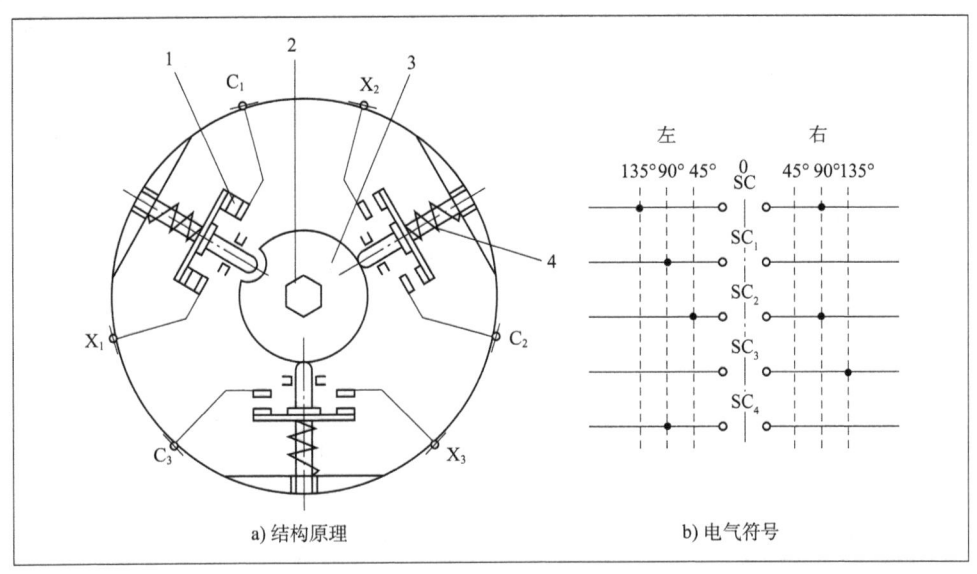

图 4-31 万能转换开关的结构原理和电气符号
1-触点;2-转轴;3-凸轮;4-触点弹簧

常见的万能转换开关为 LW5 系列、LW6 系列和 LW12-16 系列。

选用万能转换开关时,可从以下几方面入手:若用于控制电动机,则应预先掌握电动机的内部接线方式,根据内部接线方式、接线指示牌以及所需要的转换开关断合次序表,画出电动机的接线图,只要电动机的接线图与转换开关的实际接法相符即可;此外,需要考虑额定电流是否满足要求。若用于控制其他电路时,则只需考虑额定电流、额定电压和触点对数。

万能转换开关的型号及其含义如图 4-32 所示。

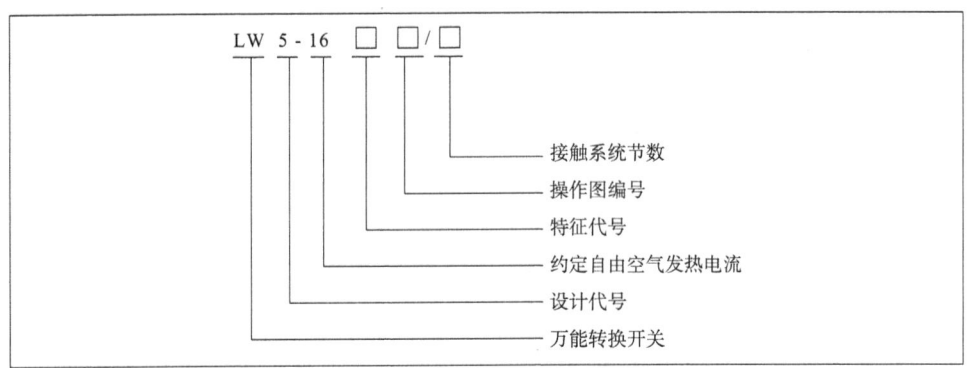

图 4-32 LW5 系列万能转换开关的型号及其含义

四、主令控制器

主令控制器(又称主令开关)主要用于电气传动装置中,按一定顺序分合触点,达到发布命令或其他控制线路联锁、转换的目的。其适用于需要频繁对电路进行接通和切断场合,常配合磁力启动器对绕线型异步电动机的启动、制动、调速及换向实行远距离控制,广泛用于各类起重机械的拖动电动机的控制系统中。

主令控制器按其结构形式(凸轮能否调节)可分为两类：一类是凸轮可调式主令控制器，另一类是凸轮固定式主令控制器。前者的凸轮块上开有小孔和槽，使之能根据规定的触点分合图进行调整；后者的凸轮只能根据规定的触点分合图进行适当的排列与组合。

1. 主令控制器的结构和工作原理

主令控制器的外形、结构与电气符号如图 4-33 所示。

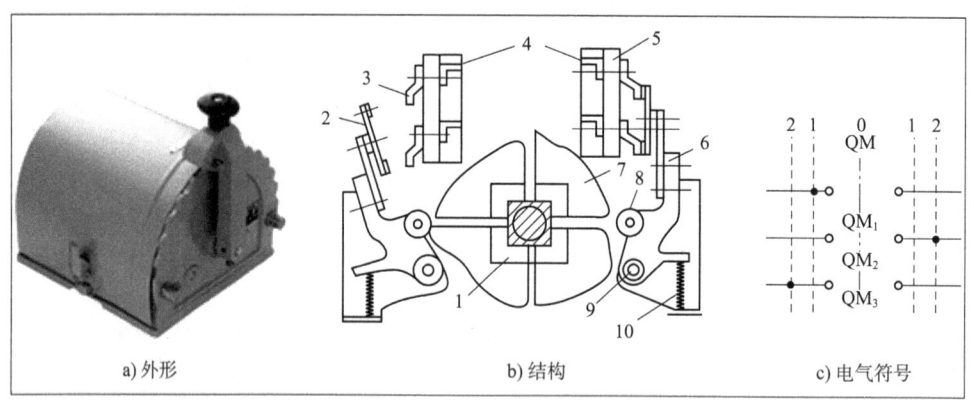

图 4-33　主令控制器的外形、结构与电气符号

1-方形转轴；2-动触点；3-静触点；4-接线柱；5-绝缘板；6-支架；7-凸轮块；8-小轮；9-转动轴；10-复位弹簧

主令控制器所有的静触点都安装在绝缘板上，动触点固定在能绕轴转动的支杆上；凸轮鼓由多个凸轮块嵌装而成，每个凸轮块控制两副触点。当操作者用手柄转动凸轮块的方形转轴使凸轮块落到推压小轮的位置时，被压下的小轮带动支杆向外张开使被操作的回路断电；当转动手柄使小轮位于凸轮块的凹处时，在复位弹簧的作用下使动、静触点闭合，接通电路。按照每块凸轮块的形式不同，可以获得触点闭合与打开的一定顺序，从而可以使控制回路按一定顺序闭合与打开。

目前生产的主令控制器有 LK4、LK5、LK16、LK18、XKB 等系列轻型主令控制器，XKD 系列中型主令控制器。

2. 主令控制器的选择

一般应根据所需的位置数、控制的电路数及触点的闭合顺序来选择主令控制器，并应考虑长期允许电流和接通、分断时允许电流等。

3. 主令控制器的使用及维修

(1) 安装前应操作手柄不少于 5 次，观察触点的分合是否与触点分合程序相符，若有不符，应予以调整或更换凸轮。

(2) 主令控制器应用安装螺钉固定，然后将手柄用力下推，自锁装置自动脱开，即可操作手柄。

(3) 在主令控制器投入运行前，应测量其绝缘电阻。在通电前，必须检查有关电气系统的接线是否正确，接地是否可靠。

(4) 通电后应细心检查电动机的运行情况，若有异常，立即切断电源，待查明原因后方可继续通电。

(5)主令控制器不使用时,手柄应停在零位,并注意定期清除控制器内的灰尘。

4. 主令控制器的常见故障及其处理方法

主令控制器的常见故障及其处理方法见表4-10。

主令控制器的常见故障及其处理方法　　　　表4-10

故障现象	可能原因	处理方法
操作不灵活	1. 滚动轴承卡死或损坏; 2. 凸轮鼓或触点嵌入异物	1. 修理或更换轴承; 2. 取出异物,修复或更换产品
触点过热或烧毁	1. 主令控制器容量过小; 2. 触点压力过小; 3. 触点表面烧毛或有油污	1. 选用较大容量的主令控制器; 2. 调整或更换触点弹簧; 3. 修理或清洗触点
定位不准或分合顺序不对	凸轮块碎裂脱落或凸轮角度磨损变化	更换凸轮块

任务实施工单

班级		姓名	
情境描述	在实验室中,老师让大家选择一个低压电器来直接控制小容量的电动机,小李选了低压断路器,小王选了按钮。你认为他们选得对吗?为什么?		
互动交流	1. 控制按钮的结构包括什么? 2. 什么叫主令电器?		
能力训练	某机床主轴电动机的型号为 Y132S-4,电动机的额定功率为 5.5 kW,额定电压 380 V,额定电流 11.6 A,启动电流为额定电流的 7 倍,用按钮控制电动机的启动和停止,试选择所用的按钮。		
学习效果评估			
评价指标	学生自评	学生互评	教师评估
知识掌握程度	☆☆☆☆☆	☆☆☆☆☆	☆☆☆☆☆
能力掌握程度	☆☆☆☆☆	☆☆☆☆☆	☆☆☆☆☆
素质掌握程度	☆☆☆☆☆	☆☆☆☆☆	☆☆☆☆☆

任务五 电磁式接触器的拆装与检修

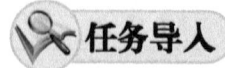

你知道接触器的作用是什么吗？如何选用接触器呢？

接触器是一种自动的电磁式开关,适用于远距离频繁地接通或断开交直流主电路及大容量控制电路。其主要控制对象是电动机,也可用于控制其他负载,如电热设备、电焊机以及电容器组等。接触器不但能实现远距离自动操作和欠电压释放保护功能,而且具有控制容量大、工作可靠、操作频率高、使用寿命长等优点,是自动控制系统中的重要元件之一。

电磁式接触器按主触点通过的电流种类,分为交流接触器和直流接触器两种。如图4-34所示是几种常用的电磁式接触器。

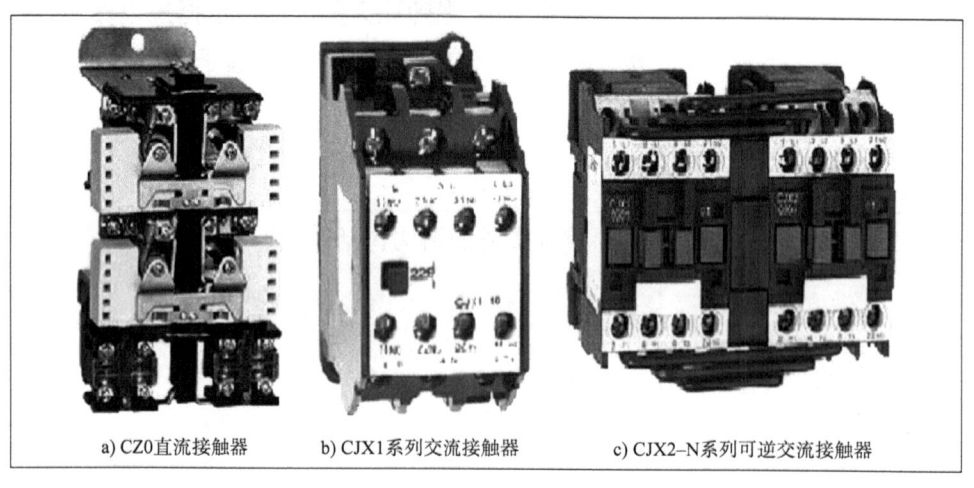

a) CZ0直流接触器　　　b) CJX1系列交流接触器　　　c) CJX2-N系列可逆交流接触器

图4-34　电磁式接触器

一、交流接触器

交流接触器的种类很多,目前常用的有我国自行设计生产的CJ10、CJ20、CJ12和CJX1等系列及其派生系列产品(CJ0系列及其改型产品已逐步被CJ20、CJX系列产品取代),以及我国国内型号B(CJX8)系列、3TB(CJX1)系列等。各种新型接触器,如真空接触器、半导体接触器等在电力拖动系统中也逐步得到推广和应用。无论技术发展到什么程度,普通的交流接触器还是有着重要的地位。

1. 交流接触器的型号及其含义

交流接触器的型号及其含义如图4-35所示。

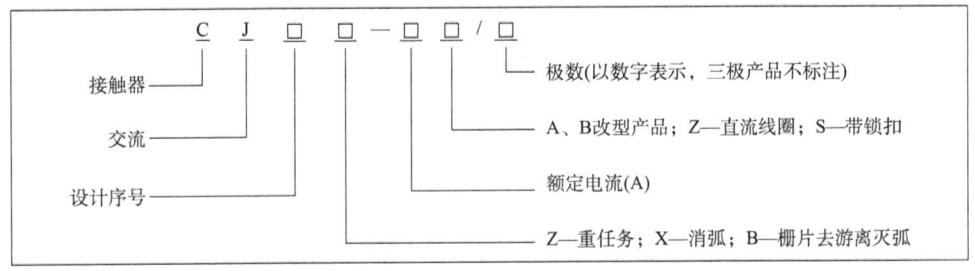

图 4-35 交流接触器的型号及含义

2. 交流接触器的结构

交流接触器主要由电磁系统、触点系统、灭弧装置及辅助部件等组成。CJ10-20 型交流接触器的结构、工作原理及电气符号如图 4-36 所示。

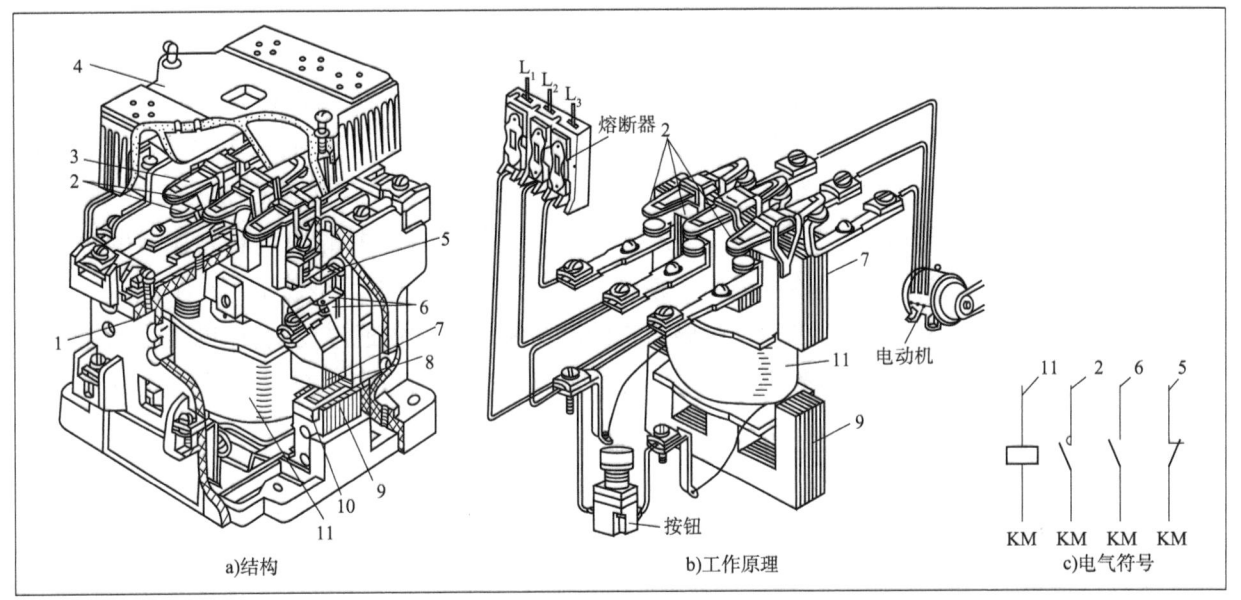

图 4-36 CJ10-20 交流接触器的结构、工作原理及电气符号

1-反作用弹簧；2-主触点；3-触点压力弹簧；4-灭弧罩；5-常闭辅助触点；6-常开辅助触点；7-动铁芯；8-缓冲弹簧；9-静铁芯；10-短路环；11-吸引线圈

1）电磁系统

交流接触器的电磁机构由吸引线圈、铁芯（静铁芯）和衔铁（动铁芯）组成，主要作用是通过电磁感应原理将电能转换成机械能，利用电磁线圈的通电或断电，使衔铁和铁芯吸合或释放，从而带动触点动作，完成接通或分断电路的功能。

CJ10 系列交流接触器的衔铁运动方式有两种：一种是对于额定电流为 40 A 及以下的接触器，采用如图 4-37a) 所示的衔铁直线运动的螺管式；另一种是对于额定电流为 60 A 及以上的接触器，采用如图 4-37b) 所示的衔铁绕轴转动的拍合式。

为了减少工作过程中交变磁场在铁芯中产生的涡流损耗和磁滞损耗，避免铁芯过热，交流接触器的铁芯和衔铁一般用"E"形硅钢片叠压铆成。尽管如此，铁芯仍是交流接触器的主要发热部件。为增大铁芯的散热面积，同时避免线圈与铁芯直接接触而受热烧毁，交流接触器的线圈一般做成粗而短的圆筒形，并且绕在绝缘骨架上,使铁芯与线圈之间有一定间隙。另外,"E"形铁芯的中柱端面需留有0.1~0.2 mm的气隙,以减小剩磁影响,避免线圈断电后衔铁粘住不能释放。

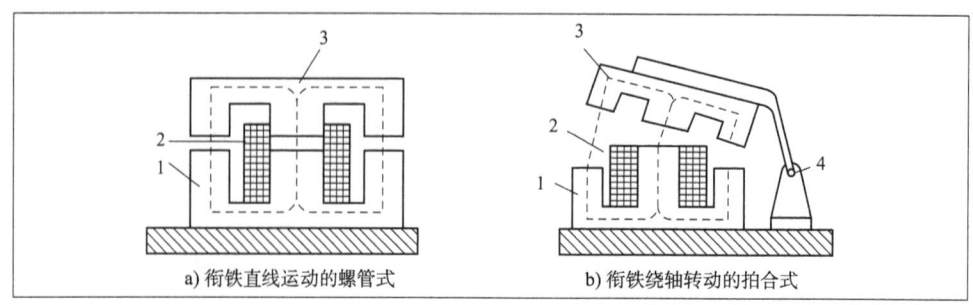

图4-37　交流接触器的两种电磁系统结构

1-铁芯;2-线圈;3-衔铁;4-轴

交流接触器在运行过程中,线圈中通入的交流电在铁芯中产生交变的磁通,因而铁芯与衔铁间的吸力也是变化的,当磁通为零时,吸力为零。这会使衔铁产生振动,发出噪声,甚至使铁芯松散。因此,交流接触器铁芯和衔铁的两个不同端部各开一个槽,槽内嵌装一个用铜、康铜或镍铬合金材料制成的分磁环(或称短路环或减振环),使铁芯通过2个在时间上不相同的磁通 Φ_1 和 Φ_2,由 Φ_1 和 Φ_2 产生的两个电磁力不同时为零。电磁铁通电期间,电磁吸力始终大于反力,铁芯便被牢牢吸合,也就能消除振动和噪声。交流电磁铁的短路环如图4-38所示。

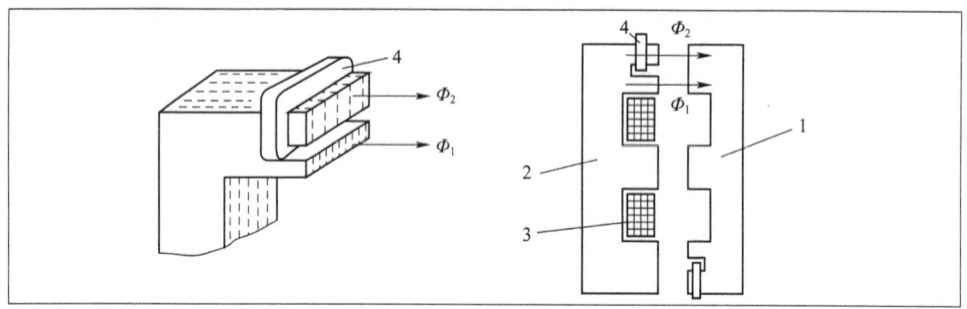

图4-38　交流电磁铁的短路环

1-衔铁;2-铁芯;3-线圈;4-短路环

2) 触点系统

交流接触器的触点按接触情况可分为点接触式、线接触式和面接触式3种,如图4-39所示。点接触式常用作接触器的辅助触点;线接触式常做成指形触点结构,适用于通电次数多、电流大的场合,多用于中等容量电器;而面接触式触点一般在接触表面镶有合金,允许通过较大电流,中小容量的接触器的主触点多采用这种结构。

触点按结构形式主要有桥式触点和指形触点,如图4-40所示。桥式触点在接通或断开电路时由两个触点共同完成,对灭弧有利。指形触点在接通或断开电路时产生滚动摩擦,能去掉触点表面的氧化膜,从而减少触点的接触电阻。

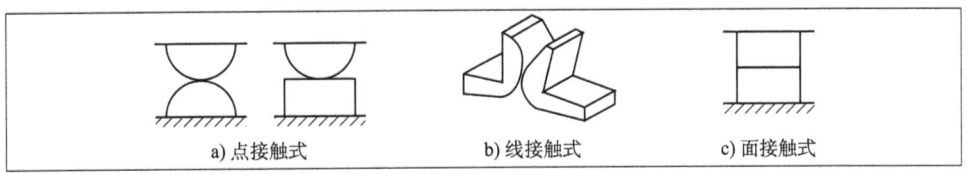

图 4-39　触点的接触形式

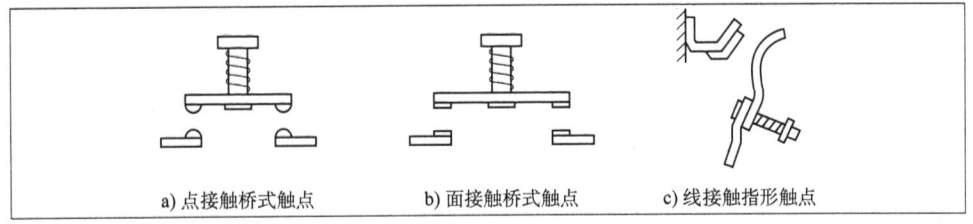

图 4-40　触点的结构形式

减少接触电阻的方法：首先，选用电阻系数小的触点材料，使触点本身的电阻尽量减小；其次，增加触点的接触压力，一般通过在动触点上安装触点弹簧来实现；最后，改善触点表面状况，尽量避免或减少触点表面形成氧化膜，在使用过程中尽量保持触点清洁。

CJ10 系列交流接触器的触点一般采用双断点桥式触点。在触点上装有压力弹簧，以减小接触电阻并消除接触开始时产生的有害振动。

触点按其原始状态可分为常开触点和常闭触点。触点的常开和常闭，是指电磁系统未通电时触点的状态。常开触点和常闭触点是联动的，当线圈通电时，常闭触点先断开，常开触点随后闭合；而当线圈断电时，常开触点首先恢复断开，随后常闭触点恢复闭合。两种触点在改变工作状态时，有个时间差，虽然这个时间差很短，但对分析线路的控制原理却很重要。

触点按通断能力可分为主触点和辅助触点。主触点用于通断电流较大的主电路，一般由 3 对接触面较大的常开触点组成。辅助触点用于通断电流较小的控制电路，一般由 2 对常开触点和 2 对常闭触点组成。

3) 灭弧装置

交流接触器在断开大电流或高电压电路时，在动、静触点之间会产生很强的电弧。电弧是触点间气体在强电场作用下产生的放电现象。电弧的产生，一方面会灼伤触点，减少触点的使用寿命；另一方面会使电路切断时间延长，甚至造成弧光短路或引起火灾事故。因此，触点间的电弧应尽快熄灭。实验证明，触点开合过程中的电压越高、电流越大、弧区温度越高，电弧就越强。低压电器中通常采用拉长电弧、冷却电弧或将电弧分成多段等措施，促使电弧尽快熄灭。在交流接触器中常用的灭弧方法有以下几种：

(1) 双断口电动力灭弧。

双断口电动力灭弧如图 4-41a) 所示。这种灭弧方法是将整个电弧分割成两段，同时利用触点回路本身的电动力 F 把电弧向两侧拉长，使电弧在拉长的过程中热量迅速散发、冷却而熄灭。桥式触点在分断时本身就具有电动力灭弧功能,不用任何附加装置,便可使电弧迅速熄灭。这种灭弧方法多用于小容量交流接触器中,如 CJ10-10 型等。

(2) 纵缝灭弧。

灭弧罩是由耐弧陶土和石棉水泥等材料制成的,内部每相有一个或多个纵缝,缝的下部较宽以便放置触点;缝的上部较窄,以便压缩电弧,使电弧与灭弧室壁有很好的接触。当触点分断时,电弧被外磁场的电磁力或电动力吹入缝内,其热量传递给室壁,电弧迅速冷却熄灭。多纵缝灭弧是将电弧引入多个纵缝,电弧被分劈成很多直径小的电弧,利于灭弧。这种灭弧装置可用于交流和直流灭弧。CJ10 系列交流接触器额定电流在 20 A 及以上的,均采用这种方法灭弧。灭弧罩纵缝灭弧原理如图 4-41b) 所示。

(3) 栅片灭弧。

灭弧栅片一般采用钢片制作。当动触点与静触点分断、触点间产生电弧时,电弧在磁力线的收缩力作用下被拉入灭弧栅片,一个长弧被分隔成多段短弧。当交流电流过零时,所有短弧同时熄灭。由于栅片灭弧装置的灭弧效果在交流时要比在直流时强得多,因此在交流电器中常采用栅片灭弧。容量较大的交流接触器多采用这种方法灭弧,如 CJ0-40 型交流接触器。栅片灭弧原理如图 4-41c) 所示。

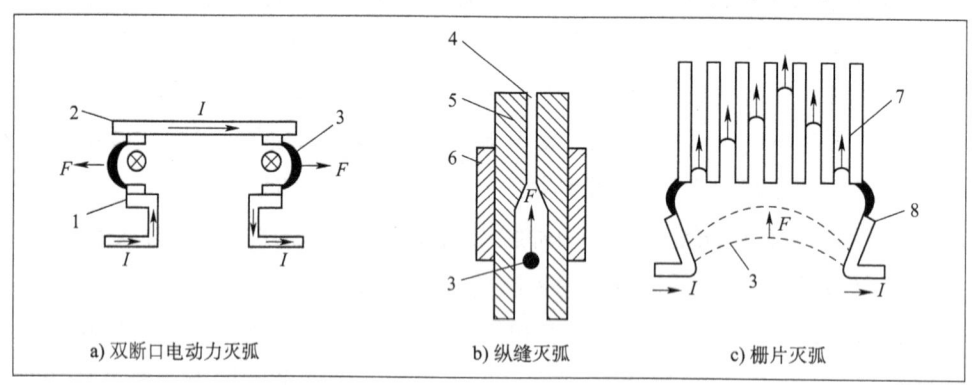

图 4-41　常用的灭弧方法

1-静触点;2-动触点;3-电弧;4-纵缝;5-介质;6-磁性夹板;7-栅片;8-触点

在实际应用中,低压电器灭弧时,为增强灭弧效果,通常不是采用单一的灭弧方法,而是两种或多种灭弧方法组合使用。

4) 辅助部件

交流接触器的辅助部件有反作用弹簧、缓冲弹簧、触点压力弹簧、传动机构、底座及接线柱等。

反作用弹簧安装在动铁芯和线圈之间,其作用是在线圈断电后,推动衔铁释放,使各触点恢复原状态;缓冲弹簧安装在静铁芯与线圈之间,其作用是缓冲衔铁在吸合时对静铁芯和外壳的冲击力,保护外壳;触点压力弹簧安装在动触点上面,其作用是增加动、静触点间的压力,从而增大接触面积,减小接触电阻,防止触点过热而将人灼伤;传动机构的作用是在衔铁或反作用弹簧的作用下,带动动触点实现与静触点的接通或分断。

3. 交流接触器的工作原理

当线圈通电时，线圈中流过的电流产生磁场，使铁芯产生足够大的吸力，克服反作用弹簧的反作用力，将衔铁吸合，通过传动机构带动3对主触点和常开辅助触点闭合，常闭辅助触点断开。当接触器线圈断电或电压显著下降时，由于电磁吸力消失或过小，衔铁在反作用弹簧的作用下复位，带动各触点恢复到原始状态。

常用的CJ0、CJ10等系列的交流接触器在85%～105%的额定电压下，能保证可靠吸合。电压过高，磁路趋于饱和，线圈电流会显著增大。电压过低，电磁吸力不足，衔铁吸合不上，线圈电流会达到额定电流的十几倍。因此，电压过高或过低都会造成线圈过热而被烧毁。

4. 交流接触器的安装及使用注意事项

在安装、调整时应注意以下几点：

1) 安装前的检查

（1）应检查产品的铭牌及线圈上的数据（如额定电压、电流、操作频率和负载因数等）是否符合实际使用要求。

（2）检查接触器的外观，应无机械损伤；要求用于分合接触器的活动部分动作灵活，无卡阻现象；灭弧罩应完整无损，固定牢靠。

（3）当接触器铁芯极面涂有防锈油时，使用前应将铁芯极面上的防锈油擦净，以免油垢黏滞而造成接触器断电，衔铁不释放的情况。

（4）检查和调整触点的工作参数（开距、超程、初压力和终压力等），并使各极触点同时接触。

（5）测量接触器的线圈电阻和绝缘电阻。

2) 安装与调整

（1）交流接触器一般应安装在垂直面上，倾斜度不得超过5°。若有散热孔，则应将有孔的一面放在垂直方向上，以利散热，并按规定留有适当的飞弧空间，以免飞弧烧坏相邻电器。

（2）安装接线时，应注意勿使螺钉、垫圈和接线头等零件遗漏，以免落入接触器内造成卡阻或短路现象。安装时，应将螺钉拧紧，以防振动松脱。

（3）检查接线正确无误后，应在主触点不带电的情况下，先使吸引线圈通电分合数次，检查产品动作是否可靠，然后才能投入使用。

（4）用于可逆转换的接触器，为保证联锁可靠，除装有电气联锁外，还应加装机械联锁机构。

3) 日常维护

（1）使用时，应定期检查交流接触器各部件，要求可动部分无卡阻，紧固件无松脱，如有部件损坏，应及时更换。

（2）触点表面应经常保持清洁，不允许涂油，当触点表面因电弧作用而形成金属小珠时，应及时清除。当触点严重磨损后，应及时更换触点。但应注意，银及银基合金触点表面在分断电弧时生成的黑色氧化膜接触电阻很小，不会造成接触不良现象。因此，不必锉修，以免大大缩短触点寿命。

（3）拆装时注意不要损坏灭弧罩。原本带有灭弧室的接触器，绝不能不带灭弧室使用，以免发生短路事故。陶土灭弧罩易碎，应避免碰撞，如有碎裂，应及时调换。

二、直流接触器

直流接触器是用于远距离接通和分断直流电路、频繁地操作和控制直流电动机的一种自动控制电器。其结构及工作原理与交流接触器基本相同，但也有一些区别。目前生产中常用的直流接触器有CZ0、CZ17、CZ18、CZ21等多个系列，其中CZ0系列具有结构紧凑、体积小、质量轻、维护检修方便和零部件通用性强等优点，因而得到了广泛应用。

1. 直流接触器的型号及其含义

直流接触器的型号及其含义如图4-42所示。

2. 直流接触器的结构

直流接触器主要由电磁系统、触点系统和灭弧装置3个部分组成。

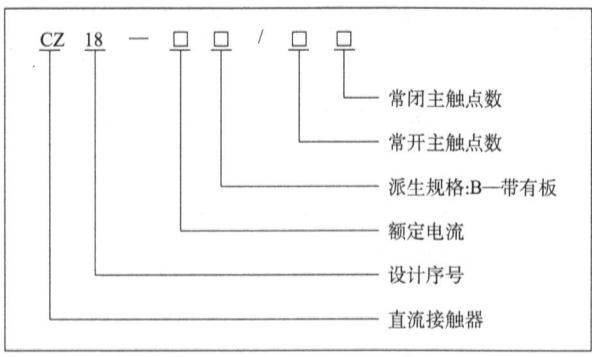

图 4-42 CZ18 系列直流接触器的型号及其含义

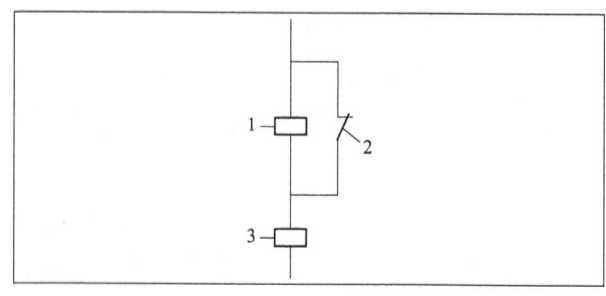

图 4-43 双绕组线圈接线

1-保持线圈；2-常闭触点；3-启动线圈

1）电磁系统

直流接触器的电磁系统由线圈、铁芯和衔铁组成。其电磁系统采用衔铁绕棱角转动的拍合式。由于线圈通过的是直流电，铁芯中不会因产生涡流损耗和磁滞损耗而发热，因此铁芯可用整块铸钢或铸铁制成，铁芯端面也不需要嵌装短路环。为保证线圈断电后衔铁能可靠释放，在磁路中常垫有非磁性垫片，以减少剩磁影响。

直流接触器线圈的匝数比交流接触器多，电阻值大，铜损耗大，是接触器中发热的主要部件。为使线圈散热良好，通常把线圈做成长而薄的圆筒形，且不设骨架，使线圈与铁芯间距很小，以借助铁芯来散发部分热量。

2）触点系统

直流接触器的触点也有主辅之分。由于主触点接通和断开的电流较大，多采用滚动接触的指形触点，以延长触点的使用寿命。辅助触点的通断电流小，多采用双断点桥式触点，可有若干对。

为了减小运行时的线圈功耗及延长吸引线圈的使用寿命，容量较大的直流接触器线圈往往采用串联双绕组，其接线如图 4-43 所示。接触器的一个常闭触点与保持线圈并联，在电路刚接通瞬间，保持线圈被常闭触点短路，可使启动线圈获得较大的电流和吸力。当接触器动作后，启动线圈并保持线圈串联通电，由于电压不变，因此电流较小，但仍可保持衔铁被吸合，从而达到省电的目的。

3）灭弧装置

直流接触器的主触点在分断较大直流电流时，会产生强烈的电弧，必须设置灭弧装置以迅速熄灭电弧。

对开关电器而言，采用何种灭弧装置取决于电弧的性质。交流接触器触点间产生的电弧在电流过零时能自然熄灭，而直流电弧不存在这个自然过零点，只能靠拉长电弧和冷却电弧来灭弧。因此，在同样的电气参数下，熄灭直流电弧比熄灭交流电弧要困难，直流灭弧装置一般比交流灭弧装置复杂。

直流接触器在电路图中的电气符号与交流接触器相同。

三、几种常见接触器

1. CJ20 系列交流接触器

CJ20 系列交流接触器是我国在 20 世纪 80 年代初统一设计的产品，该系列产品的结构合理、体积小、质量轻、易于维修、具有较长的机械寿命。其主要适用于交流 50 Hz，电压 660 V 及以下（部分产品可用于 1140 V），电流 630 A 及以下的电力线路中，起到远距离接通和分断电路以及频繁地启动和控制电动机的作用。

全系列产品均采用直动式立体布置结构，主触点采用双断点桥式触点，触点材料选用银基合金，具有较强的抗熔焊和耐电磨性能。辅助触点可全系列通用，额定电流在 160 A 及以下的使用两常开、两常闭，250 A 及以上的使用四常开、两常闭，但可根据需要变换成三常开、三常闭或两常开、四常闭,并且还备有供直流操作专用的大超程辅助常闭触点。灭弧罩按其额定电压和电流不同分为栅片式和纵缝式两种。其电磁系统有两种结构形式,额定电流40 A及以下采用"E"形铁芯,额定电流63 A及以上采用双线圈的"U"形铁芯。吸引线圈的电压:交流50 Hz有36 V、127 V、220 V和380 V,直流有24 V、48 V、110 V和220 V等多种。

2. B系列交流接触器

B系列交流接触器是通过引进德国BBC公司的生产技术和生产线生产的新型交流接触器,可取代我国现在生产的CJ0、CJ8及CJ10等系列产品,是很有推广和应用价值的更新换代产品。

B系列交流接触器有交流操作的B型和直流操作的BE/BC型两种,主要适用于交流50 Hz或60 Hz,电压660 V及以下,电流475 A及以下的电力线路中,供远距离接通或分断电路及频繁地启动和控制三相异步电动机之用。

B系列交流接触器在结构上有以下特点:

(1)有正装式和倒装式两种结构布置形式。

①正装式结构:触点系统在上面,磁系统在下面。

②倒装式结构:触点系统在下面,磁系统在上面。这种结构形式更换线圈很方便,而且主接线板靠近安装面,使接线距离缩短,接线方便。另外,便于安装多种附件,扩大使用功能。

(2)通用件多,这是B系列交流接触器的一个显著特点。许多不同规格的产品,除触点系统外,其余零部件基本通用。各零部件和组件的连接多采用卡装或螺钉连接,给制造和使用维护带来方便。

(3)配有多种附件供用户按用途选用,且附件的安装简便。例如可根据需要选配不同组合形式的辅助触点。

此外,B系列交流接触器有多种安装方式,可安装在卡规上,也可用螺钉固定。

3. 真空交流接触器

真空交流接触器的特点是主触点封闭在真空灭弧室内,因而具有体积小、通断能力强、可靠性高、寿命长和维修工作量小等优点,缺点是价格较高,其推广应用受到限制。

常用的真空交流接触器有CKJ系列产品,适用于交流50 Hz、额定电压660 V或1140 V、额定电流600 A的电力线路,供远距离接通或断开电路及启动和控制交流电动机之用,且适合与各种保护装置配合使用,组成防爆型电磁启动器。

4. 固体接触器

固体接触器又叫半导体接触器,是利用半导体开关电器来完成接触功能的电器。目前生产的固体接触器大多由晶闸管构成。其特点是无可动部分,寿命长,动作快,不受爆炸、粉尘、有害气体的影响,耐冲击振动。

四、接触器的选用

1. 接触器类型和极数的确定

根据主触点接通或分断电路的性质及所控制的电动机或负载电流类型来选用接触器的类型。通常交流负载选用交流接触器,直流负载选用直流接触器。如果控制系统中主要是交流负载,而直流负载容量较小,也可用交流接触器控制直流负载,但交流接触器的额定电流应适当选大一些。

三相交流系统一般选用三极交流接触器,当需要同时控制中性线时,则选用四极交流接触器。单相交流和直流系统中则常采用两极或三极并联。

一般场合选用电磁式接触器,易燃、易爆场合选用真空接触器。

2. 选择接触器的使用类别

交流接触器按负载种类一般分为一类、二类、三类和四类,分别记为AC1、AC2、AC3和AC4。一类交流接触器的控制对象是无感或微感负载,如白炽灯和电阻炉等;二类交流接触器用于绕线型异步电动机的启动和停止;三类交流接触器的典型用途是笼型异步电动机的运转和运行中分断;四类交流接触器用于笼型异步电动机的启动、反接制动、反转和点动。

直流接触器可分为3类,记为DC1、DC2、DC3。若控制对象是无感或微感负载如电阻炉,选用DC1类接触器;若控制并励电动机的启动、反接制动和点动,选用DC2类接触器;若控制串励电动机的启动、反接制动和点动,选用DC3类接触器。

3.选择接触器的额定参数

(1)选择接触器主触点的额定电压。接触器主触点的额定电压应大于或等于控制线路的额定电压。

(2)选择接触器主触点的额定电流。当接触器的使用类别与所控制负载的工作任务相对应时,一般按照控制负载电流值来决定接触器主触点的额定电流值。若不对应或接触器使用在频繁启动、制动及正反转的场合,应将接触器主触点的额定电流降低一个等级使用。

(3)选择接触器吸引线圈的电压。当控制线路简单,使用电器较少时,为了避免使用变压器,可直接选用380 V或220 V的电压。当线路复杂,使用电器超过5种时,从人身和设备安全角度考虑,吸引线圈电压要选得低一些,可用36 V、110 V或127 V电压的线圈。

4.选择接触器的触点数量及种类

接触器的触点数量及种类应满足控制线路的要求。

任务实施工单

班级		姓名	
情境描述	小赵说继电器和接触器都可以直接控制电动机,小李却说它们都不能直接控制电动机,否则触点会烧坏。他们谁说的对?		
互动交流	1.什么叫接触器? 2.如何选用接触器?		
能力训练	三相异步电动机Y132M-4的技术参数为:7.5 kW、380 V、15.4 A、△接法、1440 r/min,选取控制该电动机启动的交流接触器,并对所选择的交流接触器进行拆装与检修。		
学习效果评估			
评价指标	学生自评	学生互评	教师评估
知识掌握程度	☆☆☆☆☆	☆☆☆☆☆	☆☆☆☆☆
能力掌握程度	☆☆☆☆☆	☆☆☆☆☆	☆☆☆☆☆
素质掌握程度	☆☆☆☆☆	☆☆☆☆☆	☆☆☆☆☆

任务六　常用继电器的识别、使用与检修

任务导入

想一想：继电器和接触器有哪些异同呢？常用的继电器有哪些呢？

知识探索

继电器是一种电控制器件，是根据输入信号的变化，接通或断开小电流电路，实现自动控制和保护电力拖动装置的电器。一般情况下继电器不直接控制电流较大的主电路，而是通过接触器或其他电器对主电路进行控制。同接触器相比，继电器具有触点分断能力弱、结构简单、体积小、质量轻、反应灵敏、动作准确、工作可靠等特点。

继电器种类很多，按输入信号的性质可分为电压继电器、电流继电器、功率继电器、速度继电器、压力继电器及温度继电器等；按工作原理可分为电磁式继电器、感应式继电器、电动式继电器、电子式继电器及热继电器等；按用途可分为控制继电器和保护继电器；按输出形式可分为有触点继电器和无触点继电器。

继电器主要由感测机构、中间机构和执行机构三部分组成。感测机构把感测到的电量或非电量传递给中间机构，并将它与预定值（整定值）相比较，当达到预定值（过量或欠量）时，中间机构便使执行机构动作，从而接通或断开电路。

一、电磁式继电器

电磁式继电器是依据电压、电流等电量的变化，利用电磁原理使衔铁闭合，进而带动触点动作，使控制电路接通或断开，实现动作状态的改变。电磁式继电器的结构及工作原理与电磁式接触器基本相同。主要区别在于：电磁式继电器用于切换小电流电路的控制电路和保护电路，而电磁式接触器用于控制大电流电路；电磁式继电器没有灭弧装置，也无主触点和辅助触点之分。

1. 电磁式继电器的结构、特性和主要参数

1）电磁式继电器的结构

电磁式继电器由电磁机构、触点系统和调节装置等部分组成。电磁式继电器结构如图4-44所示。

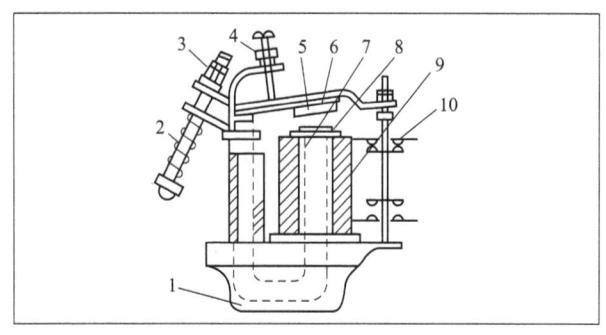

图4-44　电磁式继电器的典型结构

1-底座；2-反力弹簧；3、4-调节螺钉；5-非磁性垫片；6-衔铁；7-铁芯；8-极靴；9-电磁线圈；10-触点系统

（1）电磁机构。

电磁式直流继电器的电磁机构形式为"U"形拍合式，铁芯和衔铁均由电工软铁制成。为了增大闭合后的气隙，在衔铁的内侧面上装有非磁性垫片，铁芯铸在铝基座上。电磁式交流继电器的电磁机构有"U"形拍合式、"E"形直动式、空心或装甲螺管式等结构形式。"U"形拍合式和"E"形直动式的铁芯及衔铁均由硅钢片叠制而成，且在铁芯柱端面上装有短路环。

在铁芯上装设不同的线圈，可制成电流继电器、电压继电器和中间继电器。而继电器的线圈又有交流和直流两种，直流继电器再加装铜套又可构成电磁式时间继电器。

（2）触点系统。

电磁式继电器的触点一般都为桥式触点，有常开和常闭两种形式。因继电器的触点通常接在控制电路中，触点断流容量较小，一般不需要灭弧装置。

(3) 调节装置。

继电器为满足控制要求,可调节动作参数。继电器一般还具有改变释放弹簧松紧程度及改变衔铁打开气隙大小的调节装置,例如调节螺母和非磁性垫片。

2) 电磁式继电器的特性

继电器的主要特性是输入-输出特性,又称为继电器特性,当改变继电器输入量的大小时,对应输出量的触点只有"通"与"断"两个状态,如图 4-45 所示。

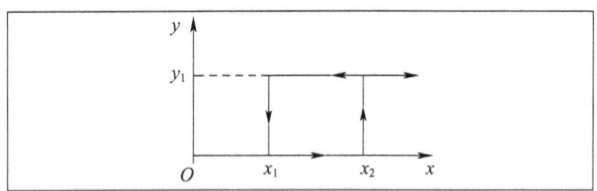

图 4-45 继电器特性曲线

图 4-45 中 x_2 称为继电器吸合值,欲使继电器吸合,输入量必须等于或大于 x_2;x_1 为继电器的释放值,欲使继电器释放,输入量必须等于或小于 x_1。这两个值为继电器的动作参数。因此,也可以用继电器特性来定义继电器,即具有继电特性的电器称为继电器。

3) 电磁式继电器的主要参数

(1) 额定参数:继电器的线圈和触点在正常工作时允许的电压或电流值,称为继电器的额定电压或额定电流。

(2) 动作参数:指继电器的吸合值与释放值。对于电压继电器有吸合电压 U_0 和释放电压 U_r,对于电流继电器有吸合电流 I_0 和释放电流 I_r。

(3) 整定值:根据控制电路的要求,对继电器的动作参数进行人为调整的数值。

(4) 返回系数:指继电器的释放值与吸合值之比,用 K 表示。不同的场合要求不同的 K 值,可以通过调节释放弹簧的松紧程度(拧紧时 K 增大,放松时 K 减小)或调整铁芯与衔铁之间非磁性垫片的厚度(增厚时 K 增大,减薄时 K 减小)来达到所要求的值。

(5) 动作时间:有吸合时间和释放时间两种。吸合时间是指线圈接收电信号到衔铁完全吸合所需的时间,释放时间是指线圈失电到衔铁完全释放所需的时间。一般继电器的吸合时间与释放时间均为 0.05~0.2 s,吸合时间和释放时间的长短影响继电器的操作频率高低。

(6) 消耗功率:继电器线圈运行时消耗的功率,与其线圈匝数的二次方成正比。继电器的灵敏度越高,继电器的消耗功率越小。

2. 电磁式电流继电器

输入信号为电流的继电器叫作电流继电器。使用时,电流继电器线圈串在被测电路中,用来反映电路电流的大小,其触点动作与否与通过线圈的电流大小有关。为了使电路在串入电流继电器线圈后仍正常工作,要求电流继电器线圈的匝数少、导线粗、阻抗小。电磁式电流继电器按线圈电流的种类可分为交流电流继电器和直流电流继电器,按动作电流的大小又可分为过电流继电器和欠电流继电器。

对于过电流继电器,工作时负载电流流过线圈,一般选取的线圈额定电流(整定电流)等于最大负载电流。当负载电流不超过整定值时,衔铁不产生吸合动作。当负载电流高出整定值时,衔铁产生吸合动作,所以称为过电流继电器。过电流继电器在电路中起过流保护作用,特别是对于冲击性过流具有很好的保护效果。

对于欠电流继电器,当线圈电流等于或大于动作电流值时,衔铁吸合;当线圈电流小于动作电流值时,衔铁立即释放,所以称为欠电流继电器。正常工作时,由于负载电流大于线圈动作电流,衔铁处于吸合状态;当电路的负载电流降至线圈释放电流值以下时,衔铁释放。欠电流继电器在电路中起欠电流保护作用。在交流电路中需要欠电流保护的情况比较少见,所以没有交流欠电流继电器。而在某些直流电路中,欠电流会产生严重的不良后果,如运行中的直流他励电机的励磁电流,因此有直流欠电流继电器。

电流继电器的外形及电气符号如图 4-46 所示。

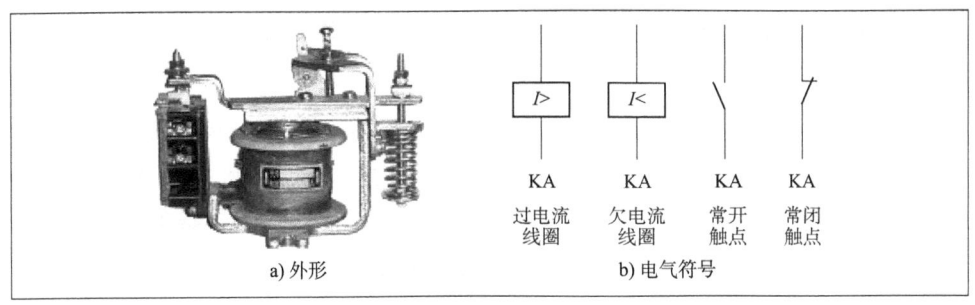

图 4-46　电流继电器的外形及电气符号

1) 电磁式电流继电器的型号及其含义

电磁式电流继电器的型号及其含义如图 4-47 所示。

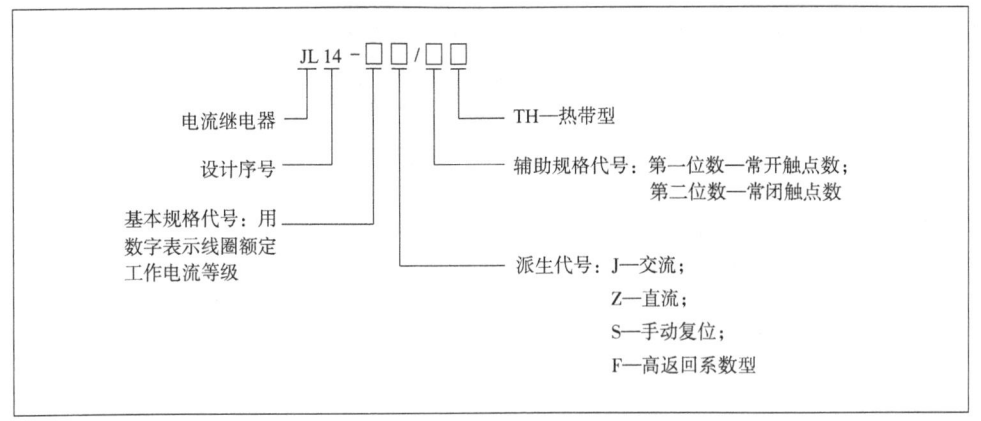

图 4-47　电磁式电流继电器的型号及其含义

2) 电磁式电流继电器参数的选用

(1) 电流继电器的额定电流可按电动机长期工作的额定电流来选择。

(2) 电流继电器的触点种类、数量及额定电流应满足控制线路要求。

(3) 过电流继电器的整定电流一般取电动机额定电流的 1.7~2 倍, 在频繁启动场合可取电动机额定电流的 2.25~2.5 倍。

3) 电磁式电流继电器的安装与使用

(1) 安装前应检查继电器的额定电流和整定电流值是否符合要求, 继电器的动作部分是否灵活、可靠, 外罩及壳体是否有损坏或缺件等情况。

(2) 安装后应在触点不通电的情况下, 使吸引线圈通电操作几次, 以确认继电器动作是否可靠。

(3) 定期检查继电器各零部件是否有松动及损坏现象, 并保持触点的清洁。

3. 电磁式电压继电器

电压继电器反映的输入量是电压, 触点的动作与加在线圈上的电压大小有关。它的线圈并联在被测电路的两端, 所以匝数多、导线细、阻抗大。电磁式电压继电器按线圈电压的种类可分为交流电压继电器和直流电压继电器, 按动作电压的大小又可分为过电压继电器、欠电压继电器和零电压继电器。

过电压继电器是当电压大于其整定值时动作的电压继电器,用于设备或线路的过电压保护,其吸合整定值为被保护设备或线路额定电压的1.05~1.2倍。在电路电压正常时,衔铁不产生吸合动作;当被保护设备或线路的电压高于额定值,达到过电压继电器的整定值时,衔铁吸合,带动相应的触点动作,控制电路失电,控制接触器及时分断被保护电路。由于直流电路中一般不会出现波动较大的过电压现象,因此,没有直流过电压继电器。

欠电压继电器是当电压降至某一规定范围时动作的电压继电器。零电压继电器是欠电压继电器的一种特殊形式,是当继电器的端电压降至额定电压的5%~25%或接近消失时才动作的电压继电器。可见,当被保护线路电压正常时,欠电压继电器和零电压继电器衔铁可靠吸合;当被保护线路电压降至低于整定值时,衔铁释放,触点机构复位,实现对电路的欠电压或零电压保护。电压继电器的外形及电气符号如图4-48所示。

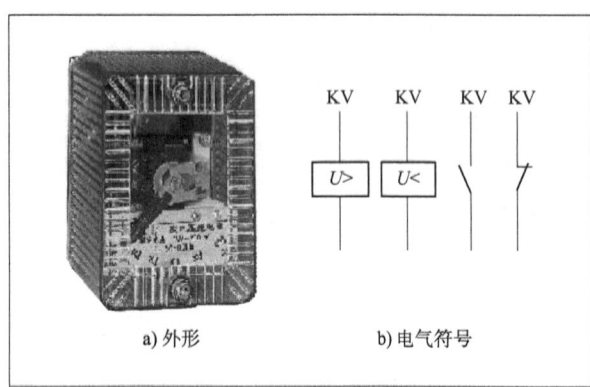

图4-48 电压继电器的外形及电气符号

电压继电器选择的主要依据是继电器线圈的额定电压、触点的数量和种类。其结构、工作原理及安装使用与电流继电器类似。

4. 电磁式中间继电器

中间继电器是用来增加控制电路中的信号数量或将信号放大的继电器。

中间继电器的结构及工作原理与接触器基本相同,因而中间继电器又称为接触器式继电器。只是它的触点对数较多(6对或更多),且没有主辅之分,各触点允许通过的电流大小相同,多数为5 A。因而,对于工作电流小于5 A的电气控制线路,可用中间继电器代替接触器实施控制。常用的中间继电器有JZ7、JDZ2、JZ14等系列。中间继电器的外形及电气符号如图4-49所示。

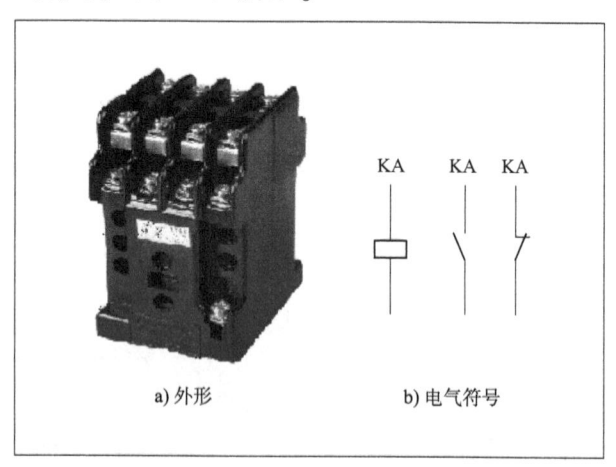

图4-49 中间继电器的外形及电气符号

中间继电器的型号及其含义如图4-50所示。

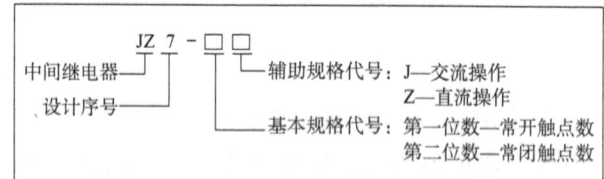

图4-50 中间继电器的型号及其含义

中间继电器选择的主要依据是被控制电路的电压等级,以及所需触点的数量、种类、容量等。电磁式中间继电器的常见故障及检修方法与接触器类似。

二、时间继电器

在自动控制系统中,有时需要继电器收到信号后不立即动作,而是经过一段时间后再动作并输出控制信号,以达到按时间顺序进行控制的目的。时间继电器就可以满足这种要求。时间继电器是一种利用电磁原理或机械动作原理来实现触点延时闭合或释放的自动控制电器。

时间继电器按工作原理分为电磁式、电动式、电子式等。电磁式时间继电器的结构简单，价格低廉，但体积和质量较大，延时较短（如 JT3 型只有 0.3～5.5 s），且只能用于直流断电延时；电动式时间继电器的延时精度高，延时可调范围大（由几分钟到几小时），但结构复杂，价格贵；电子式时间继电器是新型的时间继电器，发展非常迅速。由于电子技术的飞速发展，电子式时间继电器的制造成本与传统的时间继电器相当，但其性能却大大提高，功能不断扩展，因此电子式时间继电器是现在和将来时间继电器的主流。

1. 空气阻尼式时间继电器

1）结构和原理

空气阻尼式时间继电器又称气囊式时间继电器，是利用气囊中的空气通过小孔节流的原理来获得延时动作的。其外形及结构如图 4-51 所示。根据触点延时的特点，可分为通电延时动作型和断电延时复位型两种。只要改变电磁机构的安装方向，便可实现不同的延时方式：当衔铁位于铁芯和延时机构之间时为通电延时，如图 4-52a)所示；当铁芯位于衔铁和延时机构之间时为断电延时，如图 4-52b)所示。

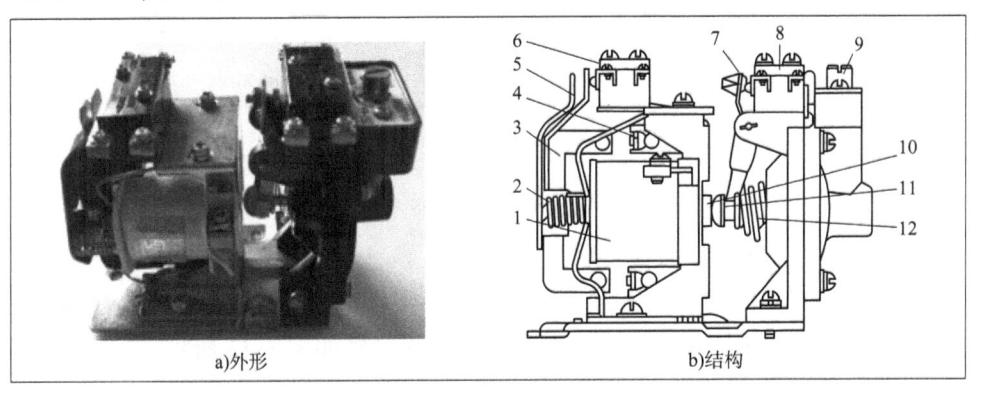

图 4-51　JS7-A 系列空气阻尼式时间继电器的外形及结构

1-线圈；2-反力弹簧；3-衔铁；4-铁芯；5-弹簧片；6-瞬时触点；7-杠杆；8-延时触点；9-调节螺钉；10-推杆；11-活塞杆；12-塔形弹簧

空气阻尼式时间继电器主要由电磁系统、延时机构和触点系统 3 部分组成，电磁系统为直动式双"E"形电磁铁，延时机构采用气囊式阻尼器，触点系统则借用 LX5 型微动开关。

图 4-52a)所示为通电延时动作型时间继电器，当时间继电器线圈通电时，铁芯产生电磁力，衔铁被吸合，带动推板 5 立即动作，压动微动开关 16，使其触点瞬时动作。同时活塞杆在塔形弹簧 8 的作用下向上移动，带动与活塞 12 相连的橡皮膜 10 向上运动，移动的速度要根据进气孔 14 的进气速度而定，这时橡皮膜下面形成空气较稀薄的空间，与橡皮膜上面的空气形成压力差，对活塞的移动产生阻尼作用。活塞杆 6 只能带动杠杆缓慢地移动。经过一段时间，活塞才完成全部行程而压动微动开关 15，使其动作。当线圈断电时，衔铁 3 在反力弹簧 9 的作用下，通过活塞杆将活塞推向下端，这时橡皮膜

下方腔内的空气通过橡皮膜、弱弹簧和活塞局部所形成的止回阀迅速从橡皮膜上方的气室缝隙中排掉,使微动开关15、16的各对触点均瞬时复位。因此,微动开关15的这两对触点分别被称为延时闭合瞬时断开的常开触点和延时断开瞬时闭合的常闭触点。

图4-52b)为断电延时复位型时间继电器,当时间继电器线圈通电时,衔铁被吸合,各延时触点瞬时动作,而线圈断电时触点延时复位。

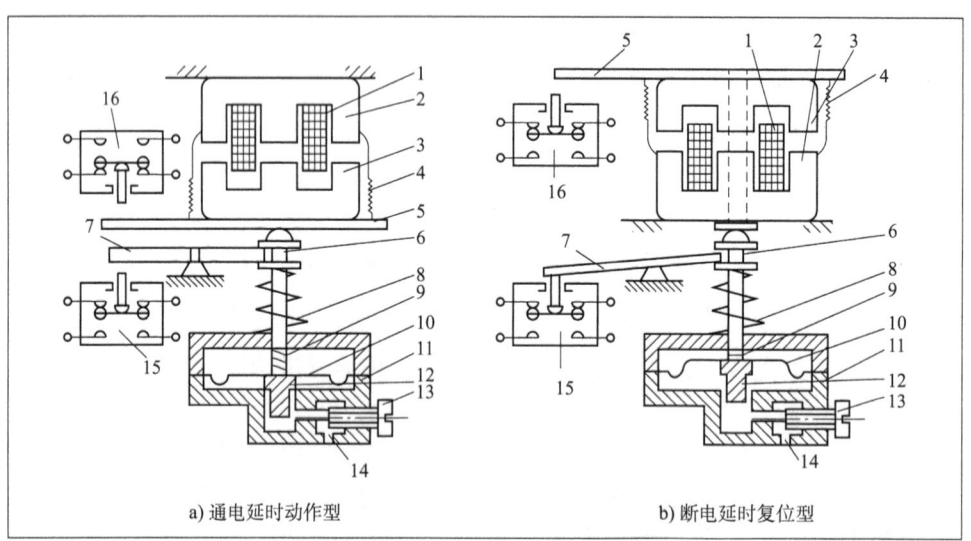

a) 通电延时动作型　　b) 断电延时复位型

图4-52　JS7-A系列空气阻尼式时间继电器的动作原理

1-线圈;2-铁芯;3-衔铁;4-恢复弹簧;5-推板;6-活塞杆;7-杠杆;8-塔形弹簧;9-反力弹簧;10-橡皮膜;11-气室;12-活塞;13-调节螺钉;14-进气孔;15、16-微动开关

2) 在电路图中的电气符号

空气阻尼式时间继电器在电路图中的电气符号如图4-53所示。

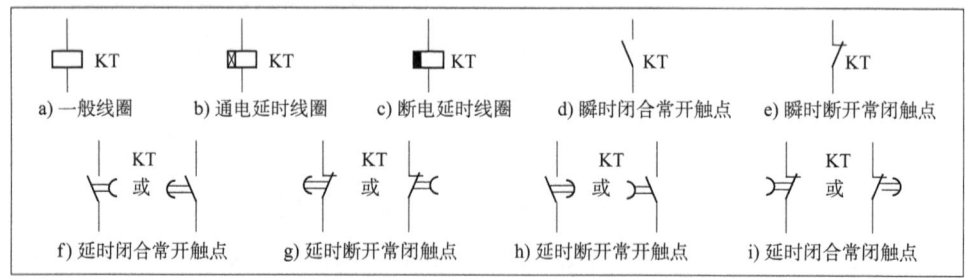

图4-53　空气阻尼式时间继电器在电路图中的电气符号

3) 型号及其含义

JS7-A系列空气阻尼式时间继电器的型号及其含义如图4-54所示。

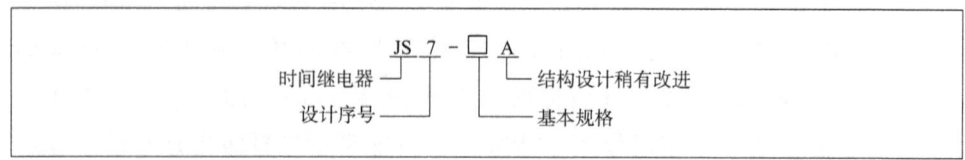

图4-54　JS7-A系列空气阻尼式时间继电器的型号及其含义

国产空气阻尼式时间继电器型号有 JS7 系列和 JS7-A 系列,A 为改型产品,体积小。

4) 常见故障及其处理方法

常见故障及其处理方法见表 4-11。

空气阻尼式时间继电器常见故障及其处理方法　　　　表 4-11

故障现象	产生原因	处理方法
延时触点不动作	1. 电磁线圈断线; 2. 电源电压低于线圈额定电压很多; 3. 空气阻尼式时间继电器的同步电动机线圈断线; 4. 空气阻尼式时间继电器的棘爪无弹性,不能刹住棘齿; 5. 空气阻尼式时间继电器游丝断裂	1. 更换线圈; 2. 更换线圈或调高电源电压; 3. 更换同步电动机; 4. 更换棘爪; 5. 更换游丝
延时时间缩短	1. 空气阻尼式时间继电器的气室装配不严,漏气; 2. 空气阻尼式时间继电器的气室内橡皮膜损坏	1. 修理或更换气室; 2. 更换橡皮膜
延时时间变长	1. 空气阻尼式时间继电器的气室内有灰尘,使气道阻塞; 2. 空气阻尼式时间继电器的传动机构缺润滑油	1. 清除气室内灰尘,使气道畅通; 2. 加入适量的润滑油

空气阻尼式时间继电器的优点是延时范围较大(0.4~180 s),且不受电压和频率波动的影响;可以做成通电和断电两种延时形式;结构简单、寿命长、价格低。其缺点是延时误差大,难以精确地整定延时值,且延时值易受周围环境温度、尘埃等的影响。因此,对延时精度要求高的场合不宜采用。

2. 电子式时间继电器

电子式时间继电器可分为晶体管式时间继电器和数字式时间继电器。

1) 晶体管式时间继电器

晶体管式时间继电器也称为半导体时间继电器,除执行继电器外,该类继电器均由电子元件组成,无机械运动部件,具有机械结构简单、延时范围大、精度高、控制功率小、体积小、经久耐用的优点,日益得到广泛的应用。其工作原理如图 4-55 所示。

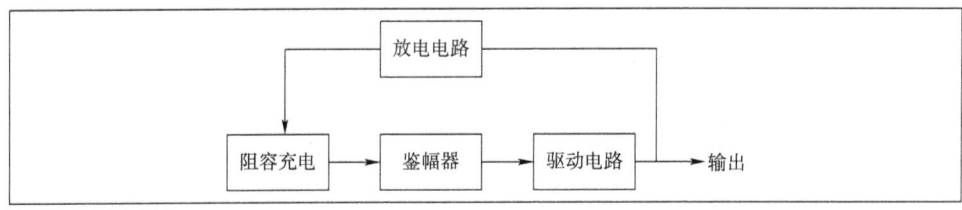

图 4-55　晶体管式时间继电器工作原理

晶体管式时间继电器按延时方式可分为通电延时型、断电延时型和带瞬动触点的通电延时型。它们均是利用电容对电压变化的阻尼作用作为延时的基础，即时间继电器工作时首先通过电阻对电容充电，待电容上电压值达到预定值时，驱动电路使执行继电器接通，实现延时输出，同时自锁并放掉电容上的电荷，为下次工作做好准备。

2）数字式时间继电器

与晶体管式时间继电器相比，数字式时间继电器的延时范围可成倍增加，定时精度可提高两个数量级以上，控制功率和体积更小，适用于各种需要精确延时的场合以及各种自动化控制电路。这类时间继电器功能特别强，有通电延时、断电延时、定时吸合和循环延时4种延时形式，有十几种延时范围供用户选择，可数字显示，这是晶体管时间继电器所无法比拟的。

如图4-56所示是JS20系列晶体管式时间继电器、JS14S系列电子式数显时间继电器外形图。

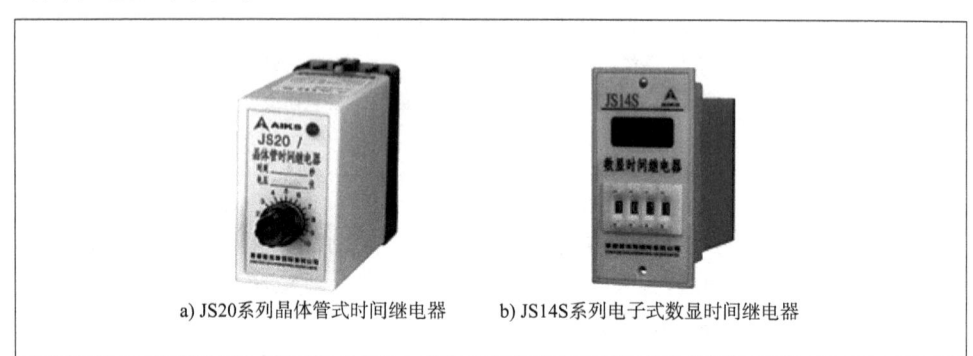

a) JS20系列晶体管式时间继电器　　b) JS14S系列电子式数显时间继电器

图4-56　电子式时间继电器外形

JS20系列晶体管式时间继电器是全国统一设计产品，是自动化装置中的重要元件之一，它具有体积小、质量轻、精度高、寿命长、通用性强等优点，适用于交流50 Hz、电压380 V及以下和直流220 V及以下的控制电路，按预定的时间接通或断开电路。JS20系列晶体管式时间继电器的一些常见的型号有JS20/01、JS20/02、JS20/03等。

JS20系列晶体管式时间继电器的型号及含义如图4-57所示。

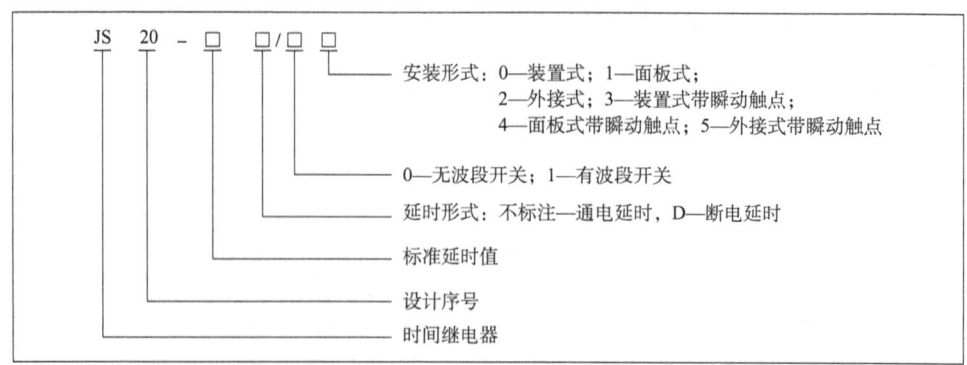

图4-57　JS20系列晶体管式时间继电器的型号及含义

3. 电动式时间继电器

电动式时间继电器是利用微型同步电动机拖动减速齿轮,经传动机构获得延时动作的时间继电器。

电动式时间继电器延时范围很宽,可以由几秒到几小时,而且有通电延时和断电延时两种类型。其优点是准确度高、调节方便;缺点是结构复杂、寿命短、体积较大、价格较高。一般用于要求延时精度高、延时长的场合。

国产电动式时间继电器有 JS10、JS11 系列和引进德国西门子公司技术生产的 7PR 系列等。

4. 时间继电器的选择原则

时间继电器形式多样,各具特点,选择时应从以下几方面考虑:

(1) 根据系统的延时范围和精度要求选择时间继电器的类型。对延时精度要求不高的场合,一般选择空气阻尼式时间继电器;对延时精度要求高的场合,应选用晶体管式时间继电器或电动式时间继电器。

(2) 根据控制电路对延时触点的要求选择延时方式,即通电延时型或断电延时型。

(3) 根据控制线路电压选择时间继电器吸引线圈的电压。

(4) 根据控制要求选择延时触点种类、数量和瞬动触点种类、数量。

5. 时间继电器的安装与使用

(1) 时间继电器应按说明书规定的方向安装。无论是通电延时型还是断电延时型,都必须使继电器在断电后,释放衔铁的运动方向垂直向下,倾斜度最大不得超过 5°。

(2) 时间继电器的整定值,应预先在不通电时整定好,并在试车时校正。

(3) 时间继电器金属底板上的接地螺钉必须与接地线可靠连接。

(4) 通电延时型和断电延时型可在整定时间内自行调换。

(5) 使用时,应经常清除灰尘及油污,否则延时误差将增大。

三、热继电器

热继电器是利用流过继电器的电流所产生的热效应而反时限动作的自动保护电器,用于电动机的长期过载保护、断相保护、三相电流不平衡运行的保护及其他电气设备发热状态的控制。由于发热元件的发热惯性,热继电器在电路中不能做瞬时过载保护和短路保护。热继电器的形式有多种,在电力拖动控制系统中应用最广的是双金属片式热继电器。按极数划分,热继电器可分为单极、两极和三极三种,其中三极热继电器又包括带断相保护装置的和不带断相保护装置的;按复位方式划分,热继电器可分为自动复位式和手动复位式。

如图 4-58 所示为几种常用的热继电器外形图。

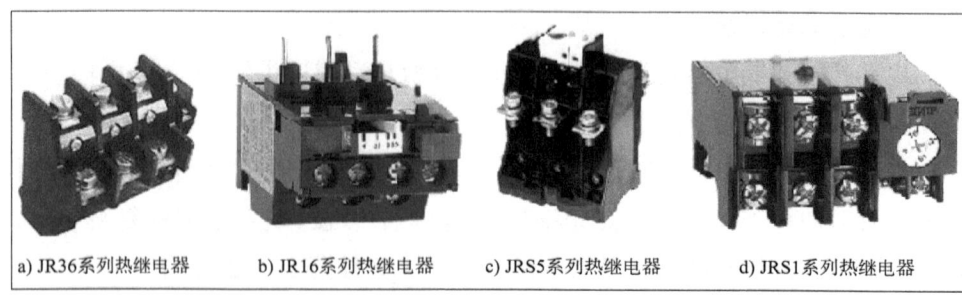

a) JR36系列热继电器　b) JR16系列热继电器　c) JRS5系列热继电器　d) JRS1系列热继电器

图 4-58　热继电器外形

1. 热继电器的结构和工作原理

下面以双金属片式热继电器为例展开介绍。

1) 双金属片式热继电器的结构

双金属片式热继电器主要由热元件、动作机构、触点系统、电流整定装置、温度补偿元件和复位机构等部分组成,其结构和电气符号如图 4-59 所示。

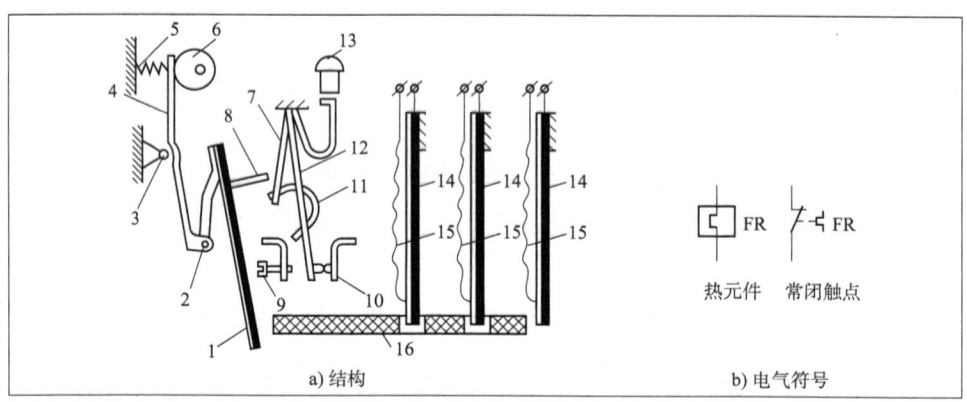

a) 结构　　　　　　　　　　　b) 电气符号

图 4-59　热继电器的结构和电气符号

1-补偿双金属片;2-销子;3-支承;4-杠杆;5-弹簧;6-凸轮;7、12-片簧;8-推杆;9-调节螺钉;10-触点;11-弓簧;13-复位按钮;14-主双金属片;15-发热元件;16-导板

(1) 热元件。它是热继电器的主要组成部分之一,由主双金属片及环绕在上面的电阻丝组成。主双金属片由两种膨胀系数不同的金属机械碾压而成,金属片的材料多为铁镍铬合金和铁镍合金。电阻丝一般用康铜或镍铬合金等材料制成。

(2) 动作机构和触点系统。动作机构利用杠杆传递及弓簧式瞬跳机构来保证触点动作迅速、可靠。触点为单断点弓簧跳跃式动作,一般为一个常开触点、一个常闭触点。

(3) 电流整定装置。通过旋钮和电流调节凸轮调节推杆间隙,改变推杆移动距离,从而调节热继电器的整定值。

(4) 温度补偿元件。温度补偿元件也为双金属片,其受热弯曲的方向与主双金属片一致,它能保证热继电器的动作特性在 -30~40 ℃ 的环境温度范围内,基本不受环境温度的影响。

(5) 复位机构。复位机构有自动和手动两种形式,可根据使用要求通过复位调节螺钉来自由调整选择。一般自动复位的时间不大于 5 min,手动复位的时间不大于 2 min。

2) 双金属片式热继电器的工作原理

使用时,将热继电器的三相热元件分别串接在电动机的三相主电路中,常闭触点串接在控制电路的接触器线圈回路中。当电机过载时,流过热元件的电流超过热继电器整定电流,电阻丝发热使主双金属片弯曲,推动导板16移动,从而推动触点系统动作,常闭触点断开,接触器线圈失电,主触点断开,起保护作用。断电后电阻丝不发热,主双金属片逐渐冷却复位,触点复位,也可手动复位,以防止故障排除前设备带故障再次投入运行。

当环境温度变化时,主双金属片会发生零点漂移,即热元件未通过电流时主双金属片就产生变形,使热继电器的动作性能受环境温度影响,导致热继电器的动作产生误差。为消除这种影响,设置了温度补偿双金属片,其材料与主双金属片相同。当环境温度变化时,温度补偿双金属片与主双金属片产生同一方向上的附加变形,从而使热继电器的动作特性在一定温度范围内基本不受环境温度的影响。

热继电器整定电流的大小可通过旋转电流整定旋钮来调节,旋钮上刻有整定电流值标尺。

3) 带断相保护装置的热继电器

三相异步电动机的电源或绕组断相是导致电动机过热烧毁的主要原因之一,普通结构的热继电器能否对电动机进行断相保护,取决于电动机绕组的连接方式。

对于定子绕组采用Y接的电动机,若运行中发生断相,另两相电流会增大($I_{相}=I_{线}$),普通继电器可以反应。而对采用△连接的电动机,若运行中发生断相,流过热继电器的线电流与非故障绕组的相电流增加比例不同,相电流很大而线电流未达到热继电器的动作值,热继电器不动作,从而烧毁电动机。所以△连接的电动机必须采用带断相保护器的热继电器。

带断相保护器的热继电器是将普通热继电器的导板改成差动机构。如图4-60所示,差动机构由上导板1、下导板2及装有顶头4的杠杆3组成,它们之间均用转轴连接。当电动机一相断相时,如W断相,三相系统失去平衡,W相的电流为0,双金属片逐渐冷却,上导板随之右移,迫使杠杆扭转偏移,当偏移位置达到动作位置时,由顶头4推动补偿双金属片5和推杆等机构,使触点动作切断电路。

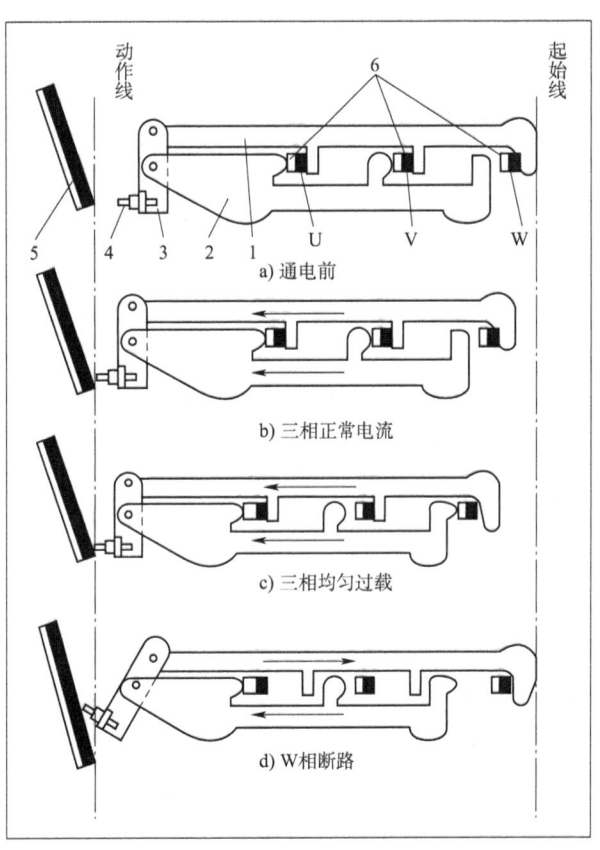

图4-60 差动式断相保护机构及其工作原理
1-上导板;2-下导板;3-杠杆;4-顶头;5-补偿双金属片;6-主双金属片

2. 热继电器的型号及其含义

以JR36型热继电器为例,热继电器的型号及其含义如图4-61所示。

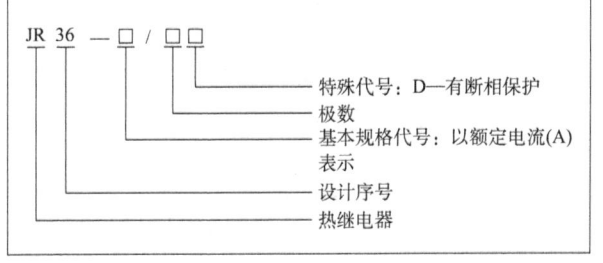

图4-61 JR36型热继电器的型号及其含义

3. 热继电器的选用

选用热继电器时,应根据被保护对象的工作环境、启动情况、负载性质、工作制及允许的过载能力等情况综合考虑。

(1)热继电器安装形式的选择。热继电器有三种安装形式,即独立安装式(通过螺钉固定)、导轨安装式(在标准安装轨上安装)和插接安装式(直接挂接在与其配套的接触器上),应按实际安装情况选择。

(2)热继电器的类型选择。若用热继电器作电动机缺相保护,应考虑电动机的接法。对于Y接法的电动机,可选用普通型热继电器;对于△接法的电动机,可选用带断相保护装置的热继电器。带断相保护装置的热继电器型号后面有D、T或3UA字样。

(3)根据电动机的额定电流选择热继电器的规格。热继电器的额定电流略大于电动机的额定电流。

(4)根据需要的整定电流选择热元件型号和电流等级。热元件的整定电流为电动机额定电流的90%~105%。冲击性负载或启动时间长的热继电器的整定电流可取电动机额定电流的110%~150%。过载能力差的电机整定电流可取电机额定电流的60%~80%。

4. 热继电器的安装与使用

(1)热继电器必须按照产品说明书中规定的方式安装。安装所处的环境温度应与电动机所处环境温度基本相同。当与其他电器安装在一起时,应注意将热继电器安装在其他电器的下方,以免其动作特性受到其他电器发热的影响。

(2)安装热继电器时,应清除触点表面尘污,以免因接触电阻过大或电路不通而影响热继电器的动作性能。

(3)热继电器出线端的连接导线,应按规定选用。导线的粗细和材料将影响热元件端接点传导到外部热量的多少,导线过细,轴向导热性差,热继电器可能提前动作;反之,导线过粗,轴向导热快,热继电器可能滞后动作。

(4)使用中的热继电器应定期通电校验。此外,当发生短路事故后,应检查热元件是否已发生永久变形,若已永久变形,则需要通电校验。因热元件变形或其他原因致使热继电器动作不准确时,只能调整其可调部件,绝不能弯折热元件。

(5)热继电器出厂时均调整为手动复位方式,如果需要自动复位,只要将复位螺钉按顺时针方向旋转3~4圈,并稍微拧紧即可。

(6)热继电器在使用时应定期用布擦净尘埃和污垢。若发现双金属片上有锈斑,应用清洁棉布蘸汽油轻轻擦除,切忌用砂纸打磨。

5. 热继电器的常见故障及其处理方法

热继电器的常见故障及其处理方法见表4-12。

热继电器的常见故障及其处理方法　　　　表4-12

故障现象	产生原因	处理方法
热继电器误动作或动作太快	1. 整定电流偏小; 2. 操作频率过高; 3. 连接导线太细	1. 调大整定电流; 2. 调换热继电器或限定操作频率; 3. 选用标准导线
热继电器不动作	1. 整定电流偏大; 2. 热元件烧断或脱焊; 3. 导板脱出	1. 调小整定电流; 2. 更换热元件或热继电器; 3. 重新放置导板并试验其动作灵活性
热元件烧断	1. 负载侧电流过大; 2. 电机反复短时工作或操作频率过高	1. 排除故障或更换热继电器; 2. 限定操作频率或更换合适的热继电器

续上表

故障现象	产生原因	处理方法
主电路不通	1. 热元件烧毁； 2. 接线螺钉未旋紧	1. 更换热元件或热继电器； 2. 旋紧接线螺钉
控制电路不通	1. 热继电器常闭触点接触不良或弹性消失； 2. 手动复位的热继电器动作后，未手动复位	1. 检修常闭触点； 2. 手动复位

四、速度继电器

速度继电器是用来反映转速与转向变化的继电器。其主要作用是以旋转速度的大小为指令信号，与接触器配合实现对电动机的反接制动控制，故又称为反接制动继电器。

1. 速度继电器的结构及工作原理

机床控制线路中常用的速度继电器有 JY1 型和 JFZ0 型，如图 4-62 所示为 JY1 型速度继电器的外形、结构及电气符号。

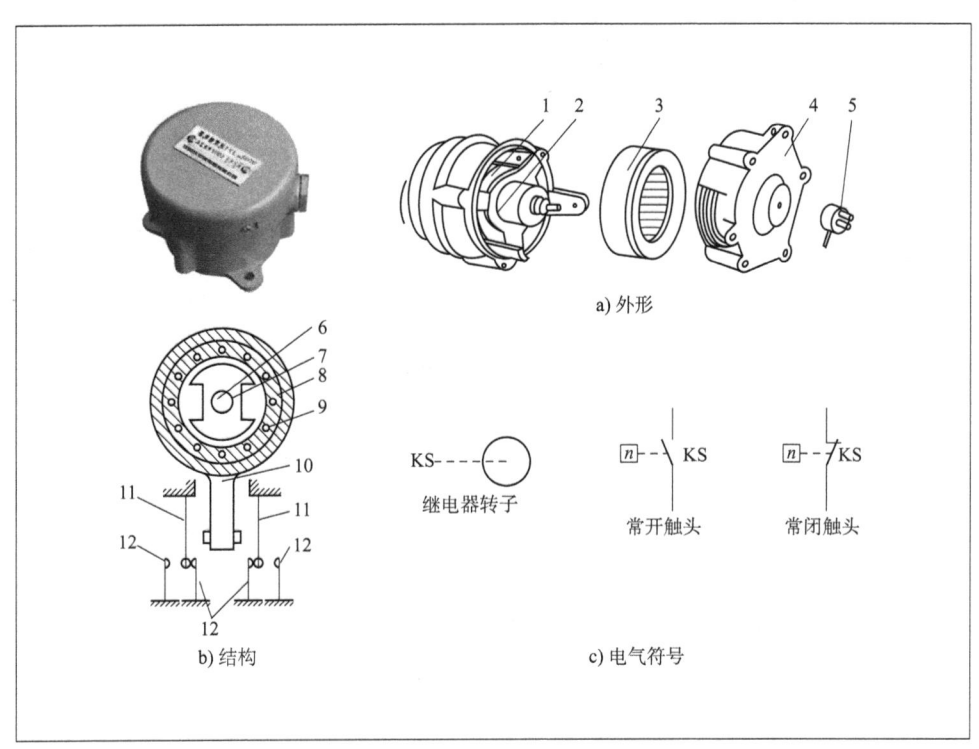

图 4-62　JY1 型速度继电器的外形、结构及电气符号

1-可动支架；2-转子；3-定子；4-端盖；5-连接头；6-电动机轴；7-转子(永久磁铁)；8-定子；9-定子绕组；10-胶木摆杆；
11-簧片(动触点)；12-静触点

JY1 型速度继电器主要由定子、转子、可动支架、触点系统及端盖等部分组成。转子由永久磁铁制成，固定在转轴上；定子由硅钢片叠成并装有笼型短路绕组，能做小范围偏转；触点系统由两组转换触点组成，一组在转子正转时动作，另一组在转子反转时动作。

速度继电器的转轴和电动机的转轴通过联轴器相连,当电动机转动时,速度继电器的转子随之转动,定子内的绕组切割磁感线,产生感应电动势,而后产生感应电流,此电流与转子磁场作用产生转矩,使定子开始转动。当电动机转速达到某一值时,产生的转矩能使定子转到一定角度并使摆杆推动常闭触点动作;当电动机转速低于某一值或停转时,定子产生的转矩会减小或消失,触点在弹簧的作用下复位。调节螺钉的松紧,可调节反力弹簧的反作用力大小,也就调节了触点动作所需的转子转速。

速度继电器有两组触点(每组各有一对常开触点和常闭触点),可分别控制电动机正、反转的反接制动。常用的速度继电器有 JY1 型和 JFZ0 型,一般速度继电器的动作速度为 120 r/min,触点的复位速度为 100 r/min。在连续工作制中,能以 1000~3600 r/min 的动作速度可靠地工作,允许操作频率不超过 30 次/h。

2. 速度继电器的型号及其含义

以 JFZ0 为例,速度继电器的型号及其含义如图 4-63 所示。

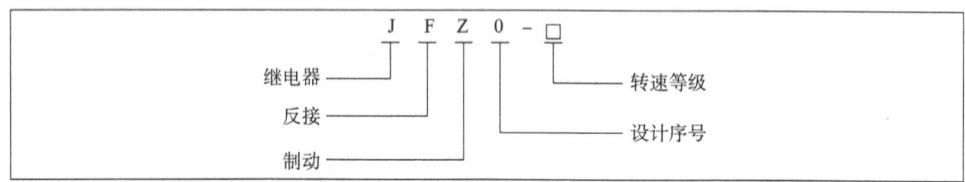

图 4-63 JFZ0 速度继电器的型号及其含义

3. 速度继电器的主要技术参数

速度继电器的主要技术参数见表 4-13。

表 4-13 JY1、JFZ0 系列速度继电器的主要参数

型号	触点额定电压(V)	触点额定电流(A)	触点数量(对) 正转时动作	触点数量(对) 反转时动作	额定工作转速(r/min)	允许操作频率(次/h)
JY1	380	2	1 常开	1 常开	100~3600	<30
JFZ0			0 常闭	0 常闭	300~3600	

4. 速度继电器的选用

速度继电器主要根据控制所需的转速大小、触点数量、电压、电流来选用。

5. 速度继电器的安装与使用

(1)速度继电器的转轴应与电动机的同轴连接,且使两轴的中心线重合。

(2)速度继电器安装接线时,应注意正反向触点不能接错。

(3)速度继电器的金属外壳应可靠接地。

6. 速度继电器常见故障及其处理方法

速度继电器常见故障及其处理方法见表 4-14。

速度继电器常见故障及其处理方法　　　　表 4-14

故障现象	可能原因	处理方法
反接制动时速度继电器失效,电动机不制动	1. 胶木摆杆断裂; 2. 触点接触不良; 3. 弹性动触片断裂或失去弹性; 4. 笼型绕组开路	1. 更换胶木摆杆; 2. 清洗触点表面油污或更换触片; 3. 更换弹性动触片; 4. 更换笼型绕组
电动机不能正常制动	弹性动触片调整不当	重新调节调整螺钉

五、固态继电器

固态(体)继电器(SSR)是采用固体半导体元件组装而成的一种新颖的无触点开关,又叫半导体继电器。固态继电器通常为封装结构,它采用绝缘防水材料浇铸而成,如塑料封装、环氧树脂灌封等。由于固态继电器的接通和断开不需要机械接触部件,因而其具有控制功率小、开关速度快、工作频率高、使用寿命长、耐振动和抗冲击能力强、动作可靠性高、抗干扰能力强、对电源电压的适应范围广、耐压水平高、噪声低等一系列优点。现在,固态继电器已经在许多自动化控制装置中代替了常规电磁式继电器,尤其在动作频繁、防爆、耐潮和耐腐蚀等特殊场合。如图 4-64 所示是 JGX 型固态继电器的外形、型号及其含义。

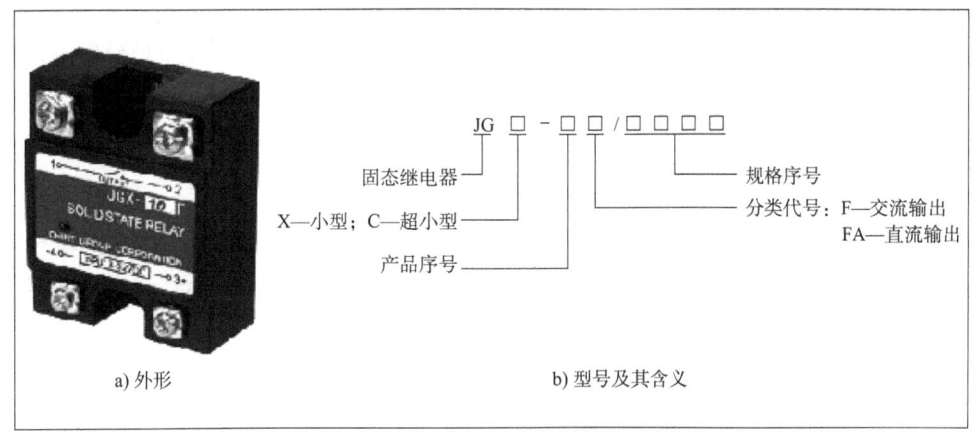

图 4-64　JGX 型固态继电器的外形、型号及其含义

六、压力继电器

压力继电器是利用液体的压力来启闭电气触点的液压电气转换元件。当系统压力达到压力继电器的整定值时,发出电信号,使电气元件(如电磁铁、电动机、时间继电器、电磁离合器等)动作,使油路卸压、换向,执行元件实现顺序动作,或关闭电动机使系统停止工作,起安全保护作用等。压力继电器外形及电气符号如图 4-65 所示。

压力继电器必须放在压力有明显变化的地方才能输出电信号。若将压力继电器放在回油路上,由于回油路直接接回油箱,压力没有明显变化,因此压力继电器不会工作。

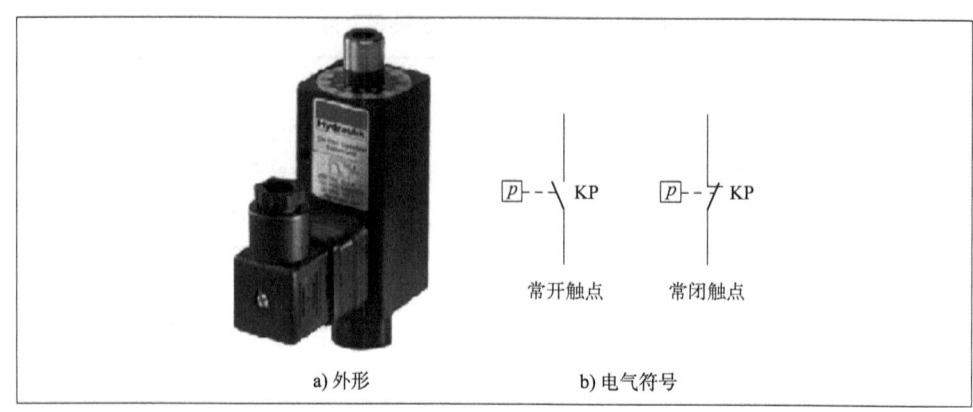

图 4-65 压力继电器外形及电气符号

常用的压力继电器有 YJ 系列、YT-126 系列、TE52 等系列。选择压力继电器的依据是所测对象的压力。比如所测对象的压力范围在 8 kg 以内,那么就要选用额定 10 kg 的压力继电器,同时还要符合电路中的额定电压、接口管径的大小要求。

任务实施工单

班级		姓名	
情境描述	实验室里的各种继电器混在一起,标签模糊,你能分清楚它们分别是哪种继电器吗?		
互动交流	1.继电器有什么特点? 2.该如何选用热继电器?		
能力训练	某机床电动机的型号为 Y132M1-6,定子绕组为 △ 接法,额定功率为 4 kW,额定电流为 9.4 A,额定电压为 380 V,要对该电动机进行过载保护,试选择热继电器的型号和规格。		
学习效果评估			
评价指标	学生自评	学生互评	教师评估
知识掌握程度	☆☆☆☆☆	☆☆☆☆☆	☆☆☆☆☆
能力掌握程度	☆☆☆☆☆	☆☆☆☆☆	☆☆☆☆☆
素质掌握程度	☆☆☆☆☆	☆☆☆☆☆	☆☆☆☆☆

知识归纳图谱

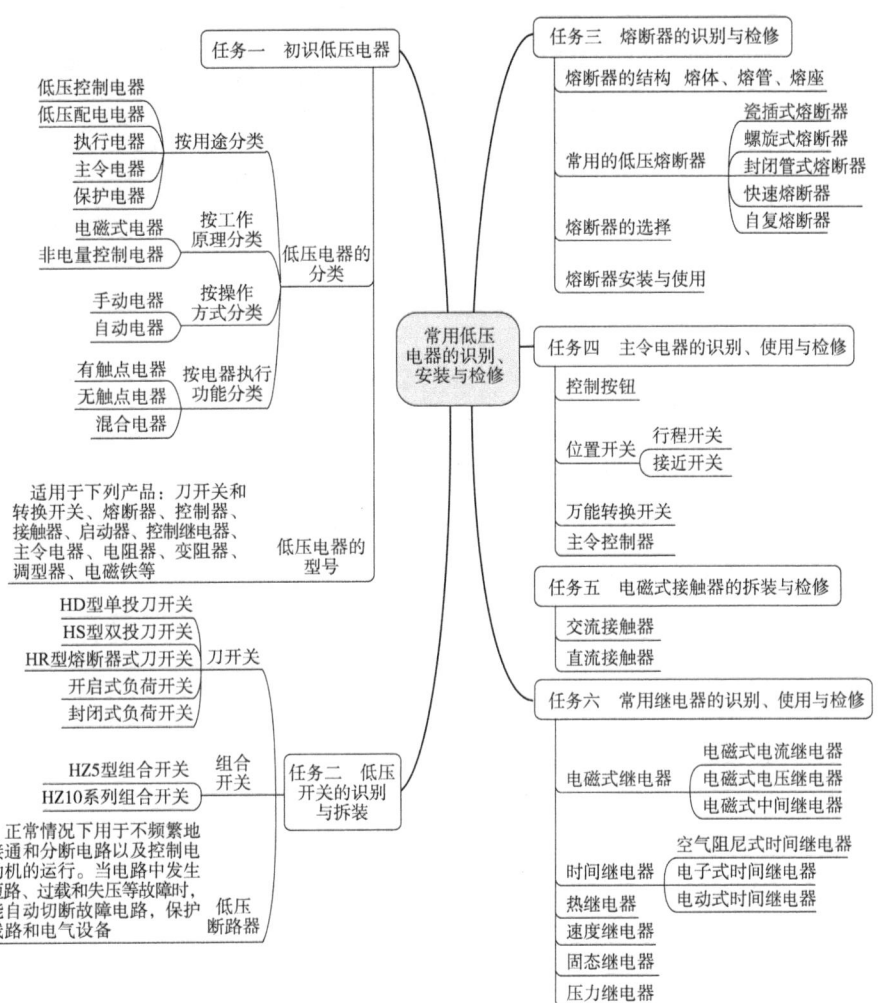

技能训练 4-1～4-7

请各位同学完成技能训练 4-1～4-7,见教材配套实训手册。

线 上 答 题

1.请同学们扫描封面二维码,注意每个码只可激活一次;
2.长按弹出界面的二维码,关注"交通教育出版"微信公众号并自动绑定资源;
3.公众号弹出"购买成功"通知,点击"查看详情",进入后选择已绑定的图书,即可进行线上答题;
4.也可进入"交通教育出版"微信公众号,点击下方菜单"用户服务—图书增值",选择已绑定的教材进行线上答题。

项目五 电气控制的基本线路

学习目标

1. 知识目标
① 理解电气符号和文字符号的含义。
② 了解电气原理图、接线图和布置图的概念。
③ 熟练掌握电动机典型控制电路的构成和工作原理。

2. 能力目标
① 具有电气原理图的识图能力。
② 具备对电动机基本控制线路图进行安装与维护能力。
③ 理论联系实际,锻炼动手能力。

3. 素质目标
① 遵章守纪,爱岗敬业。
② 具有实事求是的科学态度,乐于通过亲历实践,检验、判断各种技术问题。
③ 具有团队精神,敢于提出与别人不同的见解,也勇于放弃或修正自己的错误观点。

请同学们观看项目五导学微课,课前预习,制订本项目学习计划。

项目五导学

任务一　电气控制线路的识读

任务导入

你认识图 5-1 中的各种电气设备吗？知道该图的绘制原则吗？

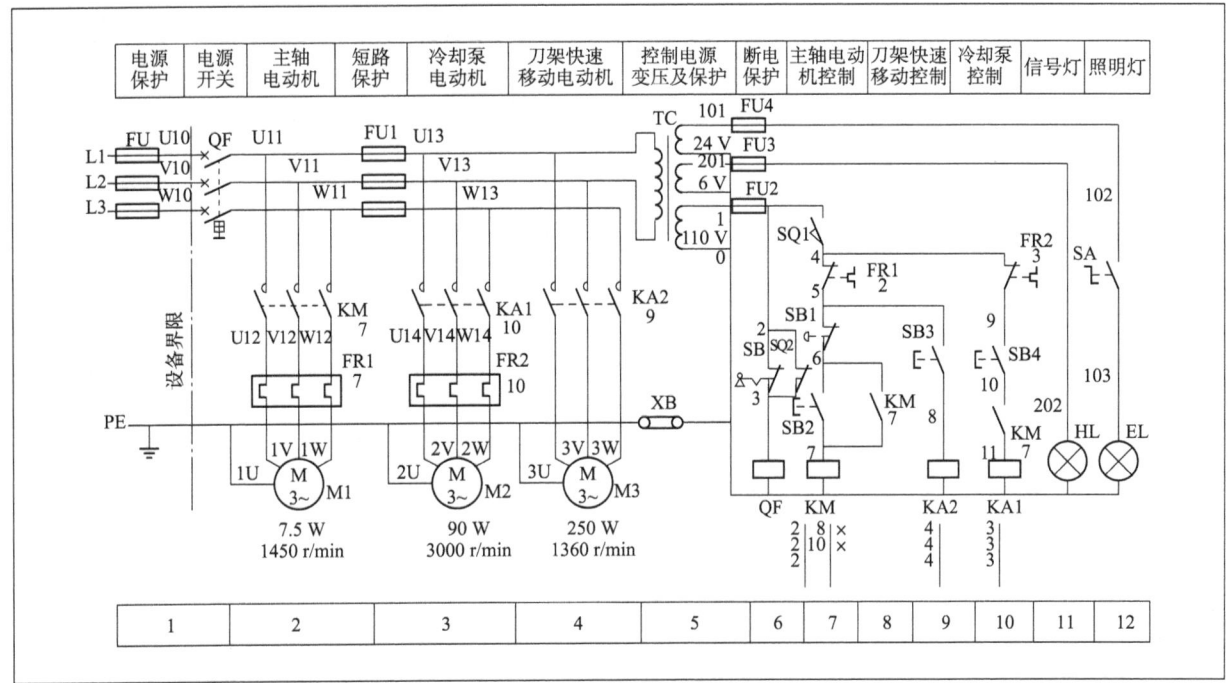

图 5-1　CA6140 型卧式车床电气原理图

知识探索

一、常用电气符号

电气控制系统图是电气工程技术的通用语言，它由电气元件的图形符号、文字符号等要素组成。为了便于交流与沟通，这些图形符号、文字符号的使用必须符合最新国家标准，如：

《电气设备用图形符号基本规则　第 1 部分：注册用图形符号的生成》（GB/T 23371.1—2013）；

《电气设备用图形符号　第 2 部分：图形符号》（GB/T 5465.2—2008）；

《人机界面标志标识的基本和安全规则　设备端子、导体终端和导体的标识》（GB/T 4026—2019）；

《电气简图用图形符号　第 1 部分：一般要求》（GB/T 4728.1—2018）；

《电气简图用图形符号　第 2 部分：符号要素、限定符号和其他常用符号》

（GB/T 4728.2—2018）。

如表 5-1 所示为常见元件图形符号和文字符号。

常见元件图形符号和文字符号　　　　　表 5-1

类别	名称	图形符号	文字符号	类别	名称	图形符号	文字符号
开关	单极控制开关		SA	时间继电器	通电延时（缓吸）线圈		KT
	手动开关一般符号		SA		断电延时（缓放）线圈		KT
	三极控制开关		QS		瞬时闭合的常开触点		KT
	三极隔离开关		QS		瞬时断开的常闭触点		KT
	三极负荷开关		QS		延时闭合的常开触点		KT
	组合旋钮开关		QS		延时断开的常闭触点		KT
	低压断路器		QF		延时闭合的常闭触点		KT
	控制器或操作开关		SA		延时断开的常开触点		KT
接触器	线圈操作器件		KM	电磁操作器	电磁铁的一般符号		YA
	常开主触点		KM		电磁吸盘		YH
	常开辅助触点		KM		电磁离合器		YC
	常闭辅助触点		KM		电磁制动器		YB
					电磁阀		YV

续上表

类别	名称	图形符号	文字符号	类别	名称	图形符号	文字符号
非电量控制的继电器	速度继电器常开触点		KS	按钮	复合按钮		SB
	压力继电器常开触点		KP		急停按钮		SB
发电机	发电机		G		钥匙操作式按钮		SB
	直流测速发电机		TG	热继电器	热元件		FR
灯	信号灯（指示灯）		HL		常闭触点		FR
	照明灯		EL	中间继电器	线圈		KA
接插器	插头和插座	或	X 插头 XP 插座 XS		常开触点		KA
					常闭触点		KA
位置开关	常开触点		SQ	电流继电器	过电流线圈		KA
	常闭触点		SQ		欠电流线圈		KA
	复合触点		SQ		常开触点		KA
按钮	常开按钮		SB		常闭触点		KA
	常闭按钮		SB	电压继电器	过电压线圈		KV

续上表

类别	名称	图形符号	文字符号	类别	名称	图形符号	文字符号
电压继电器	欠电压线圈		KV	电动机	串励直流电动机		M
	常开触点		KV	熔断器	熔断器		FU
	常闭触点		KV	变压器	单相变压器		TC
电动机	三相笼型异步电动机		M		三相变压器		TM
	三相绕线转子异步电动机		M	互感器	电压互感器		TV
	他励直流电动机		M		电流互感器		TA
	并励直流电动机		M		电抗器		L

二、电气控制系统图

生产机械的电气控制系统图常用电气原理图（电路图）、电气安装接线图和电气布置图来表示。各种图的图纸尺寸一般选用 297 mm × 210 mm、297 mm × 420 mm、297 mm × 630 mm 和 297 mm × 840 mm 四种幅面，有特殊需要时选用其他尺寸。

1. 电气原理图

将用图形符号和文字符号表示各种电气元件，并按动作顺序绘制的表明电气控制原理的图称为电气原理图。电气原理图表示电气控制的工作原理以及各电气元件的作用和相互关系，而不考虑各电气元件实际安装的位置和实际连线情况。电气原理图能充分表达电气设备和电器的用途、作用和工作原理，是电气线路安装、调试和维修的理论依据。

绘制、识读电气原理图时应遵循以下原则：

现以 CA6140 型卧式车床电气原理图（图5-1）为例来阐明绘制电气原理图的原则和注意事项。

（1）电气原理图一般分电源电路、主电路和辅助电路三部分绘制。

①电源电路画成水平线，三相交流电源相序 L1、L2、L3 自上而下依次画出。

②主电路是指受电的动力装置及控制、保护电器的支路等，它是由主熔断器、接触器的主触

点、热继电器的热元件以及电动机等组成的。主电路通过的电流是电动机的工作电流,电流较大。主电路图要画在电路图的左侧并垂直于电源电路图。

③辅助电路一般包括控制主电路工作状态的控制电路、显示主电路工作状态的指示电路、提供机床设备局部照明的照明电路等。它是由主令电器的触点、接触器线圈及辅助触点、继电器线圈及触点、指示灯和照明灯等组成的。辅助电路通过的电流较小,一般不超过 5 A。画辅助电路图时,辅助电路要跨接在两相电源线之间,一般按照控制电路、指示电路和照明电路的顺序依次垂直画在主电路图的右侧,且与下边电源线相连的耗能元件(如接触器和继电器的线圈、指示灯、照明灯等)要画在电路图的下方,而电器的触点要画在耗能元件与上边电源线之间。为读图方便,一般应按照自左至右、自上而下的顺序绘制。

(2)电路图中,各电路的触点位置都按电路未通电或电器未受外力作用时的常态位置画出。分析原理时,应从触点的常态位置出发。当电气触点的图形符号垂直放置时,以"左开右闭"原则绘制,即垂线左侧的触点为常开触点,垂线右侧的触点为常闭触点;当图形符号水平放置时,以"上闭下开"原则绘制,即在水平线上方的触点为常闭触点,水平线下方的触点为常开触点。

(3)电路图中,不使用各电气元件实际的外形图,而采用国家统一规定的电气图形符号。

(4)电路图中,同一电器的各元件不按它们的实际位置画在一起,而是按其在线路中所起的作用分别画在不同电路中,但它们的动作却是相互关联的,因此,必须标注相同的文字符号。若图中相同的电器较多,需要在电器文字符号后面加注不同的数字,以示区别,如 KM1、KM2 等。

(5)画电路图时,应尽可能减少线条并避免线条交叉。对有直接电联系的交叉导线连接点,要用小黑圆点表示;无直接电联系的交叉导线则不画小黑圆点。

(6)电路图采用电路编号法,即对电路中的各个接点用字母或数字编号。

①主电路在电源开关的出线端按相序依次编号为 U11、V11、W11。然后按从上至下、从左至右的顺序,每经过一个电气元件后,编号要依次递增,如 U12、V12、W12;U13、V13、W13;……单台三相交流电动机(或设备)的 3 根引出线按相序依次编号为 U、V、W。对于多台电动机引出线的编号,为了不致引起误解和混淆,可在字母前用不同的数字加以区别,如 1U、1V、1W;2U、2V、2W;……

②辅助电路编号按"等电位"原则从上至下、从左至右用数字依次编号,每经过一个电气元件后,编号要依次递增。控制电路编号的起始数字必须是 1,其他辅助编号的起始数字依次递增 100,如照明电路编号从 101 开始,指示电路编号从 201 开始等。

(7)在电气原理图上方将图分成若干图区,并标明该区电路的功能,数字区在图的下方。在继电器、接触器线圈下方注有该继电器、接触器相应触点所在图中位置的索引代号,索引代号用图区号表示。其中,接触器线圈下方索引分为三栏,左栏为主触点所在图区号,中间栏为常开触点所在图区号,右栏为常闭触点所在图区号。继电器线圈下方索引分为两栏,左栏为常开触点所在图区号,右栏为常闭触点所在图区号。在继电器、接触器的触点下方也标有图区号,表示的是其对应的线圈所在的图区。

(8)电气原理图中各电气元器件的相关数据和型号,常标注在其文字符号下方。

2. 电气安装接线图

电气安装接线图(简称接线图)是根据电气设备和电气元件的实际位置和安装情况绘制的,只用来表示电气设备和电气元件的位置、配线方式和接线方式,而不明确表示电气动作原理。主要用于安装接线、线路的检查维修和故障处理。如图 5-2 所示是 CW6132 型卧式车床电气安装接线图。接线图通常与电气原理图一起使用。

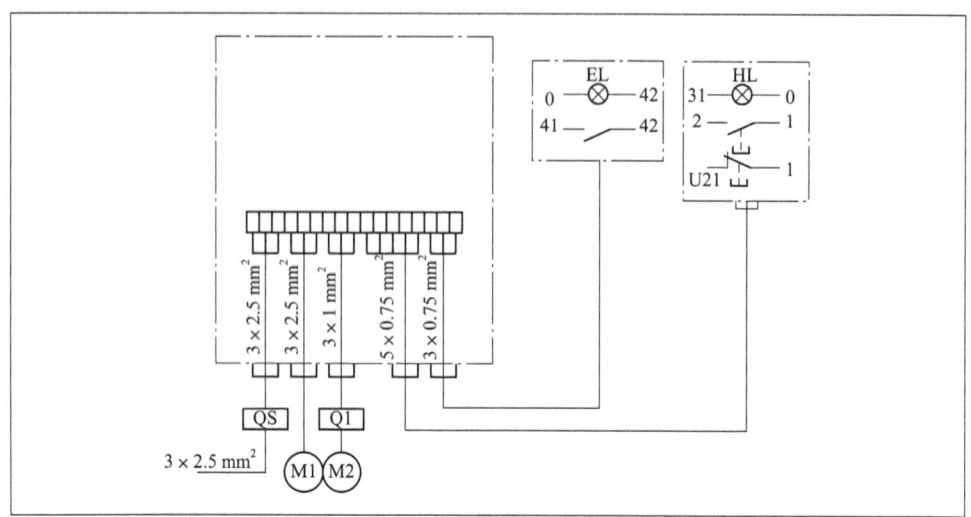

图 5-2　CW6132 型卧式车床电气安装接线图

绘制、识读接线图应遵循以下原则：

(1) 接线图中一般显示如下内容：电气元件的相对位置、文字符号、端子号、导线号、导线类型、导线截面积、屏蔽和导线绞合情况等。

(2) 各电气元件均按实际安装位置绘出，元件所占图面按实际尺寸以统一比例绘制。

(3) 一个元件中所有带电部件均画在一起，并用点画线框起来，即采用集中表示法。

(4) 各电气元件的图形符号与文字符号必须与电气原理图符号一致，并符合国家标准。

(5) 各电气元件上凡是需接线的部件端子都应绘出并编号，且编号应与电路图中的标号一致，以便对照检查接线，不在同一处的电气元件应通过接线端子进行连接。

(6) 走向相同的导线可以合并，用线束来表示，到达端子板或电气元件的连接点时再分别画出。另外，导线及管子的型号、根数和规格应标注清楚。

3. 电气布置图

电气布置图(简称布置图)是根据电气元件在控制板上的实际安装位置，采用简化的外形符号(如正方形、矩形、圆形等)绘制的一种简图。

如图 5-3 所示是 CW6132 型车床控制盘电气布置图。它不显示各电器的具体结构、作用、接线情况以及工作原理，而是主要用于电气元件的布置和安装。图中各电器的文字符号必须与电路图和接线图中的标注一致。

电气元件的布置应注意以下几点：

(1) 必须遵循相关国家标准设计和绘制电气布置图。

(2) 布置相同类型的电气元件时，应把体积较大和较重的安装在控制柜或面板的下方。发热的元件应该安装在控制柜或面板的上方或后方，但热继电器一般安装在接触器的下方，以方便与电动机和接触器的连接。

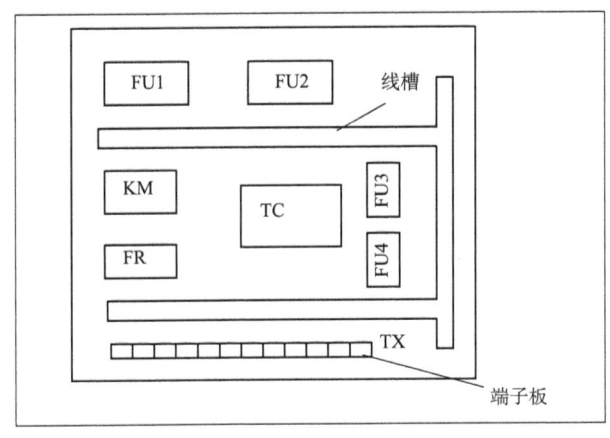

图 5-3　CW6132 型车床控制盘电气布置

操作开关、监视仪器仪表,其安装位置应高低适宜,以便工作人员操作。

(4)电气元件的布置应美观、整齐。将外形尺寸与结构类似的电器安装在一起,以便于安装和配线。

(5)强电、弱电应该分开走线,注意屏蔽层的连接,防止干扰的窜入。

(6)元件布置不宜过密,要有一定距离。如用直线槽应加大距离。

在实际中,电气原理图、接线图和布置图要结合起来使用。

(3)需要经常维护、整定和检修的电气元件、

任务实施工单

班级		姓名	
情境描述	在一个电气原理图中一共用了 10 个中间继电器,小张只找到了其中 KA5 的线圈,却怎么也找不到对应的触点在哪里。你能快速帮他找到吗?		
互动交流	1.电气控制系统图包括哪几种? 2.绘制电气原理图的原则是什么?		
能力训练	根据电气控制系统图说明其绘制原则。		
学习效果评估			
评价指标	学生自评	学生互评	教师评估
知识掌握程度	☆☆☆☆☆	☆☆☆☆☆	☆☆☆☆☆
能力掌握程度	☆☆☆☆☆	☆☆☆☆☆	☆☆☆☆☆
素质掌握程度	☆☆☆☆☆	☆☆☆☆☆	☆☆☆☆☆

任务二　点动正转控制线路的安装

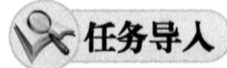

你知道什么叫点动吗？点动和自锁是如何实现的呢？

一、手动正转控制线路

手动正转控制线路如图 5-4 所示。它通过低压开关来控制电动机的启动和停止，常被用来控制三相电风扇和砂轮机等设备。

在线路中，低压开关起接通、断开电源的作用；熔断器用于短路保护。

手动正转控制线路的工作原理如下。

启动：合上低压开关 QS，电动机 M 接通电源，启动运转；

停止：拉开低压开关 QS，电动机 M 脱离电源，失电停转。

二、点动正转控制线路

点动正转控制线路是用按钮、接触器来控制电动机运转的最简单的正转控制线路，如图 5-5 所示。

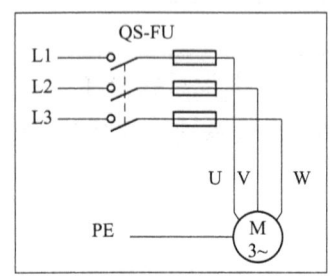

图 5-4　手动正转控制线路

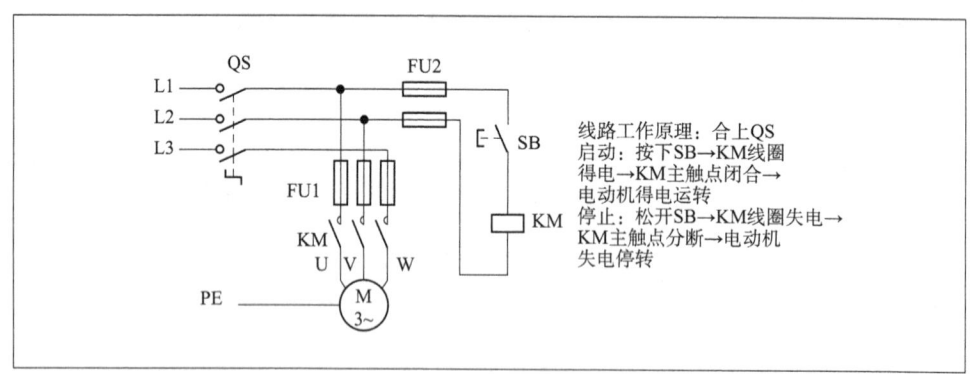

图 5-5　点动正转控制线路

点动控制：按下按钮，电动机就得电运转；松开按钮，电动机就失电停转。这种控制方法常用于电动葫芦起重电动机控制和车床拖板箱快速移动电动机控制。

在分析各种控制线路的工作原理时，为了简单明了，常用电气文字符号和箭头配以少量文字说明来表达线路的工作原理。

三、接触器自锁正转控制线路

若要求电动机启动后能连续运转,采用点动控制显然无法实现,可采用接触器自锁正转控制线路,如图 5-6 所示。这种线路的主电路和点动正转控制线路的主电路相同,但在控制电路中又串接了一个停止按钮 SB2,在启动按钮 SB1 的两端并接了接触器 KM 的一对辅助常开触点。

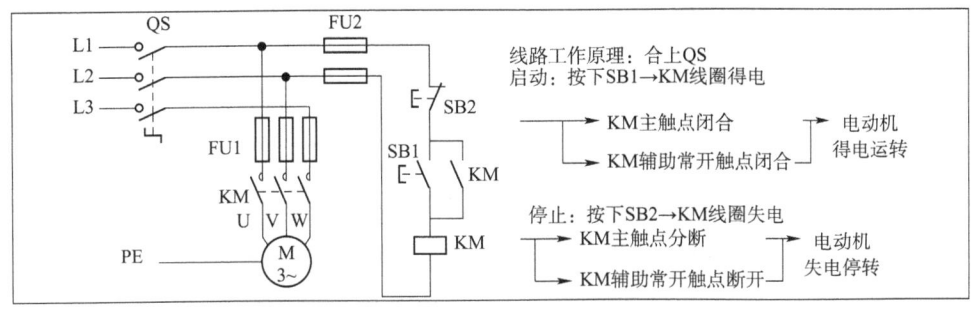

图 5-6 接触器自锁正转控制线路

自锁:当松开启动按钮后,接触器通过自身的辅助常开触点使线圈继续保持得电。与启动按钮并联起自锁作用的辅助常开触点叫自锁触点。

接触器自锁控制线路不但能使电动机连续运转,而且有一个重要的特点,就是具有欠压和失压(或零压)保护作用。

1. 欠压保护

欠压是指线路电压低于电动机应加的额定电压。欠压保护是指当线路电压下降到某一数值时,电动机能自动脱离电源停转,避免电动机在欠压下运行,采用接触器自锁正转控制线路就可避免电动机欠压运行。因为当线路电压下降到一定值(一般指低于 85% 额定电压)时,接触器线圈两端的电压也同样下降到此值,从而使接触器线圈磁通减弱,产生的电磁吸力减小。当电磁吸力减小到小于反作用弹簧的拉力时,衔铁被迫释放,主触点、自锁触点同时分断,自动切断主电路和控制电路,电动机失电停转,达到了欠压保护的目的。

2. 失压(或零压)保护

失压保护是指电动机在正常运行中,由于外界某种原因突然引起断电时,能自动切断电动机电源;当重新供电时,电动机不能自行启动。接触器自锁正转控制线路也可实现失压保护,因为接触器自锁触点和主触点在电源断电时已经断开,使得控制电路和主电路都不能接通,所以在电源恢复供电时,电动机就不会自行启动运转,保证了人身和设备的安全。

四、具有过载保护的接触器自锁正转控制线路

过载保护是指当电动机过载时能自动切断电源,使电动机停转。常用的过载保护是由热继电器来实现的。具有过载保护的接触器自锁正转控制线路如图 5-7 所示。此线路与普通接触器自锁正转控制线路的区别是增加了一个热继电器 FR,并把其热元件串接在三相主电路中,把常闭触点串接在控制电路中。

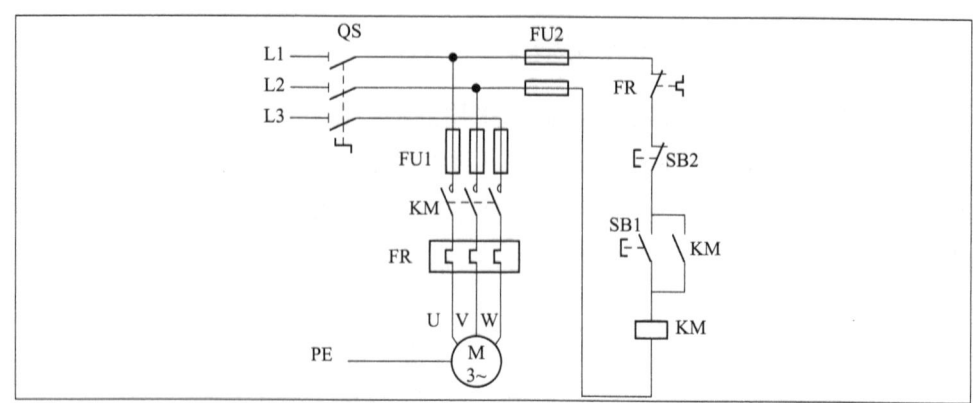

图 5-7　具有过载保护的接触器自锁正转控制线路

熔断器 FU 在照明、电热电路中既可用于短路保护,也可用于过载保护。但是在三相异步电动机控制线路中只能作短路保护。因为三相异步电动机启动电流大,若用熔断器作过载保护,电动机在启动时由于启动电流大大超过了熔断器的额定电流,熔断器会快速熔断,造成电动机无法启动。所以熔断器只能作短路保护,熔体额定电流应取电动机额定电流的 1.5～2.5 倍。

热继电器在三相异步电动机控制电路中只能用于过载保护,不能用于短路保护。因为热继电器热惯性大,若电动机发生短路,热继电器还没来得及动作,供电线路和电源设备就已经损坏。而在电动机启动时,由于启动时间短,热继电器还未动作,电动机已启动完毕。总之,热继电器和熔断器所起作用不同,不能互相代替。

具有过载保护的接触器自锁正转控制线路工作原理与接触器自锁正转控制线路相同。

五、连续与点动混合正转控制线路

机床设备在正常工作时,一般需要电动机处于连续运转状态。但在试车或调整刀具与工件的相对位置时,又需要电动机能点动控制,能实现这种要求的线路是连续与点动混合正转控制线路,如图 5-8 所示。在具有过载保护的接触器自锁正转控制线路的基础上,增加了一个复合按钮 SB3,SB3 的常闭触点应与 KM 自锁触点串接。

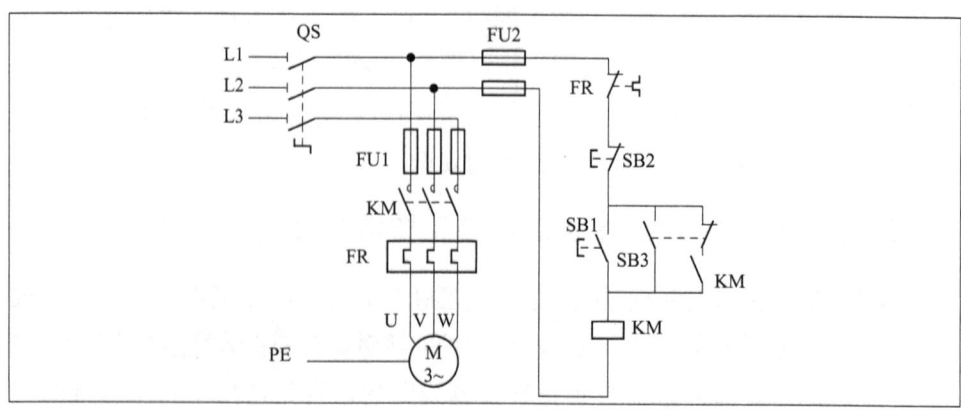

图 5-8　连续与点动混合正转控制线路

连续与点动混合正转控制线路的工作原理如下：

先合上电源开关 QS。

1. 连续控制

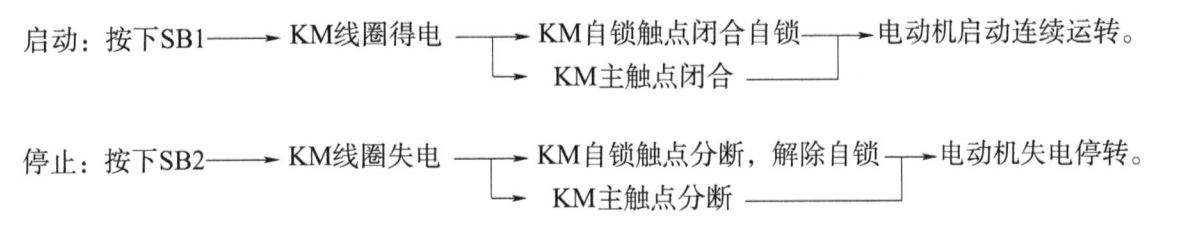

2. 点动控制

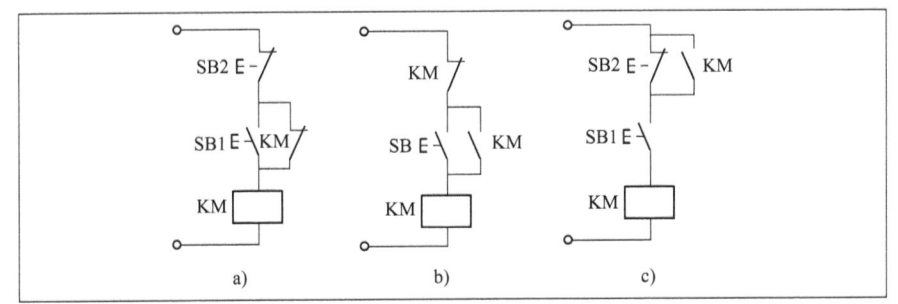

【探究思考 5-1】 图 5-9 所示为自锁正转控制线路，试指出图中错误及会出现的现象，并加以改正。

图 5-9 自锁正转控制线路

解：在图 5-9a) 中，接触器 KM 的自锁触点不应该用辅助常闭触点，因为用辅助常闭触点不但失去了自锁作用，同时会使电路在通电时出现时通时断的现象，所以应把 KM 的辅助常闭触点改换成辅助常开触点，使电路正常工作。

在图 5-9b) 中，接触器 KM 的辅助常闭触点不能串接在电路中，否则，按下启动按钮 SB 后，会使电路在通电时出现时通时断的现象，应把 KM 的辅助常闭触点改换成停止按钮，使电路正常工作。

在图 5-9c) 中，接触器 KM 的自锁触点不能并联接在停止按钮 SB2 的两端，否则就失去了自锁作用，电路只能实现点动控制，应把自锁触点并接在启动按钮 SB1 两端。

任务实施工单

班级		姓名	
情境描述	一台和面机,要求既能点动又能连续运转,你知道如何设计它的控制线路图吗?		
互动交流	1. 什么叫点动？什么叫自锁？ 2. 画出点动和自锁控制的电路原理图。		
能力训练	三相异步电动机 Y132M-4 的技术数据为:7.5 kW、380 V、15.4 A、△接法、1440 r/min。选取合适的电气设备,完成该电动机点动正转控制线路的安装。		
学习效果评估			
评价指标	学生自评	学生互评	教师评估
知识掌握程度	☆☆☆☆☆	☆☆☆☆☆	☆☆☆☆☆
能力掌握程度	☆☆☆☆☆	☆☆☆☆☆	☆☆☆☆☆
素质掌握程度	☆☆☆☆☆	☆☆☆☆☆	☆☆☆☆☆

任务三　接触器联锁正反转控制线路的安装

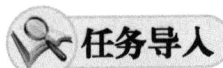

你知道怎么让电动机既能正转控制又能反转控制吗？一般有哪些互锁的方法呢？

一、正反转控制线路

正转控制线路只能使电动机朝一个方向旋转，带动生产机械的运动部件朝一个方向运动，但许多生产机械往往要求运动部件能向正反两个方向运动，如机床工作台的前进与后退，万能铣床主轴的正转与反转，起重机的上升与下降等，这些生产机械要求电动机能实现正反转控制。

当改变通入电动机定子绕组的三相电源相序，即把接入电动机三相电源的进线中的任意两相接线对调时，电动机就可以反转。

1. 接触器联锁的正反转控制线路

接触器联锁的正反转控制线路如图 5-10 所示。线路中采用了两个接触器，即正转用接触器 KM1 和反转用接触器 KM2，它们分别由正转按钮 SB1 和反转按钮 SB2 控制。从主电路图中可以看出，这两个接触器的主触点所接通的电源相序不同，KM1 按 L1—L2—L3 相序接线，KM2 则按 L3—L2—L1 相序接线。

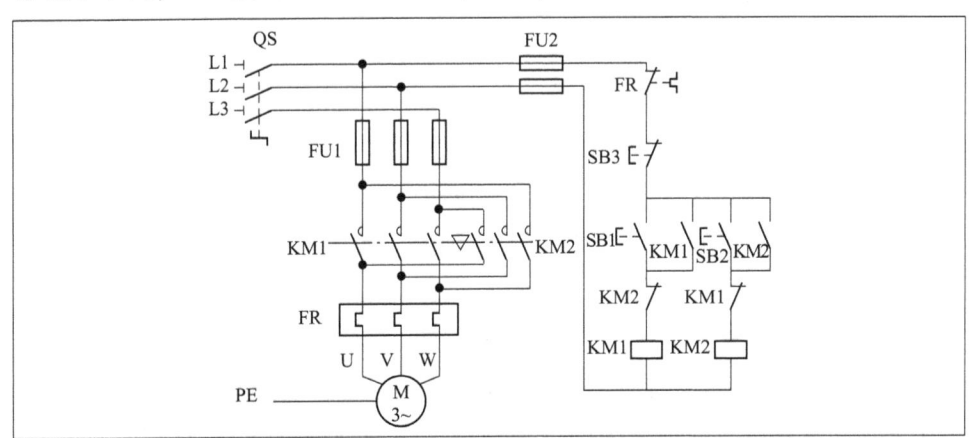

图 5-10　接触器联锁的正反转控制线路

接触器 KM1 和 KM2 的主触点绝不允许同时闭合，否则将造成两相电源（L1 相和 L3 相）短路事故。为了避免 KM1 和 KM2 同时得电动作，在正反转控制线路中分别串接了对方的一对常闭触点，这样当一个接触器得电动作时，通过其常闭触点使另一个接触器不能得电动作,接触器间这种相互制约的作用叫接触器联锁(互锁),又称为电气联锁。实现接触器联锁作用的常闭触点称为联锁触点(或互锁触点),联锁(互锁)符号用"▽"表示。

线路的工作原理如下：

先合上电源开关 QS。

1）正转控制

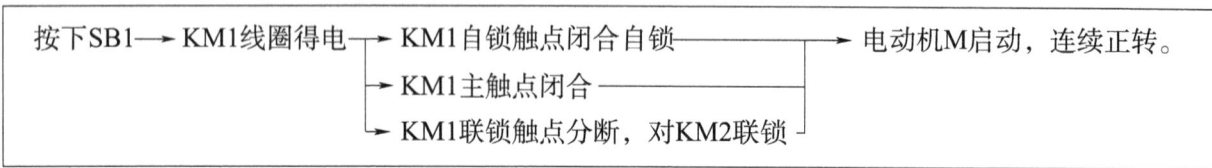

2）反转控制

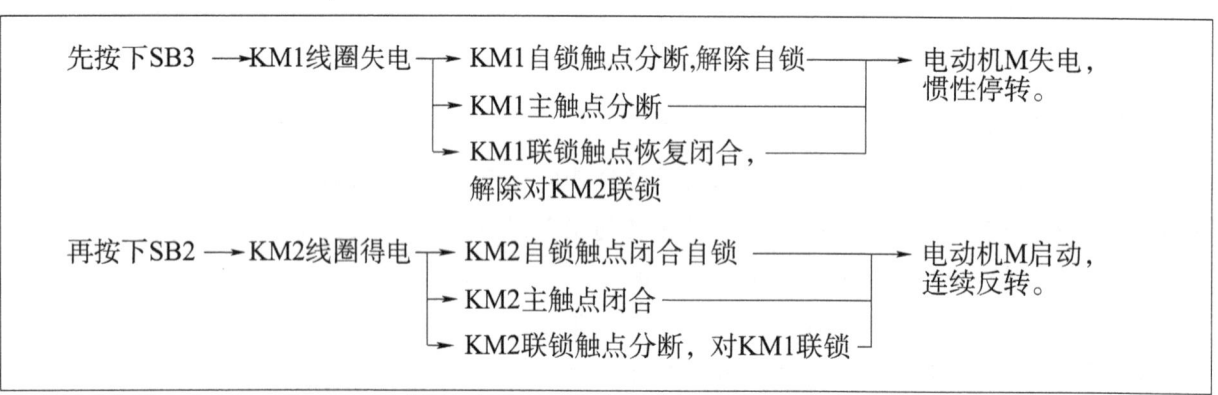

3）停止

按下SB3 —→ 控制电路失电 —→ KM1(KM2)主触点分断 —→ 电动机M失电停转。

停止使用时,断开电源开关 QS。

该线路的优点是工作安全可靠,缺点是操作不便。因为电动机改变转向时,必须先按下停止按钮,才能按反转按钮,否则由于接触器联锁作用不能实现反转。

2. 按钮联锁的正反转控制线路

为了克服接触器联锁的正反转控制线路操作不便的缺点,把正转按钮 SB1 和反转按钮 SB2 换成两个复合按钮,并用两个复合按钮的常闭触点代替接触器的联锁触点,构成按钮联锁的正反转控制线路。按钮联锁又称为机械联锁,如图 5-11 所示。

工作原理与接触器联锁的正反转控制线路的工作原理基本相同,只是电动机从正转变反转时,可直接按下反转按钮 SB2 实现。因为当按下 SB2 时,串接在正转控制电路中 SB2 的常闭触点先分断,使正转接触器 KM1 线圈失电,KM1 的主触点和自锁触点分断,电动机失电惯性运转。SB2 的常闭触点分断后,其常开触点随后闭合,接通反转控制电路,电动机反转。这样既保证了 KM1 和 KM2 线圈不会同时得电,又可不按停止按钮,直接按反转按钮而实现反转。

这种线路的优点是操作方便,缺点是易使电源两相短路故障。例如:当接触器 KM1 发生主触点熔焊或被杂物卡住等故障时,即使 KM1 线圈失电,主触点也分断不开,此时若直接按下反转按钮 SB2,KM2 线圈得电动作,KM2 的主触点和自锁触点闭合,必然造成电源两相短路故障。所以采用此线路工作有一定的安全隐患。

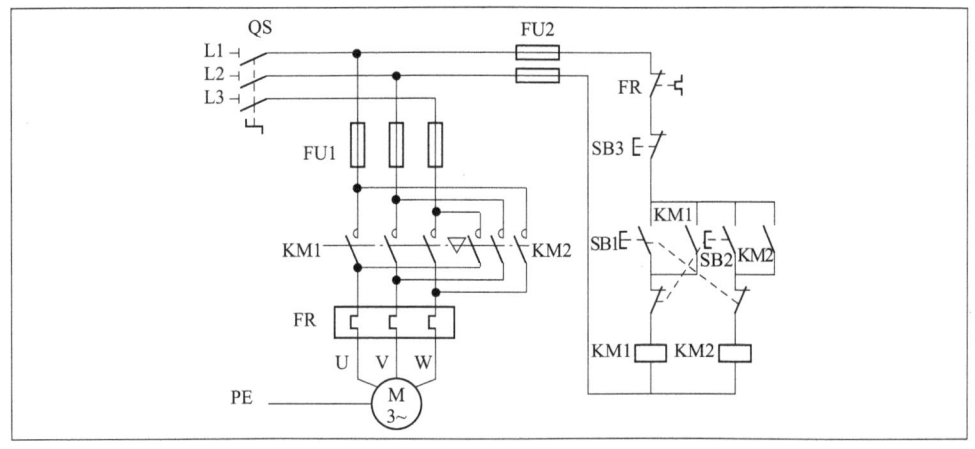

图 5-11　按钮联锁的正反转控制线路

3. 按钮、接触器双重联锁的正反转控制线路

为了克服接触器联锁和按钮联锁的正反转控制线路的不足,在按钮互锁的基础上,又增加了接触器互锁,构成按钮、接触器双重联锁的正反转控制线路,如图 5-12 所示。该线路兼有两种联锁控制线路的优点,操作方便、工作安全可靠。

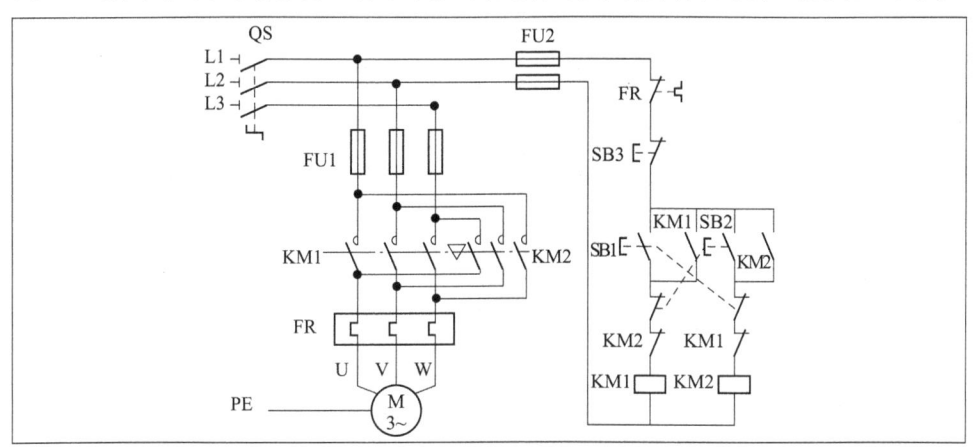

图 5-12　按钮、接触器双重联锁的正反转控制线路

线路工作原理如下：

先合上电源开关 QS。

1）正转控制

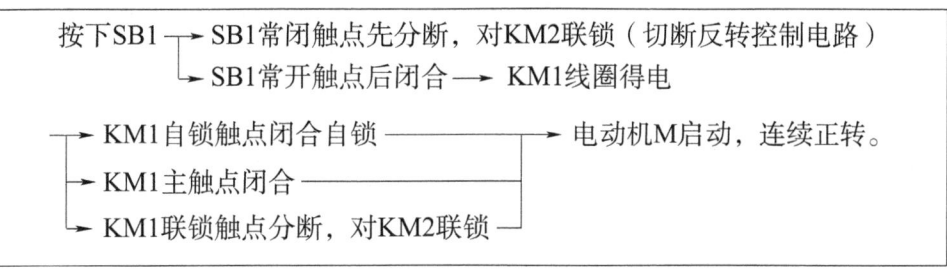

2）反转控制

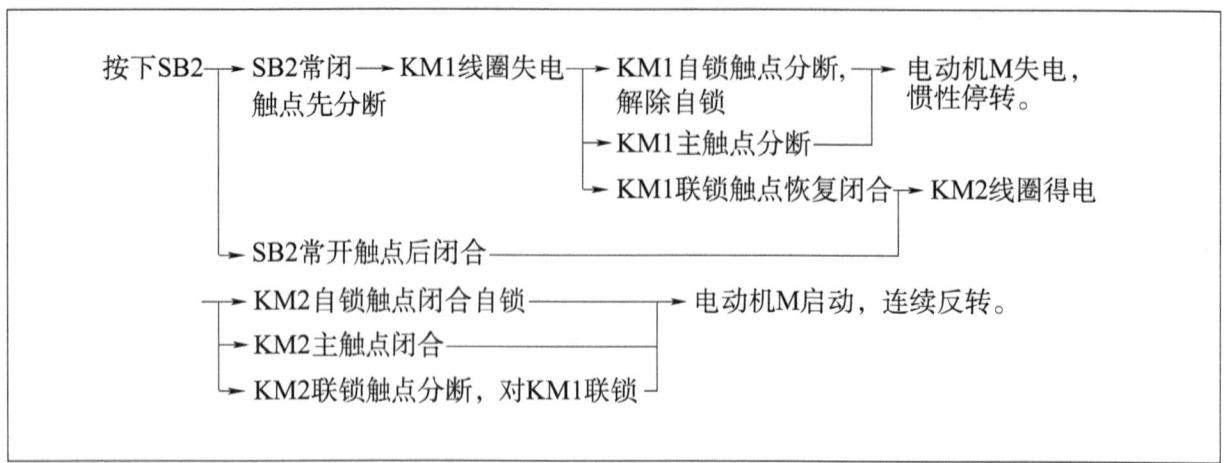

3）停止

按下 SB3→控制电路失电→KM1（KM2）主触点分断→电动机 M 失电停转。

停止使用时，分断电源开关 QS。

按钮、接触器双重联锁的正反转控制线路的优点是操作方便，工作安全可靠；缺点是线路复杂。

二、位置控制与自动往返控制线路

在生产过程中，一些生产机械运动部件的行程或位置受到限制，或者需要其运动部件在一定范围内自动往返循环等。如在摇臂钻床、万能铣床、镗床、桥式起重机及各种自动或半自动控制机床设备中就经常遇到这种控制要求。而实现这种控制要求所依靠的主要电气元件是位置开关。

1. 位置控制线路

位置控制就是利用生产机械运动部件上的挡铁与位置开关碰撞，使其触点动作，来接通或断开电路，以实现对生产机械运动部件的位置或行程的控制。位置控制线路（又称行程控制或限位控制线路）如图 5-13 所示。工厂车间里的行车常采用这种线路，下方是行车运动示意图，行车的两头终点处各安装一个位置开关 SQ1 和 SQ2，将这两个位置开关的常闭触点分别串接在正转控制电路和反转控制电路中。行车前后分别装有挡铁 1 和挡铁 2，行车的行程和位置可通过移动位置开关的安装位置来调节。

线路的工作原理：

先合上电源开关 QS。

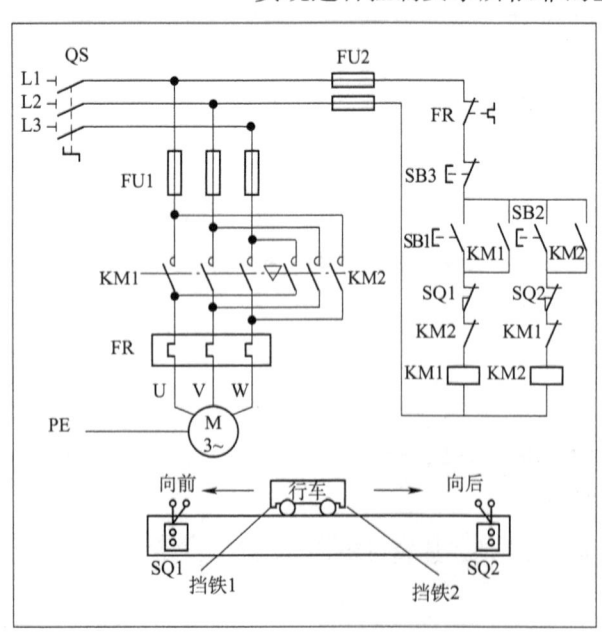

图 5-13 位置控制线路

1) 行车向前运动

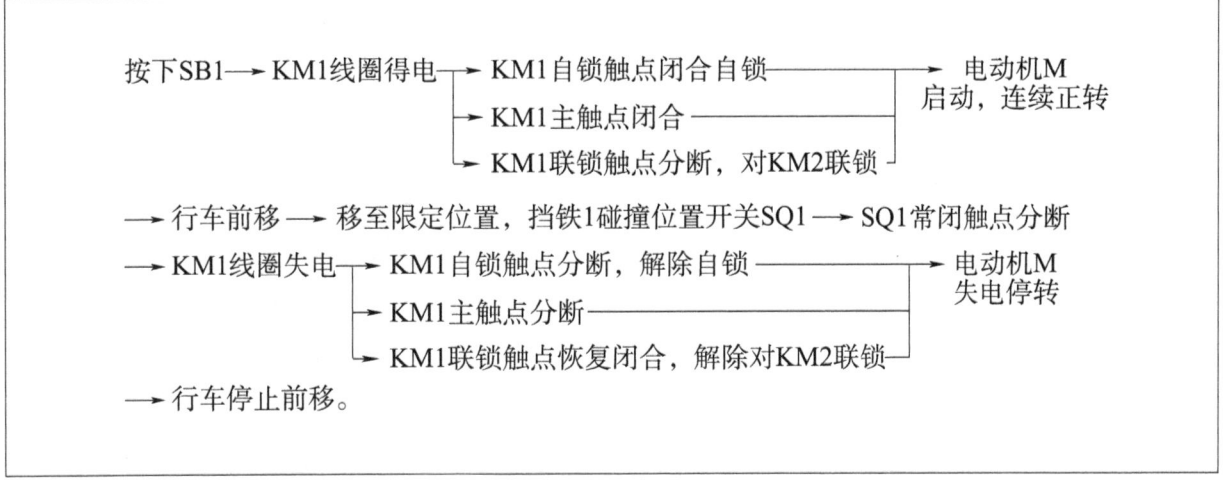

此时,即使再按下SB1,由于SQ1常闭触点已分断,接触器KM1线圈也不会得电,保证了行车行程不会超过SQ1所在的位置。

2) 行车向后运动

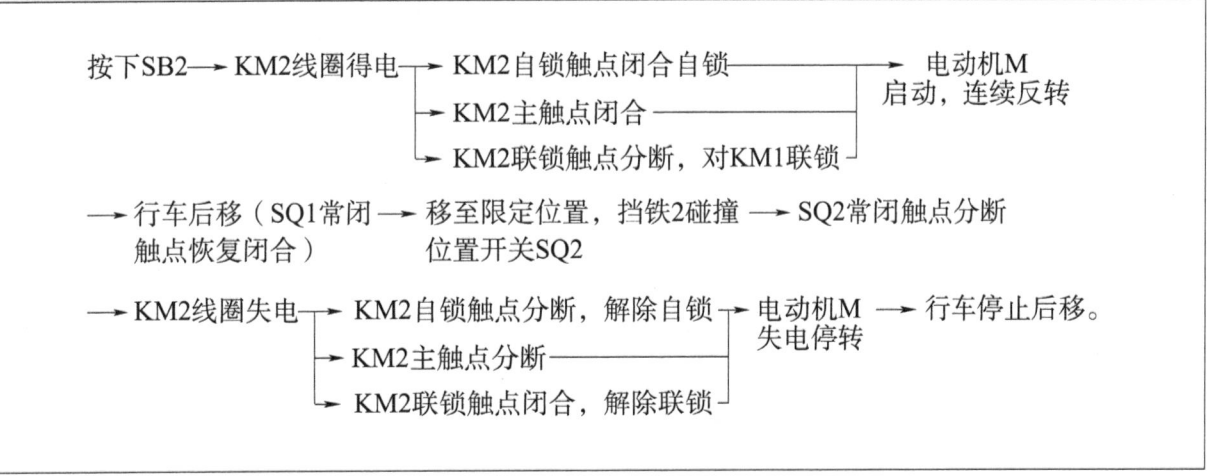

3) 停止

停止时,按下SB3即可。

2. 自动往返控制线路

有些生产机械,要求工作台在一定的行程内能自动往返运动,以便实现对工件的连续加工,提高生产效率,这就需要电气控制线路能对电动机实现自动转换正反转控制。由位置开关控制的工作台自动往返控制线路如图5-14a)所示,工作台自动往返运动示意如图5-14b)所示。

为了使电动机的正反转控制与工作台的左右运动相配合,在控制线路中设置了4个位置开关SQ1、SQ2、SQ3、SQ4,分别安装在工作台需要限位的地方。其中SQ1、SQ2用于自动换接电动机正反转控制线路,实现工作台的自动往返行程控制;SQ3、SQ4用于终端保护,防止SQ1、SQ2失灵时工作台越过限定位置而发生的事故。

线路的工作原理请自行分析。

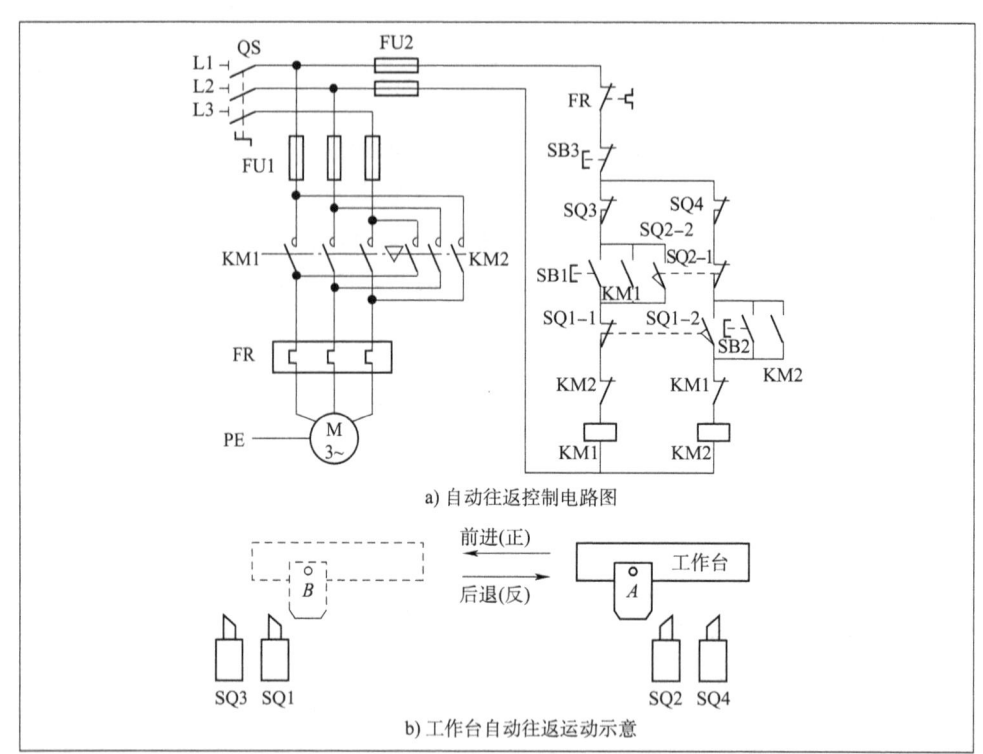

图 5-14 自动循环控制线路

任务实施工单

班级		姓名	
情境描述	Z37摇臂钻床的主轴电动机只能正转,不能反转,你知道是什么原因吗?		
互动交流	1. 什么叫联锁(互锁)？联锁(互锁)的方法有哪几种？ 2. 画出接触器联锁正反转控制的电路原理图。		
能力训练	三相异步电动机 Y112M-4 的规格为:4 kW、380 V、8.8 A、△接法、1440 r/min。选取合适的电气设备,完成接触器联锁正反转控制线路的安装。		
学习效果评估			
评价指标	学生自评	学生互评	教师评估
知识掌握程度	☆☆☆☆☆	☆☆☆☆☆	☆☆☆☆☆
能力掌握程度	☆☆☆☆☆	☆☆☆☆☆	☆☆☆☆☆
素质掌握程度	☆☆☆☆☆	☆☆☆☆☆	☆☆☆☆☆

任务四　实际控制电路的设计和安装

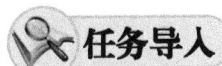

你知道如何在两个不同的地点控制同一台电动机吗?

一、顺序控制线路

在装有多台电动机的生产机械上,各电动机所起的作用是不同的,有时需按一定的顺序启动或停止,才能保证操作过程的合理和工作的安全可靠。例如:对于 X62W 型万能铣床,要求其主轴电动机启动后,进给电动机才能启动;对于 M7120 型平面磨床,要求其砂轮电动机启动后,冷却泵电动机才能启动。

顺序控制:要求几台电动机的启动或停止必须按一定的先后顺序完成的控制方式。

1. 主电路实现顺序控制

主电路实现顺序控制的电路如图 5-15 所示。线路的特点是电动机 M2 的主电路接在接触器 KM1 主触点的下面。

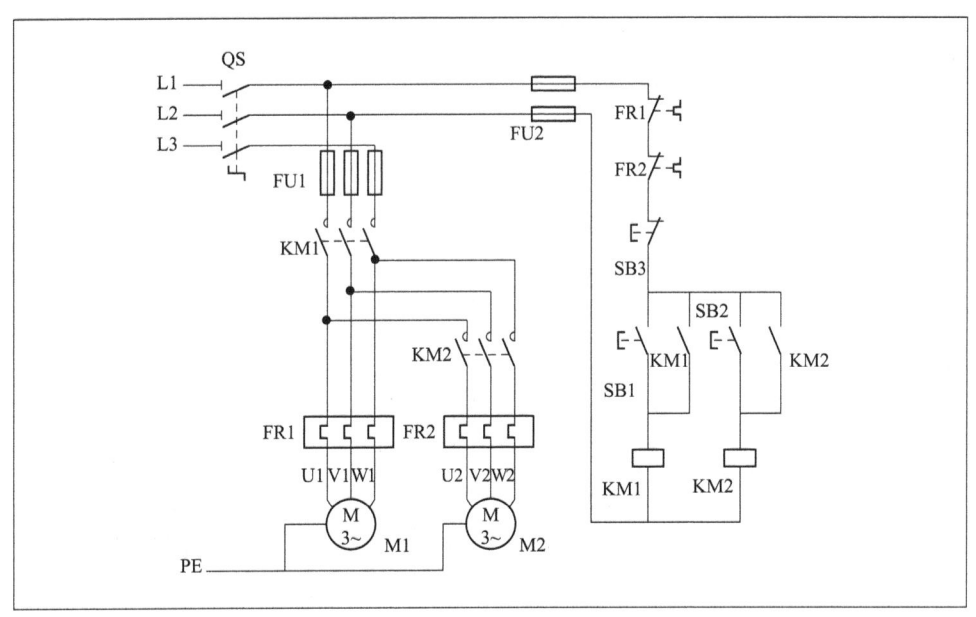

图 5-15　主电路实现顺序控制电路图

电动机 M1 和 M2 分别通过接触器 KM1 和 KM2 来控制,接触器 KM2 的主触点接在 KM1 主触点的下面,这样就保证了当 KM1 主触点闭合、电动机 M1 启动运转后,M2 才可能接通电源运转。

线路的工作原理如下:

先合上电源开关 QS。

1) 启动

按下SB1→KM1线圈得电→KM1自锁触点闭合自锁
　　　　　　　　　　　→KM1主触点闭合

→电动机M1启动运转。
→再按下SB2→KM2线圈得电→KM2自锁触点闭合自锁→电动机M2启动运转。
　　　　　　　　　　　　→KM2主触点闭合

2) 停止

按下 SB3→控制电路失电→KM1、KM2 主触点分断→电动机 M1、M2 同时停转。

停止使用时,断开电源开关 QS。

2. 控制电路实现顺序控制

几种在控制电路实现电动机顺序控制的电路图如图 5-16 所示,其特点是:

(1) 图 5-16a) 所示控制线路中,电动机 M2 的控制电路先与接触器 KM1 的线圈并接后再与 KM1 的自锁触点串接,即把电动机 M2 的控制电路接在电动机 M1 启动按钮的下方,这样就满足了 M1 启动后,M2 才能启动的顺序控制要求。

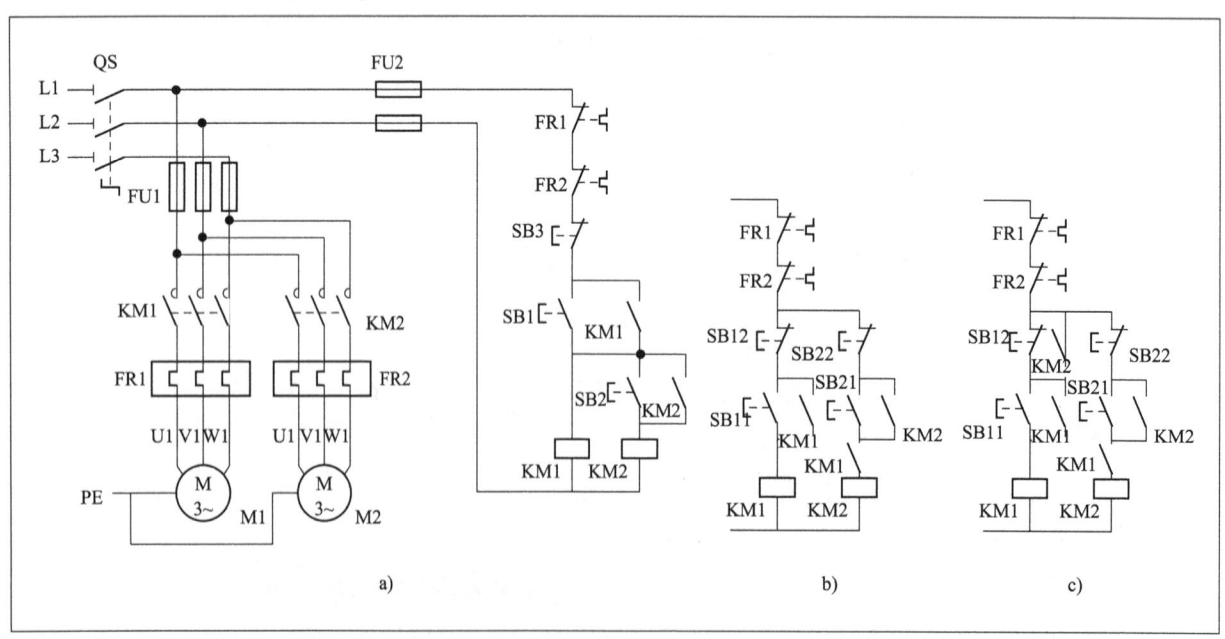

图 5-16　控制电路实现电动机顺序控制电路图

(2)图 5-16b)所示控制线路中,在电动机 M2 的控制电路中串接了接触器 KM1 的常开触点,这样,只要 M1 不启动,即使按下 SB21,由于 KM1 常开触点未闭合,KM2 线圈就不能得电,从而满足了 M1 启动后,M2 才能启动的顺序控制要求。线路中停止按钮 SB12 可控制两台电动机 M1 和 M2 同时停止,SB22 控制 M2 的单独停止。

(3)图 5-16c)所示控制线路中,在电动机 M2 的控制电路中串接了接触器 KM1 的常开触点,并在电动机 M1 的停止按钮 SB12 两端并接了接触器 KM2 的常开触点,从而满足了 M1 启动后,M2 才能启动;而 M2 停止后,M1 才能停止的控制要求,即 M1、M2 是顺序启动,逆序停止。

工作原理请自行分析。

二、多地控制线路

多地控制:能在两地或多地控制同一台电动机的控制方式,两地控制线路如图 5-17 所示。

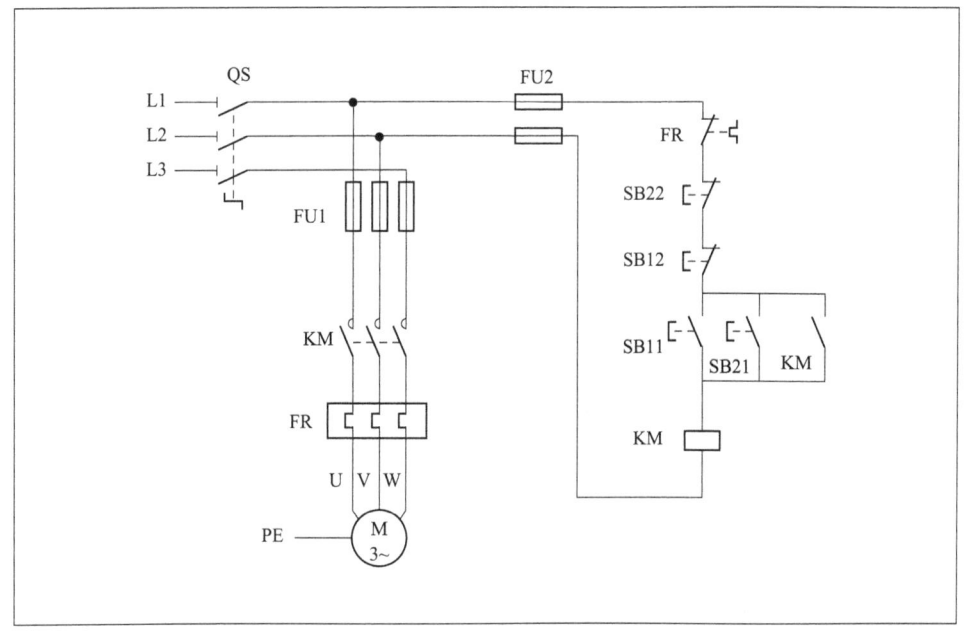

图 5-17 两地控制电路图

其中,SB11、SB12 为安装在甲地的启动按钮和停止按钮,SB21、SB22 为安装在乙地的启动按钮和停止按钮。

线路的特点是:两地的启动按钮 SB11、SB21 要并联在一起,停止按钮 SB12、SB22 要串联在一起。这样就可以分别在两地启动和停止同一台电动机,达到操作方便的目的。

要实现电动机的三地或多地控制,只要把各地的启动按钮并联在一起、停止按钮串联在一起就可以。

工作原理请自行分析。

任务实施工单

班级		姓名	
情境描述	某车床有两台电动机，M1 是主轴电动机，要求能正反转控制，M2 是冷却液泵电动机，只要求正转控制，要求 M2 要在 M1 启动后才能启动，两台电动机都要求有短路保护、过载保护、失压保护和欠压保护。你能设计出满足要求的电路图吗？		
互动交流	1. 什么叫顺序控制？什么叫多地控制？ 2. 顺序控制线路的特点是什么？ 3. 多地控制线路的特点是什么？		
能力训练	如图 5-18 所示为两条传送带运输机的示意。请按下列要求设计出两条传送带的控制电路图。 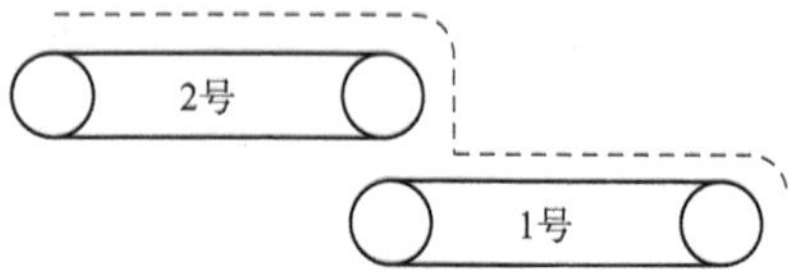 图 5-18　传送带运输机示意 1. 1 号传送带运输机启动后，2 号传送带运输机才能启动。 2. 1 号传送带运输机必须在 2 号传送带运输机停止后才能停止。 3. 可以在两个固定地点同时控制。 4. 具有短路保护、过载保护、失压保护及欠压保护。		
学习效果评估			
评价指标	学生自评	学生互评	教师评估
知识掌握程度	☆☆☆☆☆	☆☆☆☆☆	☆☆☆☆☆
能力掌握程度	☆☆☆☆☆	☆☆☆☆☆	☆☆☆☆☆
素质掌握程度	☆☆☆☆☆	☆☆☆☆☆	☆☆☆☆☆

任务五　三相异步电动机 Y-△降压启动控制线路的安装

你知道三相异步电动机的启动方法有哪些吗？

一、三相笼型异步电动机的启动控制

三相笼型异步电动机具有结构简单、坚固耐用、价格便宜、维修方便等优点，应用广泛。对它的启动控制有直接启动与降压启动两种方式。

常用的降压启动方法有 Y-△降压启动、自耦变压器降压启动、定子绕组串接电阻降压启动和延边△降压启动。

1. Y-△降压启动控制线路

Y-△降压启动适用于正常运行时接成△的电动机，在启动时可先把定子绕组接成 Y，以降低启动电压，限制启动电流。待电动机启动运转后，再把定子绕组改接成△，使其电压恢复到额定值，正常全压运转。

1）按钮、接触器 Y-△降压启动控制线路

按钮、接触器 Y-△降压启动控制线路如图 5-19 所示。该线路使用了三个接触器、一个热继电器和三个按钮。接触器 KM 作引入电源用，接触器 KM_Y 和 $KM_△$ 分别作 Y 启动用和△运行用，SB1 是启动按钮，SB2 是 Y-△换接按钮，SB3 是停止按钮，FU1 作为主电路的短路保护，FU2 作为控制线路的短路保护，FR 作为过载保护。

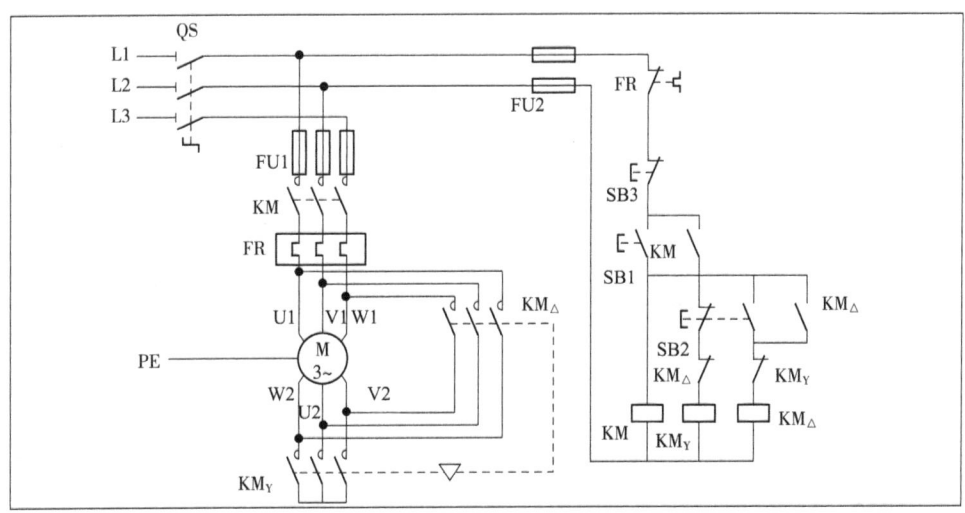

图 5-19　按钮、接触器 Y-△降压启动控制线路

线路的工作原理如下：

先合上电源开关 QS。

(1) 电动机 Y 接法降压启动。

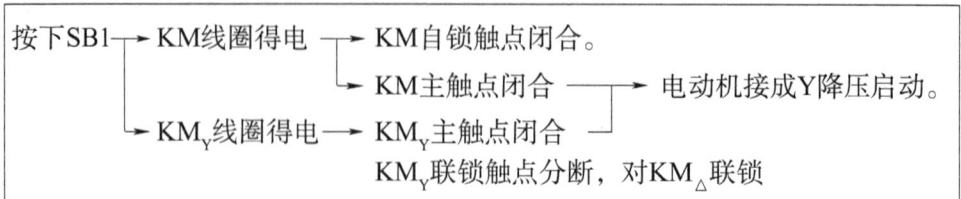

(2) 电动机 △ 接法全压运行：当电动机转速上升接近额定值时，

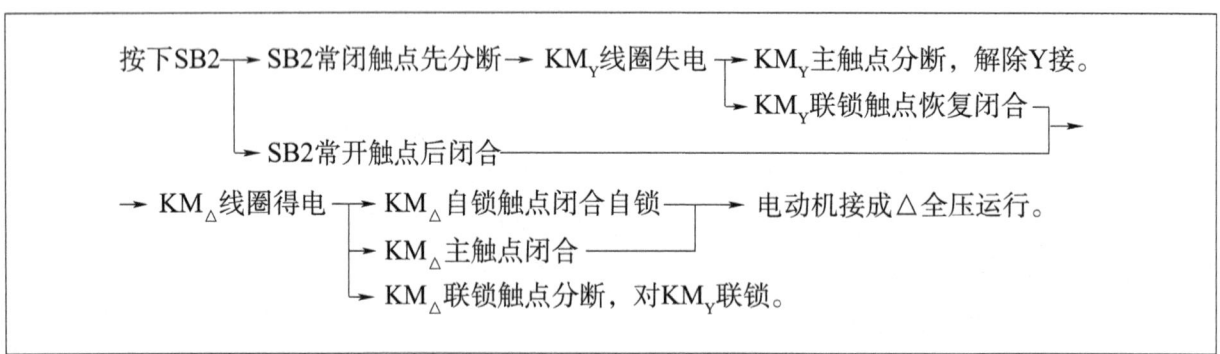

(3) 停止。

停止时，按下 SB3 即可。

2) 时间继电器自动控制 Y-△ 降压启动控制线路

时间继电器自动控制 Y-△ 降压启动控制线路如图 5-20 所示。该线路由三个接触器、一个热继电器、一个时间继电器和两个按钮组成。时间继电器 KT 用于控制 Y 降压启动时间，完成 Y-△ 自动切换。

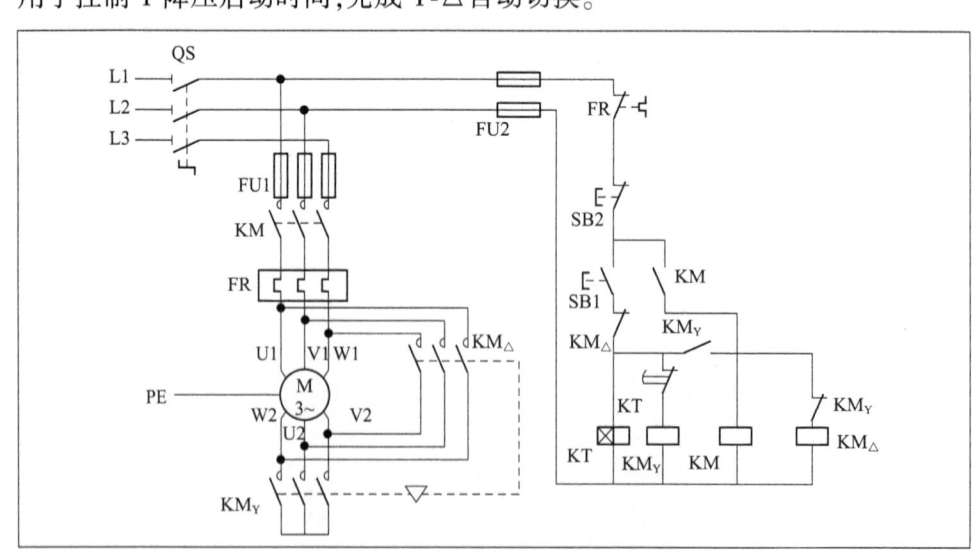

图 5-20　时间继电器自动控制 Y-△ 降压启动控制线路

线路工作原理如下：

先合上电源开关 QS。

(1)降压启动。

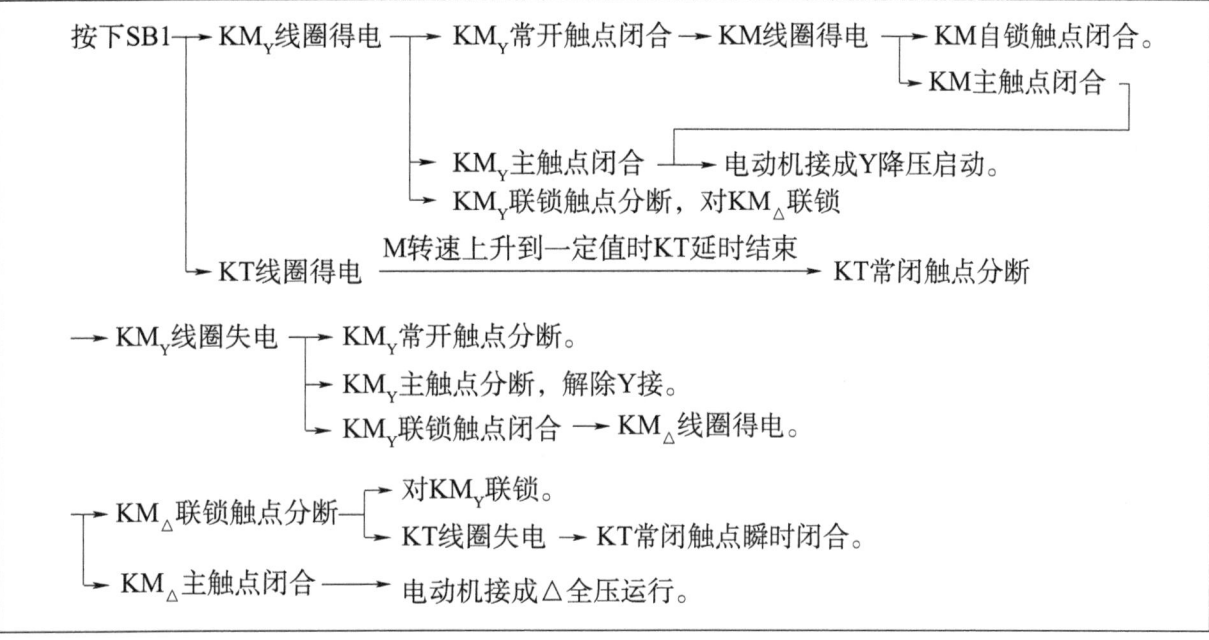

(2)停止。

停止时,按下 SB2 即可。

该线路中,接触器 KM_Y 得电以后,通过 KM_Y 的辅助常开触点使接触器 KM 线圈得电动作,这样 KM_Y 的主触点是在无负载的条件下进行闭合的,故可延长接触器 KM_Y 主触点的使用寿命。

2. 自耦变压器(补偿器)降压启动控制线路

自耦变压器降压启动是指电动机启动时用自耦变压器来降低加在电动机定子绕组上的电压。待电动机启动后,再使电动机与自耦变压器脱离,全压运行。这种降压启动原理如图 5-21 所示。

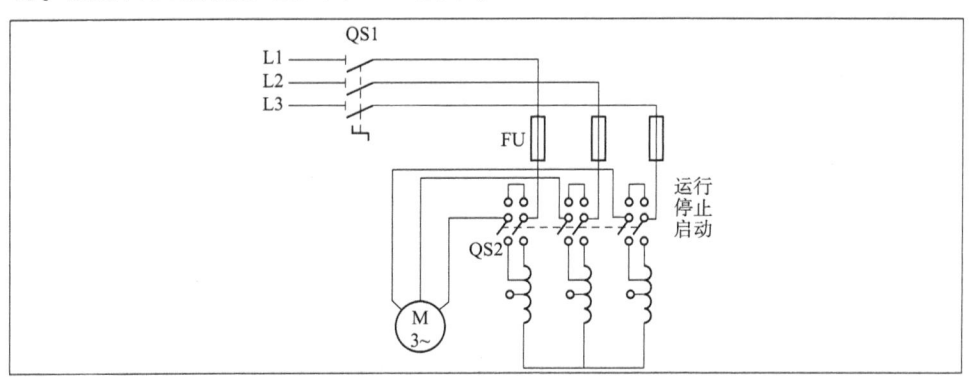

图 5-21 自耦变压器降压启动原理

自耦变压器降压启动原理:启动时,先合上电源开关 QS1,再将开关 QS2 扳到启动位置,此时电动机与变压器二次侧相接,电动机降压启动。当电动机转速上升到一定值时,迅速将 QS2 扳到运行位置。这时,电动机脱离自耦变压器而直接与电源相连,在额定电压下正常运行。

按钮、接触器、中间继电器控制补偿器降压启动控制线路如图 5-22 所示。

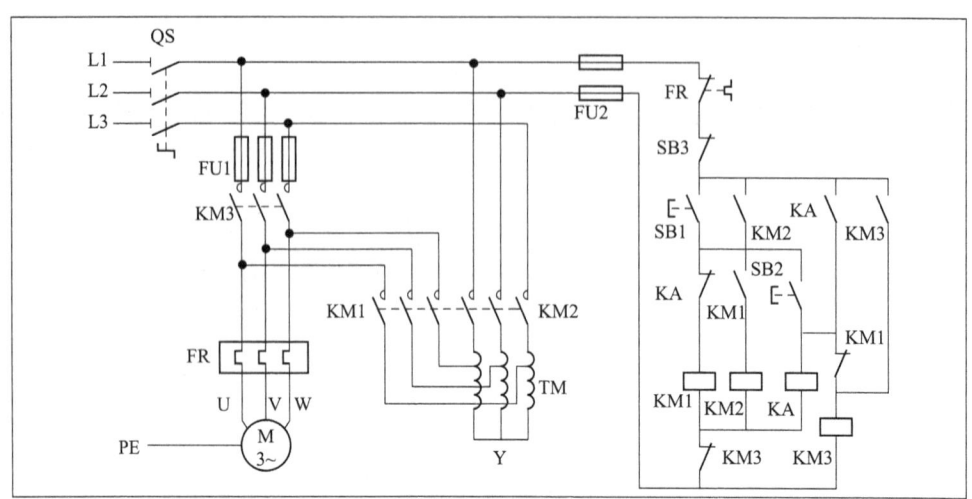

图 5-22　按钮、接触器、中间继电器控制补偿器降压启动控制线路

线路的工作原理如下：

先合上电源开关 QS。

(1) 降压启动。

(2) 全压运行：当电动机转速接近额定值时，

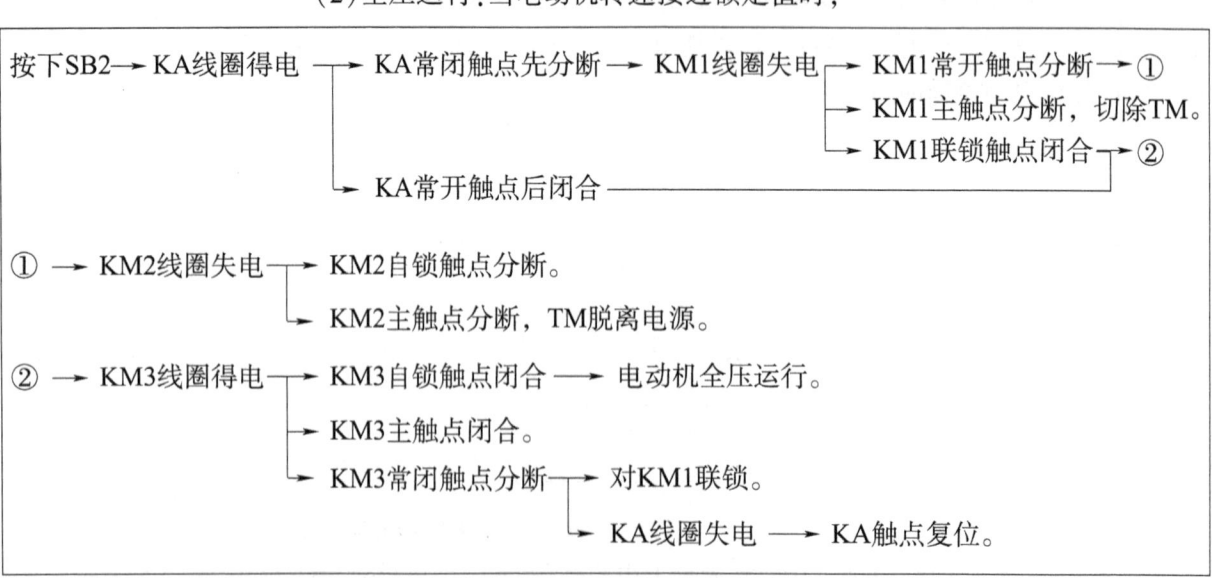

(3) 停止。

停止时按下 SB3 即可。

该控制线路的优点：启动时若操作者直接误按 SB2，接触器 KM3 线圈也不会得电，避免电动机全压启动；由于接触器 KM1 的常开触点与 KM2 线圈串联，

因此当降压启动完毕后,接触器 KM1、KM2 均失电,即使接触器 KM3 出现故障使触点无法闭合时,也不会使电动机在低压下运行。该线路的缺点是从降压启动到全压运转,需两次按动按钮,操作不便,且间隔时间也不能准确掌握。

XJ01 系列自耦变压器降压启动控制线路如图 5-23 所示。我国生产的 XJ01 系列自动控制补偿器是广泛应用的自耦变压器降压启动自动控制设备,适用于交流 50Hz、电压为 380 V、功率为 14~300 kW 的笼型三相异步电动机的降压启动。

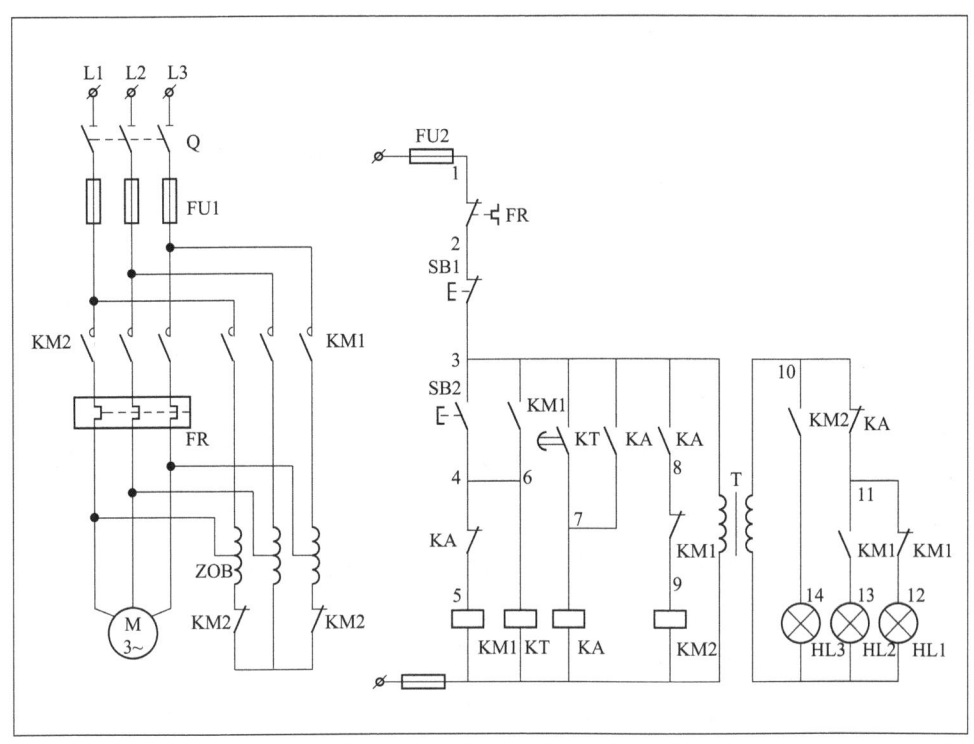

图 5-23　XJ01 系列自耦变压器降压启动控制线路

工作原理请自行分析。

其中指示灯 HL1 亮,表示电源有电,电动机处于停止状态;指示灯 HL2 亮,表示电动机处于降压启动状态;指示灯 HL3 亮,表示电动机处于全压运行状态。

自耦变压器降压启动的优点是启动转矩和启动电流可以调节;缺点是设备体积庞大,成本较高。因此,这种方法适用于额定电压为 220 V/380 V、接法为 Y-△、容量较大的三相异步电动机的降压启动。

3. 定子绕组串接电阻降压启动控制线路

定子绕组串接电阻降压启动是指在电动机启动时,把电阻串接在电动机定子绕组与电源之间,通过电阻的分压作用来降低定子绕组上的启动电压。待电动机启动后,再将电阻短接,使电动机在额定电压下正常运行。

1)按钮与接触器控制线路

按钮与接触器控制线路如图 5-24 所示。

工作原理如下:

先合上电源开关 QS。

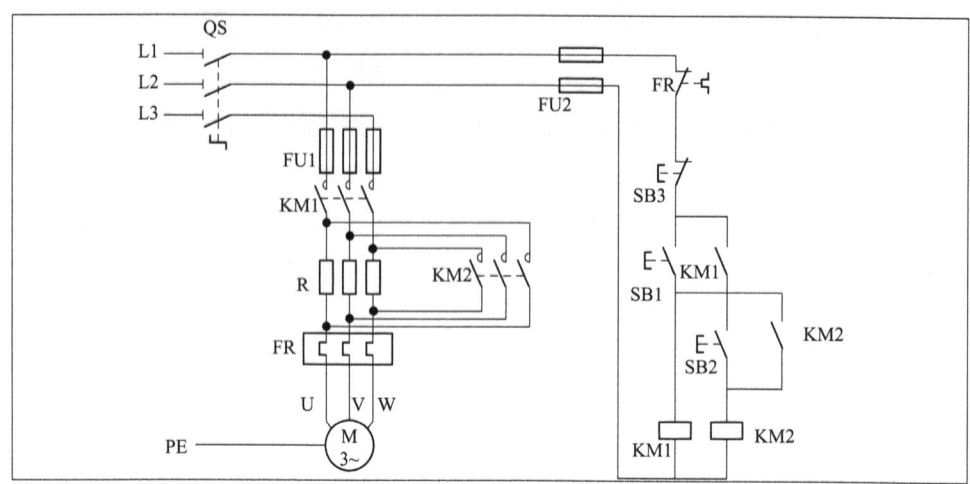

图 5-24　按钮与接触器控制线路

(1) 降压启动与全压运行。

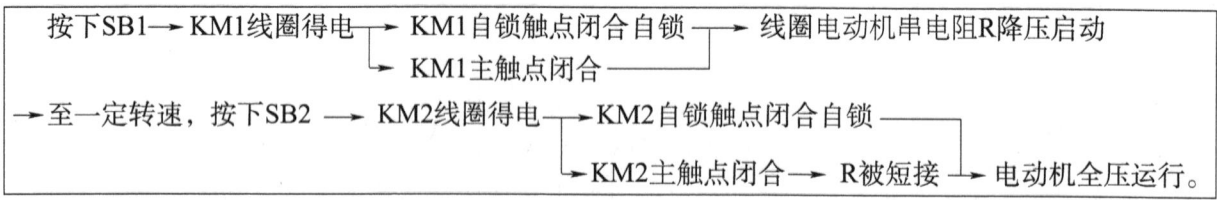

(2) 停止。

停止时,只需按下 SB3,控制电路失电,电动机 M 失电停转。

分析按钮与接触器控制线路可知,电动机从降压启动到全压运转的切换是操作人员通过操作按钮 SB2 来实现的,工作既不方便也不可靠。因此,实际中的控制线路常采用时间继电器来自动完成短接电阻的要求,以实现自动控制。

2) 时间继电器自动控制线路

时间继电器自动控制线路如图 5-25 所示。这个线路中用时间继电器 KT 代替了图 5-24 线路中的按钮 SB2,从而实现了电动机从降压启动到全压运行的自动控制。只要调整好时间继电器 KT 触点的动作时间,电动机由降压启动切换成全压运行的过程就能准确可靠地完成。

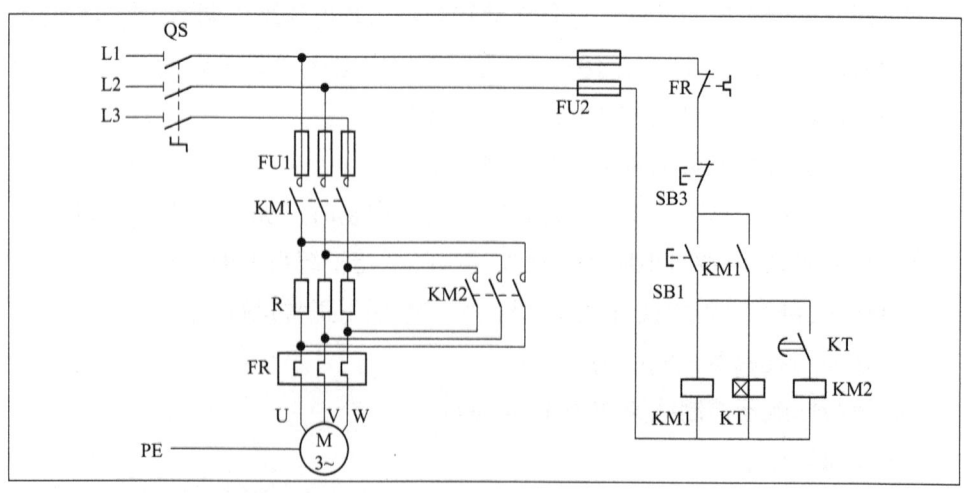

图 5-25　时间继电器自动控制线路

线路工作原理如下:

合上电源开关QS。

(1)降压启动全压运行。

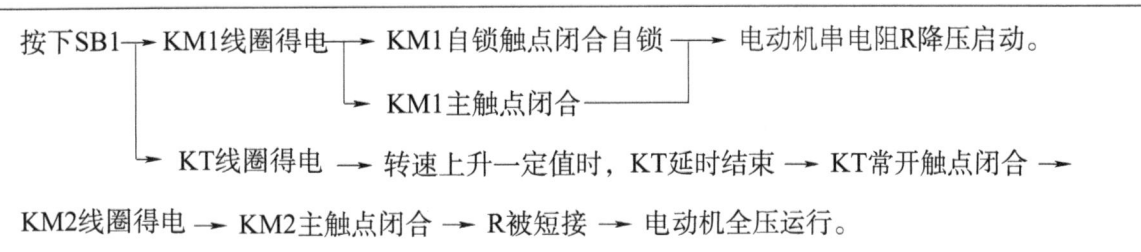

(2)停止。

停止时,按下SB2即可。

由以上分析可知,当电动机全压正常运行时,接触器KM1、接触器KM2、时间继电器KT的线圈均需长时间通电,从而使能耗增加,电气寿命缩短。为此,设计了如图5-26所示的线路。

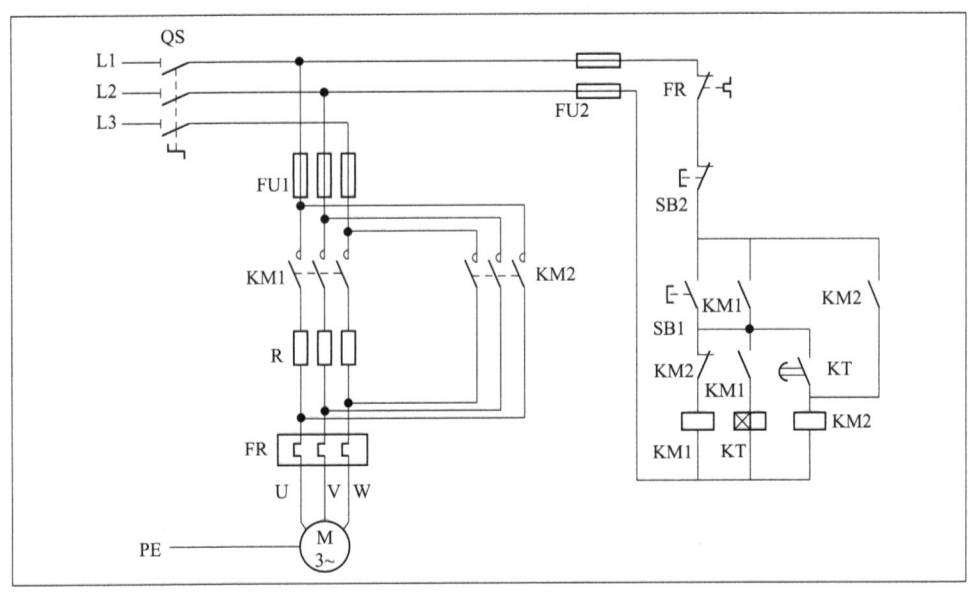

图5-26 改进后的时间继电器自动控制线路

该线路的主电路中,KM2的3对主触点不是直接并接在启动电阻R两端,而是把接触器KM1的主触点也并接了进去,这样接触器KM1和时间继电器KT只作短时间的降压启动用,待电动机全压运转后就全部从线路中切除,从而延长了接触器KM1和时间继电器KT的使用寿命,节省了电能,增强了电路的可靠性。

4. 延边△降压启动控制线路

延边△降压启动是指电动机启动时,把电动机定子绕组的一部分接成△,而另一部分接成Y,使整个定子绕组接成延边△,如图5-27所示。待电动机启动后,再把定子绕组切换成△全压运行。

延边△降压启动控制线路如图5-28所示。

工作原理请自行分析。

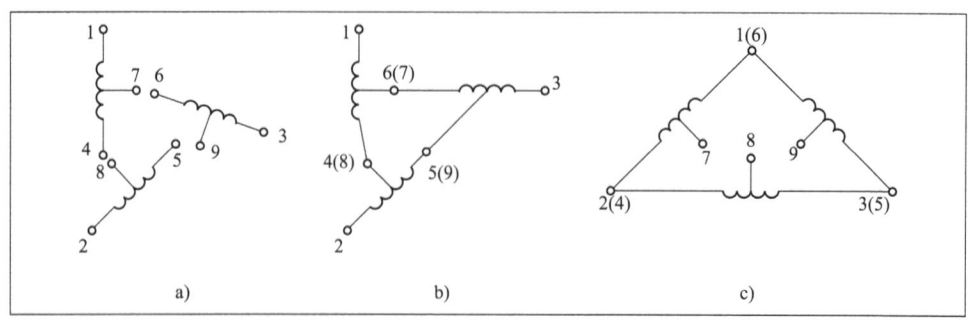

图 5-27 延边△降压启动电动机定子绕组接线

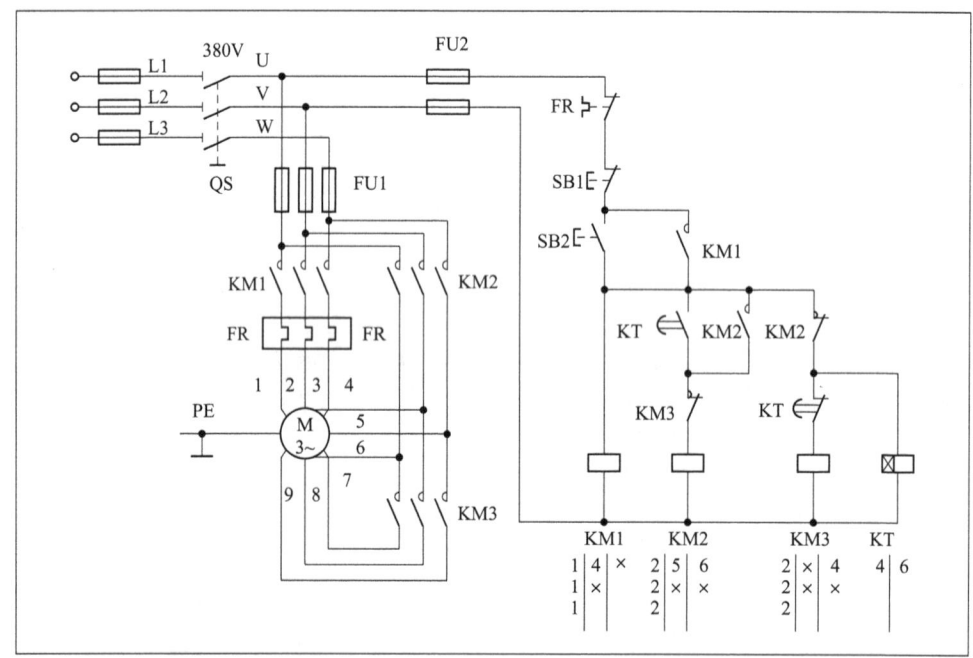

图 5-28 延边△降压启动控制线路

延边△降压启动是在 Y-△降压启动的基础上加以改进而形成的一种启动方式,它把 Y 和△两种接法结合起来,使电动机每相定子绕组承受的电压小于△接法时的相电压,而大于 Y 接法时的相电压,并且每相绕组电压的大小可随电动机绕组抽头位置的改变而加以调节,从而克服了 Y-△降压启动时启动电压偏低、启动转矩偏小的缺点。

采用延边△降压启动的电动机需要有 9 个出线端,这样不用自耦变压器,通过调节定子绕组的抽头比 K,就可以得到不同数值的启动电流和启动转矩,从而满足了不同的使用要求;缺点是接线复杂。

二、三相绕线型异步电动机的启动控制

1. 转子绕组串接电阻启动控制线路

1)按钮操作控制线路

按钮操作控制线路如图 5-29 所示。

工作原理请自行分析。

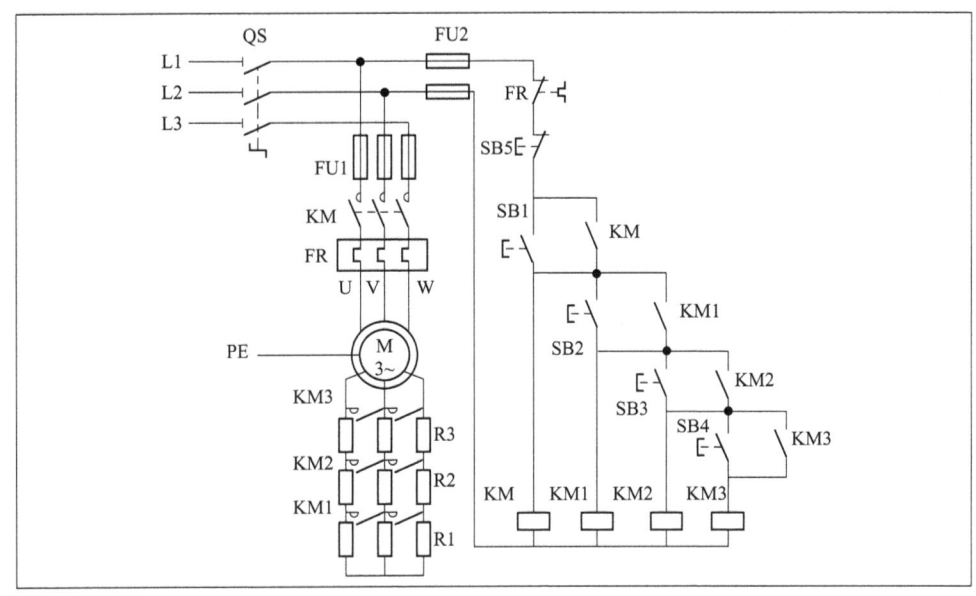

图 5-29 按钮操作控制线路

2）时间继电器自动控制线路

按钮操作控制线路的缺点是操作不便、工作也不安全可靠，所以在实际生产中常采用时间继电器自动控制短接启动电阻的控制线路，如图 5-30 所示。该线路是通过三个时间继电器 KT1、KT2、KT3 和三个接触器 KM1、KM2、KM3 的相互配合来一次自动切除转子绕组中的三极电阻。

与启动按钮 SB1 串接的接触器 KM1、KM2、KM3 辅助常闭触点的作用是保证电动机只有在转轴绕组中接入全部外加电阻的条件下才能启动。如果接触器 KM1、KM2、KM3 中任何一个触点因熔焊或机械故障而没有释放，启动电阻就没有被全部接入转子绕组中，从而使启动电路的启动电流超过规定值。若把接触器 KM1、KM2 和 KM3 的常闭触点与 SB1 串接在一起，就可避免这种现象的发生，三个接触器中只要有一个触点没有恢复闭合，电动机就不可能接通电源直接启动。

工作原理请自行分析。

2. 转子绕组串接频敏变阻器启动控制线路

三相绕线型异步电动机采用的转子绕组串接电阻的启动方法，要想获得良好的启动特性，一般需要较多的启动级数，所用电器较多，控制线路复杂，设备成本高，维修不便，同时由于逐级切除电阻，会产生一定的机械冲击力。因此，在工矿企业中对于不频繁启动的设备，广泛采用频敏变阻器代替启动电阻，来控制三相绕线型异步电动机的启动。

在电动机启动时，将频敏变阻器 RF 串接在转子绕组中，频敏变阻器的等值阻抗随转子电流频率的减小而减小，从而达到自动变阻的目的。因此，只需用一级频敏变阻器就可以平稳地启动电动机。启动完毕短接切除频敏变阻器。

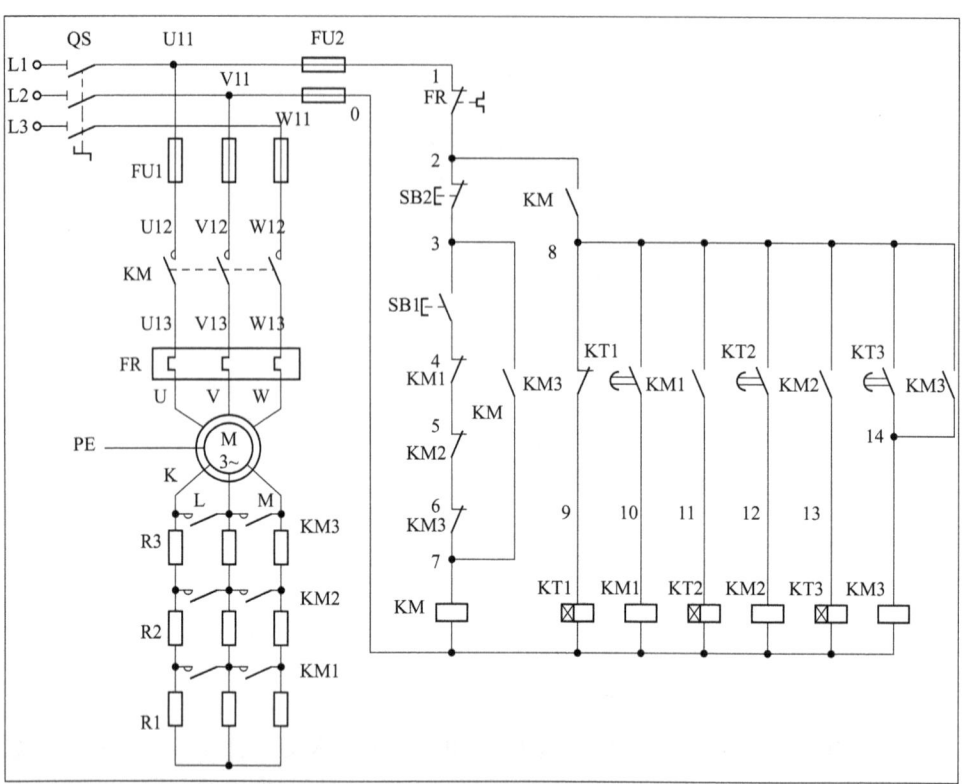

图 5-30 时间继电器自动控制短接启动电阻的控制线路

转子绕组串接频敏变阻器启动的电路如图 5-31 所示。在启动过程中可利用转换开关 SA 实现自动控制和手动控制。

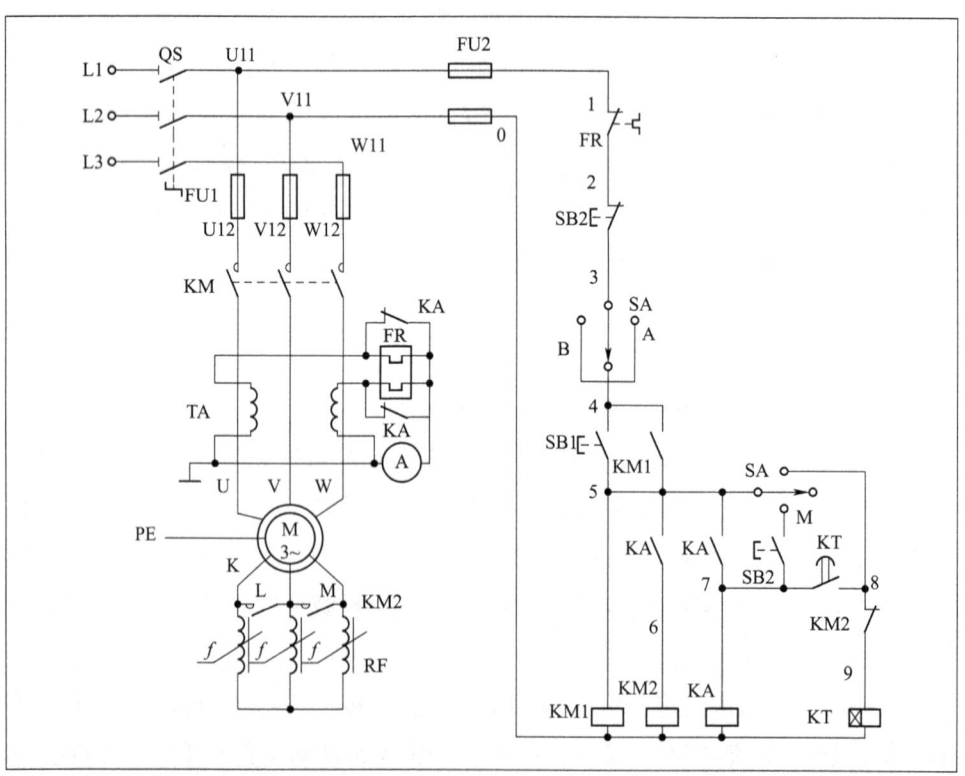

图 5-31 转子绕组串接频敏变阻器启动电路

工作原理请自行分析。

任务实施工单

班级		姓名	
情境描述	某笼型三相异步电动机,为 Y 接法,你能为它设计一种降压启动的控制线路吗?		
互动交流	1. 三相异步电动机的启动方法有哪些? 2. Y-△降压启动适用于什么电动机?电动机 Y-△降压启动时的电流和转矩是正常启动时的多少倍?		
能力训练	笼型三相异步电动机 Y132M-4 的技能参数:7.5 kW、380 V、15.4 A、△接法、1440 r/min,采用 Y-△降压启动的方式。要求启动时将定子绕组接成 Y,3 s 后自动换接成△,设计控制线路,并进行安装和检修。		
学习效果评估			
评价指标	学生自评	学生互评	教师评估
知识掌握程度	☆☆☆☆☆	☆☆☆☆☆	☆☆☆☆☆
能力掌握程度	☆☆☆☆☆	☆☆☆☆☆	☆☆☆☆☆
素质掌握程度	☆☆☆☆☆	☆☆☆☆☆	☆☆☆☆☆

任务六　单向启动反接制动控制线路的安装

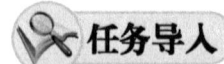

你知道如何用控制线路来实现三相异步电动机的制动吗？

一、机械制动

利用机械装置使电动机断开电源后迅速停转的方法叫机械制动。常用的方法有电磁抱闸制动器制动和电磁离合器制动。

1. 电磁抱闸制动器制动

电磁抱闸制动器可分为断电制动型和通电制动型两种。断电制动型的工作原理为：当制动电磁铁的线圈得电时，制动器的闸瓦与闸轮分开，无制动作用；当线圈失电时，闸瓦紧紧抱住闸轮制动。通电制动型的工作原理为：当制动电磁铁的线圈得电时，制动器的闸瓦紧紧抱住闸轮制动；线圈失电时，闸瓦与闸轮分开，无制动作用。

1）电磁抱闸制动器断电制动控制线路

电磁抱闸制动器断电制动控制线路如图 5-32 所示。

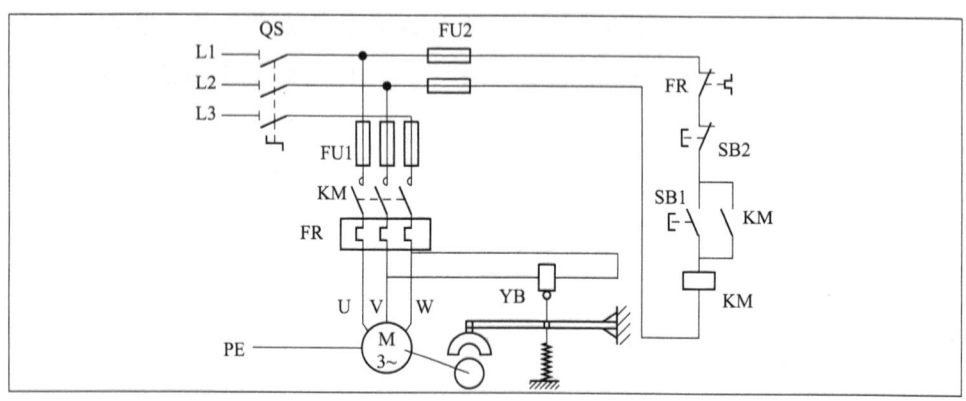

图 5-32　电磁抱闸制动器断电制动控制线路

线路工作原理如下：

（1）启动运转。

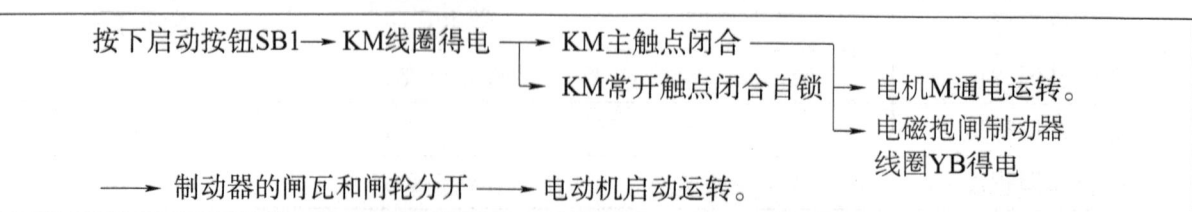

(2)制动停转。

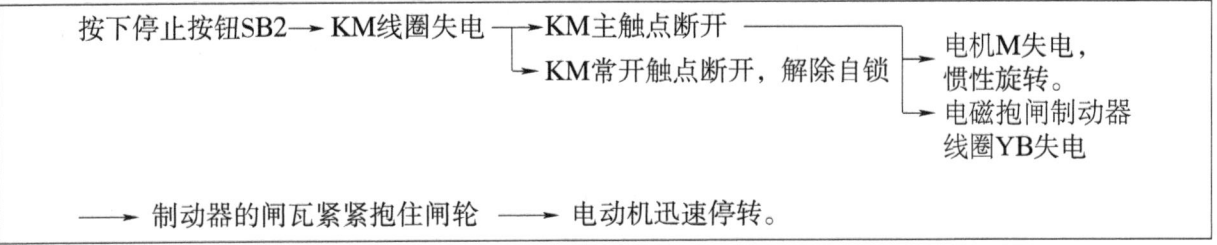

电磁抱闸制动器断电制动在起重机械上广泛应用。优点是定位准确,同时可防止电动机突然断电时重物自行坠落。缺点是经济性差,因为电磁抱闸制动器线圈耗电时间和电动机一样长;而且切断电源后,由于电磁抱闸制动器的制动作用,手动调整工件很困难。因此,有电动机制动后能调整工件位置要求的机床设备不能采用这种制动控制线路,可采用通电制动控制线路。

2)电磁抱闸制动器通电制动控制线路

如图5-33所示,当电动机得电运转时,电磁抱闸制动器线圈断电,闸瓦与闸轮分开,无制动作用;当电动机失电需停转时,电磁抱闸制动器的线圈得电,使闸瓦紧紧抱住闸轮制动;当电动机处于停转常态时,电磁抱闸制动器线圈也无电,闸轮与闸瓦分开,这样操作人员可以用手扳动主轴调整工件、对刀等。

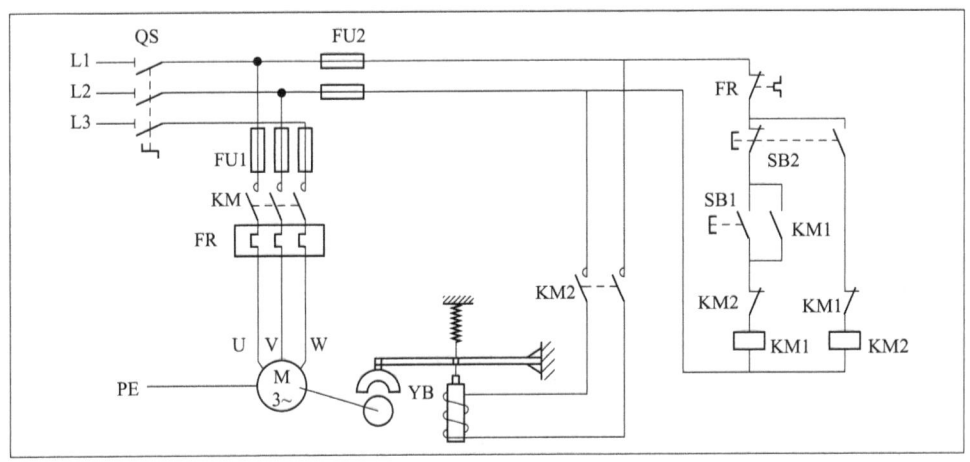

图5-33 电磁抱闸制动器通电制动控制线路

工作原理请自行分析。

2. 电磁离合器制动

电磁离合器制动的原理与电磁抱闸制动器制动的原理相似。实际生产中,电动葫芦的绳轮常采用这种制动方法。

二、电气制动

使电动机在切断电源停转的过程中产生一个和电动机实际旋转方向相反的电磁力矩,迫使电动机迅速制动的方法叫作电气制动。电气制动方法可分为反接制动、能耗制动和再生发电制动。常用的是反接制动和能耗制动。

1. 反接制动

反接制动是靠改变电动机定子绕组的电源相序来产生制动力矩，迫使电动机制动的方法。值得注意的是，当电动机转速接近零时，应立即切断电动机电源，否则电动机会反转，常利用速度继电器 KS 来自动地及时切断电源。

如图 5-34 所示是单向启动反接制动控制线路。该线路的主电路和正反转控制线路的主电路相同，只是为防止定子绕组过热和减小制动冲击，在反接制动时增加了 3 个限流电阻 R。线路中 KM1 为正转运行接触器，KM2 为反接制动接触器，KS 为速度继电器，其转轴与电动机转轴相连。

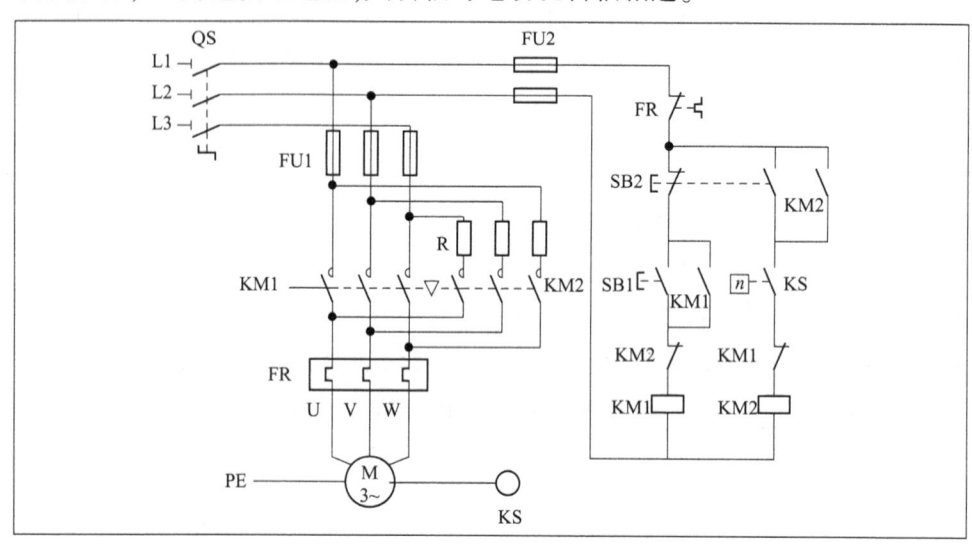

图 5-34　单向启动反接制动控制线路

线路的工作原理如下：

先合上电源开关 QS。

（1）单向启动。

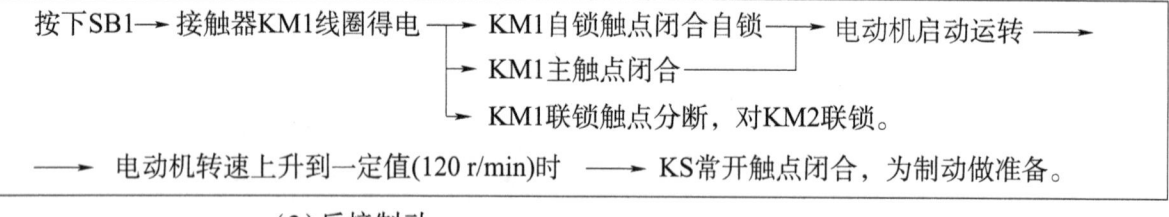

（2）反接制动。

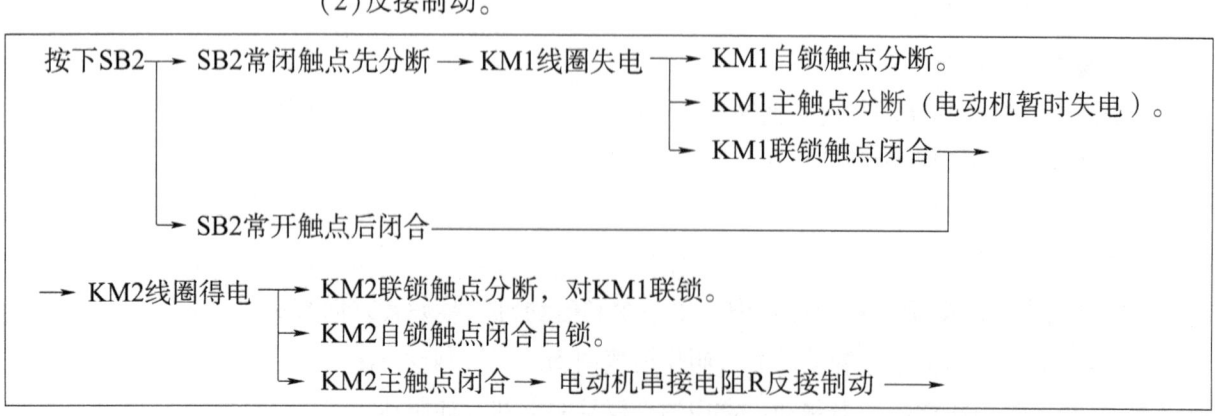

→ 电动机转速下降至100 r/min左右时 → KS常开触点分断 → KM2线圈失电 →

┌→ KM2联锁触点闭合，解除联锁。
├→ KM2自锁触点分断，解除自锁。
└→ KM2主触点分断 → 电动机脱离电源停转，制动结束。

反接制动适用于 10 kW 以下小容量电动机的制动,并且对 4.5 kW 以上的电动机进行反接制动时,需在定子回路中串入限流电阻 R,以限制反接制动电流。

如图 5-35 所示为电动机可逆运行反接制动控制线路。该线路所用电器较多,其中 KM1 既是正转运行的接触器,又是反转运行时的反接制动接触器；KM2 既是反转运行的接触器,又是正转运行时的反接制动接触器；KM3 作短接限流电阻 R 用；中间继电器 KA1、KA3 和接触器 KM1、KM3 配合完成电动机的正向启动、反接制动的控制要求；中间继电器 KA2、KA4 和接触器 KM2、KM3 配合完成电动机的反向启动、反接制动的控制要求；速度继电器 KS 有两对触点 KS-1、KS-2,分别用于控制电动机正转和反转时反接制动的时间；R 既是反接制动限流电阻,又是正反向启动的限流电阻。

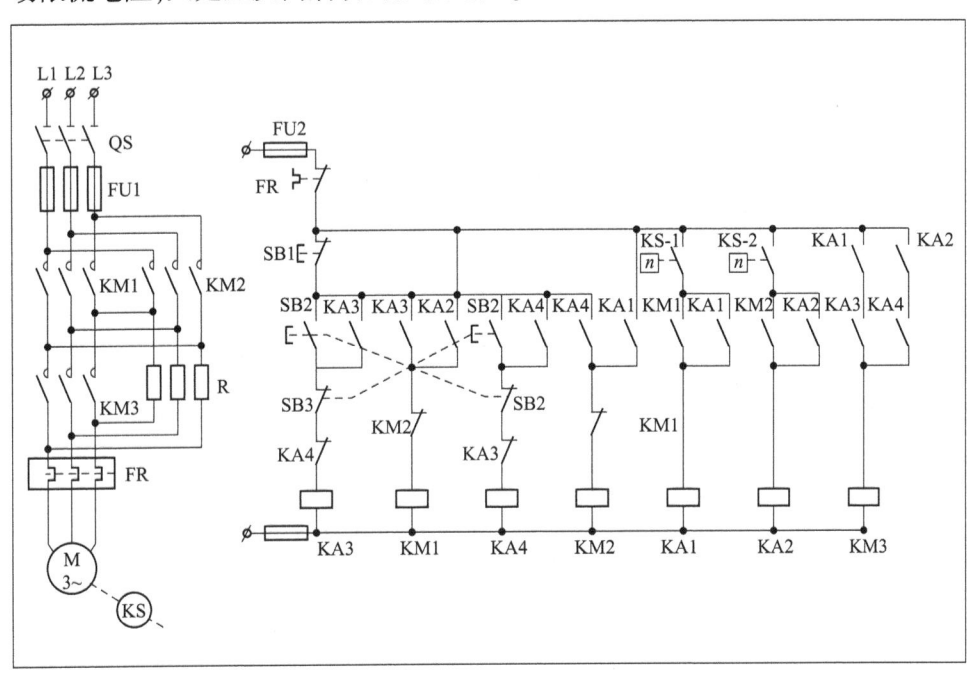

图 5-35 电动机可逆运行反接制动控制线路

工作原理请自行分析。

2. 能耗制动

能耗制动原理如图 5-36 所示。先断开电源开关 QS1,切断电动机的交流电源,这时转子仍沿原方向惯性运转；随后立即合上开关 QS2,并将 QS1 向下合闸,电动机 V、W 两相定子绕组通入直流电,使定子中产生一个恒定的静止磁场,这样做惯性运转的转子因切割磁力线而在转子绕组中产生感应电流,其方向可用右手定则判断出来。转子绕组中一旦产生了感应电流,又立即受到静止磁场的作用,产生电磁转矩,用左手定则判断可知此转矩的方向正好与电动机的转向相反,从而使电动机受制动迅速停转。由于这种制动方法是通过在定子绕组中通入直流电以消耗转子惯性运转的动能来进行制动的,因此称为能耗制动,又称动能制动。

图 5-36 能耗制动原理

1)无变压器单相半波整流能耗制动自动控制线路

无变压器单相半波整流能耗制动自动控制线路如图 5-37 所示。该线路采用单相半波整流器作为直流电源,所用附加设备较少、线路简单、成本低,常用于对制动要求不高的场合中 10 kW 以下的小容量电动机。

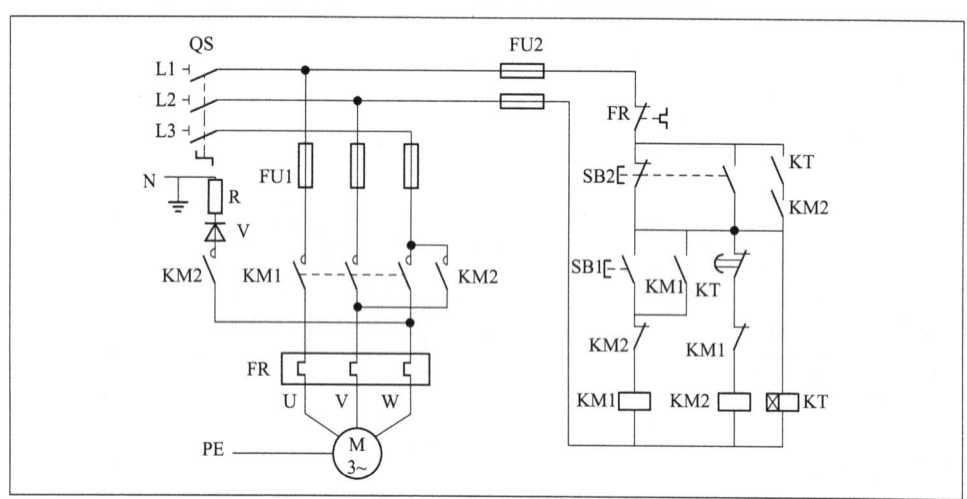

图 5-37 无变压器单相半波整流能耗制动自动控制线路

线路的工作原理如下:

先合上电源开关 QS。

(1)单向启动运转:分析略。

(2)能耗制动停转:

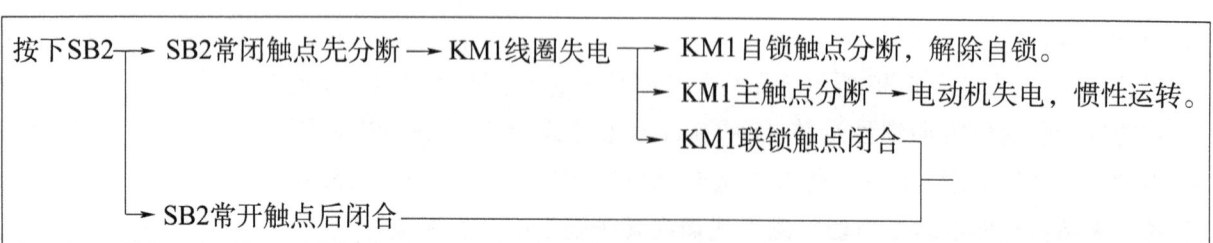

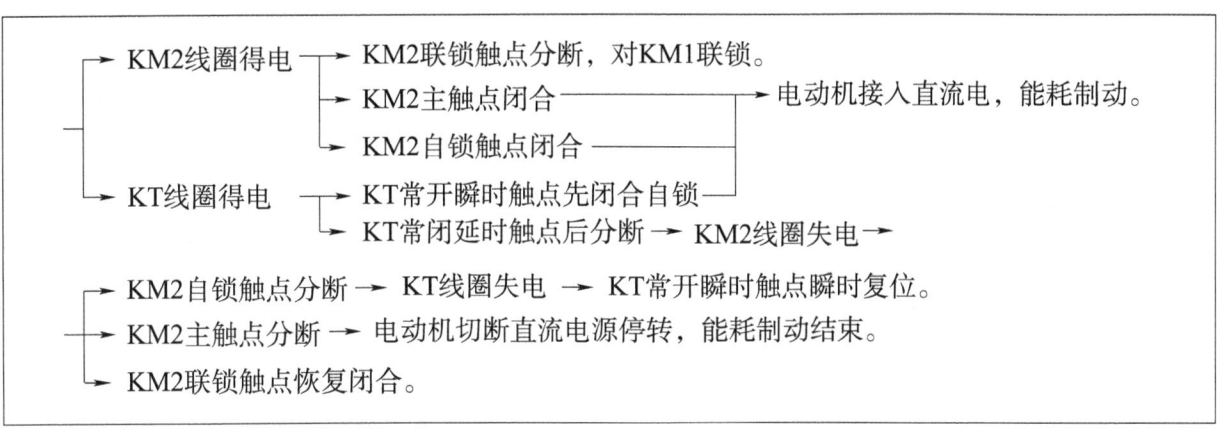

图中 KT 常开瞬时触点的作用是当 KT 出现线圈断线或机械卡阻等故障时，按下 SB2 后能使电动机制动并脱离直流电源。

2) 有变压器单相桥式整流能耗制动自动控制线路

10 kW 以上容量的电动机，多采用有变压器单相桥式整流能耗制动自动控制线路，如图 5-38 所示为有变压器单相桥式整流能耗制动自动控制线路，如图 5-39 所示为速度原则控制电动机可逆运行能耗制动控制线路。直流电源由单相桥式整流器 VC 供给，整流变压器一次侧与整流器的直流侧同时进行切换，有利于延长触点的使用寿命。

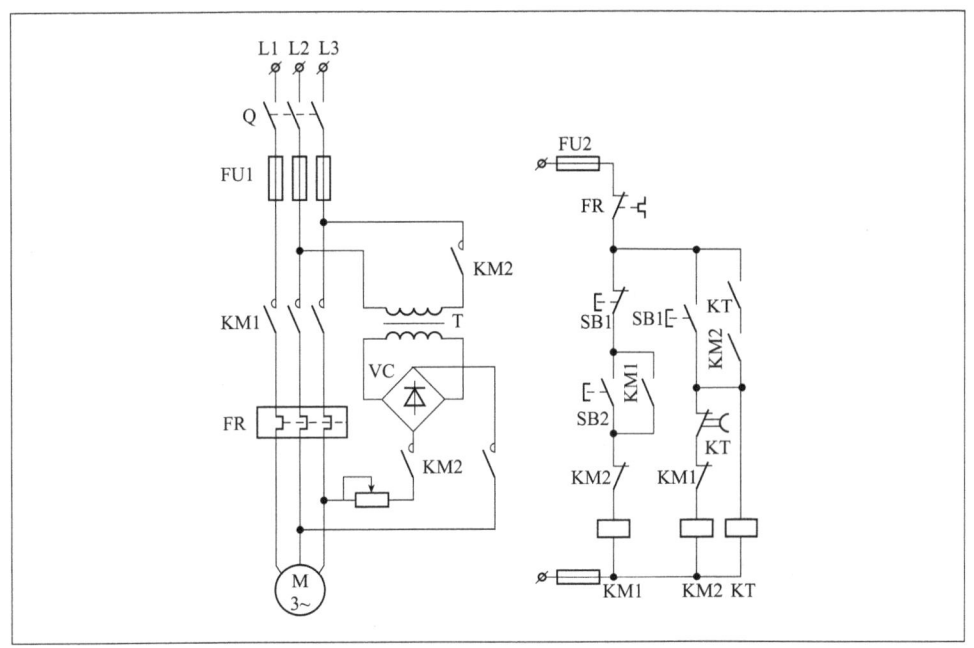

图 5-38　有变压器单相桥式整流能耗制动自动控制线路

工作原理请自行分析。

3. 再生发电制动

再生发电制动主要用在起重机械和多速异步电动机上。这种制动方法是在某种特殊情况下才使用的，目的是限制电动机的转动速度，不能用控制电路来实现。

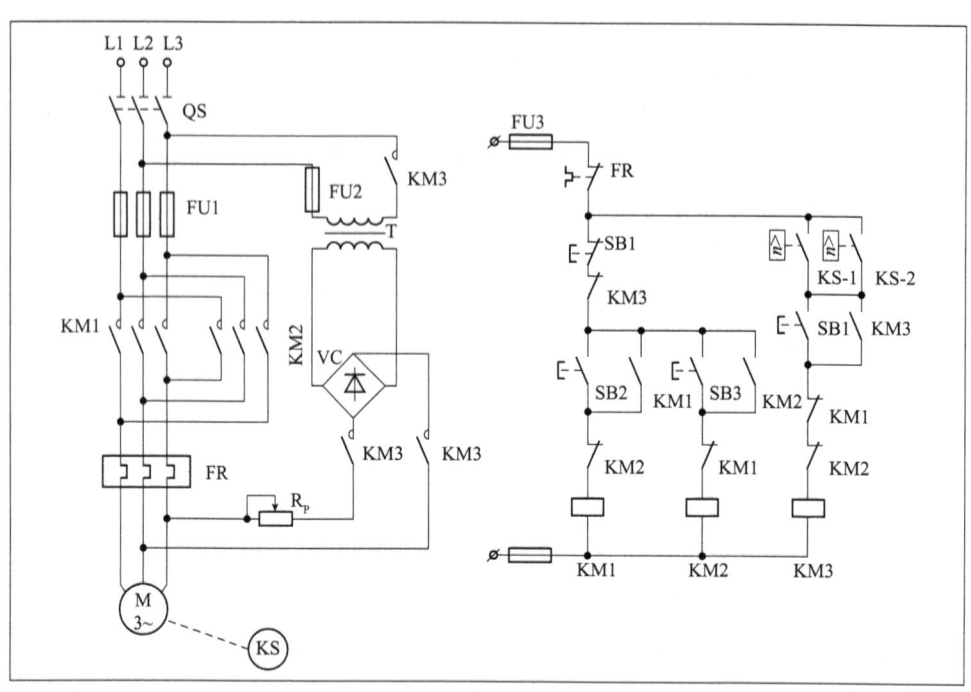

图 5-39 速度原则控制电动机可逆运行能耗制动控制线路

任务实施工单

班级		姓名	
情境描述	起重机正在提升重物,小张说,这样也太危险了,一会没电了重物不就掉下来了吗?你认为他说的对吗?		
互动交流	1.什么叫制动?制动的方法有哪些? 2.如何使用反接制动时的速度继电器?		
能力训练	三相异步电动机 Y112M-4 的规格为 4 kW、380 V、8.8 A、△接法、1440 r/min,要求电动机运行时只朝一个方向转动,停止时制动。选择制动方法,进行控制线路的设计和安装。		
学习效果评估			
评价指标	学生自评	学生互评	教师评估
知识掌握程度	☆☆☆☆☆	☆☆☆☆☆	☆☆☆☆☆
能力掌握程度	☆☆☆☆☆	☆☆☆☆☆	☆☆☆☆☆
素质掌握程度	☆☆☆☆☆	☆☆☆☆☆	☆☆☆☆☆

任务七　直流电动机启动控制线路的安装与调试

任务导入

你知道直流电动机是如何进行控制的吗？直流电动机的控制和三相异步电动机有什么不同呢？

知识探索

直流电动机具有良好的启动、制动与调速性能，容易实现直流电动机各种运行状态的自动控制。因此，在工业生产中直流拖动系统得到广泛的应用，直流电动机的控制已成为电力拖动自动控制的重要组成部分。如：高精度金属切削机床、轧钢机、造纸机、龙门刨床、电气机车等生产机械都是用直流电动机来拖动的。

由于并励直流电动机在实际生产中应用较广泛，因此主要讨论并励直流电动机的启动、正反转、制动、调速控制线路。

一、启动控制线路

直流电动机常用的启动方法有两种：电枢回路串电阻启动和降低电源电压启动。并励直流电动机通常采用电枢回路串电阻启动。

如图 5-40 所示是并励直流电动机电枢回路串电阻自动启动控制线路。

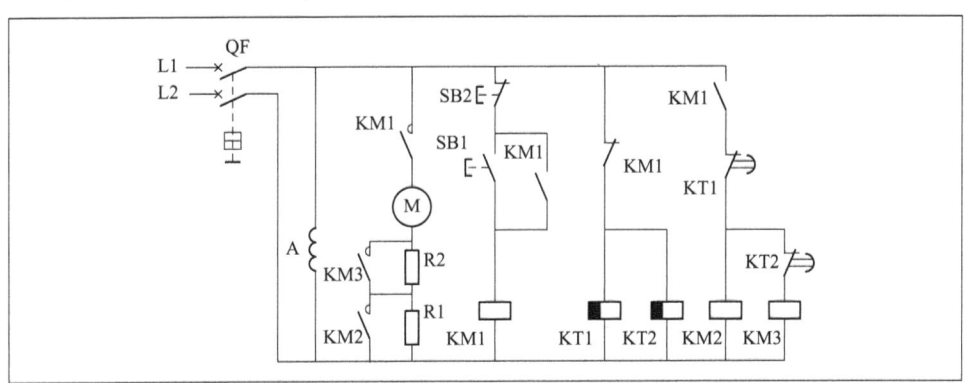

图 5-40　并励直流电动机电枢回路串电阻自动启动控制线路

线路的工作原理如下：

(1) 串联电阻启动运转。

合上断路器QF → 励磁绕组A得电励磁。
　　　　　　　↳ 时间继电器KT1、KT2线圈得电 → KT1、KT2延时闭合触点瞬时断开
→ 接触器KM2、KM3线圈得电，以保证R1、R2全部串入电枢回路启动。

(2) 进入正常运行。

按下SB1 → KM1线圈得电 → KM1常开触点闭合，为接触器KM2、KM3线圈得电做准备。
　　　　→ KM1主触点闭合 ┐
　　　　→ KM1自锁触点闭合 → 电动机串电阻R1、R2启动。
　　　　→ KM1辅助常闭触点分断 → KT1、KT2线圈失电 → 经KT1整定时间，
　　　　　　　　　　　　　　　　　　　　　　　　　　　　KT1常闭触点恢复闭合
→ KM2线圈得电 → KM2主触点闭合，短接电阻R1 → 电动机串电阻R2继续启动
→ 经KT2整定时间，KT2常闭触点恢复闭合 → KM2线圈得电 → KM3主触点闭合，短接电阻R2
→ 电动机启动结束，进入正常运行。

(3) 停止。

停止时，按下SB2即可。

二、正反转控制线路

控制直流电动机反转有两种方法：一种是电枢反接法，另一种是励磁绕组反接法。实际应用中，并励直流电动机的反转常采用电枢反接法来实现。

并励直流电动机正反转控制线路如图5-41所示。

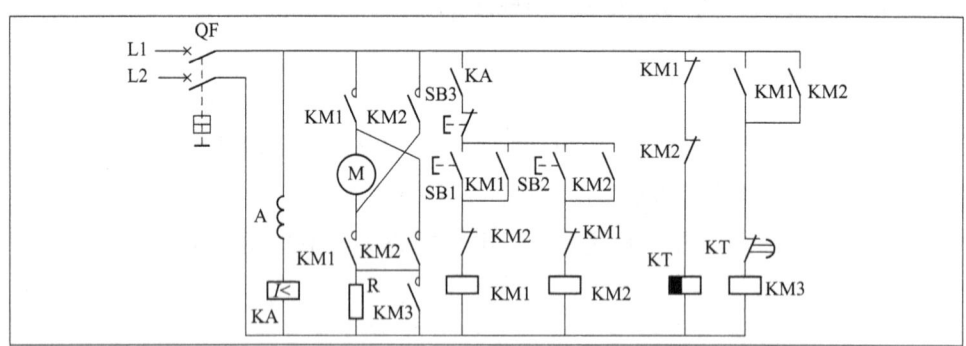

图5-41　并励直流电动机正反转控制线路

线路的工作原理如下：

(1) 正(反)转启动运转。

合上断路器QF → 励磁绕组A得电励磁。
　　　　　　　→ 欠流继电器KA得电 → KA常开触点闭合。
　　　　　　　→ 时间继电器KT线圈得电 → KT延时闭合常闭触点瞬时分断 →
接触器KM3失电 → 电动机串电阻R启动。
按下正转启动按钮SB1（或反转按钮SB2）→ 接触器KM1（KM2）线圈得电 →
　→ KM1(KM2)常开触点闭合，为KT3得电做准备。
　→ KM1(KM2)主触点闭合。
　→ KM1(KM2)自锁触点闭合自锁 → 电动机串电阻R正转（反转）启动。
　→ KM1(KM2)联锁触点分断，对KM1(KM2)联锁。
　→ KM1(KM2)常闭触点分断 → KT线圈失电 → 经KT整定时间，KT常闭触点恢复闭合 → KM3
　　线圈得电 → KM3主触点闭合 → 短接电阻R → 电动机启动结束，进入正常运行。

(2)停止。

停止时,按下 SB3 即可。

值得注意的是,这种接触器互锁控制中电动机从一种转向变为另一种转向时,必须先按下停止按钮 SB3,使电动机停转后,再按相应的启动按钮。

三、制动控制线路

与交流电动机一样,直流电动机在工作中也需要制动,其制动方法与交流电动机相似,分为机械制动和电气制动两大类。机械制动常用的方法是电磁抱闸制动器制动;电气制动常用的方法是能耗制动、反接制动和再生发电制动。由于电气制动具有制动力矩大、操作方便、无噪声等优点,因此在直流电力拖动系统中应用广泛。以下主要介绍两种电气制动方法。

1. 能耗制动控制线路

能耗制动是指保持直流电动机的励磁电流不变,将电枢绕组的电源切除后,立即使其与制动电阻连接成闭合回路,将转子惯性旋转的动能转化为电能并消耗在电枢回路中,同时获得制动转矩,迫使电动机迅速停转。

如图 5-42 所示为并励直流电动机单向启动能耗制动控制线路。

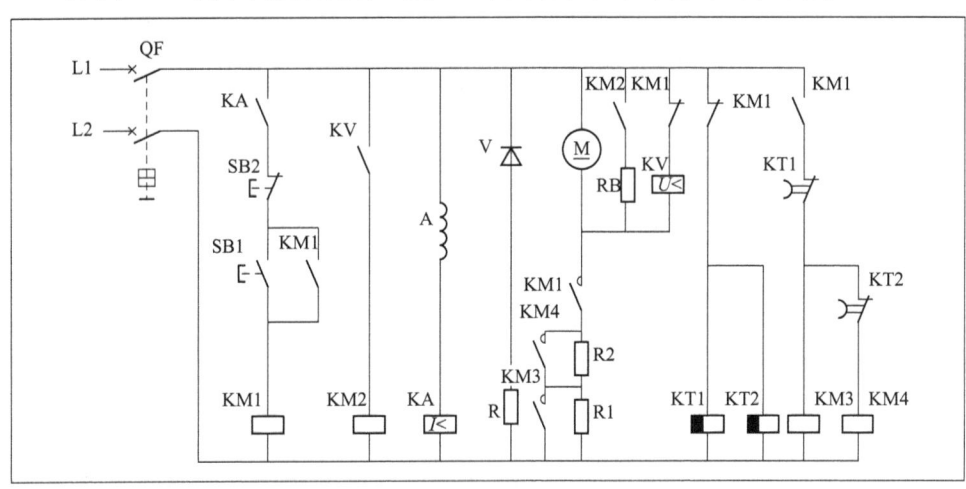

图 5-42 并励直流电动机单向启动能耗制动控制线路

其线路的工作原理如下:

(1)串电阻单向启动运转。

合上电源开关 QF,按下启动按钮 SB1,电动机 M 接通电源进行串电阻启动运转。其详细控制过程请参照前面讲述的并励直流电动机电枢回路串电阻启动,自行分析。

(2)能耗制动停转。

按下按钮SB2 → KM1线圈失电 → KM1常开触点分断 → KM2、KM4线圈失电,触点复位。
　　　　　　　　　　　　　　→ KM1主触点分断 → 电枢回路断电。
　　　　　　　　　　　　　　→ KM1自锁触点分断,解除自锁。
　　　　　　　　　　　　　　→ KM1常闭触点恢复闭合 →

> → KT1、KT2线圈得电 → KT1、KT2延时闭合的常闭触点瞬时分断。
> → 由于惯性运转的电枢切割磁力线而在电枢绕组中产生感应电动势，使并接在电枢两端的欠电压继电器KV的线圈得电 → KV常开触点闭合 → KM2线圈得电 → KM2常开触点闭合 → 制动电阻RB接入电枢回路进行能耗制动 → 当电动机转速减小到一定值时，电枢绕组产生的感应电动势也随之减小到很小，使电压继电器KV释放 → KV触点复位 → KM2断电释放，断开制动回路，能耗制动完毕。

图中的电阻 R 为电动机能耗制动停转时励磁绕组的放电电阻，V 为续流二极管。

2. 反接制动控制线路

并励直流电动机的反接制动通常采用电枢绕组反接法，是通过把正转运行的电动机的电枢绕组突然反接来实现的。采用此方法进行反接制动时应注意两点：一是因电枢绕组突然反接时，电枢电流过大，易使换向器和电刷产生强烈的火花，对电动机的换向不利，故一定要在电枢回路中串入附加电阻，以限制电枢电流，附加电阻值的大小可取近似等于电枢的电阻值；二是当电动机的转速接近零时，应及时、准确、可靠地断开电枢回路的电源，以防止电动机反转。

直流电动机反接制动的原理与直流电动机反转基本相同，所不同的是反接制动过程至转速为零时即结束。如图 5-43 所示为并励直流电动机双向启动反接制动控制线路。其中，KV 是电压继电器，KA 是欠电流继电器，R1 和 R2 是二级启动电阻，RB 是制动电阻，R 是励磁绕组的放电电阻。

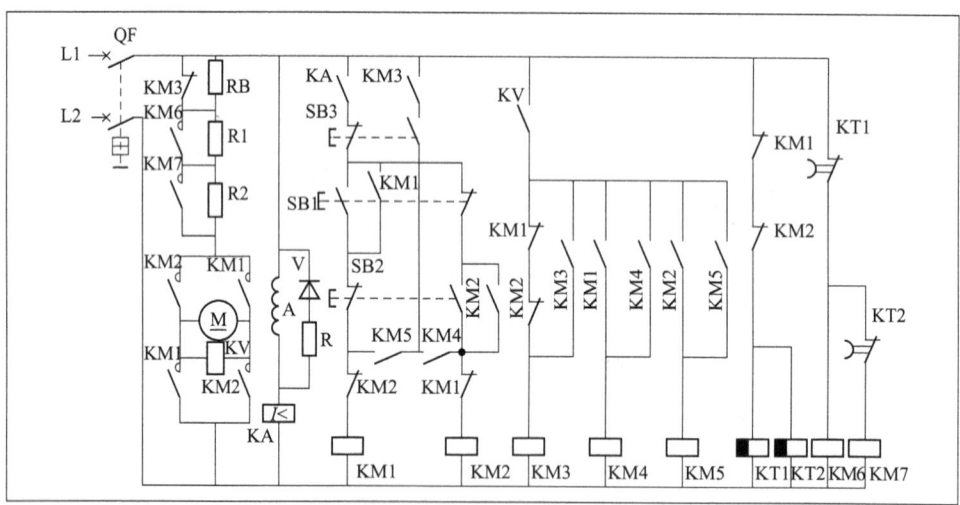

图 5-43 并励直流电动机双向启动反接制动控制线路

线路的工作原理如下：

（1）正向启动运转。

> 先合上断路器QF → 励磁绕组A得电励磁。
> → 欠流继电器KA得电 → KA常开触点闭合，为启动做准备。
> → 时间继电器KT1和KT2线圈得电 → KT1、KT2延时闭合的常闭触点瞬时分断 → 接触器KM6和KM7线圈失电，电动机串电阻R1和R2启动。

```
按下SB1 ┬─ SB1常闭触点先分断，对KM2联锁。
         └─ SB1常开触点后闭合 → KM1线圈得电 ┬─ KM1主触点闭合─────┐
                                              ├─ KM1自锁触点闭合自锁─ ①
                                              ├─ KM1③对常闭触点分断─ ②
                                              └─ KM1常开触点闭合
```

① → 电动机串电阻R1、R2正转启动。
② ┬─ 对KM2、KM3联锁。
   └─ KT1和KT2线圈失电 → 经KT1和KT2整定时间,KT1和KT2常闭触点先后闭合
→ KM6、KM7线圈先后得电 → KM6、KM7主触点先后闭合 → 逐级切除电阻R1和R2
→ 电动机进入正常运转。

在电动机刚启动时，由于电枢中的反电动势为零，电压继电器KV不动作，接触器KM3、KM4、KM5线圈均处于失电状态；随着电动机转速升高，反电动势建立后，电压继电器KV得电动作，其常开触点闭合，接触器KM4线圈得电，KM4常开触点均闭合，为反接制动做好了准备。

（2）反接制动。

```
按下SB3 ┬─ SB3常闭触点先分断 → KM1线圈失电 → KM1触点复位。(此时，电动机M
         │                                              仍做惯性运转，反电动势仍较高，
         │                                              电压继电器KV仍保持得电。)
         │
         └─ SB3常开触点后闭合 → KM2、KM3线圈得电 → KM2、KM3触点动作 →
电动机电枢绕组串入制动电阻RB反接制动 → 待转速接近零时，反电动势也接近零
→ 电压继电器KV断电释放 → 接触器KM3、KM4、KM2也断电释放，反接制动完毕。
```

关于反向启动及反向反接制动的工作原理，读者可自行分析，此处不再赘述。

四、调速控制线路

直流电动机的调速是指在电动机的机械负载不变的条件下改变电动机的转速。常见的调速方式有机械调速、电气调速。

机械调速是人为改变机械传动装置的传动比，从而改变生产机械的运行速度。机械调速是有级的,且在变换齿轮时必须停车,否则易将齿轮损坏。小型机床一般采用机械调速方式进行调速。

电气调速是通过改变电动机的机械特性来改变电动机的转速。电气调速可使机械传动机构简化,提高传动效率,还可实现无级调速,调速时不需要停车,操作简单,便于实现调速的自动控制。但其也有不足之处,如控制设备比较复杂、成本高等。

电气调速有3种方法：一是电枢回路串电阻调速,二是改变主磁通调速,三是改变电枢电压调速。

1. 电枢回路串电阻调速

如图5-44所示为并励直流电动机电枢回路串接电阻调速原理。这种调速

方法是通过在直流电动机的电枢回路中,串接调速变阻器来实现调速的。

电枢回路串电阻调速只能使电动机的转速在额定转速以下调节,故其调速范围较窄,一般为额定转速的 1~1.5 倍。另外,由于调速电阻长期通过较大的电枢电流,不但消耗大量的电能,而且会使机械特性变软,转速受负载的影响较大,因此不经济,稳定性也较差。但由于这种调速方法所用的设备简单,操作较方便,因此在短期工作、容量较小且机械特性硬度要求不太高的场合广泛使用,常用于蓄电池搬运车、无轨电车、吊车等生产机械。

2. 改变主磁通调速

如图 5-45 所示为并励直流电动机改变主磁通调速的原理。这种调速方法是通过改变励磁电流的大小来实现的。因为调节附加电阻器 R_P 时,可以改变励磁电流 I_f 的大小,从而改变主磁通 Φ 的大小,从而实现了电动机的调速。值得一提的是,由于直流电动机在额定转速运行时,磁路已稍有饱和,此调速方法只能通过减弱励磁实现调速。因此,这种调速方法也叫弱磁调速,即只能在额定转速以上范围内调速。但转速又不能调节得过高,以免电动机振动过大,换向条件恶化,甚至出现"飞车"事故。所以,用这种方法调速时,其转速一般在 3000 r/min 以下。

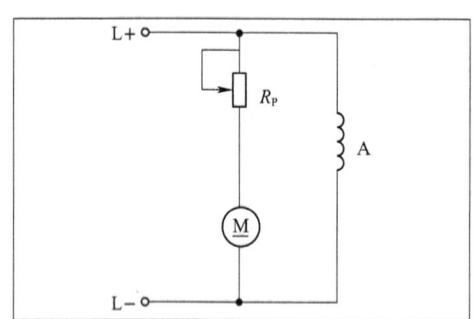
图 5-44 并励直流电动机电枢回路串接电阻调速原理

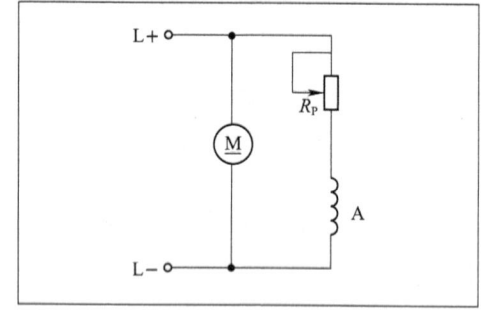
图 5-45 并励直流电动机改变主磁通调速的原理

3. 改变电枢电压调速

由于电网电压一般是不变的,因此这种调速方法适用于他励直流电动机的调速且必须配置专用的直流电源调压设备。在工业生产中通常采用他励直流发电机作为他励直流电动机电枢的电源,组成直流发电机-直流电动机组拖动系统,简称 G-M 调速系统。

G-M 调速系统的电路如图 5-46 所示,它是直流发电机-直流电动机调速系统的简称。其中 M1 是他励直流电动机,用来拖动生产机械;G1 是他励直流发电机,为他励直流电动机 M1 提供电枢电压;G2 是并励直流发电机,为他励直流电动机 M1 和他励直流发电机 G1 提供励磁电压,同时为控制电路提供直流电源;M2 是笼型三相异步电动机,用来拖动同轴连接的他励直流发电机 G1 和并励直流发电机 G2;A1、A2 和 A 分别是 G1、G2 和 M1 的励磁绕组;R1、R2 和 R 是调节变阻器,分别用来调节 G1、G2 和 M1 的励磁电流;KA 是过电流继电器,用于电动机 M1 的过载保护和短路保护;SB1、KM1 组成正转控制线路;SB2、

KM2 组成反转控制线路。

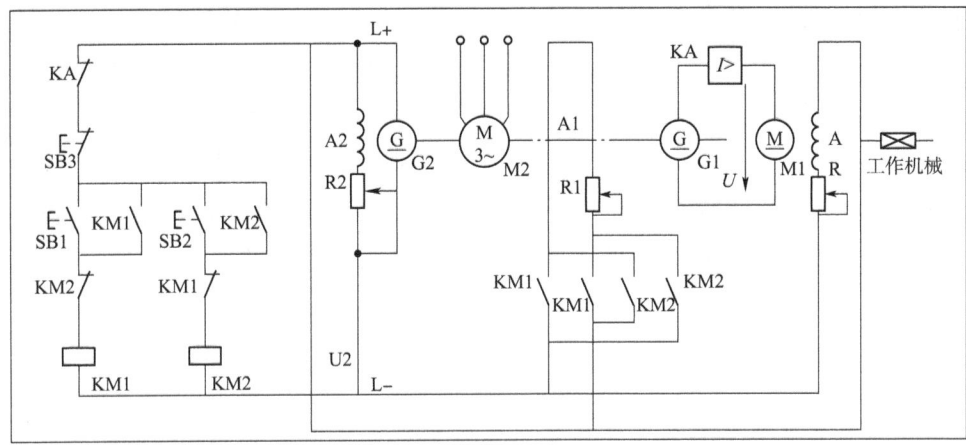

图 5-46　G-M 调速系统的电路

G-M 调速系统的控制原理如下：

(1) 励磁：启动异步电动机 M2→拖动直流发电机 G1 和 G2 同速旋转→发电机 G2 切割磁力线产生感应电动势→输出直流电压，除提供本身励磁电压外还供给 G-M 机组励磁电压和控制电路电压。

(2) 启动：按下启动按钮 SB1（或 SB2）→接触器 KM1（或 KM2）线圈得电→KM1（或 KM2）常开触点闭合→发电机 G1 的励磁绕组 A1 接入电压开始励磁→电动机 M1 启动。

因为发电机 G1 的励磁绕组 A1 的电感较大，所以励磁电流逐渐增大，使 G1 产生感应电动势，输出电压从零逐渐增大，这样就避免了直流电动机 M1 在启动时有较大的电流冲击。因此，在电动机启动时，不需要在电枢电路中串入启动电阻就可以很平滑地启动。

(3) 调速：启动前，应将调节变阻器 R 调至零，R1 调至最大，目的是使直流电压 U 逐步上升，直流电动机 M1 则从最低转速逐渐上升到额定转速。

当 M1 运转后需调速时→将 R1 的电阻值调小，使 G1 的励磁电流增大→G1 的输出电压 U 增大→电动机 M1 转速升高。

可见，调节 R1 的电阻值能改变直流发电机 G1 的输出电压 U，即可达到调节直流电动机 M1 转速的目的。不过加在直流电动机 M1 电枢上的电压 U 不能超过其额定电压值。所以，在一般情况下，调节电阻 R1 只能使电动机在低于额定转速的范围内进行平滑调速。

当需要电动机在额定转速以上范围内进行调速时，则应先调节 R1，使电动机电枢电压 U 保持额定值不变，然后将电阻 R 的阻值调大，使直流电动机 M1 的励磁电流减小，其主磁通 Φ 也减小，电动机 M1 的转速升高。

(4) 制动：按下停止按钮 SB2→接触器 KM1（或 KM2）线圈失电→其触点复位→直流发电机 G1 的励磁绕组 A1 失电→G1 的输出电压（即直流电动机 M1 的电枢电压）U 下降为零。但此时电动机 M1 仍沿原方向惯性运转，由于切割磁力线(因 A 仍有励磁),在电枢绕组中产生与原电流方向相反的感应电流,从而产生制动力矩,迫使电动机迅速停转。

G-M 调速系统的调速平滑性好,可实现无级调速,具有较好的启动、调速、正反转、制动控制性能,因此曾被广泛用于龙门刨床、重型镗床、轧钢机及矿井提升设备等生产机械上。但由于 G-M 调速系统存在设备费用高、机组多、占地面积大、效率较低、过渡过程的时间较长等不足,所以,目前正广泛地使用晶闸管整流装置作为直流电动机的可调电源,组成晶闸管-直流电动机调速系统。

任务实施工单

班级		姓名	
情境描述	小张说,直流电动机的励磁绕组和电枢绕组哪个先接入电源都行,小李却说必须是励磁绕组先接入电源。你认为谁说的对呢?		
互动交流	1. 直流电动机有哪几种类型? 2. 直流电动机的反转方法有哪几种?		
能力训练	他励直流电动机 Z4-100-1 的规格为:1.5 kW、160 V、13.4 A、1000/2000 r/min。若要对其进行启动和反转,请选择启动、反转的方式,并进行启动、反转控制线路的安装与调试。		

学习效果评估			
评价指标	学生自评	学生互评	教师评估
知识掌握程度	☆☆☆☆☆	☆☆☆☆☆	☆☆☆☆☆
能力掌握程度	☆☆☆☆☆	☆☆☆☆☆	☆☆☆☆☆
素质掌握程度	☆☆☆☆☆	☆☆☆☆☆	☆☆☆☆☆

任务八　控制线路的分析

你知道电动机的控制原则有哪些吗？电动机的保护有哪些，分别由什么电气元件来实现呢？

一、电动机的控制原则

电动机控制的一般原则有以下几种：行程控制原则、时间控制原则、速度控制原则和电流控制原则。

1. 行程控制原则

根据生产机械运动部件的行程或位置，利用位置开关来控制电动机的工作状态称为行程控制原则。行程控制原则是生产机械电气自动化中应用最多和作用原理最简单的原则，如位置控制线路和自动循环控制线路。

2. 时间控制原则

利用时间继电器按一定时间间隔来控制电动机的工作状态称为时间控制原则。如在电动机的降压启动、制动以及变速过程中，利用时间继电器按一定的时间间隔改变线路的接线方式，来自动完成电动机的各种控制要求。在这种控制情况下，换接时间的控制信号由时间继电器发出，换接时间的长短则是根据生产工艺要求或者电动机启动、制动和变速过程的持续时间来整定的。

3. 速度控制原则

根据电动机的速度变化，利用速度继电器等电器来控制电动机的工作状态称为速度控制原则。例如在反接制动控制线路中用速度继电器来进行速度控制。反映电动机速度变化的电器有多种，直接测量电动机速度的电器有速度继电器和小型测速发电机；间接测量电动机速度的电器，对于直流电动机有控制其感应电动势的电压继电器，对于交流绕线型异步电动机有控制其转子频率的频率继电器。

4. 电流控制原则

根据电动机主回路电流的大小，利用电流继电器来控制电动机的工作状态称为电流控制原则。

二、电动机的保护

电气控制系统除了要满足生产机械的加工工艺要求外，还应保证设备能长期安全、可靠、无故障地运行。必须在线路出现短路、过载、过电流、欠电压、失压及弱磁等现象时，能自动切断电源停转，以避免电气设备和机械设备的损坏事故发生，保证操作人员的人身安全。因此，保护环节是所有电气控制系统不可缺少的组成部分，用来保护电网、电动机、电气控制设备以及人身安全。常用的保护环节有短路保护、过电流保护、过载保护、零电压保护、欠电压保护和过电压保护和弱磁保护等。

1. 短路保护

当电动机绕组和导线的绝缘损坏或者控制电器及线路发生故障时，线路将出现短路现象，产生很大的短路电流，使电动机、电器及导线等电气设备严重损坏。因此，一旦发生短路故障，控制电路应能迅速地切断电源。常用的短路保护元件有熔断器和低压断路器。

2. 过电流保护

电动机不正确启动或负载转矩剧烈增加会引起电动机过电流运行。一般情况下这种过电流比短路电流小，不超过 6 倍额定电流。在电动机运行过程中产生过电流的可能性比发生短路的可能性更大，尤其是在频繁正反转启动且重复短时工作的电动机中更是如此。在过电流情况下,电气元件并不会马上损坏,只要在达到最大允许温升之前,电流值能恢复正常,还是允许的。但过大的冲击负载会使电动机流过过大的冲击电流,以致损坏电动机;同时,过大的电动机电磁转矩也会使机械的传动部件受到损坏,因此若发生这种情况需要瞬时切断电源。

电动机过电流保护常通过过电流继电器与接触器配合使用来实现。由于笼型异步电动机启动电流很大,如果要使启动时过电流保护元件不动作,其过电流保护元件的整定值就要大于启动电流,但这样一来,一般的过电流就无法使之动作了,因此过电流保护常用在直流电动机和绕线型异步电动机上。在直流电动机的电枢绕组中或绕线型异步电动机的转子绕组中需要串入附加的限流电阻,如果在启动或制动时,附加电阻被短接,将会造成很大的启动电流或制动电流,使电动机或机械设备损坏。

若过电流继电器动作电流为1.2倍电动机启动电流,则过电流继电器亦可实现短路保护。

3. 过载保护

所谓过载是指电动机的电流大于其额定电流,但在1.5倍额定电流以内。引起电动机过载的原因很多,如负载的突然增加、频繁启动、三相异步电动机断相运行或电源电压降低等。若电动机长期过载运行,其绕组温升将超过允许值,从而造成其绝缘材料老化变脆、寿命缩短,严重时会使电动机损坏。过载电流越大,达到最大允许温升的时间就越短。

常用的过载保护元件是热继电器。必须强调指出,短路保护、过电流保护、过载保护虽然都是电流保护,但由于故障电流的动作值、保护特性和保护要求以及使用元件的不同,它们是不能相互取代的。

4. 零电压保护

生产机械在工作时,由于某种原因电网突然停电,这时电源电压下降为零,电动机停转,生产机械的运动部件也随之停止运转。一般情况下,操作人员不可能及时拉开电源开关,如不采取措施,当电源电压恢复正常时,电动机便会自行启动运转,很可能造成人身安全和设备安全事故,并引起电网过电流和瞬时电压下降。因此,为了防止电压恢复时电动机自行启动运转,必须采用零电压保护即失压保护。采用按钮和接触器控制的启停电路就具有零电压保护作用。如果不是采用按钮而是采用不能自动复位的手动开关来控制接触器,则必须采用专门的零电压继电器来进行保护。工作过程中生产机械一旦失电,零电压继电器释放,其自锁电路断开,电源电压恢复时,不会自行启动。

5. 欠电压保护

对于正常运行的电动机,若电源电压过分地降低,将引起一些控制电器的释放,造成控制电路工作不正常,甚至发生事故;电源电压降低后电动机负载不变,将造成电动机电流增大,引起电动机发热,甚至烧坏电动机;电源电压降低还会引起电动机转速下降,甚至停转。因此,当电动机电源电压降到一定值(60%~80%额定电压)时,应及时切断电动机电源,对电动机进行保护,这种保护称为欠电压保护。

采用按钮和接触器控制的电路同样具有欠电压保护作用。此外,还可采用欠电压继电器来实现欠电压保护。

6. 过电压保护

电磁铁、电磁吸盘等大电感负载及直流继电器等,在通断时会产生较高的感应电动势,将使电磁线圈绝缘击穿而损坏,因此必须采用过电压保护措施。通常过电压保护是在线圈两端并联一个电阻、电阻串电容或二极管串电阻,以形成一个放电回路,实现过电压保护。

7. 弱磁保护

直流电动机必须在磁场有一定强度时才能启动。如果磁场太弱,电动机的启动电流就会很大;若直流电动机正在运行时磁场突然减弱或消失,直流电动机转速就会迅速上升,甚至发生"飞车"现象。为此,在直流电动机的电气控制线路中应进行弱磁保护。

弱磁保护是通过在电动机励磁回路中串入欠电流继电器来实现的。在电动机运行时,若励磁电流过小,欠电流继电器将释放,其触点断开接触器线圈电路,接触器线圈断电释放,接触器主触点断开直流电动机电枢回路,电动机断开电源而停车,达到保护电动机的目的。

除上述几种保护外,控制系统中还可能有其他各种保护,如超速保护、行程保护、油压(水压)保护及温度保护等。只要在控制电路中串接上能反映这些参数的控制电器的常开触点或常闭触点,就可实现有关保护。

三、电动机的选择

电动机是生产机械的主要动力来源,对使用者来说,电动机的选择十分重要。而衡量电动机的选择合理与否,要看选择电动机时是否遵循了以下基本原则:

第一,电动机能够完全满足生产机械在机械特性方面的要求。如生产机械所需要的工作速度、调速的指标,加速度,启动、制动时间等。

第二,在工作过程中,电动机的功率能被充分利用,即温升应符合国家标准规定。

第三,电动机的结构形式应适合周围的环境条件。如防止外界灰尘、水滴等进入电动机内部;防止绕组绝缘受有害气体的侵蚀;在有爆炸危险的环境中电动机的导电部位和有火花的部位应封闭等。

1. 额定功率的选择

根据负载的情况选择合适的功率。若功率选大了,虽然能保证正常运行,但是由于电动机不在满载下运行,因此不经济,电动机的效率和功率因数都不高,电动机的容量得不到充分利用,造成电力浪费,而且设备投资大,运行费用高。若功率选小了,就不能保证电动机和生产机械的正常运行,电动机将过载运行,使温升超过允许值,会缩短电动机的使用寿命,甚至烧坏电动机,不能充分发挥生产机械的效能,并使电动机由于过载而过早地被损坏。

1)连续运行电动机功率的选择

对于连续运行的电动机,电动机连续工作时间很长,可使其温升达到规定的稳定值,如通风机、泵等机械的电动机。应先算出生产机械的功率,所选电动机的额定功率应等于或稍大于生产机械的功率。

2)短时运行电动机功率的选择

为了满足某些生产机械短期工作的需要,电机生产厂家制造了一些具有较大过载能力的短期工作制电动机,其标准工作时间有 15 min、30 min、60 min、90 min 四种。因此,若电动机的实际工作时间符合标准工作时间,选择电动机的额定功率只要不小于负载功率即可。

如果没有合适的专为短时运行设计的电动机,可选用连续运行的电动机。由于发热惯性,连续运行的电动机在短时运行时可以容许过载,工作时间越短,过载可能性越大,但电动机的过载是受到限制的。通常是根据过载系数 L 来选择短时运行电动机的功率,电动机的额定功率可以是生产机械所要求的功率的 $1/L$。

3)反复短时运行电动机功率的选择

此工作制电动机功率的选择方法和连续运行电动机功率的选择类似。

2. 种类的选择

选择电动机的种类时,在考虑电动机的性能满足生产机械的要求的前提下,优先选用结构简单、价格便宜、运行可靠、维修方便的电动机。在这方面,交流电动机优于直流电动机,笼型电动机优于绕线型电动机,异步电动机优于同步电动机。

1)交、直流电动机的选择

如没有特殊要求,一般都应采用交流电动机。直流电动机的启动性能好,可以实现无级平滑调速,且调速范围广、精度高,所以对于要求在大范围内平滑调速和需要准确的位置控制的生产机械,如高精度的数控机床、龙门刨床、可逆轧钢机、造纸机、矿井卷扬机等可使用他励或并励直流电动机;对于要求启动转矩大、机械特性较软的生产机械,如电车、重型起重机等则选用串励直流电动机。

2) 笼型与绕线型电动机的选择

笼型三相异步电动机结构简单、坚固耐用、工作可靠、价格低廉且维护方便,但调速困难、功率因数较低、启动性能较差。因此,对要求机械特性较硬而无特殊调速要求的一般生产机械的拖动应尽可能采用笼型电动机。只有对启动、制动转矩较大,而且有一定调速要求的生产机械,如桥式起重机、矿井提升机等优先采用绕线型电动机。

3. 形式的选择

电动机按其工作方式不同分为连续工作制、短时工作制和反复短时工作制三种。原则上,电动机与生产机械的工作方式应该一致,但也可选用连续工作制的电动机来代替。

电动机按其安装方式不同分为卧式和立式两种。由于立式电动机的价格较高,因此一般情况下选用卧式电动机。只有当需要简化传动装置时,如深井水泵和钻床等,才使用立式电动机。

电动机按轴伸个数分为单轴伸电动机和双轴伸电动机两种。一般情况下,选用单轴伸电动机。特殊情况下才选用双轴伸电动机,如一边需要安装测速发电机,另一边需要安装生产机械时,必须选用双轴伸电动机。

电动机按防护形式分为开启式、防护式、封闭式和防爆式四种。为防止周围的媒介对电动机的损坏以及因电动机本身故障而引起的危害,必须根据不同环境选择适当的电动机防护形式。开启式电动机价格便宜,散热好,但灰尘、铁屑、水滴及油垢等容易进入其内部,影响电动机的正常工作和寿命,因此,只能在干燥、清洁的环境中使用。防护式电动机的通风孔在机壳的下部,通风冷却条件较好,并能防止水滴、铁屑等杂物落入电动机内部,但不能防止潮气和灰尘侵入,因此只能用于比较干燥、灰尘不多、无腐蚀性气体和爆炸性气体的环境。封闭式电动机分为自扇冷式、他扇冷式和密闭式三种。前两种适用于潮湿、尘土多、有腐蚀性气体、易引起火灾和易受风雨侵蚀的环境中,如纺织厂、水泥厂等;密闭式电动机则用于浸入水中的机械,如潜水泵电动机。防爆式电动机常用于有易燃、易爆气体的危险环境中,如煤气站、油库及矿井等场所。

4. 额定电压的选择

电动机电压等级要根据电动机类型、功率以及使用地点的电源电压来进行选择。电动机额定电压要与现场供电电网电压等级相符。中小型交流电动机的额定电压一般为 380 V,Y 系列笼型电动机的额定电压只有 380 V 一个等级,大型交流电动机的额定电压一般为 3 kV、6 kV 等。直流电动机的额定电压一般为 110 V、220 V、440 V 等,最常用的直流电压等级为 220 V。

5. 额定转速的选择

电动机的额定转速是根据生产机械的要求而选定的,但通常转速不低于 500 r/min。电动机额定转速选择得合理与否,将直接影响电动机的价格、能力损耗及生产机械的生产率等各项技术指标和经济指标。额定功率相同的电动机,转速高则尺寸小,所以材料少,体积小、质量轻、价格低,故选用高额定转速的电动机比较经济,但由于生产机械的工作速度一定且较低(30 ~ 900 r/min),因此,电动机转速越高,传动机构的传动比越大,传动机构越复杂。通常,电动机的额定转速选在 750 ~ 1500 r/min 比较合适,也可以购买一台高速电动机再另配一台减速器。

任务实施工单

班级		姓名	
情境描述	小张说,因为短路电流比过载电流大得多,所以热继电器既然能实现过载保护也一定能实现短路保护。你觉得他说的对吗?		
互动交流	1. 电动机控制的一般原则有哪些? 2. 电动机常用的保护有哪些?一般是如何实现的?		
能力训练	在电动机的控制线路中,短路保护和过载保护各由什么电器来实现?它们能否相互代替使用,为什么?		
学习效果评估			

评价指标	学生自评	学生互评	教师评估
知识掌握程度	☆☆☆☆☆	☆☆☆☆☆	☆☆☆☆☆
能力掌握程度	☆☆☆☆☆	☆☆☆☆☆	☆☆☆☆☆
素质掌握程度	☆☆☆☆☆	☆☆☆☆☆	☆☆☆☆☆

知识归纳图谱

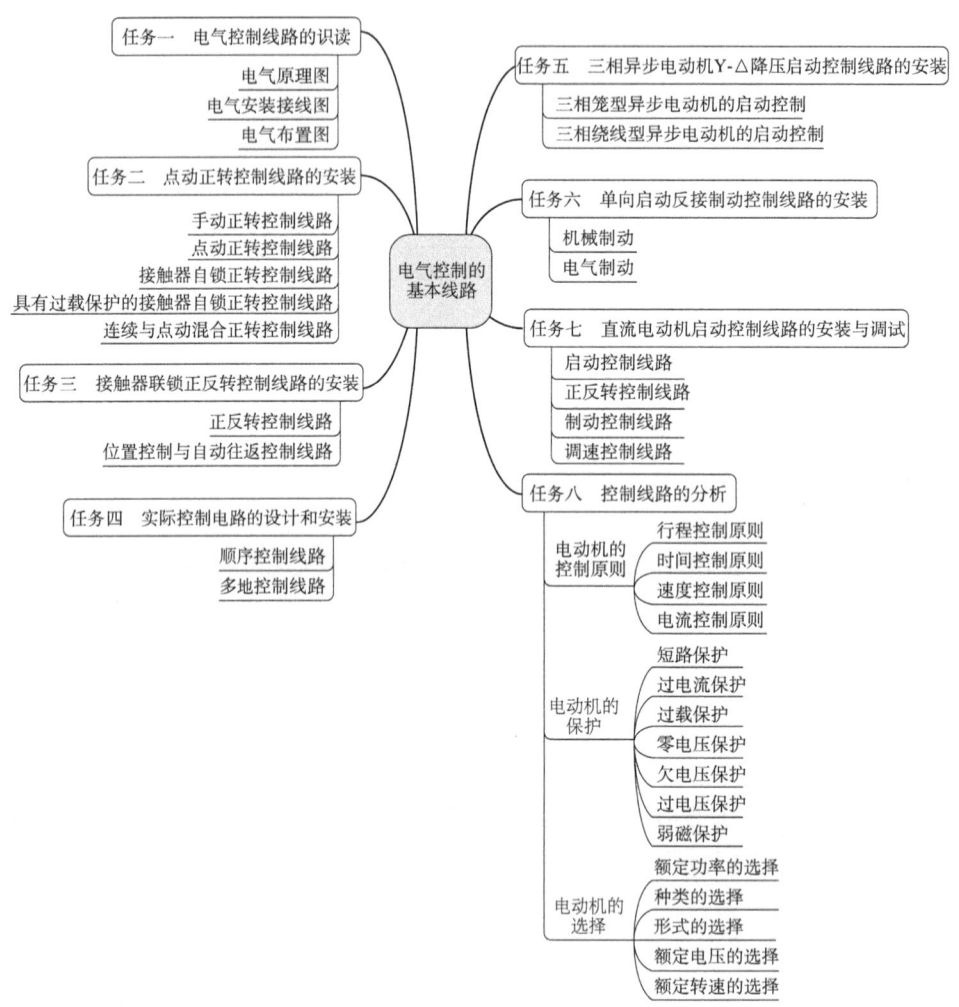

技能训练 5-1～5-8

请各位同学完成技能训练 5-1～5-8,见教材配套实训手册。

线 上 答 题

1.请同学们扫描封面二维码,注意每个码只可激活一次;
2.长按弹出界面的二维码,关注"交通教育出版"微信公众号并自动绑定资源;
3.公众号弹出"购买成功"通知,点击"查看详情",进入后选择已绑定的图书,即可进行线上答题;
4.也可进入"交通教育出版"微信公众号,点击下方菜单"用户服务—图书增值",选择已绑定的教材进行线上答题。

项目六
可编程逻辑控制器(PLC)的认识与使用

学习目标

1. 知识目标

①了解 PLC 的定义、组成、工作过程、分类和编程语言等基本知识。

②熟悉西门子公司的 S7-300 的硬件系统和软件系统。

③能够进行简单的编程。

2. 能力目标

①具备理解和运用 PLC 的能力。

②具备 STEP 7 原件使用能力。

③具备简单的编程能力。

3. 素质目标

①培养多角度、全方位分析问题的能力。

②培养逻辑思维能力,具有透过现象看本质的能力。

③培养严谨的工作态度,树立安全意识。

请同学们观看项目六导学微课,课前预习,制订本项目学习计划。

项目六导学

任务一　PLC 的产生与发展

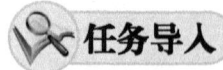

任务导入

想一想：
① 什么是 PLC？
② PLC 由哪几部分组成？
③ PLC 有什么特点？
④ PLC 的编程语言有哪些？

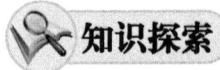

知识探索

一、可编程逻辑控制器的定义

可编程逻辑控制器,简称 PLC(Programmable Logic Controller),是指以计算机技术为基础的新型工业控制装置。在国际电工委员会(International Electrotechnical Committee)1987 年颁布的 PLC 标准草案中对 PLC 做了如下定义:"PLC 是一种专门为数字运算操作在工业环境下应用而设计的电子装置。它采用可以编制程序的存储器,用来在其内部存储执行逻辑运算、顺序运算、计时、计数和算术运算等操作的指令,并能通过数字式或模拟式的输入和输出,控制各种类型的机械或生产过程。PLC 及其有关的外围设备都应该按易于与工业控制系统形成一个整体,易于扩展其功能的原则设计。"

早期的可编程逻辑控制器主要用于代替继电器实现逻辑控制,因此称为可编程逻辑控制器。

二、可编程逻辑控制器的组成与工作过程

1. 组成

如图 6-1 所示为 PLC 硬件系统的基本简化组成。从硬件结构来看,它由中央处理器(CPU)、存储器、输入单元、输出单元、通信接口、扩展接口和电源等组成。此外,PLC 还有其他组成,下面就重要的加以介绍。

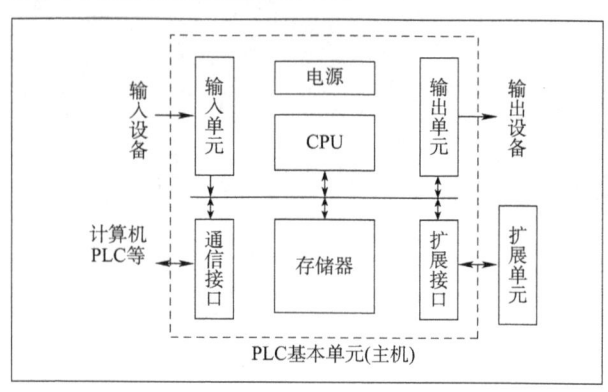

图 6-1　PLC 硬件系统的基本简化组成

1) 中央处理器(CPU)

CPU 主要由运算器、控制器、寄存器及实现它们之间联系的数据、控制及状态总线构成,CPU 单元还包括外围芯片、总线接口及有关电路。

与一般计算机一样,CPU 是 PLC 的核心,它按 PLC 中系统程序赋予的功能指挥 PLC 有条不紊地工作。将用户程序和数据事先存入存储器中,当 PLC 处于运行状态时,CPU 按循环扫描方式执行用户程序。

2) 存储器

PLC 的存储器包括系统存储器和用户存储器。

(1) 系统存储器。系统存储器用来存放由 PLC 生产厂家编写的系统程序,包括系统工作程序(监控程序)、模块化应用功能子程序、命令解释、功能子程序的调用管理程序和系统参数,并固化在只读存储器(ROM)内,不能由用户直接存取。

系统程序使 PLC 具有基本的功能,能够完成 PLC 设计者规定的各项工作。系统程序的质量在很大程度上决定了 PLC 的性能。

(2) 用户存储器。用户存储器包括用户程序存储器(程序区)和用户数据存储器(数据区)两部分。用户程序存储器用来存放用户针对具体控制任务而用规定的 PLC 编程语言编写的各种用户程序。用户程序存储器根据所选用的存储

单元类型的不同,内容可以由用户修改或增删。用户数据存储器可以用来存放(记忆)用户程序所使用器件的 ON/OFF 状态和数值、数据等。它的大小关系到用户程序容量的大小,是反映 PLC 性能的重要指标之一。

PLC 使用的存储器类型有随机存取存储器(RAM)、只读存储器和电可擦除可编程只读存储器 3 种。PLC 的用户存储器通常以字(16 位)为单位来表示存储容量。

3) 输入/输出单元

输入/输出单元是 PLC 与外界连接的接口。输入单元接收来自用户设备的各种控制信号,通过接口电路将这些信号转换成中央处理器能够识别和处理的信号,并存储到输入映像寄存器中。运行时 CPU 从输入映像寄存器读取输入信息并进行处理,将处理结果放到输出映像寄存器。输出映像寄存器由与输出点相对应的触发器组成,输出接口电路将其由弱电控制信号转换成现场需要的强电控制信号输出,以驱动电磁阀、接触器和指示灯等被控设备的执行元件。

数字量输入模块分为直流输入模块和交流输入模块,数字量输出模块可分为直流输出模块、交流输出模块及交直流输出模块,模拟量模块分为模拟量输入模块、模拟量输出模块和模拟量 I/O 模块。

4) 通信接口

PLC 配有多种通信接口,通过这些通信接口,它可以与编程器、监控设备或其他 PLC 相连接。当与编程器相连时,可以编辑和下载程序;当与监控设备相连时,可以实现对现场运行情况的上位监控;当与其他 PLC 相连时,可以组成多机系统或连成网络,实现更大规模的控制。

5) I/O 扩展接口

当主机的输入/输出(I/O)点数不能满足控制需要时,可以选配各种模块来进行扩展。PLC 的接口模块有数字量模块、模拟量模块和智能模块等。

6) 智能单元

为了增强 PLC 的功能,扩大其应用领域,减轻 CPU 的负担,PLC 厂家开发了各种各样的功能模块,以满足更加复杂的控制功能的需要。这些功能模块一般都有独立的 CPU,具有独立的系统软件,能独立完成一项专门的工作。功能模块主要用于时间要求苛刻、存储器容量要求较大的过程信号处理任务。例如,用于满足位置调节需要的位置闭环控制模块,对高速脉冲进行计数和处理的高速计数模块等。

7) 外部设备

PLC 还可配有编程器、可编程终端(触摸屏等)、打印机及 EPROM 写入器等其他外部设备。

8) 电源

PLC 一般使用 220 V 的交流电源,内部的开关电源为 PLC 的中央处理器、存储器等电路提供 5 V、±12 V、24 V 等直流电源,使 PLC 能正常工作。

PLC 的软件包括系统程序和用户程序。

系统程序包括系统管理程序、用户指令解释程序和诊断程序。系统管理程序主要用于管理全机,用户指令解释程序将程序语言翻译成机器语言,诊断程序用于诊断机器故障。系统程序由厂家提供。

用户程序是用户根据实际控制要求,用 PLC 的程序语言编制的应用程序。对使用者而言,可以不考虑微处理器和存储器内部的复杂结构,而把 PLC 内部看作由许多"软继电器"组成的控制器,便于使用者按继电器控制线路的设计形式进行编程。

2. 工作过程

PLC 的工作过程一般分为 3 个主要阶段:输入采样阶段、程序执行阶段和输出刷新阶段,如图 6-2 所示。

1) 输入采样阶段

PLC 以扫描工作方式,按顺序将所有信号读入寄存输入状态的输入映像寄存器中存储,这一过程称为采样。在整个工作周期内,这个采样结果的内容不会改变,而且这个采样结果将在 PLC 程序执行阶段被使用。

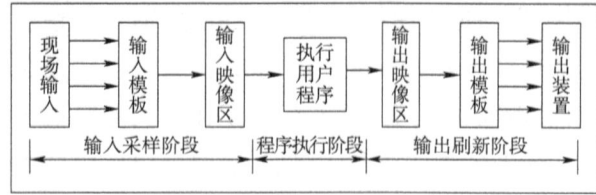

图 6-2　PLC 的工作过程

2)程序执行阶段

PLC 按顺序进行扫描,即从上到下、从左到右地扫描每条指令,并分别从输入映像寄存器和输出映像寄存器中获取所需数据进行运算、处理,再将程序执行的结果写入寄存执行结果的输出映像寄存器中保存。这个结果在程序执行期间可能发生变化,但在整个程序执行完毕之前不会到输出端口。

3)输出刷新阶段

在所有指令执行完毕后,元件映像寄存器中所有输出继电器的状态(接通/断开)在输出刷新阶段转存到输出锁存器中,通过一定方式输出,最后经过输出端子驱动外部负载。

PLC 重复执行上述 3 个阶段的工作,每重复一次所用的时间称为一个扫描周期。PLC 在一个扫描周期中,输入采样和输出刷新的时间一般为毫秒级,而程序执行时间因程序的长度不同而不同。PLC 一个扫描周期因 CPU 模块的运算速度不同而差别很大。

三、可编程逻辑控制器的分类和特点

1. 分类

1)按结构形式分类

(1)整体式结构。将 CPU、存储器、I/O 扩展接口、电源及通信接口等组装在一个箱体内构成主机。其结构简单、体积小、成本低,但使用不够灵活,维修较麻烦。

(2)模块式结构。将 CPU、存储器、I/O 扩展接口、电源及通信接口等分别做成独立的模块,将各个模块插在带有总线的底板上。其配置灵活,I/O 点数可自由选择,便于维护,但插件多,成本高。

2)按 I/O 点数分类

(1)小型 PLC。I/O 点数在 256 点以下的。

(2)中型 PLC。I/O 点数为 256~2048 点的。

(3)大型 PLC。I/O 点数在 2048 点以上的。

3)按功能分类

(1)低档 PLC。具有逻辑运算、定时、计数、移位以及自诊断、监控等基本功能,还可有少量模拟量输入/输出、算术运算、数据传送和比较、通信等功能。主要用于逻辑控制、顺序控制或少量模拟量控制的单机系统。

(2)中档 PLC。除具有低档 PLC 功能外,还具有较强的模拟量输入/输出、算术运算、数据传送和比较、数制转换、远程 I/O、通信联网等功能。有些还增设中断、比例积分微分控制等功能。

(3)高档 PLC。除具有中档 PLC 功能外,增加了带符号算术运算、矩阵运算、位逻辑运算、平方根运算及其他特殊功能函数运算、制表及表格传送等功能。高档 PLC 还具有更强的联网功能,可用于大规模过程控制或构成分布式网络控制系统,实现工厂自动化。

2. 特点

(1)通用性强。

PLC 产品已经系列化,功能模块多,灵活组合可适用于不同的工业控制系统。而且 PLC 是通过软件来实现控制的,同一台 PLC 可用于不同的控制系统,只需改变软件就可满足不同的控制要求。

(2)可靠性高,抗干扰能力强。

高可靠性是电气控制设备的关键性能。PLC 由于采用现代大规模集成电路技术,采用严格的生产工艺制造,内部电路采取了先进的抗干扰技术,具有很高的可靠性。

(3)配套齐全,功能完善,适用性强。

PLC 发展到今天,已经形成了大、中、小各种规模的系列化产品,可以用于各种规模的工业控制场合。除了逻辑处理功能以外，现代 PLC 大多具有完善的数据运算能力，可用于各种数字控制领域。

（4）编程简单，易学易用。

它接线容易，编程语言易于被工程技术人员所接受。梯形图语言的图形符号与表达方式和继电器电路图相当接近，只用 PLC 的少量开关量逻辑控制指令就可以方便地实现继电器电路的功能。为不熟悉电子电路、不懂计算机原理和汇编语言的人使用计算机从事工业控制提供了便利。

（5）系统的设计、建造工作量小，维护方便，容易改造。

PLC 用存储逻辑代替接线逻辑，大大减少了控制设备外部的接线，使控制系统设计及建造的周期大为缩短，同时使维护也变得方便起来。更重要的是，使同一设备通过改变程序来改变生产过程成为可能。这很适合多品种、小批量的生产场合。

（6）体积小、质量轻、能耗低。

以超小型 PLC 为例，新近出产的品种底部尺寸小于 100 mm，质量小于 150 g，功耗仅数瓦。由于体积小，很容易装入机械内部，是实现机电一体化的理想控制设备。

四、可编程逻辑控制器的编程语言

PLC 是一种工业计算机，不同厂家不同型号的 PLC 都有自己的编程语言。目前，PLC 常用的编程语言有以下几种：

1. 梯形图（LAD）

梯形图编程语言简称梯形图，与继电器控制电路图很相似，是用程序来代替继电器硬件的逻辑连接，很容易被电气人员掌握，特别适合数字量逻辑控制系统。

梯形图由触点、线圈或指令框组成。触点代表逻辑输入条件（如外部的开关、按钮、传感器）和内部条件等输入信号；线圈代表逻辑运算的结果，常用来控制外部的输出信号（如指示灯、交流接触器和电磁阀等）和内部的标志位等；指令框用来表示定时器、计数器和数学运算等功能指令。

梯形图编程语言形象、直观、实用，逻辑关系明确，是使用最广泛的 PLC 编程语言。

虽然 PLC 的梯形图与继电器控制电路图很相似，但是两种控制系统却有着本质的区别，主要表现在以下几点。

（1）组成器件不同。继电器控制系统是由许多硬件继电器组成的，而梯形图是由许多所谓的"软继电器"组成的。这些"软继电器"实际上是存储器的触发器，"软继电器"的"通"或"断"状态也就是触发器置"0"或置"1"的状态，因此不存在电弧、磨损和接触不良等故障。

（2）触点数量不同。继电器控制系统中的硬件继电器的触点数量是有限的，而梯形图中"软继电器"触点的通断是由对应的触发器的状态决定的，所以 PLC 的触点数是无限的。

（3）控制方法不同。在继电器控制系统中，各种逻辑控制关系和联锁关系是通过硬接线来实现的，而 PLC 是通过梯形图即软件编程实现的。

（4）工作方式不同。继电器控制系统采用硬逻辑并行运行的方式，如果某个继电器的线圈通电或断电，无论该继电器的触点在控制系统的哪个位置，也无论是常开触点还是常闭触点，该继电器的所有触点都会立即同时动作。而 PLC 的 CPU 采用顺序逻辑扫描用户程序的运行方式，如果一个输出线圈和逻辑线圈被接通或断开，该线圈的所有触点不会立即动作，只有等被扫描到时相应触点才会动作，所以触点间是串行方式。

2. 语句表（STL）

语句表编程语言是用一系列操作指令（指令助记符）组成的语句表将控制流程描述出来。不同 PLC 厂家语句表所使用的指令助记符并不相同。

语句表是由若干条指令组成的程序,指令是程序的最小独立单元。每个操作功能由一条或几条指令来执行。PLC的指令表达形式与计算机的指令表达形式很相似,也是由操作码和操作数两部分组成的。操作码用指令助记符表示,用来说明要执行的功能,告诉CPU应该进行什么操作,如与、或、非等逻辑运算,加、减、乘、除等算术运算,计时、计数、移位等控制功能。操作数一般由标识符和参数组成,标识符表示操作数的类别,如表明输入继电器、输出继电器、定时器、计数器以及数据寄存器等;参数表明操作数的地址或一个预先设定值。

3. 逻辑功能块图(FBD)

逻辑功能块图主要采用类似于数字逻辑门电路中"与""或""非"等图形符号的编程语言,这种编程语言逻辑功能直观、逻辑关系一目了然。

4. 顺序功能图(SFC)

对于一个复杂的控制系统,尤其是顺序控制系统,由于内部的联锁、互动关系极其复杂,用梯形图或语句表编程时语言篇幅往往为数百行。如果梯形图上不加注释,则梯形图的可读性将会大大降低。

顺序功能图包含步、动作和转换3个要素。先把一个复杂的控制过程分解为一些小的工作状态,即划分为若干个按一定顺序出现的步,步中包括控制输出的动作,根据一步到另一步的转换调节,再依照一定的顺序控制要求将其连接成整体的控制程序。

5. 结构文本(ST)

结构文本是一种基于"BASIC"或"C"等高级语言的文本,针对大型、高档的PLC具有很强的运算与数据处理功能。它是便于用户编程,增加程序的可移植性,用来描述功能、功能块和程序的高级编程语言。

五、可编程逻辑控制器的应用和发展

1. 应用

目前,PLC在国内外已广泛应用于各个行业,使用情况大致可归纳为如下几类。

1)开关量的逻辑控制

这是PLC最基本、最广泛的应用领域,它取代传统的继电器电路,实现逻辑控制、顺序控制,既可用于单台设备的控制,也可用于多机群控及自动化流水线,如注塑机、印刷机、订书机械、组合机床、磨床、包装生产线及电镀流水线等。

2)模拟量控制

在工业生产过程当中,有许多连续变化的量,如温度、压力、流量、液位和速度等都是模拟量。为了使可编程逻辑控制器处理模拟量,必须实现模拟量(Analog)和数字量(Digital)之间的A/D转换及D/A转换。PLC厂家都生产配套的A/D和D/A转换模块,使可编程逻辑控制器能用于模拟量控制。

3)运动控制

PLC可以用于圆周运动或直线运动的控制。世界上主要的PLC厂家的产品几乎都有运动控制功能,广泛用于机床、机器人、电梯等设备。

4)过程控制

过程控制是指对温度、压力、流量等模拟量的闭环控制。作为工业控制计算机,PLC能编制各种各样的控制算法程序,完成闭环控制。PID调节是一般闭环控制系统中用得较多的调节方法。大中型PLC都有PID模块,目前许多小型PLC也具有此功能模块。PID处理一般是运行专用的PID子程序。过程控制在冶金、化工、热处理及锅炉控制等场合有非常广泛的应用。

5)数据处理

现代PLC具有数学运算(含矩阵运算、函数运算和逻辑运算)、数据传送、数据转换、排序、查表及位操作等功能,可以完成数据的采集、分析及处理。数据处理一般用于大型控制系统,如无人控制的柔性制造系统;也可用于过程控制系统,如造纸、冶金、食品工业中的一些大型控制系统。

6）通信及联网

PLC 通信含 PLC 间的通信及 PLC 与其他智能设备间的通信。随着计算机控制的发展，工厂自动化网络发展得很快，各 PLC 厂商都十分重视 PLC 的通信功能，纷纷推出各自的网络系统。新近生产的 PLC 都具有通信接口，通信非常方便。

2. 发展

1）产品规模向大型、小型两个方向发展

I/O 点数达 14336 点的超大型 PLC，使用 32 位微处理器，多个 CPU 并行工作，并具有大容量存储器，使 PLC 实现高速化扫描。

小型 PLC 的整体结构向小型模块结构发展，增强了配置的灵活性。最小配置的 I/O 点数为 8～16 点，可以用来代替最小的继电器控制系统。

2）PLC 进一步向过程控制方向渗透与发展

微电子技术的迅速发展，大大加强了 PLC 的数学运算、数据处理、图形显示及联网通信等功能，使 PLC 得以进一步向过程控制方向渗透和发展。

3）PLC 加强了通信功能方向

为了满足柔性制造单元（FMC）、柔性制造系统（FMS）和工厂自动化（FA）的要求，近年来开发的 PLC 都加强了通信功能。

4）新器件和模块不断推出

为了满足工业自动化各种控制系统的需要，近年来，利用微电子学、大规模集成电路（LSI）等新技术成果，先后开发了不少新器件和模块。高档的 PLC 一般采用多个 CPU 以提高处理速度，CPU 用 32 位微处理器。

5）编程语言趋向标准化

PLC 编程语言的国际标准是 IEC 61131-3，目前国内外 PLC 厂家均按照国际标准语言进行开发和生产，力求实现编程语言标准化。

任务实施工单

班级		姓名	
情境描述	小王说，无论是哪个厂家的 PLC，只要会其中一个厂家的编程语言，其他的就都会了。你认为他说的对吗？		
互动交流	谈谈你对 PLC 的理解。		
能力训练	说出 PLC 的硬件组成。		

学习效果评估			
评价指标	学生自评	学生互评	教师评估
知识掌握程度	☆☆☆☆☆	☆☆☆☆☆	☆☆☆☆☆
能力掌握程度	☆☆☆☆☆	☆☆☆☆☆	☆☆☆☆☆
素质掌握程度	☆☆☆☆☆	☆☆☆☆☆	☆☆☆☆☆

任务二 S7-300 的硬件系统的识别与安装

你知道 S7-300 的硬件系统由哪些模块组成吗？如何对其进行硬件组态呢？

一、S7-300 PLC 的硬件组成

德国西门子公司的 PLC 在国内外具有较高的市场占有率，其主要产品有 S5、S7、C7、M7 及 WinAC 等几个系列。其中 S7 系列 PLC 于 1994 年发布，是西门子公司 PLC 市场的主流产品。

S7-300 PLC 属于标准模块式结构，各种模块相互独立，并安装在固定的机架（导轨）上，组成一个完整的 PLC 应用系统。

S7-300 PLC 功能强、速度快、扩展灵活，它具有紧凑的、无槽位限制的模块化结构，其基本结构如图 6-3 所示。它的主要组成部分有机架（RACK）、电源模块（PS）、中央处理器（CPU）模块、信号模块（SM）、通信处理器模块（CP）、功能模块（FM）、接口模块（IM）、占位模块、仿真器模块等。所有模块均安装在机架上，通过多点接口（MPI）网的接口直接与编程器 PG、操作员面板 OP 和其他 S7 PLC 相连。

1. 机架

机架也叫导轨，用于安装和连接 PLC 的所有模块。它是特制不锈钢异形板，其长度有 160 mm、482 mm、530 mm、830 mm、2000 mm 5 种，可根据实际需要选择。安装时，只需简单地将模板钩在导轨上，转动到位，然后用螺栓锁紧。电源模块、CPU 模块及其他信号模块都可方便地安装在导轨上。

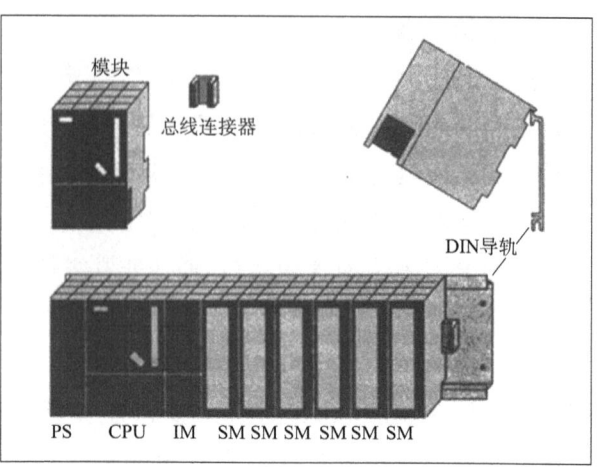

图 6-3 S7-300 PLC 的基本结构

S7-300 采用背板总线的方式将各模板从物理上和电气上连接起来。除 CPU 模块外，每块信号模块都带有总线连接器，安装时先将总线连接器装在 CPU 模块并固定在导轨上，然后依次将各模块装入。

CPU 模块所在的机架为主机架，如果主机架不能容纳控制系统的全部模块，可以增设一个或者多个扩展机架。

2. 电源模块

如图 6-4 所示为 PS 307(2 A) 的电源模块（PS）。

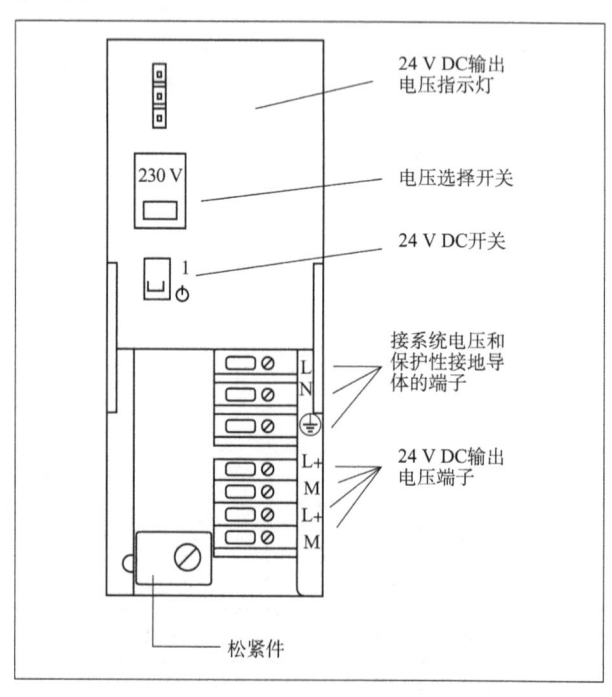

图 6-4 PS 307(2 A) 的电源模块

电源模块是构成 PLC 控制系统的重要组成部分,针对不同系列的 CPU,西门子有与之相匹配的电源模块,用于对 PLC 内部电路和外部负载供电。

S7-300 电源模块可为编程控制器供电,也可以向需要 24 V 直流电压的传感器/执行器供电,比如 PS 305、PS 307。PS 305 电源模块是直流电压供电,PS 307 是交流电压供电。

PS 307 电源模块将 120/230 V 交流电压转换为 24 V 直流电压,为 S7-300、传感器和执行器供电。输出电流有 2 A、5 A 或 10 A 3 种。电源模块安装在 DIN 导轨上的插槽 1 上。它与 CPU 模块和其他信号模块之间通过电缆连接,而不是通过背板总线连接。

3. CPU 模块

为了适应不同应用场合的需要,中央处理器(CPU)模块有多种型号,如 CPU312IFM、CPU313、CPU314、CPU315 及 CPU315-2DP 等。CPU 数字越大,其功能越强。CPU 模块除完成执行用户程序的主要任务外,还为 S7-300 背板总线提供 5 V 直流电源,并通过 MPI 多点接口与其他中央处理器或编程装置通信。CPU 按功能可分为 6 个子系列。

(1)标准型 CPU,即 CPU31X 系列,如 CPU313、CPU314、CPU315、CPU315-2DP、CPU316-2DP。

(2)紧凑型 CPU,即 CPU31XC 系列,其特性是 CPU 模块上集成有输入/输出点、高速计数器、脉冲输出及定位功能等,如 CPU312C、CPU313C、CPU313C-2PtP、CPU313C-2DP、CPU314C-2PtP、CPU314C-2DP。

(3)革新性标准 CPU,其具有与标准型 CPU 相同的系列表示,是标准 CPU 的技改产品,如 CPU312、CPU314、CPU315-2DP、CPU317-2DP、CPU318-2DP、CPU319-2DP。

(4)户外型 CPU,如 CPU312IFM、CPU314IFM、CPU314(户外型)。

(5)故障安全型 CPU,如 CPU315-2DP、CPU315F-2PN/DP、CPU317-2DP、CPU319F-3PN/DP。

(6)特种型 CPU,如 CPU317T-2DP、CPU317-2PN/DP。

CPU 的性能主要有以下 5 方面:I/O 扩展能力、指令执行速度、工作内存容量、通信能力和集成功能。

1)CPU 的操作模式

CPU 有四种操作模式:STOP(停机)、STARTUP(启动)、RUN(运行)和 HOLD(保持)。在所有的模式中,CPU 都可以通过 MPI 多点接口与其他设备通信。

(1)STOP 模式:CPU 模块通电后自动进入 STOP 模式,在该模式下不执行用户程序,可以接收全局数据和检查系统。

(2)STARTUP 模式:可以用模式选择开关或编程软件启动 CPU。如果模式选择开关在 RUN 或 RUN-P 位置,通电时自动进入该模式。

(3)RUN 模式:执行用户程序,刷新输入和输出,进行中断和故障信息服务。

(4)HOLD 模式:在 STARTUP 和 RUN 模式执行程序时遇到调试用的断点,用户程序的执行被挂起(暂停),定时器被冻结。

CPU 面板上的信号灯用来显示 CPU 当前的状态或故障。各个信号灯的功能如下:

● SF(红色):系统出错/故障指示灯,当出现 CPU 硬件故障或软件错误时亮。

● DF(红色):总线出错指示灯,当总线出错时亮(针对带 DP 接口的 CPU)。

● BATT(红色):电池故障指示灯,当电池失效或未被装入时亮。

● DC 5 V(绿色):5 V 电源指示灯,当 CPU 和 S7-300 PLC 总线的 5 V 电源正常时亮。

● FRCE(黄色):强制作业有效指示灯,至少有一个 I/O 处在强制作业状态时亮。

● RUN(绿色):运行状态指示灯,CPU 处于 RUN 状态时亮。LED 在 STARTUP 状态以 2 Hz

频率闪烁;在 HOLD 状态以 0.5 Hz 频率闪烁。

• STOP(黄色):停止状态指示灯,CPU 处于 STOP、HOLD 或 STARTUP 状态时亮。在存储器复位时以 0.5 Hz 频率闪烁;在存储器置位时以 2 Hz 频率闪烁。

• BUSF(红色):总线错误指示灯,出现 PROFIBUS-DP 接口硬件或软件故障时信号灯亮(针对 DP 接口的 CPU)。

2)CPU 的存储器区域

新型 S7-300 的 CPU 配置了微型存储器卡(MMC),用作数据和程序存储器,这样 CPU 不需要备用电池,从而减少了部分维修费用。

4. 信号模块

信号模块(SM)也叫输入/输出模块,是 CPU 模块与现场输入/输出元件和设备连接的桥梁,用户可根据现场输入/输出设备选择各种用途的 I/O 模块。

信号模块使不同的过程信号电平和 S7-300 的内部信号电平相匹配,根据信号的种类,主要有以下几种:

1)数字量输入模块(DI)

数字量输入模块有 8 点、16 点、32 点和 64 点几种,可连接的外部输入信号电压等级有 DC 24 V、AC 120 V、DC/AC 24/48 V、DC 48~125 V、AC 120/230 V 等多种,可根据信号类型进行选择。S7-300 系列 PLC 的数字量输入模块型号以"SM321"开头。例如,SM321 DI 16 × DC 24 V 是一块额定输入电压为直流 24 V,具有 16 个输入点的数字量输入模块。

2)数字量输出模块(DO)

数字量输出模块有 8 点、16 点、32 点和 64 点几种,有继电器(适用于感性及交流负载)、晶体管(适用于直流负载)和晶闸管(适用于交流及直流负载)3 种输出形式,可连接的外部负载电压等级有 DC 24 V、AC 120 V、DC/AC 24/48 V、DC 48~125 V、AC 120/230 V、DC 120 V、AC 230 V 等多种,可根据信号类型进行选择。S7-300 系列 PLC 的数字量输出模块型号以"SM322"开头。例如,SM322 DO 8 × Rel. AC 230 V 是一块额定负载电压为交流 230 V,具有 8 个输出点的继电器输出型数字量输出模块。

3)模拟量输入模块(AI)

模拟量输入模块的转换精度有 12 位、13 位、14 位和 16 位等几种,有 2 通道、8 通道和 16 通道,能接入热电阻、热电偶、DC 4~20 mA 或 DC 1~10 V 等多种不同类型和不同量程的模拟信号,可根据需要进行选择。S7-300 系列 PLC 的模拟量输入模块型号以"SM331"开头。例如,SM331 AI 2 × 12 bit 是一块转换精度为 12 位,具有 2 个模拟量输入通道的模拟量输入模块。

4)模拟量输出模块(AO)

模拟量输出模块转换精度有 12 位、13 位和 16 位等几种,有 2 通道、4 通道和 8 通道之分,可根据需要进行选择。S7-300 系列 PLC 的模拟量输出模块型号以"SM332"开头。例如,SM322 AO 4 × 16 bit 是一个转换精度为 16 位,具有 4 个模拟量输出通道的模拟量输出模块。

信号模块在使用前需要配备前连接器,传感器和执行器的信号通过前连接器接入模块。这样在更换模块时只需拆下前连接器而不需要重新接线。为了避免更换模块时出错,新出厂的信号模块都带有编码器,初次插入前连接器时,编码器会连到前连接器上,以后这个前连接器只能与该模块匹配。

5. 通信处理器模块

通信处理器模块(CP)用于 PLC 之间、PLC 与远程 I/O 之间、PLC 与计算机和其他智能设备之间的通信,可以将 PLC 接入 MPI、PROFEBUS-DP、AS-i 和工业以太网,或者用于实现点对点通信。常用的通信处理器有用于分布式现场总线 PROFIBUS-DP 网络的 CP342-5 和 CP443-5 扩展型,用于 AS-i 网络的 CP343-2 等,用于工业以太网的 CP343-1 和 CP443-1。

6. 功能模块

功能模块(FM)主要用于实时性强、存储计数量较大的过程信号处理任务。它们在不占用CPU资源的情况下对来自设备系统的信号进行运算与处理,并将此信号反送给控制过程,或者传送给CPU的内部接口。例如高速单通道计数器模块FM350-1、高速8通道及数字模块FM350-2、快给进和慢给进驱动定位模块FM351、电子凸轮控制模块FM352、步进电机定位控制模块FM353、伺服电机位控制模块FM354、智能位控制面模块SINUMERIK FM-NC等,从而释放CPU资源用于完成其他重要的过程控制任务。

7. 接口模块

接口模块(IM)用来实现中央机架与扩展机架之间的通信。在中央机架上安装的接口模块为IMS(发送器),在扩展机架上安装的接口模块为IMR(接收器)。

IM365用于配置一个中央机架和一个扩展机架。两个模块之间带有固定的连接电缆,长度为1 m。

IM360和IM361用于配置一个中央机架和3个扩展机架。IM360为IMS,装在中央机架上;IM361为IMR,装在扩展机架上。

8. 占位模块

占位模块用于代替随后要使用的模块插入插槽中。当使用另一个S7-300模块替换占位模块时,整个硬件的装配结构和组态的地址分配将保持不变。

9. 仿真器模块

有些场合调试程序时没有现场的I/O信号,可以使用仿真器模块替代现场的I/O信号。

二、S7-300 PLC的硬件安装

1. 安装位置

S7-300系列PLC采用模块化结构,所有模块均安装在标准机架(导轨)上,机架可以水平装配,也可以垂直装配。水平装配时,CPU和电源必须安装在左侧;垂直装配时,CPU和电源必须安装在底部。

根据安装位置的不同,PLC对环境温度要求如下:

(1)垂直装配:0~40 ℃;
(2)水平装配:0~60 ℃。

2. 扩展能力

机架安装时应保证下面的最小安装间距:

(1)机架左右间距为20 mm;
(2)单层组态安装时,上下间距为40 mm;
(3)两层组态安装时,上下间距至少为80 mm。

CPU312、CPU312C、CPU312IFM和CPU313等只能使用一个机架,S7系列314及以上型号的CPU最多扩展3层机架,每个机架最多安装8个I/O模块(信号模块、功能模块、通信处理器模块),最大扩展能力为32个模块。机架上的电源为1号槽,CPU安装在电源右边的2号槽,接口模块安装在CPU右面的3号槽,对于I/O模块没有插槽限制,可以插到任何一个槽位。

S7-300系列PLC电源模块不需要背板总线连接器,可直接将电源模块悬挂在导轨上,并靠左侧固定。其他模块都带有背板总线连接器,安装时需先将背板总线连接器装到CPU模块的背板上,然后将CPU模块安装在导轨上并向左靠紧,再向下转动模块,最后用螺钉将CPU模块固定在导轨上。按同样的方式依次将接口模块、I/O模块安装在导轨上。对于多机架安装,需利用接口模块IM360/IM361将S7-300 PLC的背板总线从一个机架连接到下一个机架,它们之间的最大距离为10 m。CPU所在的模块是0号机架,每个机架能安装的模块数量除了不能大于8块外,还要受到背板总线5 V直流电源的供电电流的限制,即每个机架上各模块的电流之和应小于该机架最大的供电电流。

三、S7-300 PLC的硬件组态

硬件组态是STEP 7软件的一项重要功能,即对PLC硬件模块的参数进行设置和修改。组态硬

件包括两部分内容,即组态硬件模块和设置参数。

组态硬件模块:在 STEP 7 软件的"硬件配置"工具中模拟真实的 PLC 硬件系统,将电源、CPU、信号模块、功能模块、通信处理器模块以及分布式 I/O 模块等硬件设备安装到表示机架的组态表中。

设置参数:对 PLC 硬件模块属性以及网络通信参数等进行设置。例如,设置 CPU 的中断系统,设置 SM 模块的 I/O 地址,设置网络通信速率及各站地址等。

S7 模块在出厂时带有预置参数,如果这些默认设置能够满足工程项目的要求,就不需要对硬件进行组态,但是,在多数情况下需要组态硬件。例如:需要修改模块的参数或地址,系统中需要配置模拟量模块,系统中需要组态网络通信连接等。

1. 创建 S7 项目

1) 使用向导创建新项目

打开"SIMATIC Manager"窗口,执行菜单命令"文件(File)"→"新建项目向导",弹出"新建项目向导"对话框,按提示完成项目的创建。

2) 直接创建新项目

在"SIMATIC Manager"窗口的"文件"下拉菜单中点击"新建",或者点击工具栏中的"新建"按钮,弹出"新建项目"对话框,输入项目名称,选择项目存储路径。选中项目名,在"插入"下拉菜单中点击"站点",选择与工程项目所使用的 CPU 类型相匹配的站点。

2. 硬件配置

1) 启动"硬件配置"编辑器

在"SIMATIC Manager"窗口中双击"硬件"图标启动"组态硬件",点击工具栏中的"目录"按钮,打开"硬件目录"窗口。"硬件目录"窗口的上半部分用于安装硬件,该模块可以安装的插槽以绿色高亮显示,如订货号、MPI 地址及 I/O 地址。

2) 安装机架

在"硬件目录"窗口中选择机柜中安装的中央机架。如果在 SIMATIC 300 中,只需选择 RACK-300 中的 Rail。

3) 安装模块

在"硬件目录"窗口中选择相应的模块,注意与工程项目选用的实际模块的订货号要一致。将模块拖放到组态表(机架)的相应行中,也可以在组态表中选择一个或多个适当的行,并在"硬件目录"窗口中双击所需的模块。如果未选择机架中的任何行,并且在"硬件目录"窗口中双击了一个模块,则该模块将被安装在第一个可用插槽中。

STEP 7 会检查是否违反了模块安装槽位的规则。

4) 配置模块属性

每个模块出厂时都有默认属性,如果用户想改变这些设置,需要对模块的属性重新进行配置。操作步骤为:

(1) 在组态表中双击要分配参数的模块。

(2) 在打开的对话框中配置模块的属性。

5) 保存组态参数

点击工具栏中的按钮"保存和编译",将设置的模块参数和地址的组态存储并创建系统数据块(SDB),SDB 保存在 CPU 的"块"文件夹中。

6) 将组态参数下载到 CPU 模块

点击工具栏中的"下载到模块"按钮,在出现的对话框中点击"视图"查看当前的 CPU 地址,在"可访问的节点"窗口中选择 CPU 的地址,将 PLC 的组态参数下载到 CPU 模块。

7) 快速组态

如果在开始组态之前已经安装好硬件模块,则可以快速地组态和编辑一个站。模块出厂时已经预置了参数,安装在机架上的硬件模块上电后会将实际的组态参数传送给 CPU,生成实际组态。

在"SIMATIC Manager"窗口中选中项目名,在"PLC"下拉菜单中点击"将站点上传到 PG",上传实际组态的站点到项目下。

打开"硬件配置"窗口,可以看到已经存在的机架和模块。然后对实际组态参数作相应的修改,创建设定的组态参数,将其重新下载到 CPU。

任务实施工单

班级		姓名	
情境描述	小王说,在 S7-300 的机架上安装模块的时候可以随意安装,没有顺序。你认为他说的对吗?		
互动交流	说一说 S7-300 是如何进行硬件组态的?		
能力训练	查阅相关资料,找出 S7-200 和 S7-300 的硬件部分有何不同?S7-400 又有什么特点?		

学习效果评估				
评价指标	学生自评	学生互评	教师评估
知识掌握程度	☆☆☆☆☆	☆☆☆☆☆	☆☆☆☆☆
能力掌握程度	☆☆☆☆☆	☆☆☆☆☆	☆☆☆☆☆
素质掌握程度	☆☆☆☆☆	☆☆☆☆☆	☆☆☆☆☆

任务三　S7-300 的指令系统的使用

你知道 S7-300 的基本指令有哪些吗？其 LAD 格式和 STL 格式分别是什么？

一、数据类型

数据类型决定数据的属性，用户在编写程序时，变量的格式必须与指令的数据类型相匹配。在 STEP 7 中，数据类型分为基本数据类型、复杂数据类型和参数类型三大类。

1. 基本数据类型

基本数据类型（表6-1）用于定义不超过32位的数据（符合 IEC 1133-3 的规定），可以装入 S7 处理器的累加器中，利用 STEP 7 基本指令处理。基本数据类型有布尔型（BOOL）、整数型（INT）、实数型（REAL）和 BCD 码4种大类，具体分为16种，每个数据类型都具备关键词、位数、取值范围及常数基本输入输出系统形式等属性。

布尔型数据为无符号数据，可以是一个位（Bit）、一个字节、一个字或一个双字（D），可以用二进制或十六进制表示。

基本数据类型　　　　　　　　表6-1

类型（关键词）	位数	表示形式	数据与取值范围	示例
位（bit）	1	布尔量	Ture/False	触点的闭合/断开
字节（BYTE）	8	十六进制	B#16#0 ~ B#16#FF	LB#16#20
字（WORD）	16	二进制	2#0 ~ 2#111_1111_1111_1111	L2#0000_0011_1000_0000
		十六进制	W#16#0 ~ W#16#FFFF	LW#16#0380
		BCD 码	C#0 ~ C#999	LC#896
		无符号十进制	B#(0,0) ~ B#(255,255)	LB#(10,10)
双字（DWORD）	32	十六进制	DW#16#0000_0000 ~ DW#16#FFFF_FFFF	LDW#16#0123_ABCD
		无符号数	B#(0,0,0,0) ~ B#(255,255,255,255)	LB#(1,23,45,67)
字符（CHAR）	8	ASCII 字符	可打印 ASCII 字符	'A'、'0'、'、'
整数（INT）	16	有符号十进制数	-32768 ~ +32767	L-23
双整数（DINT）	32	有符号十进制数	L#214 783 648 ~ L#214 783 647	L#23
实数（REAL）	32	IEEE 浮点数	±1.175 495e-38 ~ ±3.402 823e+38	L2.345 67e+2
时间（TIME）	32	带符号 IEC 时间，分辨率为 1 ms	T#24D_20H_31M_23S_648MS ~ T#24D_20H_31M_23S_647MS	LT#8D_7H_6M_5S_0MS
日期（DATE）	32	IEC 日期，分辨率为 1 天	D#1990_1_1 ~ D#2167_12_31	LD#2005_9_27
实时时间（Time_Of_Daytod）	32	实时时间，分辨率为 1 ms	TOD#0:0:0.0 ~ TOD#23:59:59.59	LTOD#8:30:45.12
S5 系统时间（S5TIME）	32	S5 时间，以 10 ms 为时基	S5T#0H_0M_10MS ~ S5T#2H_46M_30S_0MS	LS5T#1H_1M_2S_10MS

整数型数据为有符号数据,其最高位为符号位,0 为正数,1 为负数,其余各位为数值位。用二进制补码表示,正数的补码是它本身,负数的补码是各位取反后再加 1。整数型数据分为 16 位整数 INT 和 32 位双整数 DINT 两种,取值范围分别是 $-32768 \sim +32767$(16 位)和 $-2147483648 \sim +2147483647$(32 位)。

实数型数据为 32 位有符号的浮点数,其最高位为符号位,0 为正数,1 为负数。浮点数的优点是可以用有限的存储空间表示一个非常大或非常小的数。实数正数和负数表示的取值范围分别是 $1.175495 \times 10^{-38} \sim 3.402823 \times 10^{+38}$ 和 $-1.175495 \times 10^{-38} \sim -3.402823 \times 10^{+38}$。

BCD 码为用四位二进制数表示的有符号的十进制数。最左侧一组四位数表示符号,最高位为 0,表示正数;最高位为 1,表示负数,其余各位为数值位。BCD 码分为 16 位和 32 位两种。

2. 复杂数据类型

用于定义超过 32 位或由其他数据类型组成的数据。复杂数据类型要预定义,其变量只能在全局数据块中声明,可以作为参数或逻辑块的局部变量。SETP 7 支持 6 种复杂数据类型。

1)数组(ARRAY)

数组是由一组同一类型的数据组合在一起而形成的复杂数据类型。数组的维数最大可以到 6 维;数组中的元素可以是基本数据类型或者复杂数据类型中的任一数据类型(Array 类型除外,即数组类型不可以嵌套);数组中每一维的下标取值范围是 $-32768 \sim +32767$,要求下标的下限必须小于下标的上限。例如:

ARRAY[1..4,1..10,1..7]INT

2)结构(STRUCT)

结构是由一组不同类型(结构的元素可以是基本的或复杂的数据类型)的数据组合在一起而形成的复杂数据类型。结构通常用来定义一组相关的数据,例如电机的一组数据可以按如下方式定义:

Motor:STRUCT

Speed:INT

Current:REAL

3)字符串(STRING)

字符串是最多有 254 个字符(CHAR)的一维数组,最大长度为 256 个字节(其中前两个字节用来存储字符串的长度信息)。字符串常量用单引号括起来,例如:

'SIMATIC S7-300'、'SIMENS'

4)日期和时间(DATE_AND_TIME)

用于存储年、月、日、时、分、秒、毫秒和星期,占用 8 个字节,用 BCD 码格式保存。星期天的代码为 1,星期一至星期六的代码为 2~7。例如:

DT#2005-09-25-12:30:15.200

5)用户定义的数据类型(UDT)

用户定义数据类型表示自定义的结构,存放在 UDT 块中(UDT1~UDT65535),在另一个数据类型中作为一个数据类型"模板"。当输入数据块时,如果需要输入几个相同的结构,利用 UDT 可以节省输入时间。

6)功能块类型(FB、SFB)

这种数据类型仅可以在 FB 的静态变量区定义,用于实现多背景 DB。

3. 参数类型

参数类型是一种用于逻辑块(FB、FC)之间传递参数的数据类型,主要有以下几种:

(1)TIMER(定时器)和 COUNTER(计数器)。

(2)BLOCK(块):指定一个块用于输入和输出,实参应为同类型的块。

(3)POINTER(指针):6 字节指针类型,用来传递 DB 的块号和数据地址。

(4)ANY:10 字节指针类型,用来传递 DB 块号、数据地址、数据数量以及数据类型。

二、寻址方式和累加器

1. 操作数的寻址方式

所谓寻址方式,就是指令执行时获取操作数

的方式，可以用直接或间接方式获取操作数。STEP 7 系统支持 4 种寻址方式：立即寻址、直接寻址、间接寻址和寄存器间接寻址。

1）立即寻址

立即寻址是对常数或常量的寻址方式，其特点是操作数直接表示在指令中，或以唯一形式隐含在指令中。下面各条指令操作数均采用了立即寻址方式，其中"//"后面的内容为指令的注释部分，对指令的功能及执行没有任何影响。

  L 66   //把常数66装入累加器1中

  AW W#16#168 //将十六进制数168与累加器1进行"与"运算

  SET   //默认操作数为RLO，实现对RLO置1操作

2）直接寻址

该寻址方式是在指令中直接给出操作数的存储单元地址。存储单元地址可用符号地址（如SB1、KM等）或绝对地址（如I0.0、Q4.1等）。例如：

  A I0.0 //对输入位I0.0执行逻辑"与"运算

  = Q4.1 //将逻辑运算结果送给输出继电器Q4.1

  L MW2 //将存储字MW2的内容装入累加器1

  T DBW4 //将累加器1地址中的内容传送给数据字DBW4

3）间接寻址

该寻址方式是在指令中以存储器的形式给出操作数所在存储器单元的地址，也就是说该存储器所存储的内容是操作数所在存储器单元的地址。该存储器一般称为地址指针，地址在指令中需写在方括号内。

4）寄存器间接寻址

该寻址方式是在指令中通过地址寄存器和偏移量间接获取操作数，其中的地址寄存器及偏移量必须写在方括号内。

2．累加器

累加器是用于处理字节、字或双字的32位累加器。S7-300 PLC有两个累加器（累加器ACCU1和累加器ACCU2），可以把操作数送入累加器，并在累加器中进行运算和处理。处理8位或16位数据时，数据放在累加器中的低位（右对齐），空出的高位用0填补。

三、STEP 7 中的编程语言

STEP 7 标准软件包支持三种编程语言：梯形图（LAD）、语句表（STL）和逻辑功能块图（FBD）。

1．梯形图

梯形图（LAD）是在继电器控制原理图的基础上演变而来的。梯形图是与电气控制电路相呼应的图形语言。它沿用了继电器、触点、串并联等术语和类似的图形符号，并简化了符号，还增加了一些功能性的指令。梯形图按自上而下、从左到右的顺序排列，最左边的竖线称为起始母线，也叫左母线，然后按一定的控制要求和规则连接各个接点，最后以继电器线圈结束（或再接右母线），称为一逻辑行或叫一梯级。通常一个梯形图中有若干逻辑行（梯级），形似梯子，如图6-5所示。梯形图中的符号有以下几种。

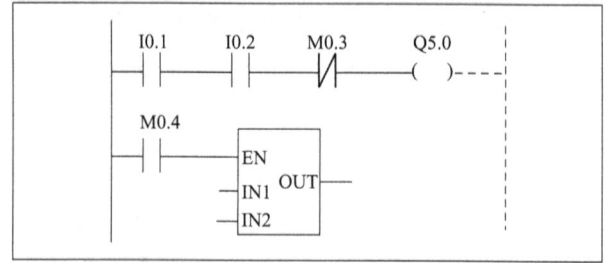

图6-5 梯形图示例

1）常开触点

常开触点符号如图6-6a）所示。当保存在指定地址中的位信号状态为1时，常开触点闭合，又称为"1闭合触点"。当触点闭合时，梯形逻辑级中的信号流经触点，逻辑运算结果（RLO）为1；相反，如果指定地址中的位信号状态为0，触点打开，此时，没有信号流经触点，RLO为0。

2) 常闭触点

常闭触点符号如图 6-6b) 所示。当保存在指定地址中的位信号状态为 0 时, 常闭触点闭合, 又称为"0 闭合触点"。当触点闭合时, 梯形逻辑级中的信号流经触点, 逻辑运算结果(RLO)为 1; 相反, 如果指定地址中的位信号状态为 1, 触点打开, 此时, 没有信号流经触点, RLO 为 0。

3) 输出线圈

输出线圈符号如图 6-6c) 所示。其作用和继电器逻辑图中的线圈作用一样。如果有电流流过线圈(RLO = 1), 位地址处的位则被置为 1; 如果没有电流流过线圈(RLO = 0), 位地址处的位则被置为 0。输出线圈只能放置在梯形图的右端。

4) 数据处理指令

数据处理指令符号如图 6-6d) 所示。它指 CPU 对存储器中的字节、字或双字长度的数据做各种运算及处理。

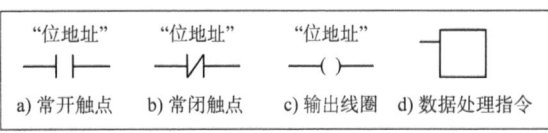

图 6-6 梯形图符号

有的 PLC 的梯形图有两根母线, 但现在大部分 PLC 只保留一根母线。在梯形图中, 触点代表逻辑"输入"条件, 如开关、按钮和内部条件等; 线圈通常代表逻辑"输出"结果, 如灯、电机接触器、中间继电器等。对于 S7-300 PLC 来说, 还有一种输出——"盒", 代表附加指令, 如定时器、计数器等功能指令。

2. 语句表

语句表(STL)用助记符来表达 PLC 的各种控制功能。语句表是类似于计算机汇编语言的一种文本编程语言, 由多条语句组成一个程序段, 但相比汇编语言其更加直观且编程更简单。由于语句表的输入快, 可以在每条语句后面加上注释, 因此, 它也是应用很广泛的一种编程语言。这种编程语言可使用简易编程器编程, 如图 6-7 所示, 它一般与梯形图语言配合使用, 互为补充。

```
Network 1: 电动机起停控制程序段
    A(
    O    "SB1"        I0.0       --启动按钮
    O    "KM"         Q4.1       --接触器驱动
    )
    AN   "SB2"        I0.1       --停止按钮
    =    "KM"         Q4.1       --接触器驱动
```

图 6-7 语句表示例

语句表在运行时间和要求的存储空间方面最优, 可供习惯汇编语言的用户使用。在设计通信、数学运算等高级应用程序中, 建议使用语句表。

3. 逻辑功能块图

逻辑功能块图(FBD)类似于普通逻辑功能图, 它沿用了半导体逻辑电路逻辑框图的表达方式。一般用一种功能方框表示一种特定的功能, 框图内的符号表达了该逻辑功能块图的功能。逻辑功能块图通常有若干个输入端和若干个输出端, 输入端是逻辑功能块图的条件, 输出端是逻辑功能块图的运算结果。

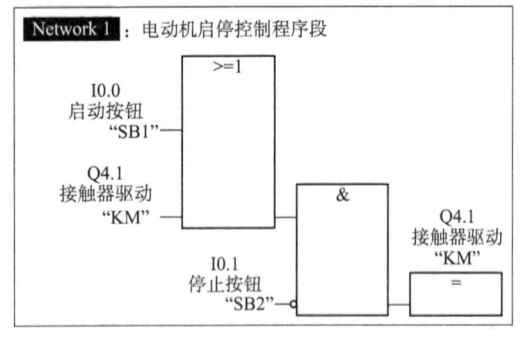

图6-8 逻辑功能块图示例

逻辑功能块图中,使用网络概念给程序分段,如图6-8所示。逻辑功能块图适合熟悉数字电路的人使用。

通常 LAD 程序、STL 程序、FBD 程序可有条件地转换(以网络为单位转换)。一般来说,LAD 和 FBD 程序都可以转换成 STL 程序,但是并非所有的 STL 指令都可以转换成 LAD 和 FBD,所以,STL 可以编写 LAD 或 FBD 无法实现的程序。

四、S7-300 的基本指令

1. 基本逻辑指令

基本逻辑指令包括"与"指令、"与非"指令、"或"指令、"或非"指令、"异或"指令和信号流取反指令。

1)逻辑"与"和"与非"指令("A"和"AN")

触点的串联构成"与"的逻辑关系,使用"与"指令可以检查被寻址位的信号状态是否为1,并将检查结果与逻辑运算结果进行"与"运算。STL 指令中的"A"表示对常开触点执行逻辑"与"操作,"AN"表示对常闭触点执行逻辑"与"操作。逻辑"与"指令格式及示例如表6-2所示。

逻辑"与"指令格式及示例 表6-2

指令形式	STL	FBD	等效 LAD
指令格式	A 位地址 1 A 位地址 2	"位地址1" & "位地址2"	"位地址1" "位地址2"
示例 1	A I0.0 A I0.1 = Q4.0 = Q4.1	I0.0 & Q4.0 I0.1 = Q4.1	I0.0 I0.1 Q4.0 Q4.1
示例 2	A I0.2 AN M8.3 = Q4.1	I0.2 & Q4.1 M8.3 =	I0.2 M8.3 Q4.1

表6-2中,示例1表示当I0.0和I0.1都为1时,Q4.0和Q4.1为1;否则,Q4.0和Q4.1都为0。示例2表示当I0.2为1(常开触点闭合),且M8.3为0(常闭触点闭合)时,Q4.1为1;否则为0。

2)逻辑"或"和"或非"指令("O"和"ON")

触点的并联构成"或"的逻辑关系,使用"或"指令可以检查被寻址位的信号状态是否为1,并将检查结果与逻辑运算结果进行"或"运算。在 LAD 中,一次最多可以有7个触点相互并联。STL 指令中的"O"表示对常开触点执行逻辑"或"操作,"ON"表示对常闭触点执行逻辑"或"操作。逻辑"或"指令格式及示例如表 6-3 所示。

逻辑"或"指令格式及示例　　　　　表 6-3

指令形式	STL	FBD	等效 LAD
指令格式	O 位地址 1 O 位地址 2	"位地址1" >=1 "位地址2"	"位地址1"—| |— "位地址2"—| |—
示例 1	O I0.2 O I0.3 = Q4.2	I0.2 >=1 Q4.2 I0.3 =	I0.2 —| |— Q4.2 —( )— I0.3 —| |—
示例 2	O I0.2 ON M10.1 = Q4.2	I0.2 >=1 Q4.2 M10.1 =	I0.2 —| |— Q4.2 —( )— M10.1 —|/|—

表 6-3 中，示例 1 表示 I0.2 和 I0.3 只要有一个为 1，Q4.2 就为 1；I0.2 和 I0.3 均为 0 时，Q4.2 才为 0。示例 2 表示若 I0.2 为 1 或 M10.1 为 0 时，Q4.2 为 1；若 I0.2 为 0 且 M10.1 为 1 时，Q4.2 才为 0。

3）逻辑"异或"指令（"X"）

逻辑"异或"指令格式及示例如表 6-4 所示。

逻辑"异或"指令格式及示例　　　　　表 6-4

指令形式	STL	FBD	等效 LAD
指令格式	X 位地址 1 X 位地址 2	"位地址1" >=1 "位地址2"	"位地址1" "位地址2" —| |— —|/|— "位地址1" "位地址2" —|/|— —| |—
示例	X I0.4 X I0.5 = Q4.3	I0.4 XOR Q4.3 I0.5 =	I0.4 I0.45 Q4.3 —| |— —| |— —( )— I0.4 I0.45 —|/|— —|/|—

表 6-4 中，示例表示当 I0.4 和 I0.5 不同时，Q4.3 为 1；否则，Q4.3 为 0。

4）信号流取反指令

信号流取反指令的作用就是对逻辑串的 RLO 值取反，RLO 的状态能表示有关信号路的信息，RLO 的状态为 1，表示有信号流通，为 0 表示无信号流通。

信号流取反指令格式及示例如表 6-5 所示。

信号流取反指令格式及示例　　　　　表 6-5

指令形式	STL	FBD	等效 LAD
指令格式	NOT	—|=|—	—|NOT|—

续上表

指令形式	STL	FBD	等效 LAD
示例	A I0.0 A I0.1 NOT = Q4.3	I0.0 & Q4.0 I0.1 =	I0.0 I0.1 NOT Q4.0

2. 置位与复位指令

置位指令(Set)：当某个扫描周期 RLO = 1 时，指定的地址被置位为信号状态"1"，保持置位，直到它被另一条指令复位或赋值为"0"为止，如表 6-6 所示。

置位指令格式及示例   表 6-6

指令形式	STL	FBD	等效 LAD
指令格式	S 位地址	"位地址" S	"位地址" —(S)—
示例	A I1.0 AN I1.2 S Q2.0	I1.0 & Q2.0 I1.2 S	I1.0 I1.2 Q2.0 —(S)—

复位指令(Reset)：当某个扫描周期 RLO = 1 时，指定的地址被置位为信号状态"0"，保持复位，直到它被另一条指令置位或赋值为"1"为止，如表 6-7 所示。

复位指令格式及示例   表 6-7

指令形式	STL	FBD	等效 LAD
指令格式	R 位地址	"位地址" R	"位地址" —(R)—
示例	A I1.1 AN I1.2 R Q2.0	I1.1 & Q2.0 I1.2 R	I1.1 I1.2 Q2.0 —(R)—

置位指令和复位指令并不一直具有保持性，如果后面有其他赋值指令，是会改变其状态的。

3. RS 触发器指令和 SR 触发器指令

1) RS 触发器指令

RS 触发器为"置位优先"型触发器，当 R 端和 S 端的驱动信号同时为 1 时，触发器最终为置位状态。RS 触发器指令格式及示例如表 6-8 所示。

RS 触发器指令格式及示例　　　　　　　　　　　　　　　　　　　　　表 6-8

指令形式	STL	FBD	等效 LAD
指令格式	A　复位信号 R　位地址 A　置位信号 S　位地址	"复位信号"—R　RS "置位信号"—S　Q—"位地址"	"复位信号"—┤├—R　RS　Q—( )—"位地址" "置位信号"—┤├—S
示例	A　I0.0 AN I0.1 R　M0.1 AN I0.0 A　I0.1 S　M0.1 A　M0.1 =　Q4.1	I0.0—&—R　M0.1 RS I0.1—○ I0.0—○—&—S　Q—= Q4.1 I0.1	I0.0　I0.1　M0.1 ┤├──┤/├──R　RS　Q──( ) Q4.1 I0.0　I0.1 ┤/├──┤├──S

表 6-8 中的示例表示当 I0.0 为 1 且 I0.1 为 0 时,M0.1 被复位,Q4.1 输出为 0;当 I0.1 为 1 且 I0.0 为 0 时,M0.1 被置位,Q4.1 输出为 1。

2）SR 触发器指令

SR 触发器为"复位优先"型触发器,当 R 端和 S 端的驱动信号同时为 1 时,触发器最终为复位状态。SR 触发器指令格式及示例如表 6-9 所示。

SR 触发器指令格式及示例　　　　　　　　　　　　　　　　　　　　　表 6-9

指令形式	STL	FBD	等效 LAD
指令格式	A　置位信号 S　位地址 A　复位信号 R　位地址	"置位信号"—S　SR "复位信号"—R　Q—"位地址"	"置位信号"—┤├—S　SR　Q—"位地址" "复位信号"—┤├—R
示例	A　I0.0 AN I0.1 S　M0.3 AN I0.0 A　I0.1 R　M0.3 A　M0.3 =　Q4.3	I0.0—&—S　M0.3 SR I0.1—○ I0.0—○—&—R　Q—= Q4.3 I0.1	I0.0　I0.1　M0.3 ┤├──┤/├──S　SR　Q──( ) Q4.3 I0.0　I0.1 ┤/├──┤├──R

表 6-9 中示例表示当 I0.0 为 1 且 I0.1 为 0 时,M0.3 被置位,Q4.3 输出为 1;当 I0.1 为 1 且 I0.0 为 0 时,M0.3 被复位,Q4.3 输出为 0。

4. 边沿检测指令

1）RLO 的边沿检测指令

RLO 的边沿检测指令是将当前的 RLO 值与前一个扫描周期的 RLO 值作比较,判断是否有上升沿或下降沿,如果有,则产生一个扫描周期的 1 信号。因此，必须要用存储器的某一位记录前一个扫描周期 RLO 值，以便与当前的 RLO 值作比较。

(1) RLO 的上升沿检测指令。

RLO 的上升沿检测指令及示例如表 6-10 所示。

RLO 的上升沿检测指令格式及示例　　表 6-10

指令形式	STL	FBD	等效 LAD
指令格式	FP 位存储器	"位存储器" P	"位存储器" —(P)—
示例	A(O I1.1 ON I1.2) FP M1.1 = Q4.1	I1.1 ≥1 M1.1 Q4.3 I1.2 P =	I1.1 M1.1 Q4.1 —||—(P)——( )— I1.2 —|/|—

表 6-10 中示例表示当 I1.1 常开触点和 I1.2 常闭触点逻辑"或"的结果出现由 0 到 1 的变化时，则 Q4.1 变为 1 并维持一个扫描周期，之后 Q4.1 又变为 0。

(2) RLO 的下降沿检测指令。

RLO 的下降沿检测指令及示例如表 6-11 所示。

RLO 的下降沿检测指令格式及示例　　表 6-11

指令形式	STL	FBD	等效 LAD
指令格式	FN 位存储器	"位存储器" N	"位存储器" —(N)—
示例	A(O I1.1 ON I1.2) FN M1.3 O I1.3 = Q4.3	I1.1 ≥1 M1.3 ≥1 Q4.3 I1.2 N = I1.3	I1.1 M1.3 Q4.3 —||—(N)——( )— I1.2 —|/|— I1.3 —||—

表 6-11 中示例表示在 I1.3 常开触点断开的情况下，如果 I1.1 常开触点和 I1.2 常闭触点逻辑"或"的结果出现由 1 到 0 的变化，即出现下降沿，则 Q4.3 变为 1 并维持一个扫描周期，之后 Q4.3 又变为 0。如果 I1.3 常开触点闭合，则 Q4.3 为 1，不受 I1.1 及 I1.2 状态的影响。

(3) RLO 的边沿检测指令的时序图

RLO 的边沿检测指令的梯形图和工作时序图示例如图 6-9 所示。

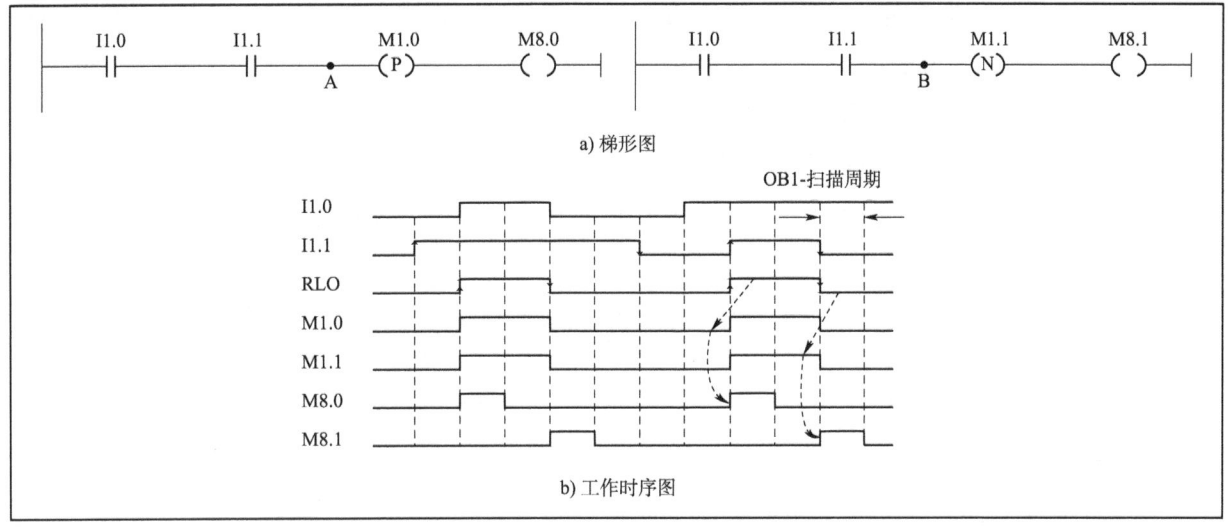

图 6-9 RLO 的边沿检测指令的梯形图和工作时序图示例

2）触点的边沿检测指令

如果在控制过程中只对某个信号的上升沿或下降沿感兴趣，则可以使用只检测某个触点边沿的指令。

（1）触点的上升沿检测指令。

如表 6-12 所示，指令中的"位地址 1"为被扫描的触点信号；"位地址 2"为边沿存储器，用来存储触点信号及"位地址 1"前一周期的状态；Q 为输出，当"启动条件"为真且"位地址 1"出现上升沿信号时，Q 端可输出一个扫描周期的 1 信号。为了区别 RLO 边沿检测指令与触点边沿检测指令，在 STL 语句中，FP 或 FN 后面加一条 BLD 100 语句。

触点的上升沿检测指令格式及示例　　　　表 6-12

指令形式	STL	FBD	等效 LAD
指令格式	A 位地址1 BLD 100 FP 位地址2 = 输出	"位地址1" POS "位地址2"—M_BIT Q	"启动条件" "位地址1" POS Q "位地址2"—M_BIT
示例	A A(A I1.1 BLD 100 FP M0.1) FN M1.3 A I0.1 = Q4.1	I1.1 POS & M0.1—M_BIT Q I0.0 I0.1 Q4.1 =	I0.0 I1.1 I0.1 Q4.1 POS Q M0.1—M_BIT

表 6-12 中示例表示当 I1.1 出现上升沿，且 I0.0 的常开触点及 I0.1 的常开

触点同时闭合时,Q4.1 变为 1,并保持一个扫描周期,之后又变为 0。否则,Q4.1 为 0。

(2)触点的下降沿检测指令。

触点信号的下降沿检测指令用法与上升沿检测指令相同,如表 6-13 所示。当"启动条件"为真且"位地址 1"出现下降沿信号时,Q 端可输出一个扫描周期的 1 信号。

触点的下降沿检测指令格式及示例　　　　表 6-13

指令形式	STL	FBD	等效 LAD
指令格式	A 位地址 1 BLD 100 FN 位地址 2 = 输出	"位地址1" NEG "位地址2" — M_BIT Q	"启动条件" "位地址1" NEG "位地址2" — M_BIT Q
示例	A(　A I0.0 　AN I0.1 　O M0.4) A(　A I1.1 　BLD 100 　FN M0.3) A I0.2 = Q4.3	I0.0、I0.1 经 & 后与 M0.4 经 >=1,再与 I1.1 经 NEG(M0.3 M_BIT Q)、I0.2 经 & 得 Q4.1	I0.0 I0.1 — I1.1 NEG I0.2 Q4.3 M0.4 — M0.3 M_BIT

表 6-13 中示例表示当 I1.1 出现下降沿,且 I0.0 的常开触点、I0.1 的常闭触点及 I0.2 的常开触点同时闭合,或 M0.4 的常开触点及 I0.2 的常开触点同时闭合时,Q4.3 变为 1,并保持一个扫描周期,之后又变为 0。否则,Q4.3 为 0。

(3)触点的边沿检测指令的时序图。

触点的边沿检测指令的梯形图和工作时序图示例如图 6-10 所示。

5. 定时器指令

定时器是 PLC 中最常用的元件之一,相当于继电器控制电路中的时间继电器。顺序控制系统中,时间顺序控制系统是一类重要的控制系统,而这类控制系统主要使用定时器类指令。每个定时器占用定时器状态的 1 位地址空间和定时时间值的 16 位地址空间。定时时间值以 BCD 码的格式存放,BCD 码的低 3 组用于存放时间常数,其范围为 0~999;最高 1 组用于定义时间基准,分别为 0.01 s、0.1 s、1 s 和 10 s。定时器时间范围是 10 ms~9990 s(2 h 46 m 30 s)。固定的时间值输入格式为 S5T#1 h 30 m、S5T#15 m 20 s、S5T#16 s 100 ms 等。

S7-300 PLC 为用户提供了 5 种类型的定时器:接通延时定时器(S_ODT)、

保持型接通延时定时器(S_ODTS)和断开延时定时器(S_OFFDT)、脉冲定时器(S_PULSE)、扩展脉冲定时器(S_PEXT)。

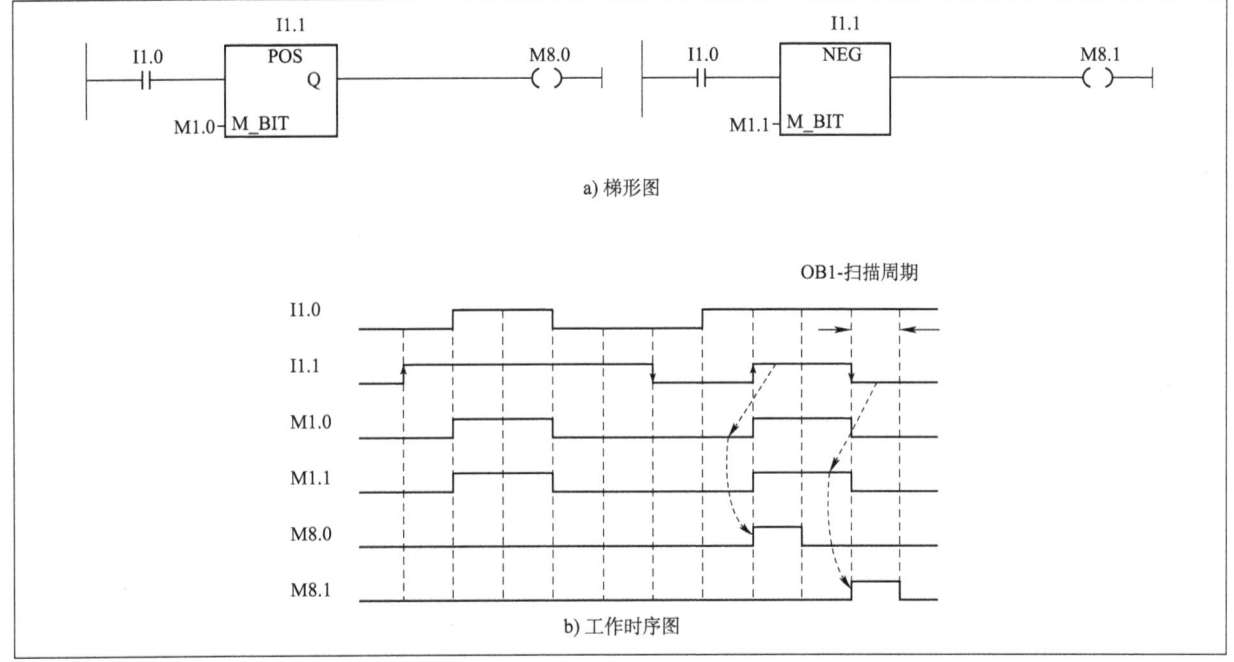

图6-10 触点的边沿检测指令的梯形图和工作时序图示例

1) 接通延时定时器(S_ODT)

在启动生产线时,如果希望某台设备延时一段时间再启动,可以选择接通延时定时器。接通延时定时器块图指令格式及示例、线圈指令格式及示例分别如表6-14和表6-15所示,接通延时定时器指令的输入/输出端口定义如下:

(1) Tno 为定时器的编号,其范围与CPU的型号有关。

(2) S 为定时器启动端。上升沿触发,定时器开始计时,延时时间到,Q端输出"1"信号。

(3) TV 为设定时间值的输入端。

(4) R 为定时器复位端。上升沿使定时器的时间值清零。

(5) BI 为剩余时间常数值输出端。以二进制格式表示的剩余时间常数值,不带时基信息。

(6) BCD 为剩余时间常数值输出端。以BCD码格式表示的剩余时间常数值,带有时基信息。

(7) Q 为定时器状态输出端。

接通延时定时器指令的梯形图和工作时序图如图6-11所示。

由图6-11可知,如果R信号的RLO为0,且S信号的RLO出现上升沿,则定时器启动,并从设定的时间值开始倒计时。如果在定时结束之前,S信号的RLO出现下降沿,定时器就停止运行并复位,Q输出为0。当定时时间到达,且S信号的RLO仍为1时,定时器常开触点闭合,同时Q输出为1,直到S信号的RLO变为0或定时器复位。

接通延时定时器块图指令格式及示例 表6-14

指令形式	STL	FBD	等效 LAD
指令格式	A 启动信号 L 定时时间 SD Tno A 复位信号 R Tno L Tno T 时间字单元1 LC Tno T 时间字单元2 A Tno = 输出位地址	Tno S_ODT 启动信号—S BI—时间字单元1 定时时间—TV BCD—时间字单元2 复位信号—R Q—输出位地址	Tno S_ODT 启动信号—S Q—输出位地址 定时时间—TV BI—时间字单元1 复位信号—R BCD—时间字单元2
示例	A I0.0 L S5T#S SD T5 A(O I0.1 ON M10.0) R T5 L T5 T MW0 LC T5 T MW2 A T5 = Q4.5	T5 S_ODT I0.0—S BI—MW0 S5T#8S—TV BCD—MW2 Q4.1 I0.1 ≥=1 —R Q—= M10.0	T5 S_ODT I0.0—S Q—Q4.5 S5T#8S—TV BI—MW0 I0.1—R BCD—MW2 M10.0

接通延时定时器线圈指令格式及示例 表6-15

指令符号	示例(STL)	示例(LAD)
Tno —(SD)— 定时时间	Network1：接通延时定时器线圈指令 I0.0 T8 —┤├——(SD)— S5T#10S Network2：定时器复位 I0.1 T8 —┤├——(R)— Network3：定时器触点 T8 Q4.7 —┤├——( )—	Network1：接通延时定时器线圈指令 A I 0.0 L S5T#10S SD T 8 Network2：定时器复位 A I 0.1 R T 8 Network3：定时器触点 A T 8 = Q 4.7

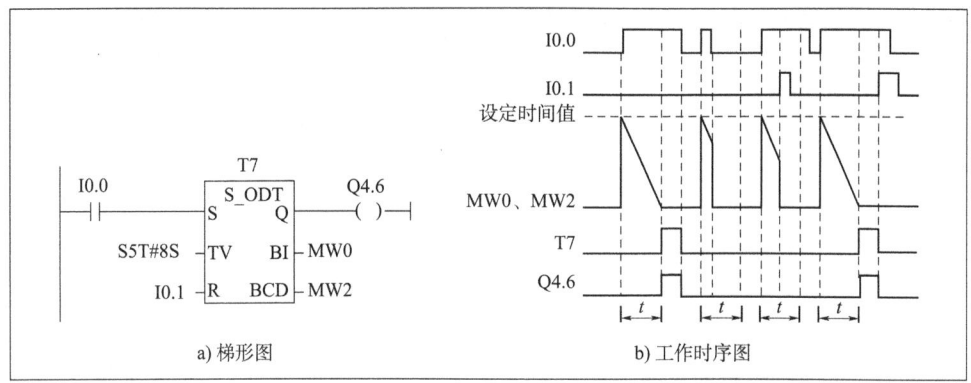

图 6-11 接通延时定时器指令的梯形图和工作时序图

无论何时,只要 R 信号的 RLO 出现上升沿,定时器就立即复位,并使定时器的常开触点断开,Q 输出为 0,同时剩余时间值清零。此时的动作称为定时器复位。

2) 保持型接通延时定时器(S_ODTS)

如果定时器的启动端是脉动信号,不能维持高电平,又想让接通延时定时器正常工作,可以选用保持型接通延时定时器。保持型接通延时定时器块图指令格式及示例、线圈指令格式及示例分别如表 6-16 和表 6-17 所示。

保持型接通延时定时器块图指令格式及示例　　　　　　表 6-16

指令形式	STL	FBD	等效 LAD
指令格式	A 启动信号 L 定时时间 SS Tno A 复位信号 R Tno L Tno T 时间字单元 1 LC Tno T 时间字单元 2 A Tno = 输出位地址	启动信号—S_ODTS Tno 启动信号—S　BI—时间字单元1 定时时间—TV BCD—时间字单元2 复位信号—R　Q—输出位地址	启动信号—S_ODTS Tno 启动信号—S　Q—输出位地址 定时时间—TV BI—时间字单元1 复位信号—R BCD—时间字单元2
示例	A I0.0 L S5T#8S SS T9 A(O I0.1 O M10.0) R T9 L T9 T MW0 LC T9 T MW2 A T9 = Q5.0	I0.0—S_ODTS I0.1—>=1—S5T#8S—TV BCD—MW2—Q5.0 M10.0 —R Q	T9 I0.0—S_ODTS—Q5.0 S5T#8S—TV BI—MW0 I0.1—R BCD—MW2 M10.0

表 6-17　保持型接通延时定时器线圈指令格式及示例

指令符号	示例(STL)	示例(LAD)
—Tno —(SS)— 定时时间	Network1：保持型接通延时定时器线圈指令 　I0.0　　　　T11 　─┤├──────(SS)─ 　　　　　　S5T#10S Network2：定时器复位 　I0.1　　　　T11 　─┤├──────(R)─ Network3：定时器触点 　T11　　　　Q5.2 　─┤├──────( )─	Network1：保持型接通延时定时器线圈指令 　A　　I　　0.0 　L　　S5T#10S 　SS　T　　11 Network2：定时器复位 　A　　I　　0.1 　R　　T　　11 Network3：定时器触点 　A　　T　　11 　=　　Q　　5.2

保持型接通延时定时器指令的梯形图和工作时序图如图 6-12 所示。

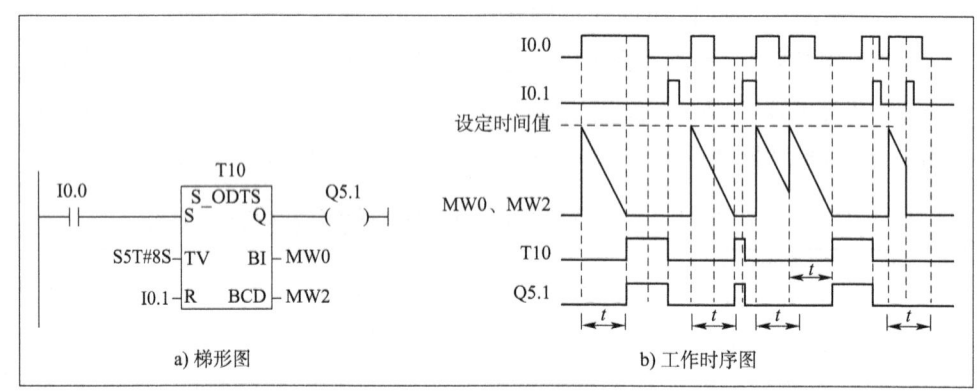

图 6-12　保持型接通延时定时器指令的梯形图和工作时序图

由图 6-12 可知，如果定时器已经复位，且 R 信号的 RLO 为 0，S 信号的 RLO 出现上升沿，则定时器启动，并从设定的时间值开始倒计时。一旦定时器启动，即使 S 信号的 RLO 出现下降沿，定时器仍然继续运行。如果在定时结束之前，S 信号的 RLO 出现上升沿，则定时器以设定的时间值重新启动。只要定时时间到达，不管 S 信号的 RLO 为什么状态，定时器都会保持在停止状态，定时器常开触点闭合，Q 输出为 1，直到定时器复位。

无论何时，只要 R 信号的 RLO 出现上升沿，定时器就立即复位，并使定时器的常开触点断开，Q 输出为 0，同时剩余时间值清零。

3）断开延时定时器（S_OFFDT）

在停止生产线运行时，如果希望某台设备延时一段时间再关断，可以选用断开延时定时器。断开延时定时器块图指令格式及示例、线圈指令格式及示例分别如表 6-18 和表 6-19 所示。

断开延时定时器指令的梯形图和工作时序图如图 6-13 所示。

由图 6-13 可知，如果 R 信号的 RLO 位为 0，且 S 信号的 RLO 出现下降沿，则定时器启动，并从设定时间值开始倒计时。定时时间到达后，定时器的常开触点断开，Q 输出为 0。在定时器运行期间，如果 S 信号的 RLO 出现上升沿，则定时器立即复位。当 S 信号的 ROL 为 1 时,或定时器运行期间,定时器常开触点闭合,Q 输出为 1。

断开延时定时器块图指令格式及示例　　　　　表 6-18

指令形式	STL	FBD	等效 LAD
指令格式	A　启动信号 L　定时时间 SF Tno A　复位信号 R　Tno L　Tno T　时间字单元 1 LC Tno T　时间字单元 2 A　Tno =　输出位地址	Tno S_OFFDT 启动信号—S　　BI—时间字单元1 定时时间—TV　BCD—时间字单元2 复位信号—R　　Q—输出位地址	Tno S_OFFDT 启动信号—S　　Q—输出位地址 定时时间—TV　BI—时间字单元1 复位信号—R　BCD—时间字单元2
示例	A　I0.0 L　S5T#12S SF T12 A(O　I0.1 ON M10.0) R　T12 L　T12 T　MW0 LC T12 T　MW2 A　T12 =　Q5.3	（FBD 图：I0.0, I0.1, M10.0 经 >=1 连至 T12 S_OFFDT 块，S5T#12S—TV，输出 BI—MW0，BCD—MW2，Q—Q5.3）	（LAD 图：I0.0 触点—T12 S_OFFDT，Q—Q5.3；S5T#12S—TV，BI—MW0；I0.1/M10.0 并联至 R，BCD—MW2）

断开延时定时器线圈指令格式及示例　　　　　表 6-19

指令符号	示例(STL)	示例(LAD)
Tno —(ST)— 定时时间	Network1：断电延时定时器线圈指令 　I0.0　　　　T14 　—| |——————(SF)— 　　　　　　S5T#10S Network2：定时器复位 　I0.1　　　　T14 　—| |———————(R)— Network3：定时器触点 　T14　　　　Q5.5 　—| |———————( )—	Network1：断电延时定时器线圈指令 　A　　I　　0.0 　L　　S5T#10S 　SS　T　　14 Network2：定时器复位 　A　　I　　0.1 　R　　T　　14 Network3：定时器触点 　A　　T　　14 　=　　Q　　5.5

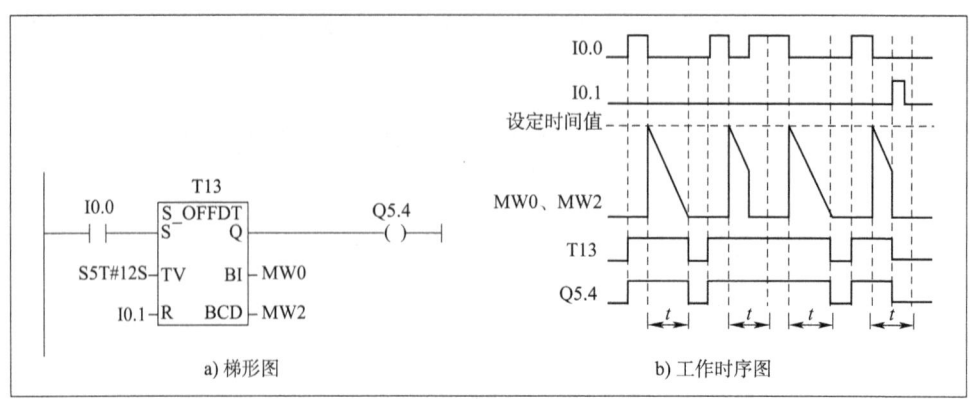

图6-13 断开延时定时器指令的梯形图和工作时序图

无论何时,只要R信号的RLO出现上升沿,定时器就立即复位,并使定时器的常开触点断开,Q输出为0,同时剩余时间值清零。

4) 脉冲定时器(S_PULSE)

如果某台设备运行的时间是固定的,例如:要求某台设备加热30 s,用户可以利用脉冲定时器设置一段定宽的"1"脉冲信号,控制设备运行时间。脉冲宽度由定时器的时间值确定。脉冲定时器块图指令格式及示例、线圈指令格式及示例分别如表6-20和表6-21所示。

脉冲定时器块图指令格式及示例   表6-20

指令形式	STL	FBD	等效LAD
指令格式	A 启动信号 L 定时时间 SP Tno A 复位信号 R Tno L Tno T 时间字单元1 LC Tno T 时间字单元2 A Tno = 输出位地址	(Tno S_PULSE 启动信号—S BI—时间字单元1, 定时时间—TV BCD—时间字单元2, 复位信号—R Q—输出位地址)	(Tno S_PULSE 启动信号—S Q—输出位地址, 定时时间—TV BI—时间字单元1, 复位信号—R BCD—时间字单元2)
示例	A I0.1 L S5T#8S SP T1 A I0.2 AN I0.3 R T1 L T1 T MW0 LC T1 T MW2 A T1 = Q4.0	(T1 S_PULSE, I0.1—S BI—MW0, I0.2 & S5T#8S—TV BCD—MW2 Q4.0, I0.3 R Q =)	(T1 S_PULSE, I0.0—S Q—Q4.0, S5T#8S—TV BI—MW0, I0.1 I0.3—R BCD—MW2)

表 6-21 脉冲定时器线圈指令格式及示例

指令符号	示例(STL)	示例(LAD)
Tno —(SP)— 定时时间	Network1：定时器线圈指令 I0.1 T2 ——┤├——————(SP)— S5T#10S Network2：定时器复位 I0.2 T2 ——┤├——————(R)— Network3：定时器触点应用 T2 Q4.1 ——┤├——————( )—	Network1：定时器线圈指令 A I 0.1 L S5T#10S SP T 2 Network2：定时器复位 A I 0.2 R T 2 Network3：定时器触点应用 A T 2 = Q 4.1

脉冲定时器指令的梯形图和工作时序图如图 6-14 所示。

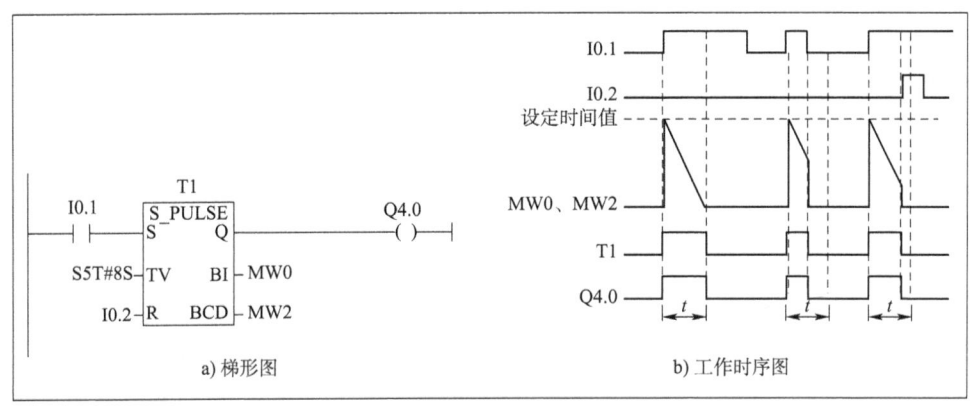

图 6-14 脉冲定时器指令的梯形图和工作时序图

由图 6-14 可知，如果 R 信号的 RLO 为 0，且 S 信号的 RLO 出现上升沿，则定时器启动，并从设定的时间值开始倒计时。此后只要 S 信号的 RLO 保持为 1，定时器就继续运行。在定时器运行期间，只要剩余时间不为 0，其常开触点闭合，同时输出为 1，直到定时时间到达为止。在定时器运行期间，若 S 信号的 RLO 出现下降沿，则定时器停止运行并复位，同时，定时器常开触点断开，输出 Q 为 0。当 RLO 再次出现上升沿时，定时器则重新从设定时间开始倒计时。

无论何时，只要 R 信号的 RLO 出现上升沿，定时器就立即复位，并使定时器的常开触点断开，Q 输出为 0，同时剩余时间值清零。

5) 扩展脉冲定时器(S_PEXT)

扩展脉冲定时器块图指令格式及示例、线圈指令格式及示例分别如表 6-22 和表 6-23 所示。

扩展脉冲定时器指令的梯形图和工作时序图如图 6-15 所示。

由图 6-15 可知，如果 R 信号的 RLO 为 0，且 S 信号的 RLO 出现上升沿，则定时器启动，并从设定的时间值开始倒计时，在此期间无论 S 信号是否出现下降沿，都继续计时。如果在定时结束之前，S 信号的 RLO 又出现一次上升沿，则定时器重新启动。定时器一旦运行，其常开触点就闭合，同时 Q 输出为 1，直到定时时间到达为止。

扩展脉冲定时器块图指令格式及示例　　　　表 6-22

指令形式	STL	FBD	等效 LAD
指令格式	A　启动信号 L　定时时间 SE Tno A　复位信号 R　Tno L　Tno T　时间字单元 1 LC Tno T　时间字单元 2 A　Tno =　输出位地址	Tno　S_PEXT 启动信号—S　BI—时间字单元1 定时时间—TV　BCD—时间字单元2 复位信号—R　Q—输出位地址	Tno　S_PEXT 启动信号—S　Q—输出位地址 定时时间—TV　BI—时间字单元1 复位信号—R　BCD—时间字单元2
示例	A(O　I0.1 O　I0.2) L　S5T#8S SE T3 A　I0.3 R　T3 L　T3 T　MW0 LC T3 T　MW2 A　T3 =　Q4.2	I0.1, I0.2 →≥1→ T3 S_PEXT S　BI—MW0 S5T#8S—TV　BCD—MW2　Q4.2 I0.3—R　Q　=	I0.1　T3 S_PEXT　Q4.2 S　Q—( ) S5T#8S—TV　BI—MW0 I0.2 I0.3—R　BCD—MW2

扩展脉冲定时器线圈指令格式及示例　　　　表 6-23

指令符号	示例(STL)	示例(LAD)
Tno —(SE)— 定时时间	Network1：扩展定时器线圈指令 　I0.1　　　　　T5 　—┤├—————(SE)— 　　　　　　　S5T#10S Network2：定时器复位 　I0.2　　　　　T5 　—┤├—————(R)— Network3：定时器触点应用 　T5　　　　　Q4.4 　—┤├—————( )—	Network1：扩展定时器线圈指令 　A　I　0.1 　L　S5T#10S 　SE　T　5 Network2：定时器复位 　A　I　0.2 　R　T　5 Network3：定时器触点应用 　A　T　5 　=　Q　4.4

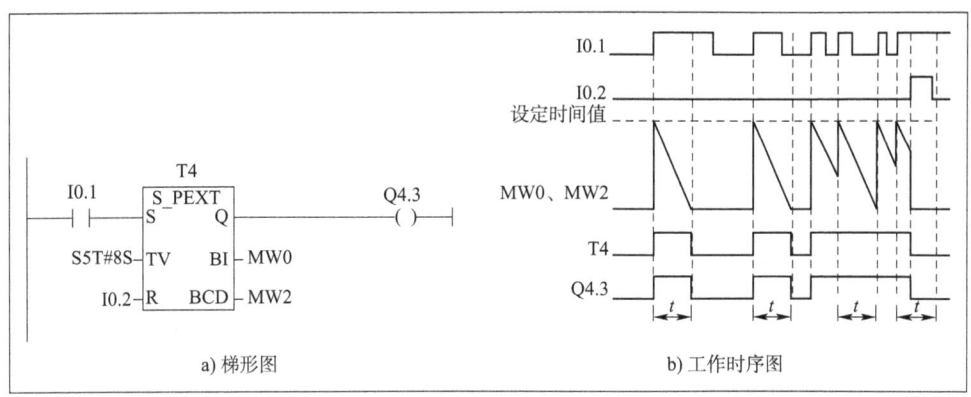

图 6-15 扩展脉冲定时器指令的梯形图和工作时序图

无论何时,只要 R 信号的 RLO 出现上升沿,定时器就立即复位,并使定时器的常开触点断开,Q 输出为 0,同时剩余时间值清零。

6. 计数器指令

S7-300 的计数器都是 16 位的。因此,每个计数器占用该区域 2 个字节空间,用来存储计数值。不同的 CPU 模板用于计数器的存储区域也不同,最多允许使用 64~512 个计数器。计数器的地址编号是 C0~C511。

计数器字的 0~11 位是计数值的 BCD 码,计数值的范围为 0~999。二进制格式的计数值只占用计数器字的 0~9 位。每个计数器有一个 16 位的字和一个二进制位。

计数器用来累计输入脉冲的次数。在实际应用中,计数器用来对产品进行计数或完成复杂的逻辑控制任务。计数器的使用和定时器基本相似,编程时输入计数设定值,计数器累计脉冲输入端信号上升沿的个数。当计数值达到设定值时,计数器发生动作,以便完成计数控制任务。

S7-300 PLC 的计数器有 3 种:加/减计数器(S_CUD)、加计数器(S_CU)和减计数器(S_CD)。

1)加/减计数器(S_CUD)

加/减计数器的块图指令格式及示例如表 6-24 所示。

加/减计数器的块图指令格式及示例　　　　表 6-24

指令形式	STL	FBD	等效 LAD
指令格式	A　加计数器输入 CU　Cno A　减计数输入 CD　Cno A　预置信号 L　计数初值 S　Cno A　复位信号 R　Cno L　Cno	![FBD图]	![LAD图]

续上表

指令形式	STL	FBD	等效 LAD
指令格式	T 计数字单元1 LC Cno T 计数字单元2 A Cno = 输出位地址		
示例	A I0.0 CU C0 A I0.1 CD C0 A I0.2 L C#5 S C0 A I0.3 R C0 L C0 T MW4 LC C0 T MW6 A C0 = Q4.0	(S_CUD 功能块：I0.0→CU，I0.1→CD，I0.2→S，C#5→PV，I0.3→R，CV→MW4，CV_BCD→MW6，Q→Q4.0)	(LAD：I0.0 触点—S_CUD 块 C0：CU/CD/S/PV/R 输入分别为 I0.0、I0.1、I0.2、C#5、I0.3；CV→MW4，CV_BCD→MW6，Q→Q4.0)

计数器输入、输出端口的含义如下：

(1) Cno 为计数器的编号，编号范围与 CPU 的具体型号有关。

(2) CU 为加计数器输入端，上升沿触发计数器的值加 1。计数值达到最大值 999 以后，计数器不再动作，保持 999 不变，此时的加 1 操作无效。

(3) CD 为减计数器输入端，上升沿触发计数器的值减 1。计数值减到最小值 0 以后，计数器不再动作，保持 0 不变，此时的减 1 操作无效。

(4) S 为置初值端。S 端的上升沿触发赋初值动作，将 PV 端的初值送给计数器。

(5) PV 为赋初值端。初值的范围为 0~999。可以通过字存储器（如 MW0、IW0 等）为计数器提供初值，也可以直接输入 BCD 码格式的立即数，立即数的格式为 C#xxx，如 C#6 等。

(6) R 为复位端。上升沿使计数器复位，计数器的值清零。

(7) Q 为状态输出端。与计数器编号的位地址状态相同，只要计数器的当前值不为 0，Q 端就输出 1。

(8) CV 为以二进制格式显示（或输出）的计数器当前值，如 16#0023。

(9) CV_BCD 为以 BCD 码格式显示的计数器当前值。

表 6-24 中示例表示 I0.0 每出现一次上升沿,C0 就自动加 1(最大加到 999),I0.1 每出现一次上升沿,C0 就自动减 1(最小减到 0)。C0 的当前值保存在 MW4(16 进制整数)和 MW6(BCD 码格式)中,如果 C0 的当前值不为 0,Q4.0 就为 1,否则 Q4.0 为 0。当 I0.2 出现上升沿时,计数器的当前值将立即置为 5(由 C#5 决定),同时 Q4.0 为 1,以后将从 5 开始计数;如果 I0.3 出现上升沿,则计数器的当前值立即置为 0,同时 Q4.0 为 0,以后 C0 将从 0 开始计数。加/减计数器的功能示意如图 6-16 所示。

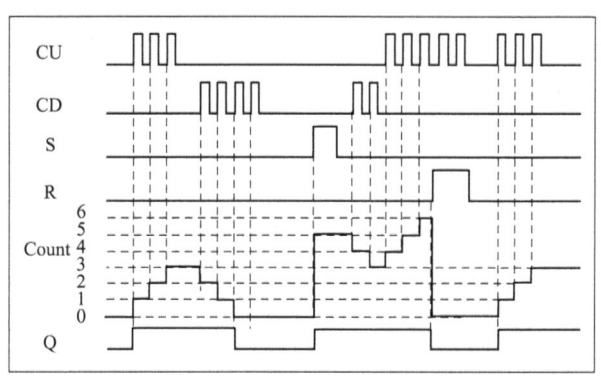

图 6-16 加/减计数器的功能示意

2)加计数器(S_CU)

加计数器的块图指令格式及示例如表 6-25 所示。

加计数器的块图指令格式及示例　　　　　　　　　　　　　　　表 6-25

指令形式	STL	FBD	等效 LAD
指令格式	A 加计数器输入 CU Cno BLD 101 A 预置信号 L 计数初值 S Cno A 复位信号 R Cno L Cno T 计数字单元 1 LC Cno T 计数字单元 2 A Cno = 输出位地址	Cno S_CU 加计数输入—CU 预置信号—S　CV—计数字单元1 计数初值—PV CV_BCD—计数字单元2 复位信号—R　Q—输出位地址	Cno S_CU 加计数输入—CU　Q—输出位地址 预置信号—S　CV—计数字单元1 计数初值—PV CV_BCD—计数字单元2 复位信号—R
示例	A I0.0 CU C1 BLD 101 A I0.1 L C#99 S C1 A I0.2 R C1 NOP 0 A C1 = Q4.1	C1 S_CU I0.0—CU I0.1—S　CV—… C#99—PV CV_BCD—… I0.2—R　Q—Q4.1 =	C1 I0.0—┤├—S_CU 　　　　CU　Q——Q4.1 I0.1—S　CV—… C#99—PV CV_BCD—… I0.2—R

表 6-25 中示例表示 I0.0 每出现一次上升沿,C1 就自动加 1,如果 C1 的当前值不为 0,Q4.1 就为 1,否则 Q4.1 为 0。当 I0.1 出现上升沿时,计数器的当前值将立即置为 99,同时 Q4.1 为 1,此后将从 99 开始计数;如果 I0.2 出现上升沿,则计数器复位,此后 C1 将从 0 开始计数。

3)减计数器(S_CD)

减计数器的块图指令格式及示例如表 6-26 所示。

表 6-26 减计数器的块图指令格式及示例

指令形式	STL	FBD	LAD
指令格式	A 减计数器输入 CD Cno BLD 101 A 预置信号 L 计数初值 S Cno A 复位信号 R Cno L Cno T 计数字单元1 LC Cno T 计数字单元2 A Cno = 输出位地址	Cno S_CD 减计数输入—CD 预置信号—S CV—计数字单元1 计数初值—PV CV_BCD—计数字单元2 复位信号—R Q—输出位地址	Cno S_CD 减计数输入—CD Q—输出位地址 预置信号—S CV—计数字单元1 计数初值—PV CV_BCD—计数字单元2 复位信号—R
示例	A I0.0 CD C2 BLD 101 A I0.1 L C#99 S C2 A I0.2 R C2 L C2 T MW0 NOP 0 A C2 = Q4.2	C2 S_CD I0.0—CD I0.1—S CV—MW0 C#99—PV CV_BCD—… I0.2—R Q—Q4.2	C2 I0.0 S_CD Q4.2 —| |—CD Q—( )— I0.1—S CV—MW0 C#99—PV CV_BCD—… I0.2—R

表 6-26 中示例表示 I0.0 每出现上升沿,C2 就自动减 1(最小减到 0),如果 C2 的当前值不为 0,Q4.2 就为 1,否则 Q4.2 为 0。当 I0.1 出现上升沿时,计数器的当前值将立即置为 99,同时 Q4.2 为 1,此后将从 99 开始计数;如果 I0.2 出现上升沿,则计数器的当前值立即置为 0,同时 Q4.2 为 0。

为了区别双向计数和单向计数功能,在 STL 语句中加入了 BLD 101 语句。

4)线圈形式的计数器

S7-300 系列 PLC 为用户准备了 LAD 环境下使用的线圈形式的计数器,见图 6-17。

图 6-17 线圈形式的计数器

其中,计数器初值预置指令 SC 若与加计数器指令 CU 配合可实现 S_CU 指令的功能;SC 若与减计数器指令 CD 配合可实现 S_CD 指令的功能;SC 若与 CU 和 CD 配合可实现 S_CUD 的功能,见图 6-18。

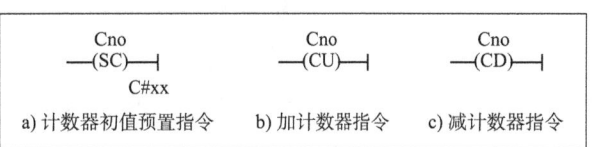

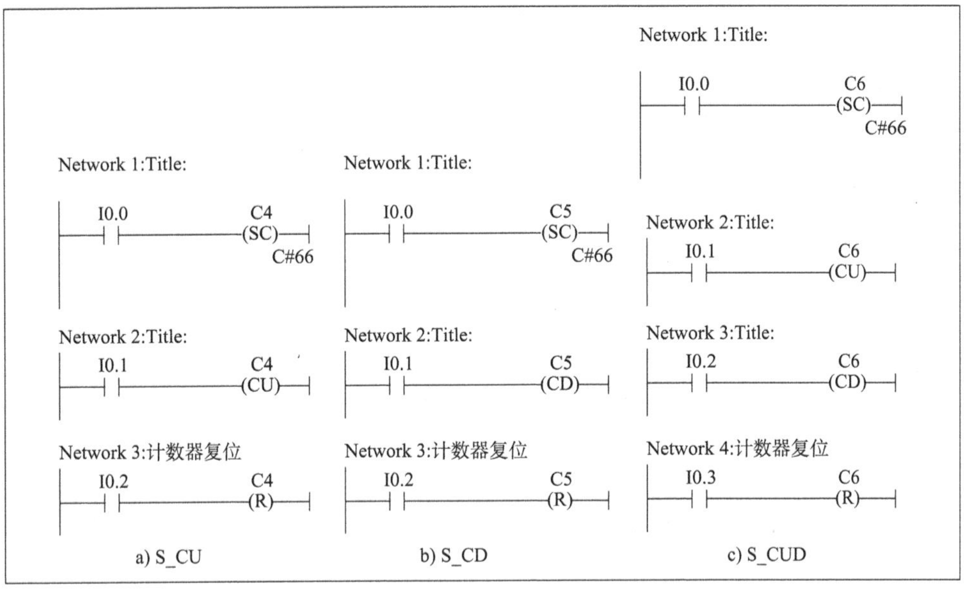

图 6-18 加/减计数器线圈指令应用示例

7. 数据传送指令

MOVE 指令为数据传送指令,能够给字节(B)、字(W)或双字(D)数据对象赋值,MOVE 指令格式及示例如表 6-27 所示。其中,IN 为被传送数据输入端,OUT 为数据接收端,EN 为使能端,只有当 EN 信号的 RLO 值为 1 时,才允许执行数据传送操作,将 IN 端的数据传送到 OUT 端所指定的存储器中。ENO 为使能输出端,其状态随 EN 信号变化而变化。

MOVE 指令格式及示例 表 6-27

指令形式	FBD	等效 LAD
指令格式	MOVE 使能输入 — EN OUT — 数据输出 数据输入 — IN ENO — 使能输出	MOVE 使能输入 — EN ENO — 使能输出 数据输入 — IN OUT — 数据输出
示例	MOVE I0.1 — EN OUT — PQB5 MB0 — IN ENO — Q4.0 [=]	I0.0 — MOVE EN ENO — Q4.0 ( ) MB0 — IN OUT — PQB5

表 6-27 中示例表示当 I0.1 为 1 时,将 MB0 的内容直接复制到过程输出字节 PQB5,同时使 Q4.0 动作。

8. 比较指令

比较指令可完成整数、长整数或 32 位浮点数(实数)的相等、不等、大于、小于、大于或等于、小于或等于等比较,包括整数比较指令、双整数比较指令和实数比较指令。

(1)整数比较指令,如表 6-28 所示。

整数比较指令　　　　表 6-28

STL 指令	LAD 指令	FBD 指令	说明	STL 指令	LAD 指令	FBD 指令	说明
==I	CMP==I / IN1 / IN2	CMP==I / IN1 / IN2	整数相等 (EQ_I)	<I	CMP<I / IN1 / IN2	CMP<I / IN1 / IN2	整数小于 (LT_I)
<>I	CMP<>I / IN1 / IN2	CMP<>I / IN1 / IN2	整数不等 (NE_I)	>=I	CMP>=I / IN1 / IN2	CMP>=I / IN1 / IN2	整数大于或等于 (GE_I)
>I	CMP>I / IN1 / IN2	CMP>I / IN1 / IN2	整数大于 (GT_I)	<=I	CMP<=I / IN1 / IN2	CMP<=I / IN1 / IN2	整数小于或等于 (LE_I)

(2)双整数比较指令,如表 6-29 所示。

双整数比较指令　　　　表 6-29

STL 指令	LAD 指令	FBD 指令	说明	STL 指令	LAD 指令	FBD 指令	说明
==D	CMP==D / IN1 / IN2	CMP==D / IN1 / IN2	双整数相等 (EQ_D)	<D	CMP<D / IN1 / IN2	CMP<D / IN1 / IN2	双整数小于 (LT_D)
<>D	CMP<>D / IN1 / IN2	CMP<>D / IN1 / IN2	双整数不等 (NE_D)	>=D	CMP>=D / IN1 / IN2	CMP>=D / IN1 / IN2	双整数大于或等于 (GE_D)
>D	CMP>D / IN1 / IN2	CMP>D / IN1 / IN2	双整数大于 (GT_D)	<=D	CMP<=D / IN1 / IN2	CMP<=D / IN1 / IN2	双整数小于或等于 (LE_D)

(3)实数比较指令,如表 6-30 所示。

实数比较指令　　　　表 6-30

STL 指令	LAD 指令	FBD 指令	说明	STL 指令	LAD 指令	FBD 指令	说明
==R	CMP==R / IN1 / IN2	CMP==R / IN1 / IN2	实数相等 (EQ_R)	>R	CMP>R / IN1 / IN2	CMP>R / IN1 / IN2	实数大于 (GT_R)
<>R	CMP<>R / IN1 / IN2	CMP<>R / IN1 / IN2	实数不等 (NE_R)	<R	CMP<R / IN1 / IN2	CMP<R / IN1 / IN2	实数小于 (LT_R)

续上表

STL 指令	LAD 指令	FBD 指令	说明	STL 指令	LAD 指令	FBD 指令	说明
>=R	CMP>=R IN1 IN2	CMP>=R IN1 IN2	实数 大于或等于 （GE_R）	<=R	CMP<=R IN1 IN2	CMP<=R IN1 IN2	实数 小于或等于 （LE_R）

S7-300 还有一些其他指令，如移位指令，数据装入、传输和转换指令、算术运算指令、字逻辑运算指令等，这里就不一一介绍了。

任务实施工单

班级		姓名	
情境描述	小李说，S7-300 的指令系统包括梯形图、语句表和逻辑功能块图三种编程语言，三者可以互换。你认为他说的对吗？		
互动交流	1. S7-300 PLC 的编程语言有哪几种？ 2. S7-300 PLC 的基本指令有哪些？		
能力训练	说明 S7-300 的五种定时器的功能。		

学习效果评估

评价指标	学生自评	学生互评	教师评估
知识掌握程度	☆☆☆☆☆	☆☆☆☆☆	☆☆☆☆☆
能力掌握程度	☆☆☆☆☆	☆☆☆☆☆	☆☆☆☆☆
素质掌握程度	☆☆☆☆☆	☆☆☆☆☆	☆☆☆☆☆

任务四　S7-300 控制的三相异步电动机的 Y-△ 降压启动

你知道 S7-300 的梯形图指令和继电器控制系统的控制电路有什么区别吗？

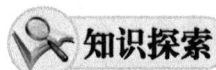

一、编程注意事项

1. 常闭输入触点的处理

PLC 是继电器控制系统的理想替代物，由于继电器的电气原理图与 PLC 的梯形图类似，用户可以将继电器电气原理图转变为梯形图，但在转变过程中必须注意对常闭输入触点的处理。

以三相异步电动机的自锁控制为例，用 PLC 实现电动机自锁控制时，I/O 接线如图 6-19 所示。启动按钮 SB1 为常开触点，接 I0.1；停止按钮 SB2 为常闭触点，接 I0.2。

图 6-20a）为继电器控制原理图，当编制的梯形图如图 6-20b）所示时，将程序送入 PLC，并运行该程序，会发现输出继电器 Q8.5 线圈不能接通，电动机不能启动。这是因为 PLC 一通电，I0.1 就得电而动作，其常闭触点断开。当按下启动按钮 SB1 时，I0.1 得电闭合，但 Q8.5 线圈无法接通，必须将 I0.1 改为图 6-20c）所示的常开触点才能满足启动、停止的要求。或者停止按钮 SB2 采用常开触点，就可以采用图 6-20b）的梯形图了，但是要注意，这样做存在一定的安全隐患，由于停止按钮接触不良或断线等，停止按钮失效，将可能引起生产安全或人身事故。因此，在现场设备的控制电路中，从安全角度出发，通常停止按钮、限位开关、急停按钮等可靠性要求高的按钮和开关的连线应接在常闭触点上。

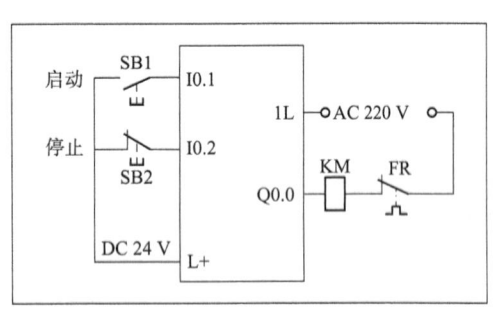

图 6-19　三相异步电动机自锁控制的 I/O 接线

2. 热继电器 FR 与 PLC 的连接

热继电器 FR 是电动机运行过程中不可缺少的过载保护器，其常闭触点通常串联在控制电路中。连接 PLC 时，一般把热继电器的常闭触点连接到 PLC 的输出端，但这样会存在故障隐患。如果在电动机运行过程中出现过载现象，热继电器常闭触点断开，电动机停止运行，但是 PLC 对应电动机的输出信号并不会断开，电动机就会在无人操作的情况下重新启动，可能引起故障和危险。

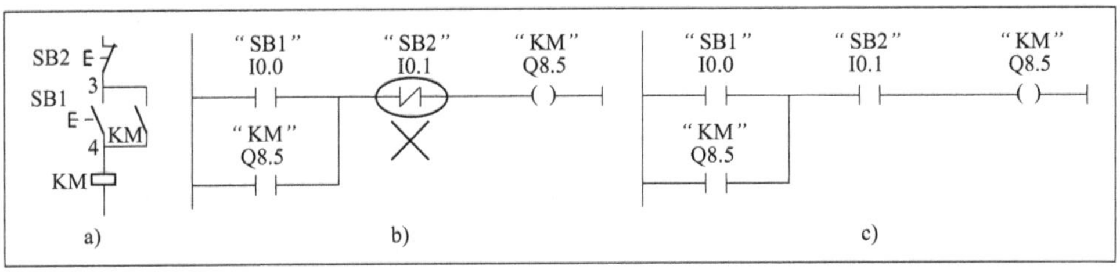

图 6-20 三相异步电动机自锁控制的编程

如果把热继电器 FR 的常开触点或者常闭触点接到 PLC 的输入端，则可以避免上述情况发生；或者把 FR 的常开触点接到 PLC 的输入端，把 FR 的常闭触点接到 PLC 的输出端，同样可以避免此类情况发生。

3. 定时器的扩展

S7-300 PLC 的定时器最长延时时间为 9990 s。如果需要超过最大值的延时时间，可以采用"定时器接力"的方法实现定时器的扩展，即先启动一个定时器计时，计时时间到达后用第 1 个定时器的触点启动第 2 个定时器，再用第 2 个定时器的触点启动第 3 个定时器，以此类推，用最后一个定时器的触点去控制最终的控制对象，总的延时时间是所有定时器的设定值之和，这样就可以实现长延时，如图 6-21 所示。

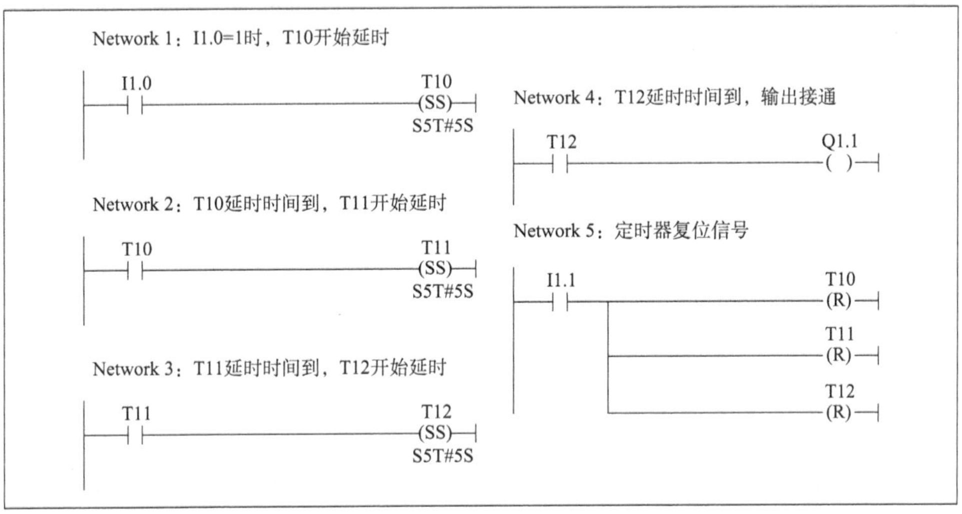

图 6-21 定时器的扩展梯形图

4. 编程规则

梯形图编程的基本规则如下：

（1）PLC 内部元器件触点的使用次数是无限制的。

（2）梯形图的每一行都是从左母线开始的，然后是各种触点的逻辑连接，最后以线圈或指令盒结束。触点不能放在线圈的右边，如图 6-22 所示。

（3）线圈和指令盒一般不能直接连接在左母线

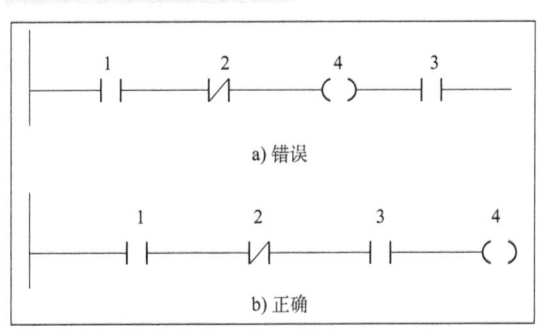

图 6-22 梯形图画法示例（1）

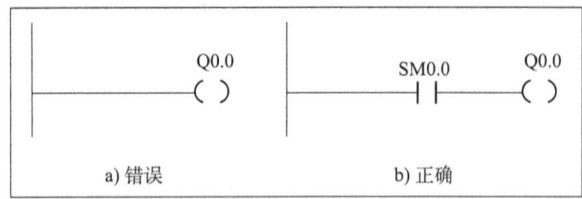

图 6-23 梯形图画法示例(2)

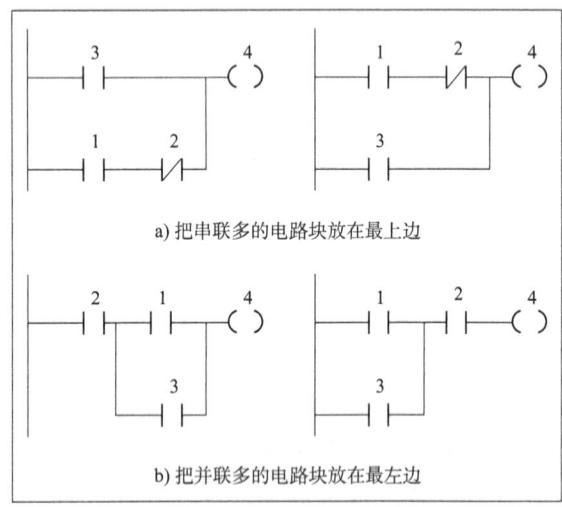

图 6-24 梯形图画法示例(3)

上,如需要可通过特殊的中间继电器 SM0.0(常 ON 特殊中间继电器)完成,如图 6-23 所示。

(4)在同一程序中,同一编号的线圈使用两次及两次以上称为双线圈输出。双线圈输出非常容易引起误动作,所以应避免使用。S7-300 PLC 中不允许使用双线圈输出。

(5)为了减少语句表指令的数量,应尽量把串联多的电路块放在最上边,把并联多的电路块放在最左边,如图 6-24 所示。

(6)不包含触点的分支线条应放在垂直方向,不要放在水平方向,以便于读图和保持图形的美观,如图 6-25 所示。使用编程软件则不可能出现这种情况。

(7)两个或两个以上的线圈可以并联输出,但不能串联输出。

(8)由于 PLC 的运算速度远远大于继电器动作速度,如果继电器控制电路中有互锁环节,为了保证互锁功能,除了在 PLC 控制程序中使用软件互锁以外,还要设置 PLC 外部硬件互锁电路。

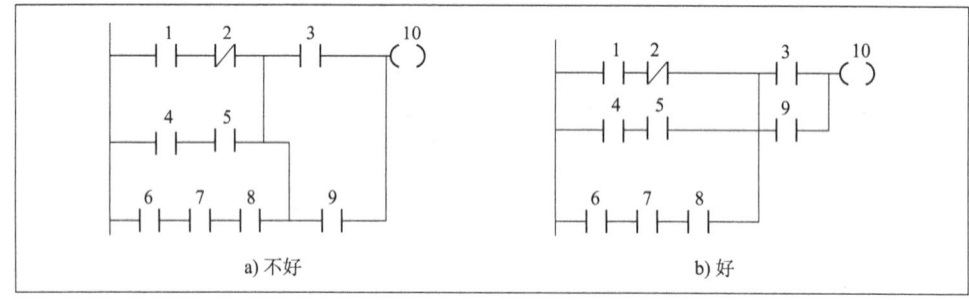

图 6-25 梯形图画法示例(4)

(9)在梯形图中,程序被划分成独立的端,称为网络。编程软件按顺序自动地给网络编号。一个网络中只能有一个独立的电路,如果一个网络中有两个独立的电路,编译时会显示"无效网络或网络太复杂无法编译"。

(10)如果多个线圈都受某一触点串/并联电路的控制,为了简化电路,在梯形图中可以设置中间单元,即用该电路控制某存储器位(M),由存储器的常开触点控制各个线圈。

二、典型控制电路的编程

1. 自锁控制

如图 6-26 所示的自锁程序中,I0.0 闭合使 Q0.0 线圈通电,随之 Q0.0 触点闭合。此后即使 I0.0 触点断开,Q0.0 线圈仍保持通电。只有当常闭触点 I0.1 断开时,Q0.0 才断电,Q0.0 触点断开。若想再启动继电器 Q0.0,只有重新闭合触点 I0.0。

这种自锁控制常用于以无锁定开关作为启动开关的情况,或者只接通一个扫描周期的触点去启动一个持续动作的控制电路的情况。

2. 互锁控制(联锁控制)

在如图 6-27 所示的互锁程序中,Q0.0 和 Q0.1 中只要有一个继电器线圈先接通,另一个继电器就不能再接通,从而保证在任何时候两者都不能同时启动。这种互锁控制称为接触器互锁,常用于控制一组不允许同时动作的对象,如电动机正、反转控制等。

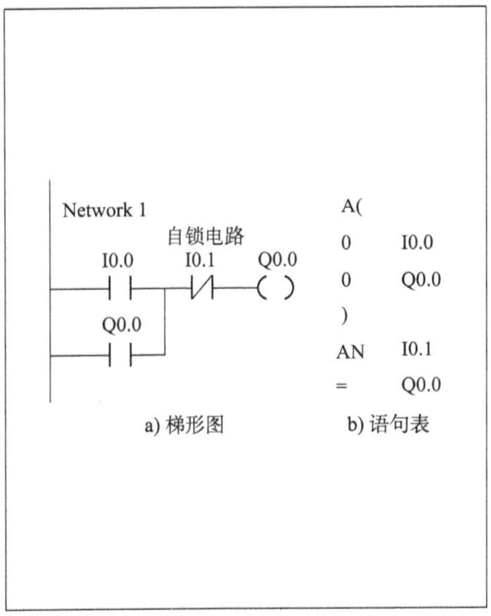

图 6-26 自锁控制

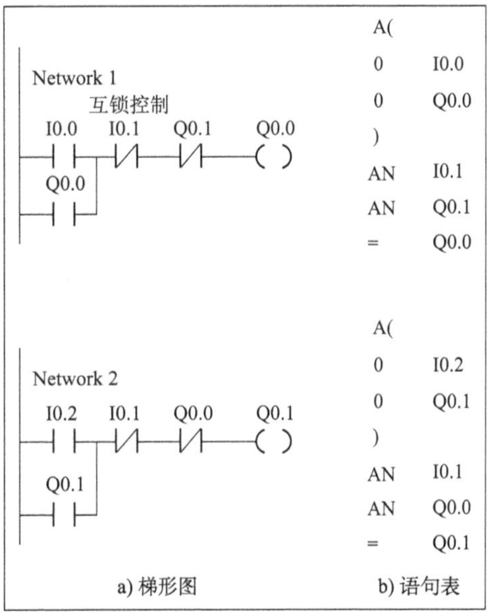

图 6-27 互锁控制

3. 瞬时接通/延时断开电路

瞬时接通/延时断开电路要求在输入信号有效时,马上有输出,而输入信号无效后,输出信号延时一段时间才停止。

如图 6-28 所示分别是用开关控制的瞬时接通/延时断开电路的梯形图、语句表。

4. 延时接通/延时断开电路

延时接通/延时断开电路要求在输入信号 ON 时,延时一段时间输出信号才为 ON,输入信号 OFF 后,延时一段时间输出信号才 OFF。与瞬时接通/延时断开电路相比,该电路多加了一个输入延时。

如图 6-29 所示分别是延时接通/延时断开电路的梯形图、语句表。

5. 闪烁控制电路

如图 6-30 所示为一闪烁控制电路。当输入 I0.0 接通时,输出 Q0.0 闪烁,接通和断开交替进行。

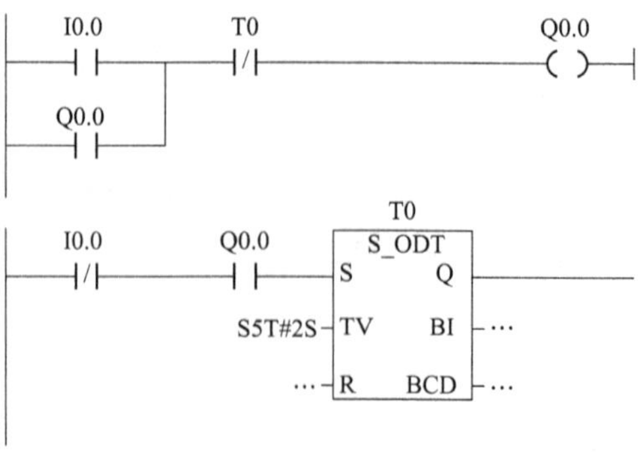

```
          I0.0       T0              Q0.0                  A(
          ─┤├───────┤/├──────────────( )─                  0    I     0.0
           │                                               0    Q     0.0
          Q0.0                                             )
          ─┤├─                                             AN   T     0
                                                           =    Q     0.0

                              T0
          I0.0      Q0.0     S_ODT
          ─┤/├──────┤├───────S    Q───                     AN   I     0.0
                                                           A    Q     0.0
                     S5T#2S─TV    BI···                    L    S5T#2S
                                                           SD   T     0
                       ···─R    BCD···                     NOP  0
                                                           NOP  0
                                                           NOP  0
                                                           NOP  0
```

          a) 梯形图   b) 语句表

图 6-28　瞬时接通/延时断开电路

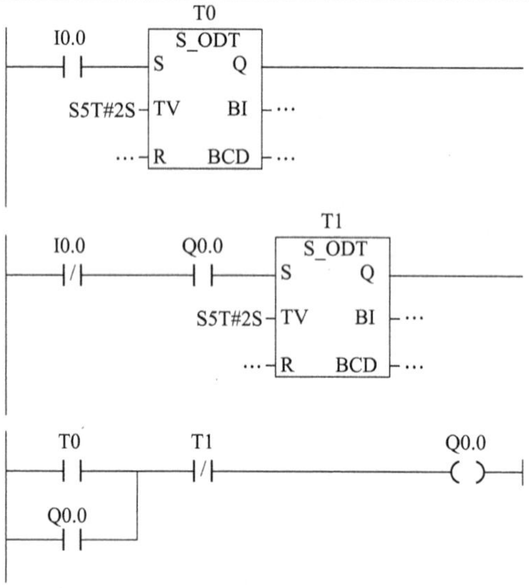

```
                       T0
          I0.0        S_ODT
          ─┤├────────S    Q───                             A    I     0.0
                                                           L    S5T#2S
           S5T#2S─TV    BI···                              SD   T     0
                                                           NOP  0
              ···─R    BCD···                              NOP  0
                                                           NOP  0
                                                           NOP  0

                              T1
          I0.0      Q0.0     S_ODT
          ─┤/├──────┤├───────S    Q───                     AN   I     0.0
                                                           A    Q     0.0
                     S5T#2S─TV    BI···                    L    S5T#2S
                                                           SD   T     1
                       ···─R    BCD···                     NOP  0
                                                           NOP  0
                                                           NOP  0
                                                           NOP  0

          T0        T1              Q0.0                   A(
          ─┤├──────┤/├──────────────( )─                   0    T     0
           │                                               0    Q     0.0
          Q0.0                                             )
          ─┤├─                                             AN   T     1
                                                           =    Q     0.0
```

          a) 梯形图   b) 语句表

图 6-29　延时接通/延时断开电路

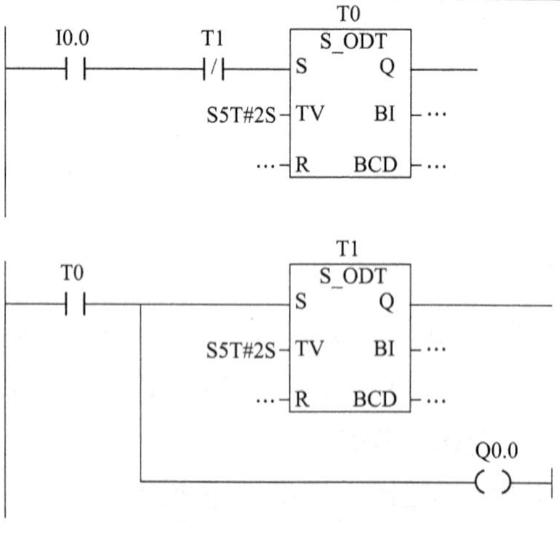

```
                              T0
          I0.0      T1       S_ODT
          ─┤├──────┤/├───────S    Q───                     A    I     0.0
                                                           AN   T     1
                     S5T#2S─TV    BI···                    L    S5T#2S
                                                           SD   T     0
                       ···─R    BCD···                     NOP  0
                                                           NOP  0
                                                           NOP  0
                                                           NOP  0

                              T1
           T0                S_ODT
          ─┤├────────────────S    Q───                     A    T     0
           │                                               =    L    20.0
           │         S5T#2S─TV    BI···                    A    L    20.0
           │                                               L    S5T#2S
           │           ···─R    BCD···                     SD   T     1
           │                                               NOP  0
           │                                               NOP  0
           │                                    Q0.0       NOP  0
           └─────────────────────────────────( )─          NOP  0
                                                           A    L    20.0
                                                           BLD  102
                                                           =    Q     0.0
```

          a) 梯形图   b) 语句表

图 6-30　闪烁控制电路

三、三相异步电动机的 PLC 控制系统设计

设计步骤：

(1)分析三相异步电动机的控制电路,明确控制要求。确定输入/输出设备及各元器件的作用。

(2)根据第(1)步,确定 I/O 分配表。

(3)根据上面的 I/O 分配表,画出 PLC 的外部接线图。

(4)观察继电器接触器控制电路部分,并把这部分电路横过来看,对其硬件触点进行转化,得到控制电路图,最后转化为梯形图和对应的语句表。

(5)输入程序,保存下载到 CPU,运行调试程序。

1. 三相异步电动机正反转的 PLC 控制电路

(1)三相异步电动机正反转的 PLC 控制电路如图 6-31 所示。

要求按下正转启动按钮 SB2,电动机正向运行,按下反转启动按钮 SB3,电动机切换到反向运行,按下停止按钮 SB1,电动机停止,电动机具有短路保护和过载保护。输入设备是 SB1、SB2、SB3、FR,输出设备是 KM1 和 KM2。

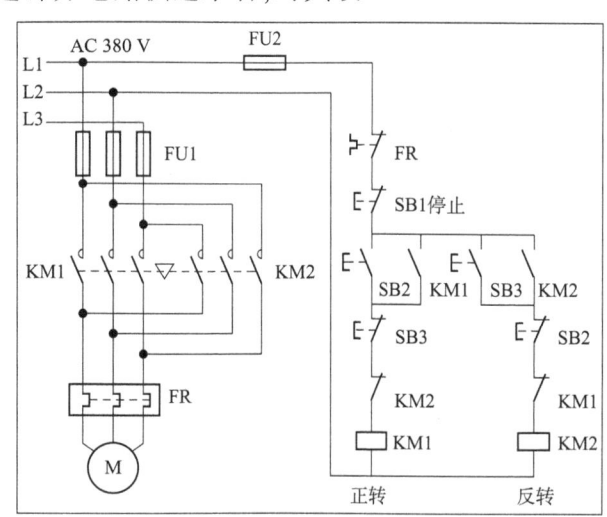

图 6-31 三相异步电动机正反转的 PLC 控制电路

(2)三相异步电动机正反转 PLC 控制的 I/O 端口分配如表 6-31 所示。

三相异步电动机正反转 PLC 控制的 I/O 端口分配　　表 6-31

输入			输出		
名称	符号	输入点	名称	符号	输出点
停止按钮	SB1	I0.2	正转接触器	KM1	Q4.0
正转启动按钮	SB2	I0.0	反转接触器	KM2	Q4.1
反转启动按钮	SB3	I0.1			
热继电器	FR	I0.5			

(3)三相异步电动机正反转的 PLC 外部接线如图 6-32 所示。

(4)三相异步电动机正反转的 PLC 控制梯形图和语句表分别如图 6-33 和图 6-34 所示。

2. 三相异步电动机 Y-△启动的 PLC 控制电路

(1)三相异步电动机 Y-△启动的 PLC 控制电路图如图 6-35 所示。

要求按下启动按钮 SB1,电动机定子绕组接成 Y 启动,经过一段时间(5 s)电动机换接成△运行。电动机具有短路保护功能。输入设备是 SB1、SB2、FR,输出设备是 KM1、KM2 和 KM3。

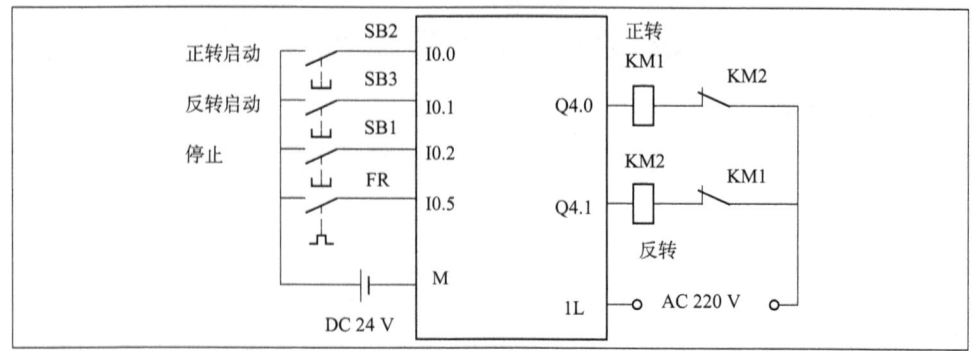

图 6-32　三相异步电动机正反转的 PLC 外部接线图

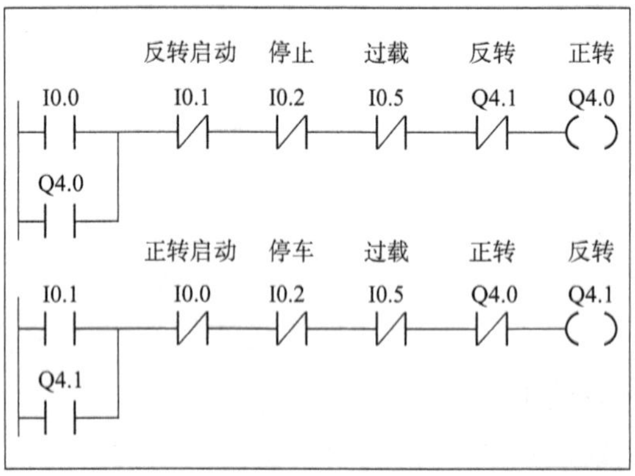

图 6-33　三相异步电动机正反转的 PLC 控制梯形图

```
A(
    I0.0
    Q4.0
)
AN  I0.1
AN  I0.2
AN  I0.5
AN  Q4.1
=   Q4.0

A(
    I0.1
    Q4.1
)
AN  I0.0
AN  I0.2
AN  I0.5
AN  Q4.0
=   Q4.1
```

图 6-34　三相异步电动机正反转的 PLC 控制语句表

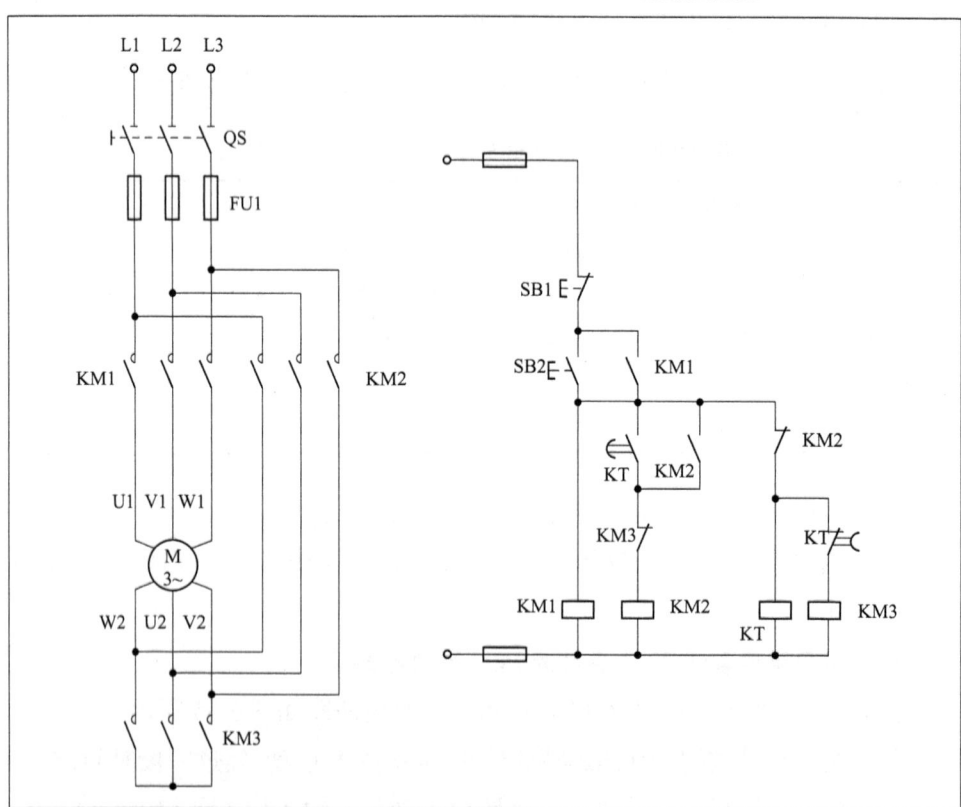

图 6-35　三相异步电动机的 Y-△ 启动的 PLC 控制电路图

（2）三相异步电动机 Y-△ 启动 PLC 控制的 I/O 端口分配如表 6-32 所示。

三相异步电动机 Y-△ 启动 PLC 控制的 I/O 端口分配　　　表 6-32

输入			输出		
名称	符号	输入点	名称	符号	输出点
启动按钮	SB1	I0.0	电源接触器	KM1	Q0.0
停止按钮	SB2	I0.1	Y 接触器	KM3	Q0.3
			△接触器	KM2	Q0.2

（3）三相异步电动机 Y-△ 启动的 PLC 外部接线如图 6-36 所示。

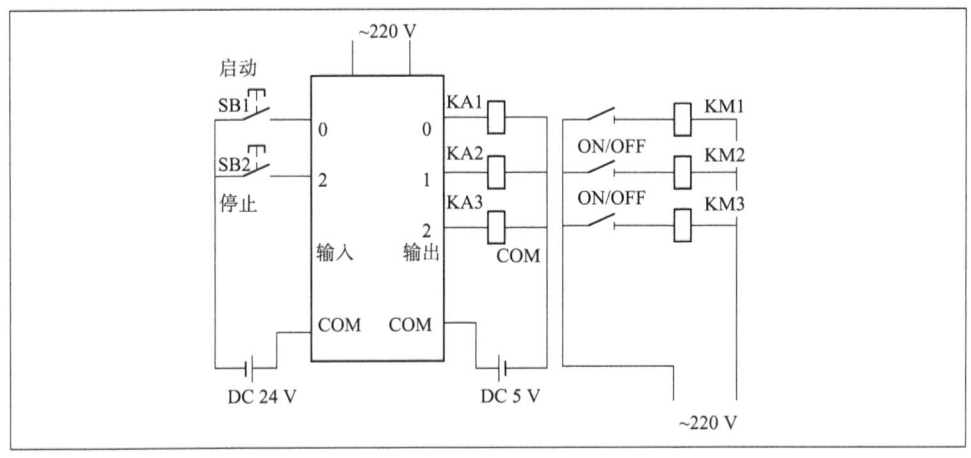

图 6-36　三相异步电动机 Y-△ 启动的 PLC 外部接线图

（4）三相异步电动机 Y-△ 启动的 PLC 控制梯形图和语句表分别如图 6-37 和图 6-38 所示。

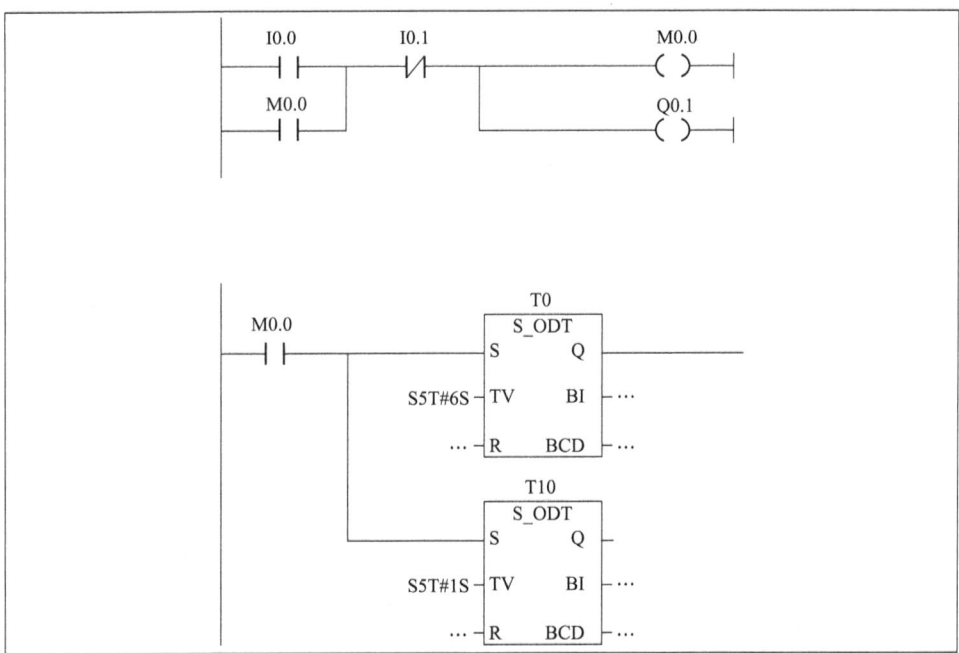

图 6-37

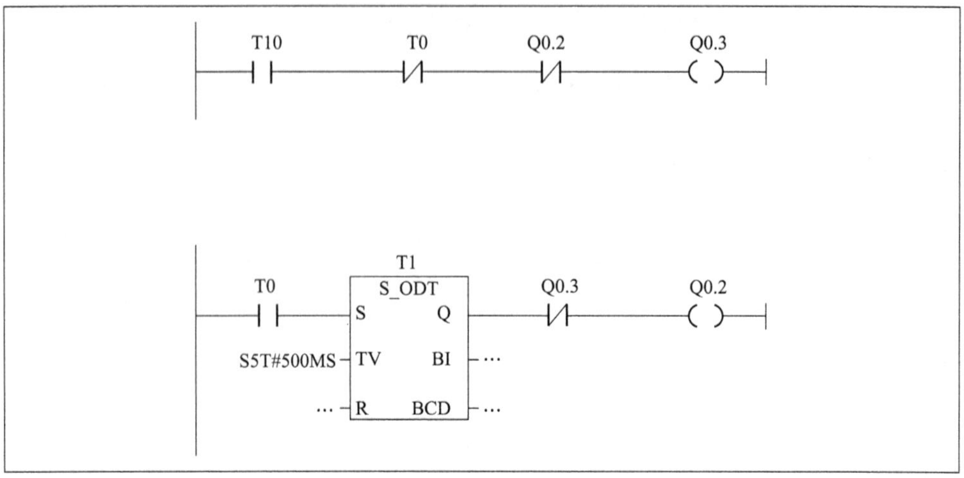

```
    ┤├T10  ┤/├T0   ┤/├Q0.2   ( )Q0.3


              T1
    T0      S_ODT        Q0.3      Q0.2
   ┤├──────S       Q─────┤/├──────( )
   S5T#500MS─TV     BI  …
          …─R     BCD  …
```

图 6-37　三相异步电动机 Y-△ 启动的 PLC 控制梯形图

A(		
O	I	0.0
O	M	0.0
)		
AN	I	0.1
=	M	0.0
=	Q	0.1
A	M	0.0
=	L	20.0
A	L	20.0
L	S5T#6S	
SD	T	0
NOP	0	
NOP	0	
NOP	0	
NOP	0	
A	L	20.0
L	S5T#1S	
SD	T	10
NOP	0	
NOP	0	
NOP	0	
NOP	0	
A	T	10
AN	T	0
AN	Q	0.2
=	Q	0.3
A(		
A	T	0
L	S5T#500MS	
SD	T	1
NOP	0	
NOP	0	
NOP	0	
A	T	1
)		
AN	Q	0.3
=	Q	0.2

图 6-38　三相异步电动机 Y-△ 启动的 PLC 控制语句表

任务实施工单

班级		姓名	
情境描述	小李说，S7-300 的梯形图程序和继电器控制系统的控制电路是一样的，只要安装继电器控制系统的控制电路进行梯形图编程就可以了。你认为他说的对吗？		
互动交流	1. 梯形图的编程原则是什么？ 2. 给出典型控制电路的梯形图和语句表。		
能力训练	试设计一个 PLC 控制的优先抢答器。		
学习效果评估			
评价指标	学生自评	学生互评	教师评估
知识掌握程度	☆☆☆☆☆	☆☆☆☆☆	☆☆☆☆☆
能力掌握程度	☆☆☆☆☆	☆☆☆☆☆	☆☆☆☆☆
素质掌握程度	☆☆☆☆☆	☆☆☆☆☆	☆☆☆☆☆

知识归纳图谱

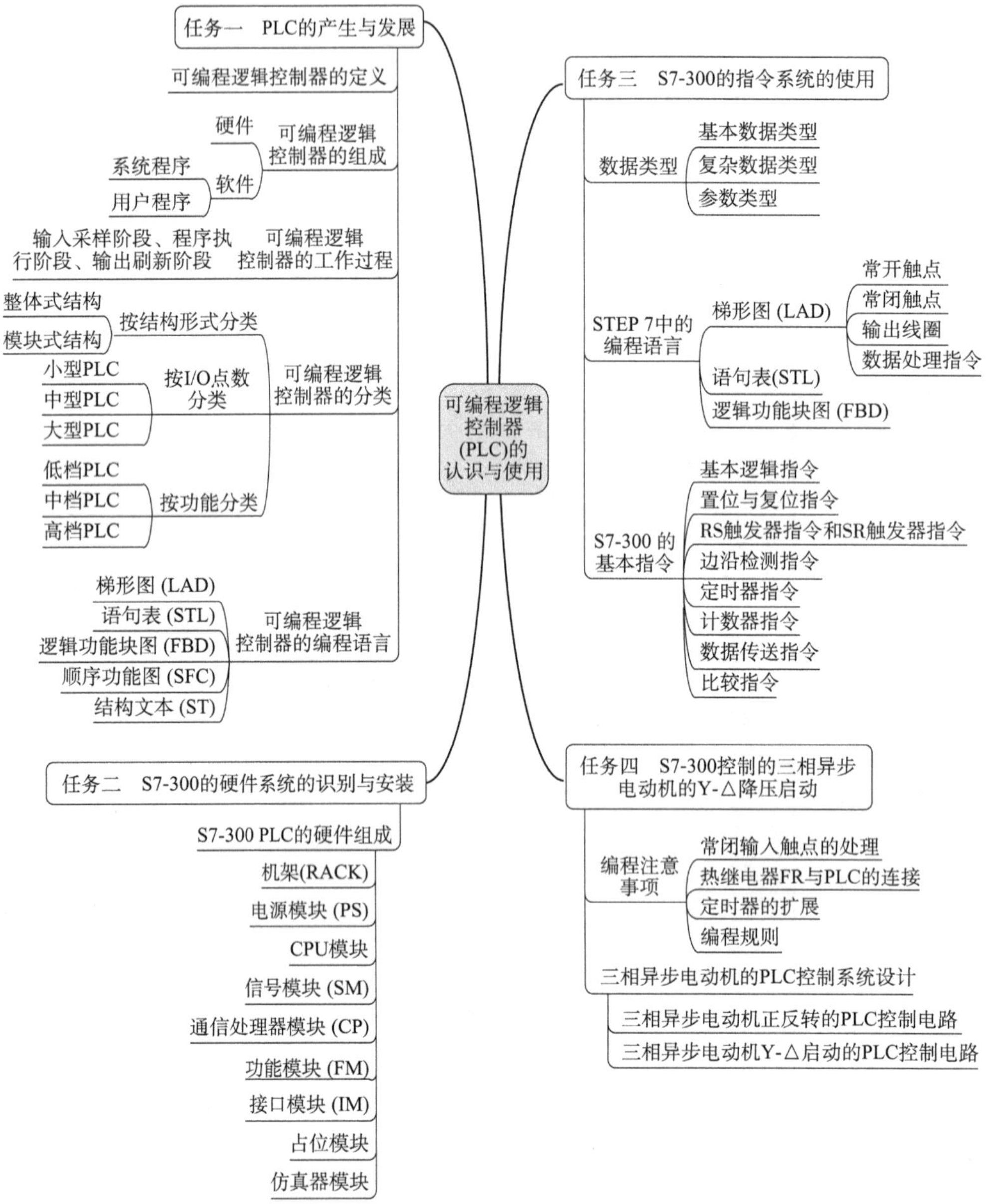

技能训练 6

请各位同学完成技能训练6,见教材配套实训手册。

线 上 答 题

1. 请同学们扫描封面二维码,注意每个码只可激活一次;

2. 长按弹出界面的二维码,关注"交通教育出版"微信公众号并自动绑定资源;

3. 公众号弹出"购买成功"通知,点击"查看详情",进入后选择已绑定的图书,即可进行线上答题;

4. 也可进入"交通教育出版"微信公众号,点击下方菜单"用户服务—图书增值",选择已绑定的教材进行线上答题。

参考文献

[1] 冷静燕.电机与变压器[M].6版.北京:中国劳动社会保障出版社,2022.

[2] 许翏.电机与电气控制技术[M].3版.北京:机械工业出版社,2015.

[3] 刘子林.电机与电气控制[M].4版.北京:电子工业出版社,2022.

[4] 曾令琴.电机与电气控制技术[M].北京:人民邮电出版社,2014.

[5] 谢京军.电力拖动控制线路与技能训练[M].6版.北京:中国劳动社会保障出版社,2020.

[6] 许晓锋.电机及拖动[M].6版.北京:高等教育出版社,2021.

[7] 陈瑞阳,席巍,宋柏青.西门子工业自动化项目设计实践[M].北京:机械工业出版社,2009.

[8] 吴丽,何瑞.西门子S7-300 PLC基础与应用[M].3版.北京:机械工业出版社,2020.

配套实训手册

技能训练1　单相变压器的空载实验和短路实验

班级：＿＿＿＿＿＿＿＿姓名：＿＿＿＿＿＿＿＿学号：＿＿＿＿＿＿＿＿

一、实训目的

(1) 学习并掌握单相变压器参数的实验测定方法；
(2) 根据单相变压器的空载和短路实验数据，计算其等值参数。

二、实训设备

实验用变压器、交流电压表、交流电流表、功率表。

三、实训内容和步骤

1. 测变压器变比

如图1所示，电源经调压器 TZ 接变压器低压线圈，高压线圈开路，合上开关 QS，将低压线圈所接电压调至额定电压的 50% 左右，测量低压线圈电压 U_{01} 及高压线圈电压 U_{02}（对应不同的输入电压），共取读数 3 组并记录于表 1 中。

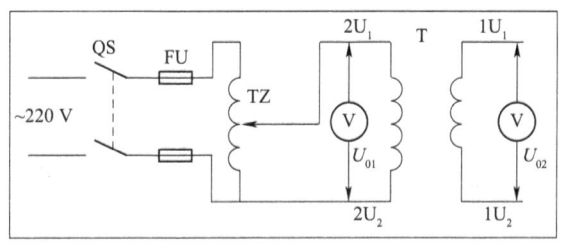

图1　测变比实验接线图

变比测定数据　　表1

序号	U_{01}(V)	U_{02}(V)	K
1			
2			
3			

变压比：$K = U_{01}/U_{02} = $ ＿＿＿＿＿＿。（取平均值）

2. 测变压器极性

按图2所示电路接线，先任意假定一次侧、二次侧绕组的极性，并用 $1U_1$、$1U_2$ 分别表示一次侧绕

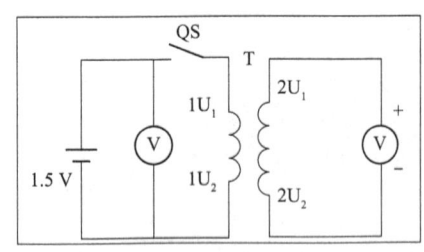

图 2 测极性实验接线图

组首尾端,用 $2U_1$、$2U_2$ 分别表示二次侧绕组的首尾端。在开关合上瞬间,根据仪表的偏转方向,判断变压器的同名端。

3. 变压器的空载实验

(1)按图 3 所示电路接线,低压线圈通过调压器接入电源,高压线圈开路;并由指导教师确认是否无误。

(2)调节调压器使变压器一次侧电压为零,然后合上开关 QS,调节调压器使其输出电压等于变压器额定电压,即 $U_{01} = U_{1N}$,并记下此时的空载电流 I_{01}、空载损耗 P_0 和二次侧电压 U_{02} 的值。

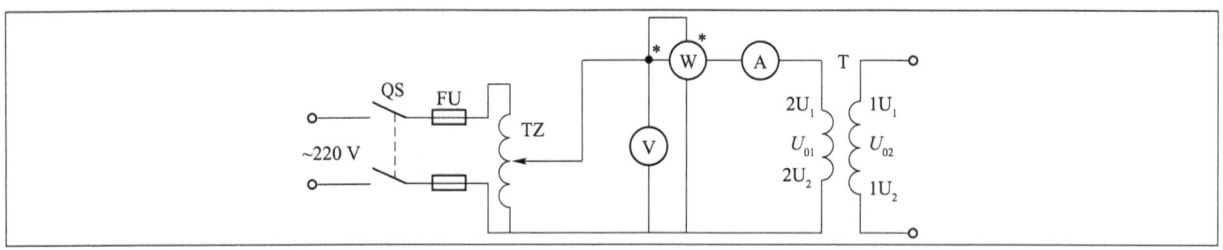

图 3 变压器空载实验接线图

当 $U_{01} = U_{1N} =$ _____ V 时,$I_{01} =$ _____ A,$P_0 =$ _____ W,$U_{02} =$ _____ V。

(3)调节调压器使变压器一次侧电压为 $U_{01} = (1.1 \sim 1.2)U_{1N}$,然后逐步降低电压 U_{01},直至 $U_{01} = 0$ 为止。在此过程中,共测取 7 组或 8 组数据,并记录于表 2 中,将每次测量 U_{01}、I_{01} 的值(注意在 $U_{01} = U_{1N}$ 附近多测量几组),作空载曲线。随后断开电源开关 QS。

空载实验数据   表 2

U_{01}(V)								
I_{01}(A)								

阻抗: $$Z'_m = U_{01}/I_{01} = U_{1N}/I_{01}$$

电阻: $$r'_m = P_0/I_{01}^2$$

感抗: $$x'_m = \sqrt{Z'^2_m - r'^2_m}$$

因为空载实验是在低压侧通电的情况下进行的,若为降压变压器,还应折算到高压侧。

4. 变压器的短路实验

(1)按图 4 所示电路接线,高压侧通过调压器接于电源,低压侧短路,且电流表接于变压表外侧;并由指导教师确认是否无误。

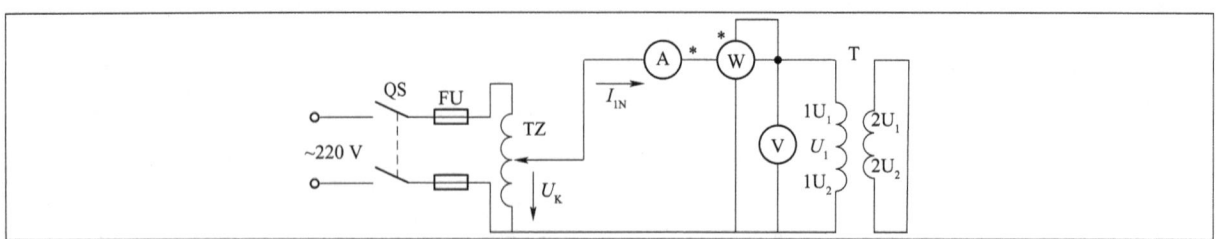

图 4 变压器短路实验接线图

(2)先将调压器置于输出电压为零的位置,然后合上电源开关 QS,监视电流表,缓慢加大调压器输出电压,直至高压侧电流达到变压器的额定电流 I_{1N} 为止。

(3)记录短路电流 $I_K = I_{1N}$ 时的短路损耗 P_K、短路电压 U_K 及室温。

$I_K = I_{1N} =$ _____ A,$U_K =$ _____ V,$P_K =$ _____ W,室温_____℃。

计算短路参数：

$$Z_K = U_K/I_K = U_K/I_{1N}$$
$$R_K = P_K/I_K^2 = P_K/I_{1N}^2$$
$$x_K = \sqrt{Z_K^2 - r_K^2}$$

(4)将调压器输出电压降至零,然后合上电源开关 QS。

四、注意事项

(1)实验中按图接好线路后,必须经指导教师检查认可后,方可动手操作。

(2)开关通电前,一定要注意将调压器手柄置于输出电压为零的位置。

(3)功率表的接线应遵循"发电机端"的原则,即电流线圈串联,电流线圈带"＊"的一端接电源侧,另一端接负载或测量仪表；电压线圈并联,电压线圈带"＊"的一端接电流端,另一端接负载。

(4)空载实验通常应将高压侧开路,由低压侧通电进行测量。因变压器空载时功率因数很低,故应使用低功率因数瓦特表测量。因变压器空载阻抗很大,故电压表应接在电流表外侧,以减少测量误差。

(5)短路实验应将低压侧短路,由高压侧通电进行测量。因变压器短路阻抗很小,故测量时电流表应接在电压表的外侧。

(6)短路实验时,操作、读数应尽量快,以免温升对电阻产生影响。

(7)遇异常情况,应立即断开电源,处理好后,再继续实验。

五、技能训练考核评分标准

技能训练考核评分标准见表3。

技能训练考核评分标准　　表3

项目内容	评分标准	配分(分)	扣分(分)	得分(分)
测变压器变比	1. 不按规定接线,扣10分 2. 不按要求操作,扣10分 3. 测量结果错误,每次扣5分	20		
测变压器极性	1. 不按规定接线,扣10分 2. 不按要求操作,扣10分 3. 测量结果错误,每次扣5分	20		
变压器的空载实验	1. 不按规定接线,扣10分 2. 不按要求操作,扣10分 3. 测量结果错误,每次扣5分	30		
变压器的短路实验	1. 不按规定接线,扣10分 2. 不按要求操作,扣10分 3. 测量结果错误,每次扣5分	30		
安全文明生产	违反安全、文明生产规则,扣5~40分		—	
定额时间 90 min	每超时5 min扣5分		—	
合计得分				
否定项	发生重大责任事故、严重违反教学纪律者本次训练得0分			
备注	除定额时间外,各项目的最高扣分不应超过配分			

开始时间　　　　　　结束时间　　　　　　实际时间

指导教师签名：　　　　　　时间：

技能训练 2　三相异步电动机的维护

班级：_____　姓名：_____　学号：_____

一、实训目的

(1) 能用直流电桥正确测量三相异步电动机定子绕组直流电阻。
(2) 能用兆欧表正确测量三相异步电动机绝缘电阻值。
(3) 能通过电动机的检查实验，分析并判断三相异步电动机的性能和修理质量。

二、实训设备

主要实训设备见表4。

主要实训设备　　　　表4

序号	器材名称	规格	数量
1	三相异步电动机	$P_N = 1.5$ kW，$U_N = 380$ V，接法为 Y 接，$I_N = 3.48$ A，$n_N = 1420$ r/min	1台
2	万用表	数字式或 MF48 型指针式	1件
3	直流双臂电桥	QJ42 型	1件
4	直流单臂电桥	QJ23 型	1件
5	兆欧表	ZC25B-3（500 V）	1件
6	三相自耦调压器	三相 0~430 V	1个
7	电压表	交流电压表，量程 500 V	1件
8	钳形电流表	MG28 型	1件
9	功率表	三相三线制功率表：电压量程 400 V，电流量程为 5 A	1件

三、实训内容和步骤

1. 三相异步电动机定子绕组直流电阻的测量

定子绕组经过绝缘处理和装配等流程后，可能会发生机械损伤，造成线头断裂、松动和导线绝缘层损坏，因此，要对三相定子绕组直流电阻进行测量，看其偏差是否在允许范围内（一般各相绕组的直流电阻值不得超过其平均值的5%）。

(1) 拆除三相异步电动机接线盒中的连线。

图5　直流单臂电桥

(2) 用万用表粗测各相定子绕组电阻值。如电阻值大于1Ω，采用直流单臂电桥精确测量；如电阻值小于1Ω，采用直流双臂电桥精确测量。

(3) 正确接线。如定子绕组阻值大于1Ω，采用直流单臂电桥测量。直流单臂电桥如图5所示。将各相定子绕组逐次接在 R_x 端钮。

(4)定子绕组直流电阻测量过程。

电源:1 号电池内装或外接 4.5 V 电源,面板左上方有"+""-"接线柱。

调零:先打开检流计锁扣,再调节调零器使指针位于零点。

测量定子绕组电阻值。通电时,先按下电源开关 B,再按下检流计开关 G;若检流计指针向"+"偏转,应增大比较臂电阻;若检流计指针向"-"偏转,应减小比较臂电阻。反复调节比较臂电阻,使指针趋于零位。调至零后,正确读数:R_x = 倍率 × 比较臂电阻。测量完毕,先松开检流计开关 G,再松开电源开关 B,最后将检流计锁住。将测量数据记录于表 5 中。

三相异步电动机定子绕组直流电阻测量 表 5

序号	测量内容	测量值(Ω)	计算三相绕组平均电阻值 R_{av}(Ω)	计算 R_{av} 与 R_x 的误差值(Ω)
1	U 相直流电阻			
2	V 相直流电阻			
3	W 相直流电阻			

测量结论:

2. 三相异步电动机绝缘电阻的测量

定子绕组经过绝缘处理和装配等工序,可能使绕组的对地绝缘和相间绝缘功能受损,因此必须使用兆欧表,测量电动机的各相绕组之间以及各相绕组与机壳之间的绝缘电阻。

对于额定电压为 380 V 的电动机,用量程为 500 V 的兆欧表测量,其绝缘电阻不低于 0.5 MΩ。新绕制电动机的绝缘电阻通常都在 5 MΩ 以上。

绝缘电阻测量步骤如下:

(1)打开电动机接线盒,拆开连接片。

(2)使用前检查。检查各部分是否完好,仪表指针是否灵活,手摇发电机是否旋转正常。开路实验是把仪表线分开,然后摇动摇把,使发电机转速达到 120 r/min,此时仪表指针应指向无穷大位置。短路实验是先将两条线短接,摇动摇把,开始要慢,当发电机转速达到 120 r/min 时,仪表指针应指向零位。

(3)测试相对地绝缘电阻。将线"L"接到电动机某相绕组端子的引线上,将"E"接到电动机外壳上。放平兆欧表,摇动手柄,逐渐增大摇动速度,使发电机转速至 120 r/min,待指针稳定后识读绝缘电阻值。

(4)测试相间绝缘电阻。将线"L"接到电动机某相绕组端子的引线上,将"E"接到电动机另一相绕组端子的引线上。按第(3)步的方法进行测量。

将测量数据记录于表 6 中。

三相异步电动机绝缘电阻的测量 表 6

序号	测量内容	测量值(MΩ)	是否合格
1	U 相对地绝缘电阻		
2	V 相对地绝缘电阻		
3	W 相对地绝缘电阻		

续上表

序号	测量内容	测量值(MΩ)	是否合格
4	U 相与 V 相间绝缘电阻		
5	U 相与 W 相间绝缘电阻		
6	V 相与 W 相间绝缘电阻		

3. 三相异步电动机空载实验

空载实验是电动机检查实验的重要内容之一,通过电动机空载实验,可以检查电动机启动性能、空载电流、电动机的振动和噪声情况、轴承运转情况、电动机的装配质量等。

三相异步电动机空载实验是用调压器逐渐升高电压,使电动机启动旋转,让电动机在空载状态下运行,直至电压达到额定电压为止。空载实验的目的是确定空载电流和空载损耗,从而求出铁损和机械损耗。

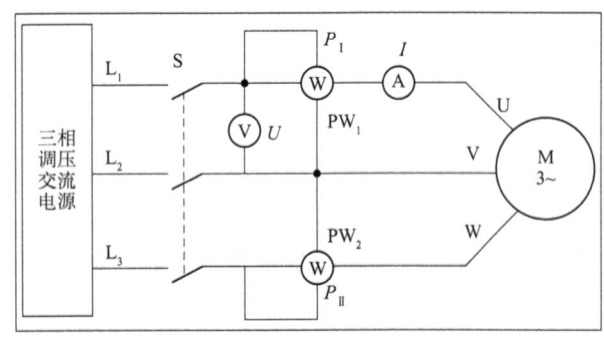

图 6 三相异步电动机空载实验电路图

1)绘制三相异步电动机空载实验电路图

查看三相异步电动机的铭牌数据,明确电动机的额定电压、接线方法及使用条件,三相异步电动机空载实验电路图如图 6 所示。

2)连接三相异步电动机空载实验电路

按照所绘制的三相异步电动机空载实验电路图进行接线,经指导教师检查无误后,进行通电测试。

3)三相异步电动机空载实验过程

首先将三相调压器输出电压调至最小位置,接通电源开关 S,逐渐升高电压,使电动机启动旋转,观察电动机旋转方向。如电动机转向不符合要求,则切断电源,调整相序,使电动机旋转方向符合要求。

保持电动机在额定电压下空载运行数分钟,使机械损耗稳定后再进行实验。

调节电压,由 1.2 倍额定电压开始逐渐降低,直至降到额定电压为止,要单反向调节,不能反复。在这个范围内读取空载电压 U_0、空载电流 I_0(钳形电流表测量三相空载电流值)和空载损耗 P_0,记录于表 7 中。

三相异步电动机空载实验　　　　表 7

参数	序号					
	1	2	3	4	5	6
U_0(V)						
I_0(A)						
P_I(W)						
P_II(W)						
P_0(W)						

4)测量结果分析

(1)观察三相电流是否平衡,要求任何一相电流与平均值的偏差不得大于 10%。若超过,则可能是三相绕组不对称、气隙的不均匀程度较严重、磁路不对称等问题造成。

（2）空载电流与额定电流的百分比应在40%左右。若电动机的空载电流超出范围较多,则表明定子、转子之间间隙太大,或定子匝数太少；若空载电流过小,则表明电动机定子绕组匝数太多。

（3）空载损耗与额定功率的比值通常为3%~10%,如果空载损耗过大,说明定子绕组的匝数不符合要求及接线错误,铁芯质量不好,会降低电动机的效率。

四、技能训练考核评分标准

技能训练考核评分标准见表8。

技能训练考核评分标准　　　　　　表8

项目内容	评分标准	配分(分)	扣分(分)	得分(分)
技能训练的准备	预习技能训练的内容	10	—	
仪器、仪表的使用	正确使用万用表、测量仪表等设备	10	—	
观察和记录三相异步电动机等设备的技术数据	记录结果正确,观察速度快	10	—	
三相异步电动机定子绕组直流电阻测量	正确接线,正确使用仪表,正确读数及进行结果分析	20	—	
三相异步电动机绝缘电阻测量	正确接线,正确使用仪表,正确读数及进行结果分析	20	—	
三相异步电动机空载实验	电路图绘制正确、简洁,接线速度快,通电运行一次成功	30	—	
安全文明生产	违反安全、文明生产规则,扣5~40分			—
定额时间90 min	每超时5 min扣5分			—
合计得分				
否定项	发生重大责任事故、严重违反教学纪律者本次训练得0分			
备注	除定额时间外,各项目的最高扣分不应超过配分			
开始时间		结束时间		实际时间	

指导教师签名：　　　　　　日期：

技能训练3　直流电机的简单操作使用

班级：_____姓名：_____学号：_____

一、实训目的

(1) 认识在直流电机实验中所用的电机、仪表、变阻器等组件及其使用方法。

(2) 熟悉他励直流电动机(可用并励直流电动机按他励方式)的接线、启动、反转与调速的方法。

二、实训设备

实训设备见表9。

实训设备　　表9

序号	名称	数量	序号	名称	数量
1	导轨、测速机构	1台	4	直流数字电压表、直流数字电流表	1件
2	复励直流发电机	1台	5	三相可调变阻器	1个
3	他励直流电动机	1台	6	波形测试及开关板	1块

三、实训内容和步骤

1. 用伏安法测电枢的直流电阻

(1) 按图7所示接线，电阻R用1800 Ω并调至最大。A表选用直流数字电流表，量程用5 A挡。

(2) 接电枢电源，并调至220 V。调节R，使A表电流为0.2 A，测电机电枢两端电压U和电流I。将电机分别旋转三分之一周和三分之二周，同样测取3组U、I数据列于表10中。

(3) 增大R使电流分别达到0.15 A和0.1 A，用同样的方法分别测取3组数据列于表10中。

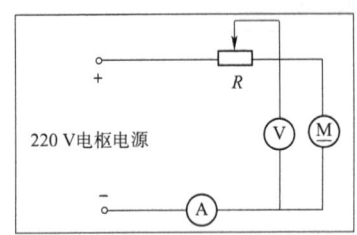

图7　测电枢绕组直流电阻接线图

(4) 取3次测量的平均值作为实际冷态电阻值。

$$R_a = \frac{1}{3}(R_{a1} + R_{a2} + R_{a3})$$

$$R_{a1} = \frac{1}{3}(R_{a11} + R_{a12} + R_{a13})$$

$$R_{a2} = \frac{1}{3}(R_{a21} + R_{a22} + R_{a23})$$

$$R_{a3} = \frac{1}{3}(R_{a31} + R_{a32} + R_{a33})$$

(5)计算基准工作温度时的电枢绕组电阻值。基准工作温度时的电枢绕组电阻值为:

$$R_{\text{aref}} = R_{\text{a}} \frac{235 + \theta_{\text{ref}}}{235 + \theta_{\text{a}}}$$

式中:R_{aref}——换算到基准工作温度时的电枢绕组电阻值,Ω;

R_{a}——电枢绕组的实际冷态电阻值,Ω;

θ_{ref}——基准工作温度,℃,对于 E 级绝缘为 75℃;

θ_{a}——实际冷态时电枢绕组的温度,℃。

测试数据表 表10

序号	U(V)	I(A)	R(平均)(Ω)		R_{a}(Ω)	R_{aref}(Ω)
1			$R_{\text{a11}}=$	$R_{\text{a1}}=$		
			$R_{\text{a12}}=$			
			$R_{\text{a31}}=$			
2			$R_{\text{a21}}=$	$R_2=$		
			$R_{\text{a22}}=$			
			$R_{\text{a23}}=$			
3			$R_{\text{a31}}=$	$R_{\text{a3}}=$		
			$R_{\text{a32}}=$			
			$R_{\text{a33}}=$			

2. 他励直流电动机的启动

(1)按图 8 所示电路接线,并将 R_{fl} 调至最小。

(2)分别开启实验台的总开关、励磁电源开关。

(3)调节 R_{fl} 使 I_{fl} 等于校正值(100 mA)并保持不变,再接通电枢电源开关,使电动机 M 启动。

3. 调节他励直流电动机的转速

分别改变传入电动机 M 电枢回路的调节电阻 R_1 和励磁回路的调节电阻 R_{fl}。观察转速变化情况。

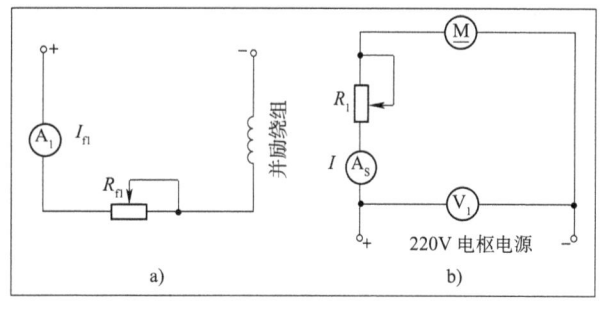

图8 他励直流电动机的启动电路图

4. 改变电动机的转向

将 R_1 调到最大值,先切断电枢电源开关,再切断励磁电源开关,使他励直流电动机停止运作。在断电情况下,将电枢(或他励绕组)的两端接线对调后,再按他励直流电动机的启动步骤启动电动机,并观察电动机的转向及转速表指针偏转的方向。

四、注意事项

(1)认真、仔细连接电路并自检,确认无误后方可通电。

(2)他励直流电动机启动时,要按照"先总电源,再励磁电源,最后电枢电源"的顺序通电;他励直流电动机停止时,要按照"先电枢电源,再励磁电源,最后总电源"的顺序断电。

（3）测量前注意观察并判断仪表的量程、极性及其解法是否符合要求。

五、技能训练考核评分标准

技能训练考核评分标准见表11。

技能训练考核评分标准　　　　　　　　表11

项目内容	评分标准	配分(分)	扣分(分)	得分(分)
技能训练的准备	预习技能训练的内容	10	—	
仪器、仪表的使用	正确使用电动机、电流表等设备	10	—	
观察和记录直流电动机等设备的技术数据	记录结果正确,观察速度快	20	—	
直流电动机的接线	电路图绘制正确、简洁,接线速度快,通电运行一次成功	30	—	
直流电动机的反转与调速	正确使用三相可调阻器改变转速,正确改变接线使电动机反转	30	—	
安全文明生产	违反安全、文明生产规则,扣5~40分			—
定额时间90 min	每超时5 min扣5分			—
合计得分				
否定项	发生重大责任事故、严重违反教学纪律者本次训练得0分			
备注	除定额时间外,各项目的最高扣分不应超过配分			
开始时间		结束时间		实际时间

指导教师签名：　　　　　　　　　日期：

技能训练 4-1　低压开关的拆装与维修

班级：_____ 姓名：_____ 学号：_____

一、实训目的

(1) 熟悉常用低压开关的外形和基本结构。
(2) 能正确拆卸、组装低压开关并排除常见故障。

二、实训设备

(1) 工具：尖嘴钳、螺钉旋具、活络扳手、镊子等。
(2) 仪表：万用表、兆欧表。
(3) 器材：刀开关、转换开关、低压断路器。

三、实训内容和步骤

1. 电气元件识别

将所给电气元件的铭牌用胶布盖住并编号，根据电气元件实物写出其名称与型号，填入表 12 中。

电气元件识别　　　　　　　　　　　　　　　　　　　　　表 12

序号	1	2	3	4	5	6
名称						
型号						

2. 封闭式负荷开关的基本结构与测量

先将封闭式负荷开关的手柄扳到合闸位置，用万用表的电阻挡测量各对触点之间的接触情况，再用兆欧表测量每两相触点之间的绝缘电阻。打开开关盖，仔细观察其结构，将主要部件的名称、作用及测量结果填入表 13 中。

封闭式负荷开关的主要结构与测量结果　　　　　　　　　　表 13

型号	极数	主要部件	
		名称	作用
触点间接触情况（良好打"√"，不良打"×"）			
L$_1$ 相	L$_2$ 相	L$_3$ 相	
相间绝缘电阻（MΩ）			
L$_1$—L$_2$	L$_2$—L$_3$	L$_1$—L$_3$	

3. HZ10-25/3 型组合开关的改装、维修及校验

将组合开关原分、合状态的三常开（或三常闭）的三对触点，改装为二常开一常闭（或二常闭一

常开),并整修触点,再通电校验。

训练步骤及工艺要求如下:

(1)卸下手柄上的紧固螺钉,取下手柄。

(2)卸下支架上的紧固螺母,取下顶盖、转轴弹簧和凸轮等操作机构。

(3)抽出绝缘杆,取下绝缘垫板上盖。

(4)拆卸三对动、静触点。

(5)检查触点有无烧毛、损坏,视损坏程度进行修理或更换。

(6)检查转轴弹簧是否松脱、消弧垫是否有严重磨损,根据实际情况确定是否需要调换。

(7)将任一相的动触点旋转90°,然后按拆卸的逆序进行装配。

(8)装配时,应注意动、静触点的相互位置是否符合改装要求,双叠片连接是否紧固。

(9)装配结束时,先用万用表测量各对触点的通断情况。

(10)通电校验必须在1 min内完成,连续进行5次分合实验,如5次实验全部成功为合格,否则须重新拆装。

4.低压断路器的结构

将一只DZ5-20型塑壳式低压断路器的外壳拆开,认真观察其结构,将主要部件的作用和有关参数填入表14中。

低压断路器的结构　　　　　表14

主要部件名称	作用	参数
电磁脱扣器		
热脱扣器		
触点		
按钮		
储能弹簧		

四、注意事项

(1)拆卸时,应备有盛放零件的容器,以防零件丢失。

(2)在拆卸过程中,不允许硬撬,以防损坏电器。

(3)通电校验时,必须将组合开关紧固在校验板(台)上,并在指导教师监护下校验,以确保用电安全。

五、技能训练考核评分标准

技能训练考核评分标准见表15。

技能训练考核评分标准　　　　　表15

项目内容	评分标准	配分(分)	扣分(分)	得分(分)
电气元件识别	1. 写错或漏写名称,每只扣4分 2. 写错或漏写型号,每只扣2分	20		
封闭式负荷开关的结构	1. 仪表使用方法错误,扣4分 2. 不会测量或测量结果错误,扣5分 3. 主要零部件名称写错,每只扣4分 4. 主要零部件作用写错,每只扣4分	20		
组合开关的改装、维修及校验	1. 损坏电气元件或不能装配,扣10分 2. 零件丢失或漏装,每只扣5分 3. 拆装方法、步骤不正确,每次扣3分 4. 拆装后未进行改装扣20分 5. 装配后手柄转动不灵活,扣10分 6. 不能进行通电校验,扣4分 7. 通电实验不成功,每次扣5分	40		
低压断路器的结构	1. 主要零部件作用写错,每只扣4分 2. 参数漏写或写错,每次扣4分	20		
安全文明生产	违反安全、文明生产规则,扣5~40分			—
定额时间2 h	按每超时5 min扣5分			—
合计得分				
否定项	发生重大责任事故、严重违反教学纪律者本次训练得0分			
备注	除定额时间外,各项目的最高扣分不应超过配分			

开始时间		结束时间		实际时间	

指导教师签名：　　　　　　　　　日期：

技能训练 4-2　低压熔断器的识别与维修

班级：_____　姓名：_____　学号：_____

一、实训目的

(1) 熟悉常用低压熔断器的外形和基本结构。
(2) 掌握常用低压熔断器的故障处理方法。

二、实训设备

(1) 工具：尖嘴钳、螺钉旋具。
(2) 仪表：万用表。
(3) 器材：选取不同规格的熔断器。

三、实训内容和步骤

1. 熔断器识别

(1) 在指导教师的指导下，仔细观察各种不同型号、规格的熔断器的外形和结构特点。
(2) 由指导教师从所给熔断器中任选 5 只，用胶布盖住其型号并编号，由学生根据实物写出其名称、型号规格及主要组成部分，填入表 16 中。

熔断器识别　　表 16

序号	1	2	3	4	5
名称					
型号规格					
主要组成部分					

2. 更换 RC1 A 系列或 RL1 系列熔断器的熔体

(1) 检查所给熔断器的熔体是否完好。对 RC1 A 系列熔断器，可拔下瓷盖进行检查；对 RL1 系列熔断器，应首先查看其熔断指示标志。
(2) 若熔体已熔断，应按原规格选配熔体。
(3) 更换熔体。对 RC1 A 系列熔断器，安装熔丝时熔丝缠绕方向要正确，在安装过程中不得损伤熔丝；对 RL1 系列熔断器，熔断管不能倒装。
(4) 用万用表检查更换熔体后的熔断器各部分接触是否良好。

四、注意事项

(1) 拆卸时，应备有盛放零件的容器，以防零件丢失。
(2) 在拆卸过程中，不允许硬撬，以防损坏电器。

五、技能训练考核评分标准

技能训练考核评分标准见表17。

技能训练考核评分标准　　　　　　　　　　　表17

项目内容	评分标准	配分(分)	扣分(分)	得分(分)
熔断器识别	1. 写错或漏写名称,每只扣5分 2. 写错或漏写型号,每只扣5分 3. 漏写主要部件,每个扣4分	50		
更换熔体	1. 检查方法不正确,扣10分 2. 选配熔体不正确,扣10分 3. 更换熔体方法不正确,扣10分 4. 损伤熔体,扣20分 5. 更换熔体后熔断器断路,扣5分	50		
安全文明生产	违反安全、文明生产规则,扣5~40分			—
定额时间90 min	每超时5 min扣5分			—
合计得分				
否定项	发生重大责任事故、严重违反教学纪律者本次训练得0分			
备注	除定额时间外,各项目的最高扣分不应超过配分			

开始时间　　　　　　　结束时间　　　　　　　实际时间

指导教师签名：　　　　　　　　时间：

技能训练 4-3 主令电器的识别与检修

班级：_____ 姓名：_____ 学号：_____

一、实训目的

(1) 熟悉常用主令电器的外形、基本结构和作用。
(2) 能正确地拆卸、组装及检修常用主令电器。

二、实训设备

(1) 工具：尖嘴钳、螺钉旋具、活络扳手。
(2) 仪表：万用表、兆欧表。
(3) 器材：不同规格的控制按钮、行程开关、万能转换开关和主令控制器。

三、实训内容和步骤

1. 主令电器识别

(1) 在指导教师的指导下，仔细观察各种、不同结构形式的主令电器外形和结构特点。
(2) 由指导教师从所给主令电器中任选 5 只，用胶布盖住型号并加以编号，由学生根据实物写出其名称、型号及结构形式，填入表 18 中。

主令电器识别　　　　　　　　　　　　　　　　　　　　表 18

序号	1	2	3	4	5
名称					
型号					
结构形式					

2. 主令控制器的基本结构与测量

(1) 用兆欧表测量主令电器的各触点的对地电阻，其值应不小于 0.5 MΩ。
(2) 用万用表依次测量手柄置于不同位置时各对触点的通断情况，根据测量结果作出主令控制器的触点分合表。
(3) 打开主令控制器的外壳，仔细观察其结构和动作过程，写出各主要零部件的名称并叙述主令控制器的动作原理，填入表 19 中。

主令控制器的结构及动作原理　　　　　　　　　　　　　表 19

主要零部件名称	动作原理

四、注意事项

(1)拆卸时,应备有盛放零件的容器,以防零件丢失。
(2)拆卸过程中,不允许硬撬,以防损坏电器。

五、技能训练考核评分标准

技能训练考核评分标准见表20。

技能训练考核评分标准　　　　　　　　　　　　表20

项目内容	评分标准	配分(分)	扣分(分)	得分(分)
主令电器识别	1.写错或漏写名称,每只扣5分 2.写错或漏写型号,每只扣5分 3.漏写主要部件,每个扣4分	40		
主令电器的测量	1.仪表使用方法错误,扣10分 2.测量结果错误,每次扣5分 3.作不出触点分合表,扣20分 4.触点分合表错误,每处扣10分	30		
主令控制器的动作原理	1.主要零部件的名称写错或漏写,每只扣2分 2.写不出动作原理,扣20分 3.动作原理叙述不正确,扣5~20分	30		
安全文明生产	违反安全、文明生产规则,扣5~40分			—
定额时间90 min	每超时5 min扣5分			—
合计得分				
否定项	发生重大责任事故、严重违反教学纪律者本次训练得0分			
备注	除定额时间外,各项目的最高扣分不应超过配分			
开始时间		结束时间		实际时间

指导教师签名:　　　　　　　　　　　时间:

技能训练 4-4　交流接触器的拆装与检修

班级：＿＿＿＿＿＿＿＿　姓名：＿＿＿＿＿＿＿＿　学号：＿＿＿＿＿＿＿＿

一、实训目的

（1）认识交流接触器，熟悉其工作原理。
（2）熟悉交流接触器的组成及其零件的作用。
（3）学会交流接触器的拆卸与装配工艺。
（4）掌握交流接触器的检修与校验的方法。

二、实训设备

（1）工具：螺钉旋具、斜口钳、尖嘴钳、剥线钳、电工刀等。
（2）仪表：兆欧表、钳形电流表、5 A 电流表、600 V 电压表、万用表。
（3）器材：三极开关 1 个，二极开关 1 个，控制板 1 块，调压变压器 1 台，交流接触器（CJ10-20）1 个，指示灯（22 V、25 W）3 个，截面积为 1 mm² 的铜芯导线（BV）若干。

三、实训内容和步骤

1. 交流接触器的拆卸、装配与检修

1）拆卸

（1）卸下灭弧罩的紧固螺钉，取下灭弧罩。
（2）拉紧主触点定位弹簧夹，取下主触点及主触点压力弹簧片。拆卸主触点时必须将主触点侧转 45°后取下。
（3）松开常开辅助静触点的线桩螺钉，取下常开静触点。
（4）松开接触器底部的盖板螺钉，取下盖板。在松盖板螺钉时，要用手按住螺钉并慢慢松开。
（5）取下静铁芯缓冲绝缘纸片及静铁芯。
（6）取下静铁芯支架及缓冲弹簧。
（7）拔出线圈接线端的弹簧夹片，取下线圈。
（8）取下反作用弹簧。
（9）取下衔铁和支架。
（10）从支架上取下动铁芯定位销。
（11）取下动铁芯及缓冲绝缘纸片。

2）装配

按拆卸的逆顺序进行装配。

3）检修

（1）检查灭弧罩有无破裂或烧损，清除灭弧罩内的金属飞溅物和颗粒。
（2）检查触点的磨损程度，若磨损严重应更换触点。若无须更换，则清除触点表面上烧毛的颗粒。
（3）清除铁芯端面的油垢，检查铁芯有无变形及端面是否平整。
（4）检查触点压力弹簧及反作用弹簧是否变形或弹力不足。若有需要，可更换弹簧。
（5）检查电磁线圈是否有短路、断路及发热变色现象。

4）自检

用万用表欧姆挡检查线圈及各触点是否接触良好；用兆欧表测量各触点间及主触点对地电阻是否符合要求；用手按动主触点检查活动部分是否灵活，以防产生接触不良、振动和噪声。

2. 交流接触器的校验及触点压力的调整

1）交流接触器的校验

（1）将选配好的接触器按图 9 所示接入校验电路。
（2）选好电流表、电压表量程并调零，将调压变压器输出置于零位。
（3）合上 QS_1 和 QS_2，均匀调节调压变压器，使电压上升到接触器铁芯吸合为止，此时电压表的指示值即为接触器的动作电压值。该电压应小于或等于 $85\% U_N$（U_N 为吸引线圈的额定电压）。

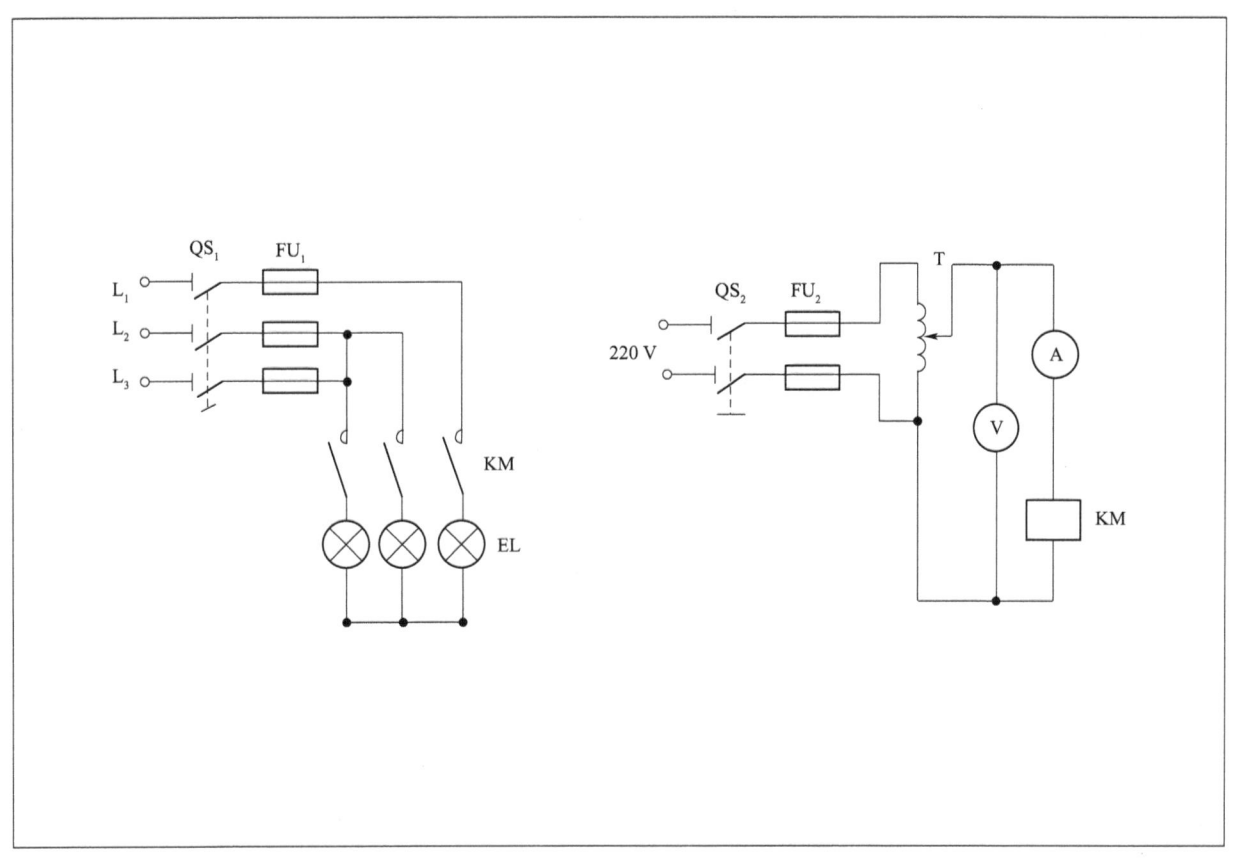

图9 接触器检验电路图

(4)保持吸合电压值,分合开关 QS_2,做两次冲击合闸实验,以校验动作的可靠性。

(5)均匀地降低调压变压器的输出电压直至衔铁分离,此时电压表的指示值即为接触器的释放电压,释放电压应大于 $50\% U_N$。

(6)将调压变压器的输出电压调至接触器线圈的额定电压,观察铁芯有无振动及噪声,从指示灯的明暗可判断主触点的接触情况。

2)触点压力的调整

用纸条判断触点压力是否合适。将一张厚约0.1 mm、比触点稍宽的纸条夹在CJ10-20型接触器的触点间,使触点处于闭合位置,用手拉动纸条,若触点压力合适,稍用力纸条即可拉出。若纸条很容易被拉出,说明触点压力不够。若纸条被拉断,说明触点压力太大。可调整触点压力弹簧或更换弹簧,直至触点压力符合要求。

四、注意事项

(1)拆卸接触器时,应备有盛放零件的容器,以免零件丢失。

(2)在拆装过程中,不允许硬撬元件,以免损坏电器。装配辅助触点的静触点时,要防止卡住动触点。

(3)接触器通电校验时,应把接触器固定在控制板上。在通电校验过程中,要均匀、缓慢地改变调压变压器的输出电压,以使测量结果尽量准确,并应在指导教师监护下校验,以确保安全。

(4)调整触点压力时,注意不要损坏接触器的主触点。

五、技能训练考核评分标准

技能训练考核评分标准见表21。

技能训练考核评分标准　　　　　　　　　　　　　　表21

项目内容	评分标准	配分(分)	扣分(分)	得分(分)
拆卸和装配	1. 拆卸步骤及方法不正确,每次扣5分 2. 拆装不熟练,扣5~10分 3. 丢失零部件,每件扣10分 4. 拆卸后不能组装,扣15分 5. 损坏零部件,扣20分	20		
检修	1. 未进行检修或检修无效果,扣30分 2. 检修步骤及方法不正确,每次扣5分 3. 扩大故障(无法修复),扣30分	30		
校验	1. 不能进行通电校验,扣25分 2. 检验的方法不正确,扣10~20分 3. 检验结果不正确,扣10~20分 4. 通电时有振动或噪声,扣10分	25		
调整触点压力	1. 不能用纸条判断触点压力大小,扣10分 2. 不会测量触点压力,扣10分 3. 触点压力测量不准确,扣10分 4. 触点压力的调整方法不正确,扣15分	25		
安全文明生产	违反安全、文明生产规则,扣5~40分			—
定额时间60 min	每超时5 min扣5分			—
合计得分				
否定项	发生重大责任事故、严重违反教学纪律者本次训练得0分			
备注	除定额时间外,各项目的最高扣分不应超过配分			

开始时间		结束时间		实际时间	

指导教师签名：　　　　　　　　　　日期：

技能训练 4-5　常用继电器的识别

班级:_____ 姓名:_____ 学号:_____

一、实训目的

(1)能正确认识各类继电器。
(2)熟悉常用继电器的型号及外形特点。

二、实训设备

中间继电器、时间继电器、热继电器、电流继电器、电压继电器、速度继电器若干。

表 22　继电器的识别

序号	名称	型号规格	主要参数
1			
2			
3			
4			
5			
6			
7			

三、实训内容及步骤

(1)在指导教师的指导下,仔细观察不同系列、不同规格的继电器的外形和结构特点。
(2)根据指导教师给出的元件清单,从所给继电器中正确选出清单中的继电器。
(3)由指导教师从所给继电器中选取 7 个,用胶布盖住铭牌。由学生写出其名称、型号规格及主要参数(动作值或释放值及整定范围),填入表 22 中。

四、注意事项

(1)在训练过程中注意不得损坏继电器。
(2)JT4 系列电压继电器与电流继电器外形和结构相似,但线圈不同,刻度值不同,应注意其区别。

五、技能训练考核评分标准

技能训练考核评分标准见表 23。

表 23　技能训练考核评分标准

项目内容	评分标准	配分(分)	扣分(分)	得分(分)
根据清单选取实物	选错或漏选,每件扣 5 分	30		
根据实物写出电器的名称、型号及主要参数	1.名称漏写或写错,每件扣 3 分 2.型号漏写或写错,每件扣 4 分 3.规格漏写或写错,每件扣 3 分 4.主要参数写错,每件扣 4 分	70		
安全文明生产	违反安全、文明生产规则,扣 5~40 分		—	
定额时间 60 min	每超时 5 min 扣 5 分		—	
合计得分				
否定项	发生重大责任事故、严重违反教学纪律者本次训练得 0 分			
备注	除定额时间外,各项目的最高扣分不应超过配分			

开始时间		结束时间		实际时间	

指导教师签名:　　　　　　　　　　　　　日期:

技能训练 4-6　时间继电器的检修与校验

班级：_____姓名：_____学号：_____

一、实训目的

（1）熟悉 JS7-A 型时间继电器的结构，学会对其触点进行整修。
（2）能将 JS7-2 A 型时间继电器改装成 JS7-4 A 型，并进行通电校验。

二、实训设备

（1）工具：螺钉旋具、电工刀、尖嘴钳、测电笔、剥线钳、电烙铁等。
（2）器材：JS7-2 A 型时间继电器 1 个、组合开关 1 个、熔断器 1 组、三联按钮开关 1 个、指示灯 3 个、控制板及导线若干。

三、实训内容及步骤

1. 整修 JS7-2 A 型时间继电器的触点

（1）松开延时或瞬时微动开关的紧固螺钉，取下微动开关。
（2）均匀用力慢慢撬开并取下微动开关盖板。
（3）小心取下动触点及其附件，要防止用力过猛而弹飞小弹簧和薄垫片。
（4）进行触点整修。整修时，不允许用砂纸或其他研磨材料，而应先使用锋利的刀刃或细锉修平，然后用净布擦除，不得用手指直接接触触点或用油类润滑触点，以免沾污触点。整修后的触点应做到接触良好。若无法修复，应更换新触点。
（5）按拆卸的逆顺序进行装配。
（6）手动检查微动开关的分合是否为瞬时动作，触点接触是否良好。

2. JS7-2 A 型改装成 JS7-4 A 型

（1）松开线圈支架紧固螺钉，取下线圈和铁芯总成部件。

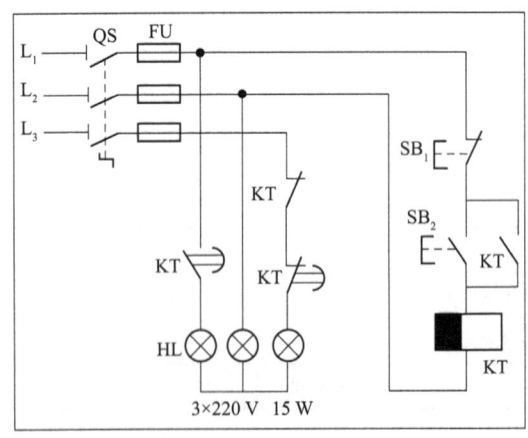

图 10　JS7-A 型时间继电器校验电路图

（2）将总成部件沿水平方向旋转 180°后，重新旋上紧固螺钉。
（3）观察延时和瞬时触点的动作情况，向上或向下移动后再旋紧。调整瞬时触点时，可松开安装在瞬时微动开关底板上的螺钉，将微动开关向上或向下移动后再旋紧。
（4）旋紧各安装螺钉，进行手动检查，若达不到要求，须重新调整。

3. 通电校验

（1）将整修和装配好的实际继电器按图 10 所示

连入线路,进行通电校验。

(2)通电校验要做到一次通电校验合格。通电校验合格的标准为:在 1 min 内通电不少于 10 次,做到各触点工作良好,吸合时无噪声,铁芯释放无延缓,并且每次动作的延时时间一致。

四、注意事项

(1)拆卸时,应备有盛放零件的容器,以免零件丢失。

(2)整修和改装过程中,不允许硬撬,以防止损坏电器。

(3)在进行校验接线时,要注意各接线端子上线头间的距离,防止产生相间短路故障。

(4)通电校验时,必须将时间继电器紧固在控制板上并可靠接地,且有指导教师监护,以确保用电安全。

(5)改装后的时间继电器,在使用时要将原来的安装位置水平旋转180°,使衔铁释放时的运动方向始终保持垂直向下。

五、技能训练考核评分标准

技能训练考核评分标准见表24。

技能训练考核评分标准　　　　　　　　　　　表24

项目内容	评分标准	配分(分)	扣分(分)	得分(分)
整修和改装	1. 丢失或损坏零件,每件扣5分 2. 改装错误或扩大故障,扣40分 3. 整修和改装步骤或方法不正确,每次扣5分 4. 整修和改装不熟练,扣10分 5. 整修和改装后不能装配,不能通电,扣50分	50		
通电校验	1. 不能进行通电校验,扣50分 2. 校验线路接错,扣20分 3. 通电校验不符合要求: 吸合时有噪声,扣20分 铁芯释放缓慢,扣15分 延时时间存在误差,每超过1 s扣10分 其他原因造成不成功,每次扣10分 4. 安装元件不牢固或漏接接地线,扣15分	50		
安全文明生产	违反安全、文明生产规则,扣5~40分			—
定额时间90 min	每超时5 min扣5分			—
合计得分				
否定项	发生重大责任事故、严重违反教学纪律者本次训练得0分			
备注	除定额时间外,各项目的最高扣分不应超过配分			
开始时间		结束时间		实际时间

指导教师签名:　　　　　　　　　　　　时间:

技能训练 4-7 热继电器的校验

班级:＿＿＿＿＿＿ 姓名:＿＿＿＿＿＿ 学号:＿＿＿＿＿＿

一、实训目的

(1)熟悉热继电器的结构与工作原理。
(2)掌握热继电器的使用和校验调整方法。

二、实训设备

(1)工具:尖嘴钳、螺钉旋具、电工刀等。
(2)仪表:交流电流表(5 A)、秒表。
(3)器材:热继电器(JR16-20)1 个,接触式调压器 1 个,小型变压器 1 个,开启式负荷开关 1 个,电流互感器 1 个,指示灯 1 个,控制板 1 块,导线若干。

三、实训内容和步骤

1. 观察热继电器的结构

将热继电器的后绝缘盖板卸下,仔细观察热继电器的结构,指出动作机构、电流整定装置、复位机构及触点系统的位置,并叙述它们的作用。

2. 校验调整

热继电器更换热元件后应进行校验调整,方法如下:

(1)按图 11 所示连好校验电路。将调压器的输出调到零位置。将热继电器置于手动复位状态并将整定值旋钮置于额定值处。

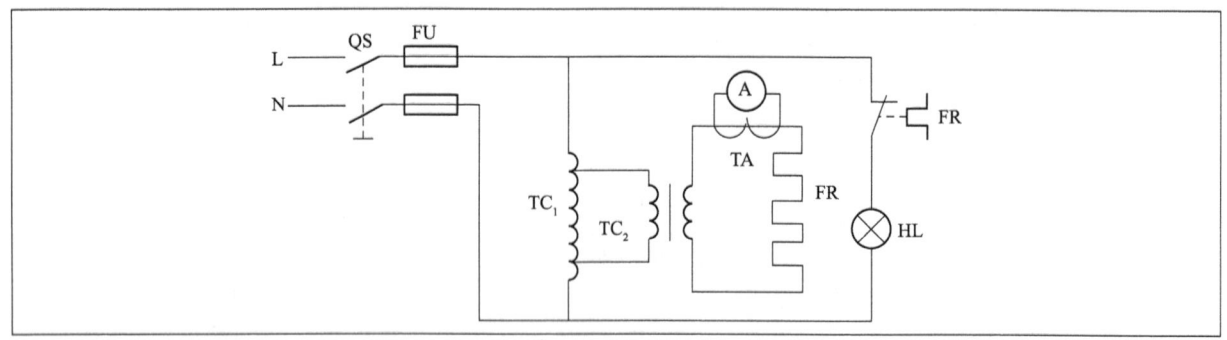

图 11 热继电器校验电路图

(2)经指导教师审查同意后,合上电源开关 QS,指示灯 HL 亮。

(3)将调压变压器输出电压从零升高,使热元件通过的电流升至额定值,1 h 内热继电器应不动作;若 1 h 内热继电器动作,则应将调节旋钮向整定值大的方向旋动。

(4)接着将电流升至 1.2 倍额定值,热继电器应在 20 min 内动作,指示灯 HL 熄灭;若 20 min 内不动作,则应将调节旋钮向整定值小的位置旋动。

(5)将电流降至零,待热继电器冷却并手动复位后,再调升电流至1.5倍额定值,热继电器应在2 min 内动作。

(6)再将电流降至零,待热继电器冷却并复位后,快速调升电流至6倍额定值,分断QS再随即合上,热继电器应在5 s后动作。

3.复位方式的调整

热继电器出厂时,一般都调为手动复位,如果需要自动复位,可将复位调节螺钉顺时针旋进。自动复位时,应在动作5 min 内自动复位;手动复位时,在动作2 min 后,按下手动复位按钮,热继电器应复位。

四、注意事项

(1)校验时的环境温度应尽量接近工作环境温度,连接导线长度一般不应小于0.6 m,连接导线的截面积应与工作时的实际情况相同。

(2)校验过程中电流变化较大,为使测量结果准确,校验时注意选择合适量程的电流互感器。

(3)通电校验时,必须将热继电器、电源开关等固定在控制板上,并有指导教师监护,以确保用电安全。

(4)电流互感器通电过程中,电流表回路不可开路,接线时应充分注意。

五、技能训练考核评分标准

技能训练考核评分标准见表25。

技能训练考核评分标准　　　　表25

项目内容	评分标准	配分(分)	扣分(分)	得分(分)
热继电器的结构	1.不能指出热继电器各部件的位置,每个扣4分 2.不能说出各部件的作用,每个扣5分	30		
热继电器校验	1.不能根据图纸接线,扣20分 2.电流互感器量程选择不当,扣10分 3.操作步骤错误,每步扣5分 4.电流表未调零或读数不准确,扣10分 5.不会调整动作值,扣10分	50		
复位方式的调整	不会调整复位方式,扣20分	20		
安全文明生产	违反安全、文明生产规则,扣5~40分			—
定额时间90 min	每超时5 min 扣5分			—
合计得分				
否定项	发生重大责任事故、严重违反教学纪律者本次训练得0分			
备注	除定额时间外,各项目的最高扣分不应超过配分			
开始时间		结束时间		实际时间

指导教师签名:　　　　　　　　　　时间:

技能训练 5-1　三相异步电动机的点动与连续运转控制

班级：_____姓名：_____学号：_____

一、实训目的

(1)了解按钮、交流接触器和热继电器的基本结构和动作原理。
(2)掌握三相异步电动机直接启动的工作原理、接线及操作方法。
(3)了解电动机运行时的保护方法。
(4)了解常用点动、连续运转控制电路的特点。
(5)学会实验电路接线及故障排除。

二、实训设备

三相异步电动机 1 台，三相转换开关 1 个，交流接触器 1 个，热继电器 1 个，三联按钮开关 1 个，导线若干。

三、实训内容和步骤

1. 点动运转控制

按图 12 所示接线，其中电动机采用 Y 接法。合上开关，按下启动按钮 SB，观察电动机和交流接触器的动作情况，按下停止按钮 SB，电动机停止运转。

2. 连续运转控制

按图 13 所示接线，按下启动按钮 SB，电动机连续运转，按下停止按钮 SB，电动机停止运转。

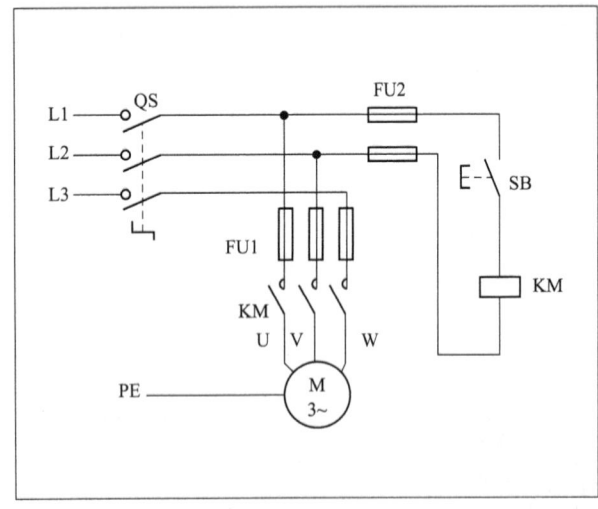

图 12　三相异步电动机的点动控制

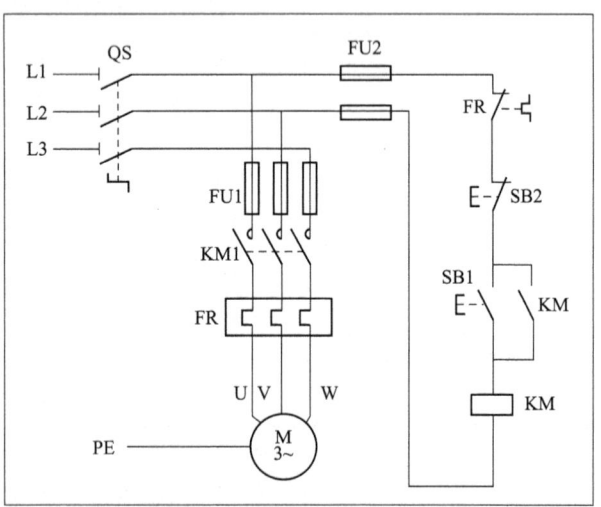

图 13　三相异步电动机的连续控制

四、实训要求

(1)认真仔细连接电路并自检，确认无误后方可通电。

(2)连接电路时,要按照"先主后控、先串后并、上入下出、左进右出"的原则接线。

(3)主电路、控制电路的导线要区分颜色,以便于检查。

(4)实验所用电源为380 V或220 V的三相交流电,严禁带电操作,不可触及导电部件,尽可能单手操作,保证人身和设备的安全。

五、技能训练考核评分标准

技能训练考核评分标准见表26。

技能训练考核评分标准　　　　　　　　　　表26

项目内容	评分标准	配分(分)	扣分(分)	得分(分)
装前检查	1. 电动机质量漏检,每处扣3分 2. 电气元件漏检或错检,每处扣2分	15		
安装元件	1. 不按布置图安装,扣10分 2. 元件安装不牢固,每只扣2分 3. 安装元件时漏装螺钉,每只扣1分 4. 元件安装不整齐、不匀称、不合理,每只扣3分 5. 损坏元件,扣10分	15		
布线	1. 不按电路图接线,扣15分 2. 布线不符合要求:主电路每根扣2分,控制电路每根扣1分 3. 接点松动、接点铜芯露出过长、压绝缘层、反圈等,每处扣1分 4. 损伤导线绝缘或线芯,每根扣1分 5. 漏记线号,每处扣1分 6. 标记线号不清楚、遗漏或误标,每处扣1分	30		
通电试车	1. 第一次试车不成功,扣10分 2. 第二次试车不成功,扣20分 3. 第三次试车不成功,扣30分	40		
安全文明生产	违反安全、文明生产规则,扣5~40分			—
定额时间90 min	每超时5 min扣5分			—
合计得分				
否定项	发生重大责任事故、严重违反教学纪律者本次训练得0分			
备注	除定额时间外,各项目的最高扣分不应超过配分			

| 开始时间 | | 结束时间 | | 实际时间 | |

指导教师签名:　　　　　　　　　　日期:

技能训练 5-2　三相异步电动机的正反转控制

班级：_____　姓名：_____　学号：_____

一、实训目的

(1) 掌握三相异步电动机正反转控制电路的工作原理。
(2) 熟悉三相异步电动机正反转控制电路的接线及操作方法。
(3) 理解电气互锁和按钮互锁的特点及应用。

二、实训设备

三相异步电动机 1 台，三相转换开关 1 个，交流接触器 2 个，热继电器 1 个，三联按钮开关 1 个，控制板 1 块，导线若干。

三、实训步骤

(1) 检查所用电气元件，电气元件应完好无损，各项技术指标符合规定要求，否则应予以更换。

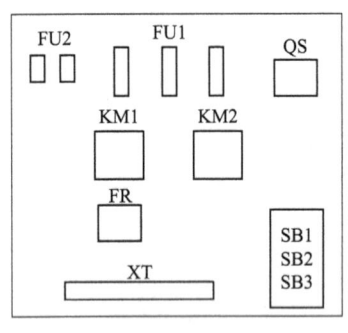

图 14　正反转控制线路布置图

(2) 在控制板上按图 14 所示安装所有的电气元件，并贴上醒目的文字符号。安装时，组合开关、熔断器的受电端子应安装在控制板的外侧；元件排列要求整齐、匀称，间距合理，且便于元件的更换；紧固电气元件时要用力均匀，紧固程度适当，做到既使元件安装牢固，又不使其损坏。

(3) 按图 15 所示电路图进行板前明线布线。做到布线横平竖直、整齐、分布均匀、紧贴安装面、走线合理；严禁损伤线芯和导线绝缘层；接点牢靠，不得松动，不得压绝缘层，不反圈及不使铜芯露出过长等。

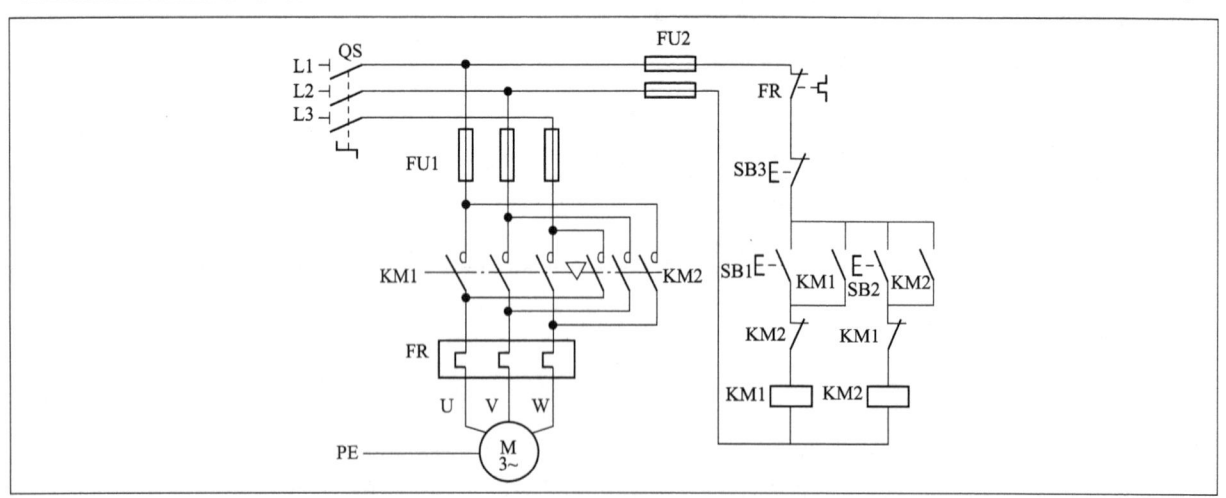

图 15　接触器联锁正反转电路图

(4) 检查控制板布线的正确性。

(5)安装电动机。做到安装牢固平稳,以防止在转向时产生滚动而引起事故。

(6)可靠连接电动机和按钮金属外壳的保护接地线。

(7)连接电源、电动机等控制板外部的导线。导线要敷设在导线通道内,或采用绝缘良好的橡皮线进行通电校验。

(8)自检。安装完毕的控制线路板,必须按要求进行认真检查,确保无误后才允许通电试车。

(9)交验合格后,通电试车。通电时,必须经指导教师检查无误后,由指导教师接通电源,并在指导教师现场监护下进行。若出现故障,学生应独立进行检修。若需带电检查,也必须有教师在现场监护。

(10)通电试车完毕,停转、切断电源。先拆除三相电源线,再拆除电动机负载线。

四、注意事项

(1)螺旋式熔断器的接线要正确,以确保用电安全。

(2)接触器联锁触点接线必须正确,否则将会造成主电路中两相电源短路。

(3)通电试车时,应先合上 QS,再按下 SB1(或 SB2)及 SB3,看控制是否正常,并在按下 SB1 后再按下 SB2,观察有无联锁作用。

(4)训练应在规定的时间内完成,同时要做到安全操作和文明生产。训练结束后,安装的控制板留用。

五、技能训练考核评分标准

技能训练考核评分标准见表27。

技能训练考核评分标准　　　　表27

项目内容	评分标准	配分(分)	扣分(分)	得分(分)
装前检查	1. 电动机质量漏检,每处扣3分 2. 电气元件漏检或错检,每处扣2分	15		
安装元件	1. 不按布置图安装,扣10分 2. 元件安装不牢固,每只扣2分 3. 安装元件时漏装螺钉,每只扣1分 4. 元件安装不整齐、不匀称、不合理,每只扣3分 5. 损坏元件,扣10分	15		
布线	1. 不按电路图接线,扣15分 2. 布线不符合要求:主电路每根扣2分,控制电路每根扣1分 3. 接点松动、接点铜芯露出过长、压绝缘层、反圈等,每处扣1分 4. 损伤导线绝缘或线芯,每根扣1分 5. 漏记线号,每处扣1分 6. 标记线号不清楚、遗漏或误标,每处扣1分	30		
通电试车	1. 热继电器未整定或整定错误扣5分 2. 熔体规格配错,主、控制电路各扣5分 3. 第一次试车不成功,扣10分 　　第二次试车不成功,扣20分 　　第三次试车不成功,扣30分	40		
安全文明生产	违反安全、文明生产规则,扣5~40分		—	
定额时间90 min	每超时5 min 扣5分		—	
合计得分				
否定项	发生重大责任事故、严重违反教学纪律者本次训练得0分			
备注	除定额时间外,各项目的最高扣分不应超过配分			
开始时间		结束时间		实际时间

指导教师签名:　　　　　　　　日期:

技能训练 5-3 工作台自动往返控制线路的安装

班级：_____姓名：_____学号：_____

一、实训目的

(1) 熟悉位置开关的结构和作用。
(2) 掌握工作台自动往返控制线路的安装与检修。

二、实训工具

(1) 工具：测电笔、螺钉旋具、尖嘴钳、斜口钳、剥线钳、电工刀等。
(2) 仪表：兆欧表、钳形电流表、万用表。
(3) 器材：三相异步电动机 1 台，组合开关 1 个，熔断器 3 个，接触器 2 个，热继电器 1 个，位置开关 4 个，三联按钮开关 1 个，控制板 1 块，端子板、导线若干，各种规格的紧固体、针形及叉形轧头、金属软管、编码套管等。

三、实训内容及步骤

(1) 配齐所用电气元件，并检查元件质量。
(2) 在控制板上安装所有电气元件，并贴上醒目的文字符号。
(3) 按图 16 所示的电路图进行板前接线。

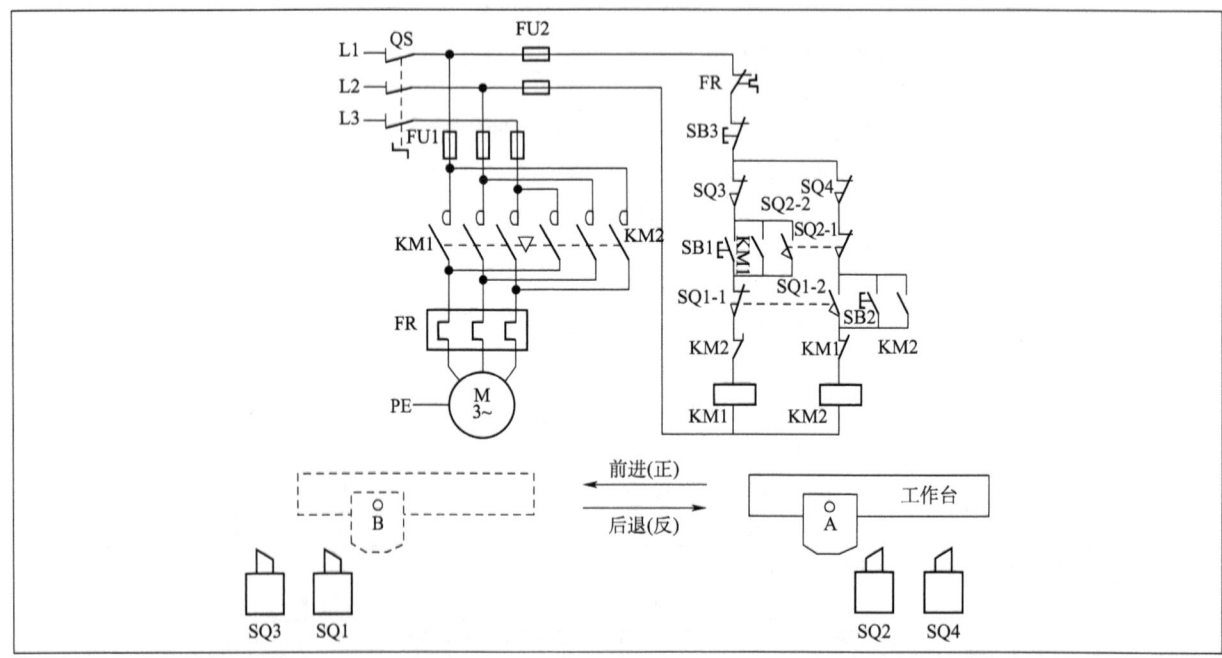

图 16 自动循环控制电路图

(4) 根据电路图检查控制板内部布线的正确性。

(5)安装电动机。

(6)可靠连接电动机和各电气元件金属外壳的保护接地线。

(7)连接电源、电动机等控制板外部的导线。

(8)自检。

(9)检查无误后通电试车。

四、注意事项

(1)位置开关可以先安装好,不占定额时间。位置开关必须牢固安装在合适的位置上。安装后,必须用手动工作台或手控机械进行实验,合格后才能使用。训练中若无条件进行实际机械安装实验时,可将位置开关安装在控制板下方两侧进行手控模拟实验。

(2)通电校验时,必须先手动按下位置开关,检验各行程开关和终端保护动作是否正常可靠。若在电动机正转时,扳动位置开关 SQ1,电动机不反转,且继续正转,可能是由 KM2 的主触点接线不正确引起,需断电进行纠正后再试,以防止发生设备事故。

(3)安装训练应在定额时间内完成,同时要做到安全操作和文明生产。

五、技能训练考核评分标准

技能训练考核评分标准见表28。

技能训练考核评分标准 表28

项目内容	评分标准	配分(分)	扣分(分)	得分(分)
装前检查	1. 电动机质量漏检,每处扣3分 2. 电气元件漏检或错检,每处扣2分	15		
安装元件	1. 不按布置图安装,扣10分 2. 元件安装不牢固,每只扣2分 3. 安装元件时漏装螺钉,每只扣1分 4. 元件安装不整齐、不匀称、不合理,每只扣3分 5. 损坏元件,扣10分	15		
布线	1. 不按电路图接线,扣15分 2. 布线不符合要求:主电路每根扣2分,控制电路每根扣1分 3. 接点松动、接点铜芯露出过长、压绝缘层、反圈等,每处扣1分 4. 损伤导线绝缘或线芯,每根扣1分 5. 漏记线号,每处扣1分 6. 标记线号不清楚、遗漏或误标,每处扣1分	30		
通电试车	1. 热继电器未整定或整定错误,扣5分 2. 熔体规格配错,主、控制电路各扣5分 3. 第一次试车不成功,扣10分 　　第二次试车不成功,扣20分 　　第三次试车不成功,扣30分	40		
安全文明生产	违反安全、文明生产规则,扣5~40分			—
定额时间90 min	每超时5 min 扣5分			—
合计得分				
否定项	发生重大责任事故、严重违反教学纪律者本次训练得0分			
备注	除定额时间外,各项目的最高扣分不应超过配分			
开始时间		结束时间		实际时间

指导教师签名:　　　　　　　　日期:

技能训练5-4　两台电动机顺序启动、逆序停止控制线路的安装

班级：_____姓名：_____学号：_____

一、实训目的

(1)掌握顺序控制的原理。
(2)掌握两台电动机顺序启动、逆序停止控制线路的安装。

二、实训工具

(1)工具：测电笔、螺钉旋具、尖嘴钳、斜口钳、剥线钳、电工刀等。
(2)仪表：兆欧表、钳形电流表、万用表。
(3)器材：三相异步电动机2台，组合开关1个，熔断器3个，接触器2个，热继电器2个，三联按钮开关2个，端子板1块，控制板1块，导线若干。

三、实训内容及步骤

(1)配齐所用电气元件，并检查元件质量。
(2)按图17所示电路图画出布置图。

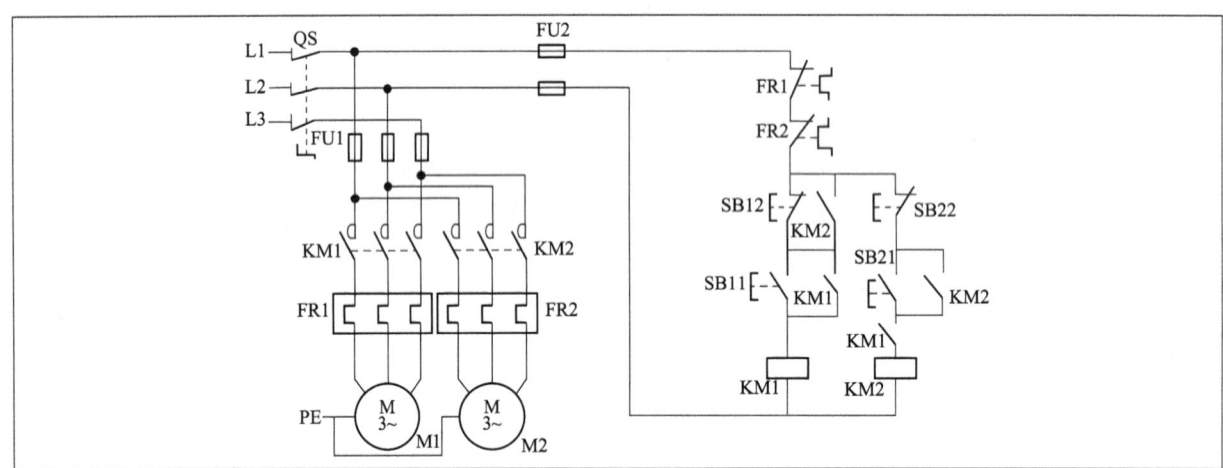

图17　两台电动机顺序启动、逆序停止控制线路

(3)在控制板上按布置图安装所有电气元件，并贴上醒目的文字符号。
(4)在控制板上按图17所示电路图进行板前布线。
(5)安装电动机。
(6)可靠连接电动机和电气元件金属外壳的保护接地线。
(7)连接电源、电动机等控制板外部的导线。
(8)自检。
(9)检查无误后通电试车。

四、注意事项

(1)通电试车前,应熟悉线路的操作顺序,即先合上电源开关 QS,然后按下 SB11 后,再按 SB21 顺序启动;按下 SB22 后,再按下 SB12 逆序停止。

(2)通电试车时,注意观察电动机、各电气元件及线路各部分工作是否正常。若发现异常情况,必须立即切断电源开关 QS,因为此时停止按钮 SB12 已失去作用。

(3)安装应在定额时间内完成,同时要做到安全操作和文明生产。

五、技能训练考核评分标准

技能训练考核评分标准见表29。

技能训练考核评分标准　　　　　　表29

项目内容	评分标准	配分(分)	扣分(分)	得分(分)
装前检查	1. 电动机质量漏检,每处扣3分 2. 电气元件漏检或错检,每处扣2分	15		
安装元件	1. 不按布置图安装,扣10分 2. 元件安装不牢固,每只扣2分 3. 安装元件时漏装螺钉,每只扣1分 4. 元件安装不整齐、不匀称、不合理,每只扣3分 5. 损坏元件,扣10分	15		
布线	1. 不按电路图接线,扣15分 2. 布线不符合要求:主电路每根扣2分,控制电路每根扣1分 3. 接点松动、接点铜芯露出过长、压绝缘层、反圈等,每处扣1分 4. 损伤导线绝缘或线芯,每根扣1分 5. 漏记线号,每处扣1分 6. 标记线号不清楚、遗漏或误标,每处扣1分	30		
通电试车	1. 热继电器未整定或整定错误,扣5分 2. 熔体规格配错,主、控制电路各扣5分 3. 第一次试车不成功,扣10分 　　第二次试车不成功,扣20分 　　第三次试车不成功,扣30分	40		
安全文明生产	违反安全、文明生产规则,扣5~40分			—
定额时间 90 min	每超时 5 min 扣 5 分			—
合计得分				
否定项	发生重大责任事故、严重违反教学纪律者本次训练得0分			
备注	除定额时间外,各项目的最高扣分不应超过配分			
开始时间		结束时间		实际时间

指导教师签名:　　　　　　　　　　日期:

技能训练 5-5　两地控制的电动机正转控制线路的安装

班级：＿＿＿＿＿＿＿＿姓名：＿＿＿＿＿＿＿＿学号：＿＿＿＿＿＿＿＿

一、实训目的

(1)掌握两地控制原理。
(2)掌握两地控制的电动机正转控制线路的安装。

二、实训设备

三相异步电动机 1 台，三相转换开关 1 个，交流接触器 1 个，热继电器 1 个，三联按钮开关 2 个，导线若干。

三、实训内容及步骤

(1)配齐所用电气元件，并检查元件质量。
(2)按图 18 所示电路图画出布置图。

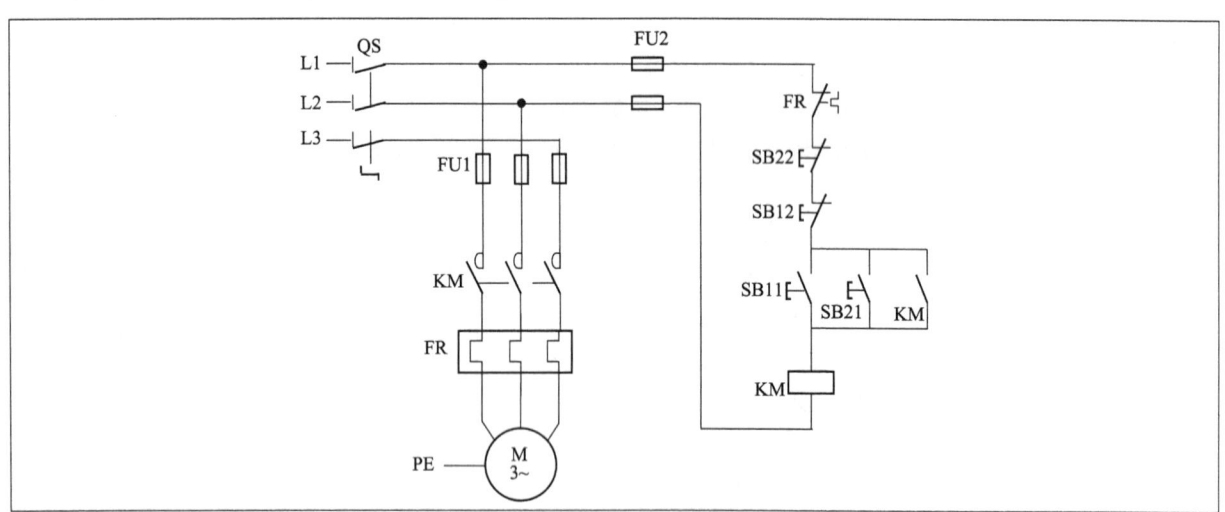

图 18　两地控制的电路图

(3)在控制板上按布置图安装所有电气元件，并贴上醒目的文字符号。
(4)在控制板上按图 18 所示电路图进行板前布线。
(5)安装电动机。
(6)可靠连接电动机和电气元件金属外壳的保护接地线。
(7)连接电源、电动机等控制板外部的导线。
(8)自检。
(9)检查无误后通电试车。

四、实训要求

(1)认真仔细连接电路并自检,确认无误后方可通电。
(2)连接电路时,要按照"先主后控、先串后并、上入下出、左进右出"的原则接线。
(3)主电路、控制电路的导线要区分颜色,以便于检查。
(4)实验所用电源为380 V或220 V的三相交流电,严禁带电操作,不可触及导电部件,尽可能单手操作,保证人身和设备的安全。

五、技能训练考核评分标准

技能训练考核评分标准见表30。

技能训练考核评分标准　　　　表30

项目内容	评分标准	配分(分)	扣分(分)	得分(分)
装前检查	1.电动机质量漏检,每处扣3分 2.电气元件漏检或错检,每处扣2分	15		
安装元件	1.不按布置图安装,扣10分 2.元件安装不牢固,每只扣2分 3.安装元件时漏装螺钉,每只扣1分 4.元件安装不整齐、不匀称、不合理,每只扣3分 5.损坏元件,扣10分	15		
布线	1.不按电路图接线,扣15分 2.布线不符合要求:主电路每根扣2分,控制电路每根扣1分 3.接点松动、接点铜芯露出过长、压绝缘层、反圈等,每处扣1分 4.损伤导线绝缘或线芯,每根扣1分 5.漏记线号,每处扣1分 6.标记线号不清楚、遗漏或误标,每处扣1分	30		
通电试车	1.第一次试车不成功,扣10分 2.第二次试车不成功,扣20分 3.第三次试车不成功,扣30分	40		
安全文明生产	违反安全、文明生产规则,扣5~40分			—
定额时间90 min	每超时5 min扣5分			—
合计得分				
否定项	发生重大责任事故、严重违反教学纪律者本次训练得0分			
备注	除定额时间外,各项目的最高扣分不应超过配分			

开始时间		结束时间		实际时间	

指导教师签名:　　　　　　　日期:

技能训练 5-6　时间继电器自动控制 Y-△降压启动控制线路的安装

班级：_____ 姓名：_____ 学号：_____

一、实训目的

(1) 熟悉三相异步电动机的启动方法。
(2) 掌握 Y-△降压启动控制线路的安装。

二、实训设备

(1) 工具：测电笔、螺钉旋具、尖嘴钳、斜口钳、剥线钳、电工刀等。
(2) 仪表：兆欧表、钳形电流表、万用表。
(3) 器材：三相异步电动机 1 台，组合开关 1 个，熔断器 3 个，接触器 3 个，热继电器 1 个，时间继电器 1 个，三联按钮开关 1 个，端子板 1 块，控制板 1 块，导线若干。

三、实训内容及步骤

(1) 配齐所用电气元件，并检查元件质量。
(2) 按图 19 所示电路图画出布置图。

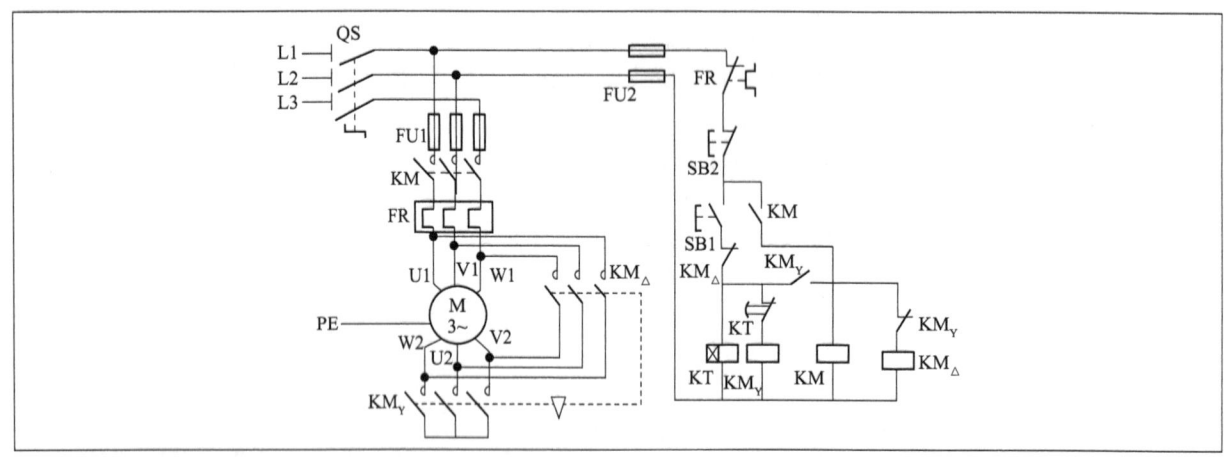

图 19　时间继电器自动控制 Y-△降压启动电路图

(3) 在控制板上按布置图安装所有电气元件，并贴上醒目的文字符号。
(4) 在控制板上按图 19 所示电路图进行板前布线。
(5) 安装电动机。
(6) 可靠连接电动机和电气元件金属外壳的保护接地线。
(7) 连接电源、电动机等控制板外部的导线。
(8) 自检。
(9) 检查无误后通电试车。

四、注意事项

(1) 用 Y-△ 降压启动控制的电动机,必须有 6 个出线端子,且定子绕组在 △ 接法时的额定电压等于三相电源线电压。

(2) 接线时要保证电动机 △ 接法的正确性,即接触器 $KM_△$ 主触点闭合时,应保证定子绕组的 U1 与 W2、V1 与 U2、W1 与 V2 相连接。

(3) 接触器 KM_Y 的进线必须从三相定子绕组的末端引入,若误将其首端引入,则会在 KM_Y 吸合时产生三相电源短路事故。

(4) 通电校验前要再检查一下熔体规格及时间继电器、热继电器的各整定值是否符合要求。

(5) 通电实验必须有指导教师在现场监护,学生应根据电路图的控制要求独立进行校验,若出现故障也应自行排除。

五、技能训练考核评分标准

技能训练考核评分标准见表 31。

技能训练考核评分标准　　　　表 31

项目内容	评分标准	配分(分)	扣分(分)	得分(分)
装前检查	1. 电动机质量漏检,每处扣 3 分 2. 电气元件漏检或错检,每处扣 2 分	15		
安装元件	1. 不按布置图安装,扣 10 分 2. 元件安装不牢固,每只扣 2 分 3. 安装元件时漏装螺钉,每只扣 1 分 4. 元件安装不整齐、不匀称、不合理,每只扣 3 分 5. 损坏元件,扣 10 分	15		
布线	1. 不按电路图接线,扣 15 分 2. 布线不符合要求:主电路每根扣 2 分,控制电路每根扣 1 分 3. 接点松动、接点铜芯露出过长、压绝缘层、反圈等,每处扣 1 分 4. 损伤导线绝缘或线芯,每根扣 1 分 5. 漏记线号,每处扣 1 分 6. 标记线号不清楚、遗漏或误标,每处扣 1 分	30		
通电试车	1. 第一次试车不成功,扣 10 分 2. 第二次试车不成功,扣 20 分 3. 第三次试车不成功,扣 30 分	40		
安全文明生产	违反安全、文明生产规则,扣 5~40 分			—
定额时间 90 min	每超时 5 min 扣 5 分			—
合计得分				
否定项	发生重大责任事故、严重违反教学纪律者本次训练得 0 分			
备注	除定额时间外,各项目的最高扣分不应超过配分			
开始时间		结束时间		实际时间

指导教师签名:　　　　　　　　　日期:

技能训练 5-7　单向启动反接制动控制线路的安装

班级：_____姓名：_____学号：_____

一、实训目的

1. 熟悉三相异步电动机的制动控制原理。
2. 掌握单向启动反接制动控制线路的安装。

二、实训设备

(1) 工具：测电笔、螺钉旋具、尖嘴钳、斜口钳、剥线钳、电工刀等。
(2) 仪表：兆欧表、钳形电流表、万用表。
(3) 器材：三相异步电动机 1 台，组合开关 1 个，熔断器 3 个，接触器 3 个，热继电器 1 个，速度继电器 1 个，三联按钮开关 1 个，端子板 1 块，控制板 1 块，导线若干。

三、实训内容及步骤

(1) 配齐所用电气元件，并检查元件质量。
(2) 按图 20 所示电路图画出布置图。

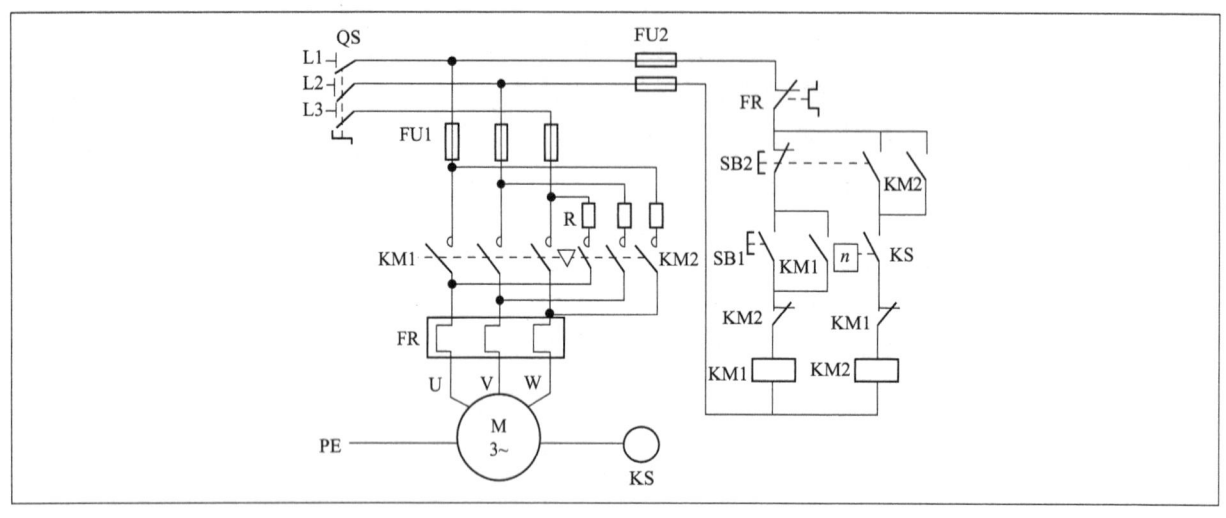

图 20　单向启动反接制动控制电路图

(3) 在控制板上按布置图安装所有电气元件，并贴上醒目的文字符号。
(4) 在控制板上按图 20 所示电路图进行板前布线。
(5) 安装电动机。
(6) 可靠连接电动机和电气元件金属外壳的保护接地线。
(7) 连接电源、电动机等控制板外部的导线。
(8) 自检。

(9)检查无误后通电试车。

四、技能训练考核评分标准

技能训练考核评分标准见表32。

技能训练考核评分标准   表32

项目内容	评分标准	配分(分)	扣分(分)	得分(分)
装前检查	1. 电动机质量漏检,每处扣3分 2. 电气元件漏检或错检,每处扣2分	15		
安装元件	1. 不按布置图安装,扣10分 2. 元件安装不牢固,每只扣2分 3. 安装元件时漏装螺钉,每只扣1分 4. 元件安装不整齐、不匀称、不合理,每只扣3分 5. 损坏元件,扣10分	15		
布线	1. 不按电路图接线,扣15分 2. 布线不符合要求:主电路每根扣2分,控制电路每根扣1分 3. 接点松动、接点铜芯露出过长、压绝缘层、反圈等,每处扣1分 4. 损伤导线绝缘或线芯,每根扣1分 5. 漏记线号,每处扣1分 6. 标记线号不清楚、遗漏或误标,每处扣1分	30		
通电试车	1. 第一次试车不成功,扣10分 2. 第二次试车不成功,扣20分 3. 第三次试车不成功,扣30分	40		
安全文明生产	违反安全、文明生产规则,扣5~40分			—
定额时间 90 min	每超时 5 min 扣 5 分			—
合计得分				
否定项	发生重大责任事故、严重违反教学纪律者本次训练得0分			
备注	除定额时间外,各项目的最高扣分不应超过配分			
开始时间		结束时间		实际时间

指导教师签名: 日期:

技能训练 5-8　并励直流电动机正反转控制线路及能耗制动控制线路的安装

班级：_____姓名：_____学号：_____

一、实训目的

(1) 熟悉直流电动机正反转控制的原理。
(2) 熟悉直流电动机制动控制的原理。
(3) 掌握并励直流电动机正反转控制线路及能耗制动控制线路的安装与调试。

二、实训设备

(1) 工具：测电笔、螺钉旋具、尖嘴钳、斜口钳、剥线钳、电工刀等。
(2) 仪表：兆欧表、钳形电流表、万用表。
(3) 器材：并励直流电动机电动机 1 台，组合开关 1 个，熔断器 3 个，直流断路器 1 个，时间继电器 1 个，欠电流继电器 1 个，启动变阻器 1 个，直流接触器 3 个，三联按钮开关 1 个，端子板 1 块，控制板 1 块，导线若干。

三、实训内容及步骤

(1) 配齐所用电气元件，并检查元件质量。
(2) 按图 21 所示电路图牢固安装各电气元件，并进行正确布线。

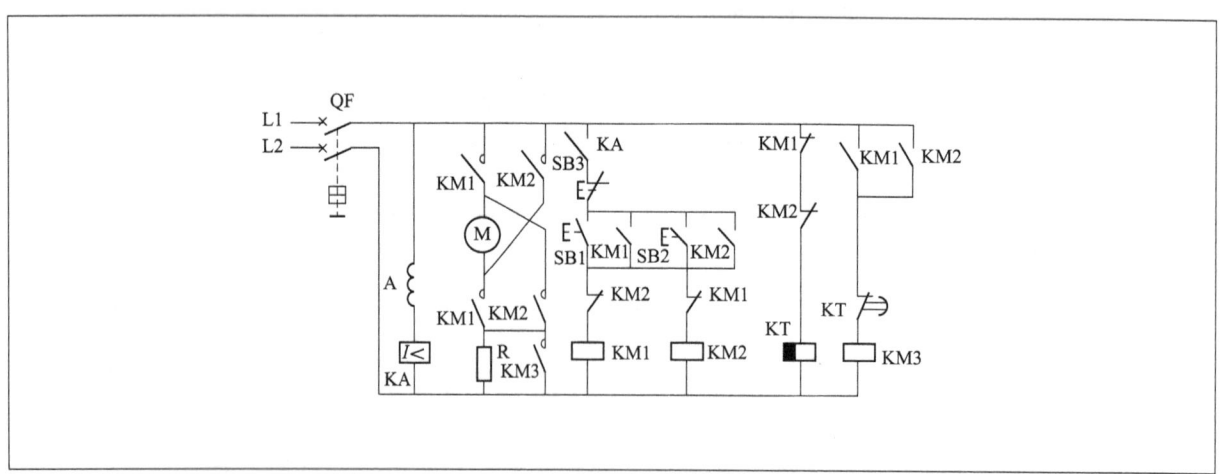

图 21　并励直流电动机正反转控制电路图

(3) 在控制板上按图 21 所示电路图进行板前布线。
(4) 安装直流电动机。
(5) 可靠连接电动机和电气元件金属外壳的保护接地线。

(6)连接电源、电动机等控制板外部的导线。

(7)自检。

(8)检查无误后通电试车。其具体操作如下:

①将启动变阻器 R 的阻值调至最大,合上电源开关 QF,按下正转启动按钮 SB1,用钳形电流表测量电枢绕组和励磁绕组的电流,观察其大小的变化;同时观察并记下电动机的转向,待转速稳定后,用转速表测其转速。然后按下 SB3 停车,并记下无制动停车所用的时间 t_1。

②按下反转启动按钮 SB2,用钳形电流表测量电枢绕组和励磁绕组的电流,观察其大小的变化;同时观察并记下电动机的转向,与①比较看两者方向是否相反。若不相反,应切断电源并检查接触器 KM1、KM2 主触点的接线是否正确,改正后重新通电试车。

(9)增加一只欠电压继电器 KV 和制动电阻 RB,参照图 22 所示电路图,把正反转控制线路板改装成能耗制动控制线路板,检查无误后通电试车。具体操作如下:

①合上电源开关 QF,按下启动按钮 SB1,启动直流电动机,待电动机转速稳定后,用转速表测其转速。

②按下 SB2,电动机进行能耗制动,记下能耗制动停车所用时间 t_2,并与无制动停车所用时间 t_1 进行比较,求出时间差 $\Delta t = t_1 - t_2$。

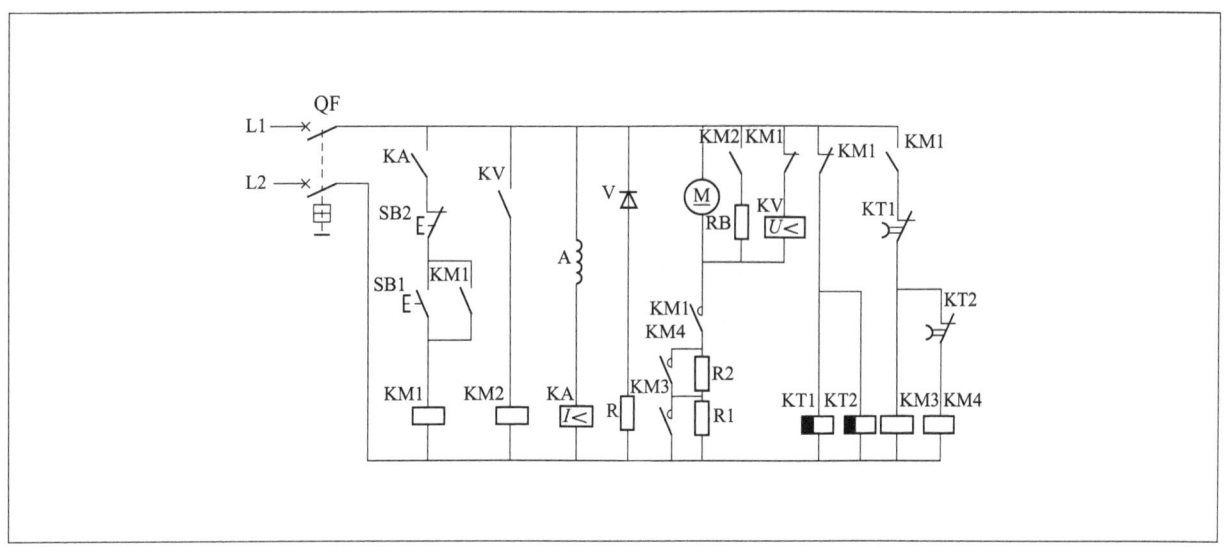

图 22 并励直流电动机单向启动能耗制动控制电路图

四、注意事项

(1)通电试车前要认真检查接线是否正确、牢靠,特别是励磁绕组的接线;各电器动作是否正常,有无卡阻现象;欠电流继电器、时间继电器的整定值是否满足要求。

(2)对电动机无制动停车时间 t_1 和能耗制动停车时间 t_2 进行比较,必须保证在两种情况下电动机的转速基本相同时开始计时。

(3)若遇异常情况,应立即断开电源停车检查。若带电检查,必须有指导教师在现场监护。

(4)训练应在定额时间内完成,同时要做到安全操作和文明生产。

五、技能训练考核评分标准

技能训练考核评分标准见表33。

技能训练考核评分标准　　　　　　表33

项目内容	评分标准	配分(分)	扣分(分)	得分(分)
装前检查	1. 电动机质量漏检,每处扣3分 2. 电气元件漏检或错检,每处扣2分	15		
安装元件	1. 不按布置图安装,扣10分 2. 元件安装不牢固,每只扣2分 3. 安装元件时漏装螺钉,每只扣1分 4. 元件安装不整齐、不匀称、不合理,每只扣3分 5. 损坏元件,扣10分	15		
布线	1. 不按电路图接线,扣15分 2. 布线不符合要求:主电路每根扣2分,控制电路每根扣1分 3. 接点松动、接点铜芯露出过长、压绝缘层、反圈等,每处扣1分 4. 损伤导线绝缘或线芯,每根扣1分 5. 漏记线号,每处扣1分 6. 标记线号不清楚、遗漏或误标,每处扣1分	30		
通电试车	1. 第一次试车不成功,扣10分 2. 第二次试车不成功,扣20分 3. 第三次试车不成功,扣30分	40		
安全文明生产	违反安全、文明生产规则,扣5～40分			—
定额时间90 min	每超时5 min扣5分			—
合计得分				
否定项	发生重大责任事故、严重违反教学纪律者本次训练得0分			
备注	除定额时间外,各项目的最高扣分不应超过配分			

开始时间		结束时间		实际时间	

指导教师签名：　　　　　　　　　　日期：

技能训练6　基于PLC的三相异步电动机的连续运转控制

班级:_____姓名:_____学号:_____

一、实训目的

(1)熟悉三相异步电动机连续运转控制电路的特点。
(2)掌握 S7-300 PLC 的硬件设计和软件设计。

二、实训设备

三相异步电动机1台,电源开关1个,交流接触器1个,热继电器1个,按钮开关1个,S7-300 PLC 1台。

三、实训内容和步骤

(1)根据连续运转控制电路的控制要求确定输入输出设备,给出 I/O 地址,完成表34。

自锁控制的 I/O 地址表　　表34

输入设备		输出设备	
设备名称	I/O 地址	设备名称	I/O 地址
启动按钮 SB1	I0.0	接触器 KM	Q0.0
停止按钮 SB2	I0.1		
热继电器 FR	I0.2		

(2)根据控制要求和 I/O 分配表画出 PLC 的硬件接线图,并完成接线。硬件接线图如图23所示。
(3)进行软件设计,写出梯形图和对应的语句表。

四、注意事项

(1)认真仔细连接电路并自检,确认无误后方可进行实验。
(2)停止按钮和热继电器的常闭触点要接常闭按钮。

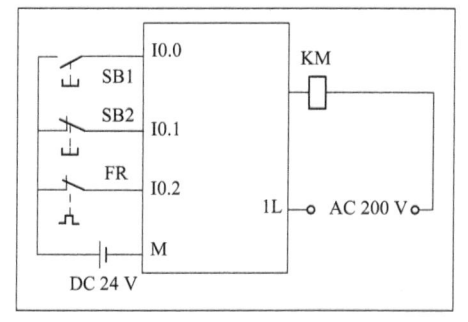

图23　自锁控制的硬件接线图

五、技能训练考核评分标准

技能训练考核评分标准见表35。

技能训练考核评分标准　　　　　　　　　　　　表35

项目内容	评分标准	配分(分)	扣分(分)	得分(分)
确定输入输出设备，给出 I/O 地址	1. 输入/输出设备缺失，每项扣5分 2. I/O 地址分配错误，每处扣2分	30		
硬件接线图的绘制和安装	1. 硬件接线图绘制错误，扣10分 2. 元件安装不牢固，每只扣2分 3. 安装元件时漏装螺钉，每只扣1分 4. 元件安装不整齐、不匀称、不合理，每只扣3分 5. 损坏元件，扣10分	30		
软件设计	1. 软件设计错误，扣30分 2. 软件设计不严密，每处扣5分	40		
安全文明生产	违反安全、文明生产规则，扣5~40分		—	
定额时间 90 min	每超时 5 min 扣 5 分		—	
合计得分				
否定项	发生重大责任事故、严重违反教学纪律者本次训练得0分			
备注	除定额时间外，各项目的最高扣分不应超过配分			
开始时间		结束时间		实际时间

指导教师签名：　　　　　　　　　　日期：

实训心得